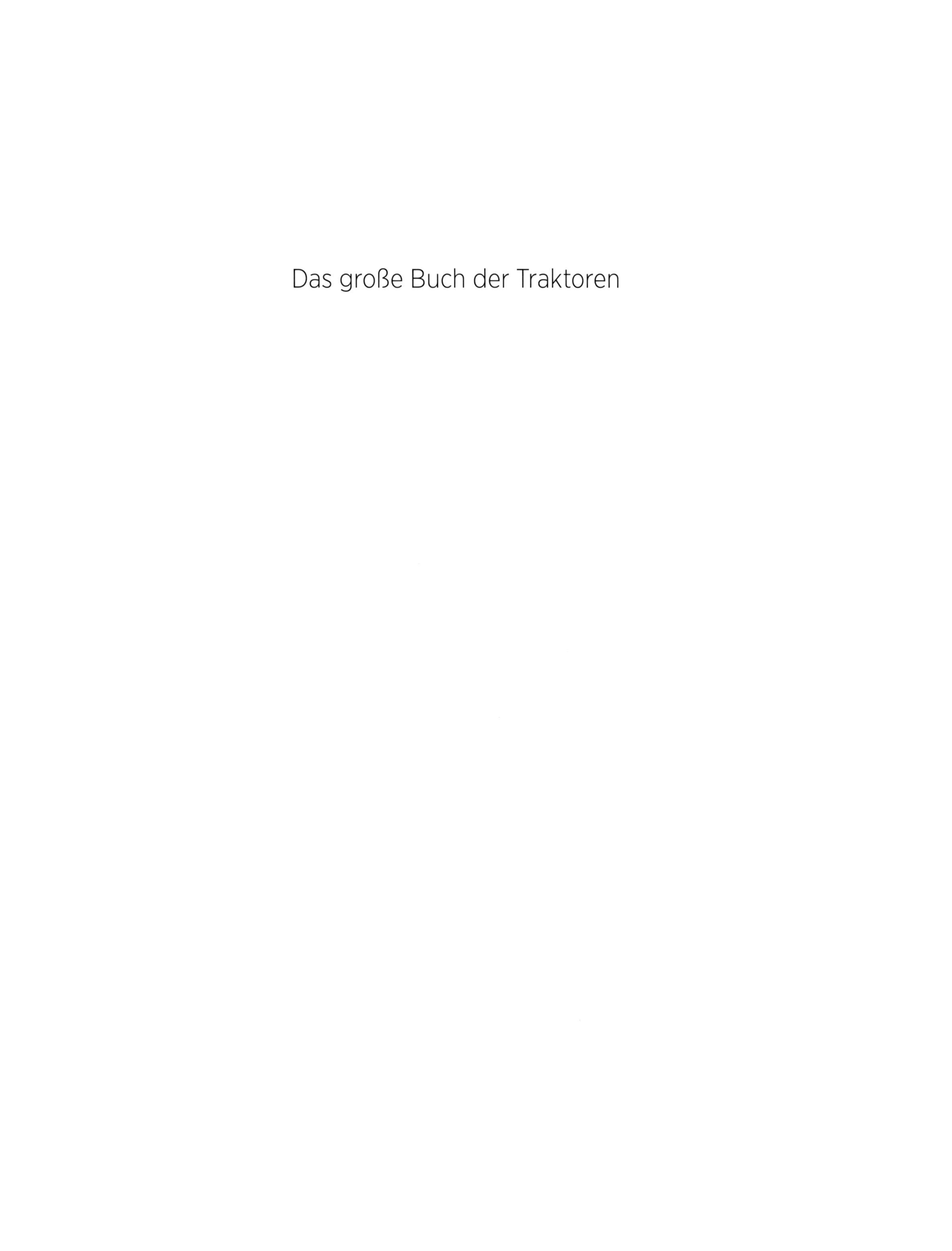

Das große Buch der Traktoren

Albert Mößmer

Das große Buch der TRAKTOREN

Eine Maschine, die die Welt veränderte

GeraMond

INHALT

Compact 850 V
Schlüter
MB trac 
1000

VORWORT

Eine Maschine verändert die Welt

„Die Bedeutung des Schleppers wächst zusehends", wusste 1930 der Agrarwissenschaftler Karl Vormfelde zu berichten. „Statt an 60 Tagen wird der Schlepper schon an 100, in manchen Betrieben an 150 Tagen im Jahre benutzt. Er entwickelt sich zum Pferdeersatz, und große Ackerflächen, die früher für die Ernährung der Pferde gebraucht wurden, werden zukünftig für den Anbau von menschlichen Nahrungsmitteln frei."[1]

Der Schlepper hatte einen entscheidenden Vorteil: Er konnte ermüdungsfrei arbeiten und sowohl die menschliche als auch die tierische Kraft ersetzen. Jahrtausende lang war die Landwirtschaft auf die körperliche Leistungsfähigkeit von Mensch und Tier angewiesen. Alt und Jung, Pferde, Ochsen, Ziegen, Hunde, selbst trächtige Kühe blieben nicht von der Arbeit verschont. Erst die Dampfkraft brachte eine gewisse Erleichterung, zumindest für die großen Betriebe. Einen wirklich mobilen Einsatz der maschinellen Antriebskraft ermöglichte jedoch erst der Verbrennungsmotor, der leichter als die Dampfmaschinen war und sich besser als Fahrzeugantrieb eignete.

Der Traktor geht vor allem auf drei Vorläufer zurück. Einer davon war die fahrbare Dampfmaschine, die Lokomobile, die, auf ein Fahrgestell gesetzt, entweder an ihren Einsatzort gezogen wurde oder mit einem eigenen Antrieb ausgestattet war. Bei einigen der ersten Traktoren handelte es sich um solche Lokomobilen, die mit Motoren versehen waren.

Ein weiterer Vorfahre des Traktors war der Motorpflug. Dabei handelte es sich um motorisierte, selbstfahrende Pflüge, die zunächst für die Bodenbearbeitung gedacht waren, im Laufe der Zeit aber auch für andere Aufgaben ausgestattet wurden, wie Zugarbeiten und den Antrieb von stehenden Maschinen.

Schließlich bereiteten auch die motorisierten landwirtschaftlichen Arbeitsmaschinen, wie Mäher und Mähbinder, den Weg zum Schlepper. Ein gutes Beispiel dafür ist der Fendt-Grasmäher, der sich auch als Zugmaschine verwenden ließ und aus dem das erste Dieselross hervorging.

Die Traktoren verbreiteten sich nicht überall gleich schnell. Es waren zuerst die großen nordamerikanischen Farmen nach dem Ersten Weltkrieg, auf denen die Pferde, Maultiere und Dampfmaschinen von den zunehmend flexibler und leichter werdenden Zugmaschinen ersetzt wurden. Eine nicht unerhebliche Rolle spielte dabei Henry Ford, der mit seinem Fordson F die Preise nach unten trieb und den Konkurrenzkampf der Anbieter stimulierte. Die Europäer mussten noch bis auf das Ende des Zweiten Weltkriegs warten, bis der wirtschaftliche Aufschwung die Landwirtschaft veränderte und den „Traktor-Boom" mit sich brachte.

Aber nicht alle waren vom Siegeszug des Schleppers vollkommen überzeugt. Eine kritische Stimme meinte noch in den 1960er-Jahren zum Thema Schlepper als Zugtierersatz:

„Dennoch aber ist festzustellen, dass die Landwirtschaft mit Traktoren allein ihr wachsendes Arbeitspensum nicht bewältigen kann. Zugtiere werden für leichtere Arbeiten, für den innerbetrieblichen Transport usw. nach wie vor benötigt. [...] Auch unter den veränderten Verhältnissen bleibt die Kuh – namentlich im Klein- und Mittelbetrieb – die billigste Zugkraft ..."[2]

Wie wir heute wissen, verschwand die Kuh nicht nur als Arbeitstier, sondern von vielen Höfen sogar als Milchlieferantin.

Ohne den Traktor wäre die moderne Landwirtschaft und damit die Nahrungsmittelproduktion nicht möglich. Bei der Darstellung dieser weltverändernden Maschine habe ich mich aus Platzgründen auf die zwei wichtigsten globalen industriellen Zentren beschränkt: Europa und Nordamerika.

Bei der Lektüre des Buches wünsche ich viel Freude!
Albert Mößmer

1 Vormfelde, Karl (1930). Landmaschinen. Dritter Band des Handbuchs der Landwirtschaft, herausgegeben von F. Aereboe, J. Hansen und Th. Roemer. Berlin: Verlagsbuchhandlung Paul Parey, Seite 74

2 Jacobeit, Wolfgang (1969). In: Franz, Günther (Hrsg.). Die Geschichte der Landtechnik im 20. Jahrhundert (S. 11–15). Frankfurt am Main: DLG-Verlags-GmbH, Seite 15

Die Industrielle Revolution veränderte Europa. Fabriken schossen aus dem Boden, und aus Kleinstädten wurden Industriezentren. Rauchende Schornsteine prägten das Stadtbild des industrialisierten Barmen in dem um 1870 entstandenen Gemälde von August von Wille.

DAS ZEITALTER DER DAMPFKRAFT: FEUER UND WASSER

Die Industrielle Revolution veränderte die Landschaft im gleichen Maße wie einst die Sesshaftwerdung und die damit verbundene Ausbreitung der Landwirtschaft. Fabriken sprangen aus dem Boden, Städte dehnten sich aus, und auf der Suche nach Kohle und Metallen bohrten sich die Bergleute immer tiefer in die Erde. Aber dieser Wandel wäre unmöglich gewesen, wenn nicht eine neue Kraftquelle für die Maschinen und die Transportmittel zur Verfügung gestanden hätte: die Dampfmaschine. Am Beginn auch der Traktorengeschichte steht die Mechanisierung.

Nachts boten die Schmelzöfen einen gespenstischen Anblick. „Dunkle, satanische Werke" („dark satanic mills") nannte der englische Dichter William Blake die Monumente der Industriellen Revolution.

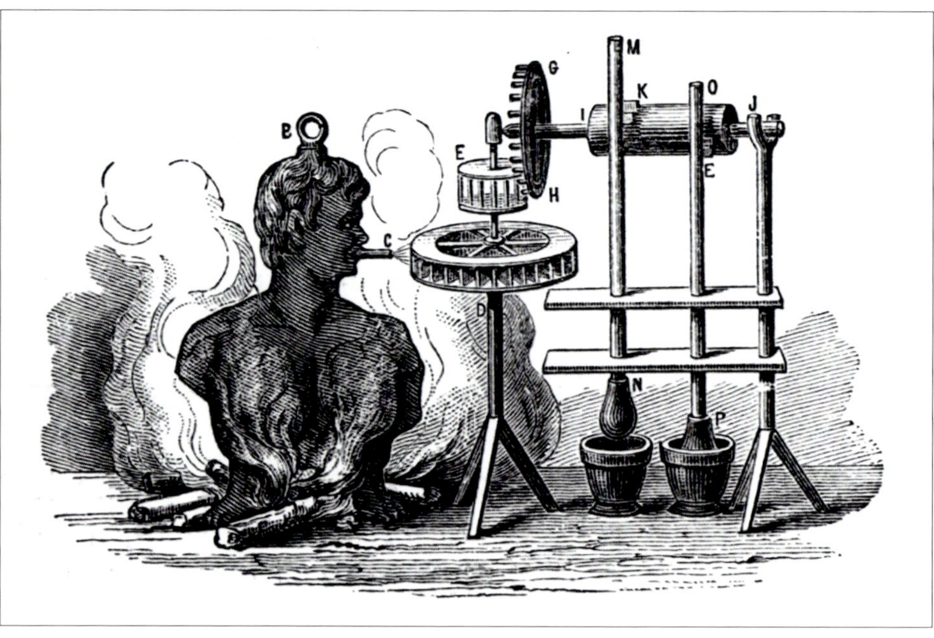

Salomon de Caus beschrieb das Prinzip der Dampfkraft: In einem Behälter aus Metall wird Wasser erhitzt. Das sich ausdehnende Wasser und der Wasserdampf können mit einer gewissen Kraft nach oben entweichen.

→ 1629 veröffentlichte Giovanni Branca ein Werk, in dem er unter anderem den Antrieb eines Rades durch einen Dampfstrahl vorschlug. Das Rad sollte wiederum eine Vorrichtung antreiben.

Die Entdeckung der Dampfkraft

Gegen Ende des achtzehnten Jahrhunderts sollen Schätzungen zufolge in Europa 500.000 bis 600.000 Mühlen mit Wasserantrieb in Betrieb gewesen sein. Mit der wachsenden Bevölkerung, der expandierenden Landwirtschaft und den Anfängen der Industrialisierung, die mit neuen Maschinen die Arbeit zu rationalisieren versuchte, stieg auch der Bedarf an Wasserkraft. Wasserräder sah man nicht mehr nur an Flüssen und Bächen, sondern auch an extra zu diesem Zweck angelegten Kanälen und künstlichen Wasserspeichern.

Windräder waren dagegen mehr in den flachen Küstenregionen Nordeuropas zu finden, wo der Wind zuverlässiger als im Inneren des Kontinents wehte und wegen des mangelnden Gefälles der Kanäle und Flüsse der Einsatz von Wasserrädern weniger praktikabel war. Vor allem in den Niederlanden herrschte deswegen die Windkraft vor. Die sogenannten Holländermühlen waren mit einer drehbaren Kappe ausgestattet und konnten die Flügel entsprechend der Windrichtung ausrichten. Für die Niederlande wird die Zahl der Windmühlen gegen Ende des siebzehnten Jahrhunderts auf 8000 geschätzt.

Für die wachsenden Anforderungen im Bergbau und der Metallverarbeitung reichten Wind- und Wasserkraft ebenso wie die Leistung von Menschen und Tieren nicht mehr aus. Die sich schnell entwickelnde Wirtschaft Europas verlangte eine neue Energiequelle. Dass der Dampf von erhitztem Wasser einen Druck erzeugen und dadurch Arbeit verrichten konnte, war schon in der römischen Antike bekannt. Der Mathematiker und Ingenieur Heron von Alexandrien (circa 10 n. Chr. – circa 70 n. Chr.) hatte bereits die Antriebskraft von Dampf demonstriert. In einer von ihm beschriebenen Vorrichtung wurde in einem Kessel Wasser erhitzt, und der dadurch erzeugte Dampf wurde durch Röhren in ein hohles Rad geleitet. Von dort konnte der Dampf durch zwei in entgegengesetzte Richtungen gebogene Düsen austreten und dadurch das Rad in Bewegung setzen.

Herons Rad sorgte bei seinen Zeitgenossen für Staunen. Einen praktischen Zweck erfüllte es aber noch nicht.

Versuche mit der Dampfkraft

In England mangelte es unterdessen an Ideen und Patentanmeldungen nicht. Aber die Umsetzung der Entwürfe scheiterte. Ein Beispiel lieferte Edward Somerset (circa 1602–1667), der nach eigenen Angaben für einhundert Erfindungen verantwortlich war. Für eine Dampfpumpe, die er bauen wollte, meldete er 1663 ein Patent an. Der Marquis von Worcester hatte sich wahrscheinlich von Salomon de Caus, den er persönlich kannte, inspirieren lassen. Aber soweit bekannt ist, fand eine erfolgreiche Durchführung des Vorhabens nicht statt.

Samuel Morland (1625–1695) ist ebenfalls eine Persönlichkeit, die in der Geschichte der Dampfmaschine oft als einer der frühen Erfinder aufgeführt wird. Er diente lange Zeit unter dem englischen König Charles II. als „Meister der Mechanik" („master of mechanics") und war für eine Reihe praktischer Erfindungen verantwortlich. Er stellte mehrere Versuche zur Ermittlung der Leistung von Wasserdampf mit unterschiedlich großen Zylindern an. Seine Konstruktion einer Anlage, die Wasser durch Dampfdruck in eine Höhe von 40 Fuß pumpen sollte, blieb wahrscheinlich im theoretischen Stadium.

Den nächsten Schritt in Richtung einer funktionierenden Dampfmaschine unternahmen der aus Frankreich stammende Physiker und Mathematiker Denis Papin (1647–1713) und der niederländische Astronom und Mathematiker Christiaan Huygens (1629–1695), dessen Assistent er war. Während ihres Aufenthalts in Paris bauten die beiden experimentierfreudigen Wissenschaftler 1673 einen Zylinder, bei dem ein Kolben durch eine Explosion nach oben getrieben und durch den Luftdruck wieder nach unten gedrückt wurde. Dabei übte der Kolben eine Arbeit aus, indem er ein Gewicht nach oben zog. Wegen der Materialprobleme und der Umständlichkeit des Verfahrens entschied sich Huygens, die Entwicklung zu einer funktionierenden Wärmekraftmaschine nicht weiterzuverfolgen. Er widmete sich lieber anderen Gebieten der Physik, der Mathematik und natürlich den Sternen.

1675 zog Papin nach London, da er als Hugenotte in Frankreich einer steigenden religiösen Intoleranz ausgesetzt war. In seiner neuen Heimat arbeitete er zunächst für den Wissenschaftler Robert Boyle (1627–1692) und später für Robert Hooke (1635–1703). In dieser Zeit erfand er den Dampfdruck-Kochtopf und noch dazu das Sicherheitsventil, das eine Explosion bei Überdruck vermeiden sollte.

1687 wurde Papin an die Universität Marburg und sieben Jahre später nach Kassel berufen. Dort nahm er den Versuch mit einer Wärmekraftmaschine wieder auf. Diesmal ließ er aber kein Sprengpulver im Zylinder explodieren. Stattdessen setzte er auf den Dampfdruck. Bei dieser Vorrichtung befanden sich im Zylinder Wasser und dicht darüber ein Kolben. Das Wasser wurde von außen erhitzt, und der dadurch entstehende Dampfdruck schob den Kolben nach oben. Beim Abkühlen kondensierte der Dampf, woraufhin der atmosphärische Druck wie schon bei der Explosionsmaschine den Kolben nach unten drückte. Papin war mit der Nutzung von Dampfkraft und atmosphärischem Druck bereits auf dem richtigen Weg zu einer brauchbaren Maschine. Aber es fehlten ihm die nötigen Mittel, um die Versuche mit einer größeren und effektiveren Anlage fortzuführen.

Thomas Saverys Wasserpumpe

Inzwischen trieb man die Schächte im Bergbau in immer größere Tiefen vor, und der Ruf nach einer mechanischen Lösung des Wasserproblems wurde zunehmend lauter.

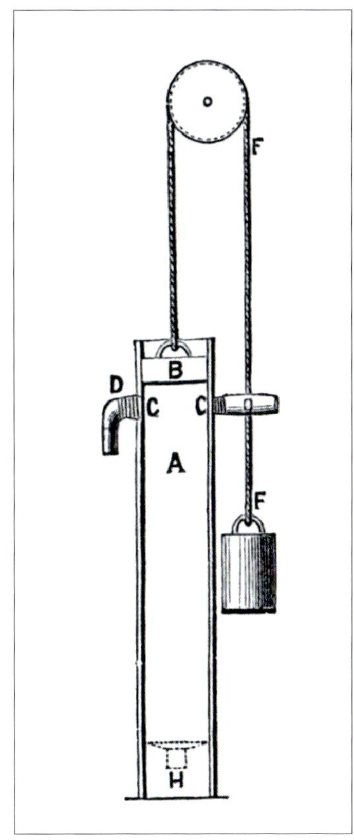

Eine Maschine wie diese bauten Christiaan Huygens und Denis Papin. Im Unterteil des Zylinders (H) wurde Schwarzpulver gezündet. Die Explosion trieb den Kolben nach oben (B). Dabei entwich die Luft durch die seitlichen Ventile. Durch den entstandenen Unterdruck und den äußeren Luftdruck wurde der Kolben wieder nach unten gepresst, wobei über eine Rolle ein Gewicht angehoben wurde (F).

Denis Papin gilt als einer der frühen Väter der Dampfmaschine. Er war darüber hinaus ein bedeutender Wissenschaftler, der auch für andere Erfindungen verantwortlich war.

ARCHITONNERRE

Kein Geringerer als das italienische Universalgenie Leonardo da Vinci (1452–1519) machte sich ebenfalls Gedanken über die Verwendung von Wasserdampf – allerdings zu kriegerischen Zwecken. Bei seinem Entwurf war eine Kanone mit einem Wasserkessel ausgestattet. Ein Holzkohlefeuer erhitzte den Kessel und das Metall am Ende der Kanone. Solange die Kanone nicht in Aktion treten musste, konnte der Dampf durch eine Öffnung aus dem Kessel entweichen. Um das Geschütz abzufeuern, wurde die Öffnung verschlossen, sodass das kochende Wasser durch ein Rohr entwich und auf das glühend heiße Metall der Kanone traf. Der dabei entstehende Dampfdruck sollte ein Geschoss mit dem Gewicht von etwa 30 Kilogramm aus der Mündung befördern.
Leonardo schrieb die Idee dem griechischen Mathematiker und Erfinder Archimedes (circa 287 - circa 212 v. Chr.) zu, weswegen er die Vorrichtung „Architonnerre" nannte. Später versuchten auch andere Erfinder die Dampfkraft zum Abschießen eines Projektils einzusetzen. Das Problem blieb jedoch die Zufuhr einer genügend großen Menge Dampf im passenden Augenblick.

Der Dampfkochtopf, den Papin „Digester" nannte, diente dem Zweck, Fett aus Knochen zu extrahieren. Aber er kann auch als Vorläufer des modernen Schnellkochtopfes gelten.

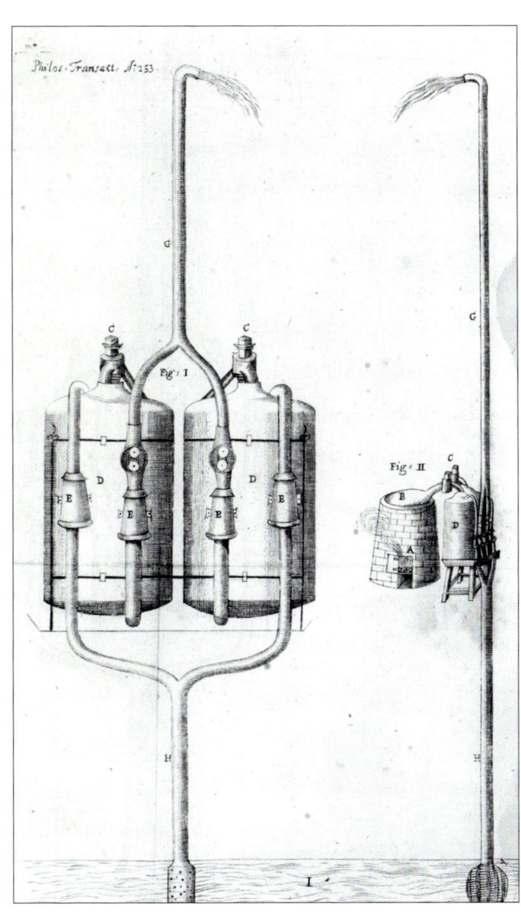

← Ein Freund des Bergmanns sollte Thomas Saverys Wasserpumpe werden. Die Anlage war zwar innovativ, erfüllte aber nur eingeschränkt die Erwartungen.

Thomas Savery gilt als einer der Väter der Dampftechnik. Seine Erfindung war zwar noch keine Dampfmaschine, aber auf seinen Erkenntnissen konnten spätere Erfinder aufbauen.

Der aus der südwestenglischen Grafschaft Devon stammende Thomas Savery (circa 1650–1715) glaubte, diese Lösung gefunden zu haben. Er kannte wahrscheinlich das Buch, in dem Edward Somerset seine hundert Erfindungen beschrieb. Eine davon mit dem Titel „Eine wasserführende Maschine" („A water-commanding engine") diente Savery möglicherweise als Inspiration für seine eigene Erfindung.

In dieser Konstruktion wurde zunächst Wasserdampf aus einem erhitzten Kessel in ein Gefäß geleitet. Durch das Einspritzen von kaltem Wasser kondensierte der Dampf und sorgte für einen Unterdruck im Gefäß, wodurch Wasser von unten angesaugt wurde. Der nächste Schritt bestand im erneuten Einspritzen von Dampf, der das Wasser über ein Steigrohr nach oben drückte.

Savery meldete 1698 ein Patent für seine Dampfpumpe an. 1702 ließ er einen Prospekt mit dem Titel „The Miner's Friend" („Der Freund des Bergmanns") drucken und schickte ihn in der Hoffnung auf eine hohe Nachfrage an Minenleiter in ganz England. Während sich aber seine Erfindung für die Wasserversorgung von Landgütern und Landhäusern als nützlich erwies, übte sich die Bergbauindustrie in Zurückhaltung. Zu den Gründen dafür gehörten der hohe Kohleverbrauch beim Betrieb und die Förderhöhe von nur 30 Metern, die für den Bergbau in der Regel zu gering war.

Savery wird manchmal als Erfinder einer Dampfmaschine bezeichnet. Aber zutreffender ist die Bezeichnung Dampfpumpe für seine Konstruktion, was jedoch den Wert seiner Leistung in der Entwicklungsgeschichte der Dampftechnik nicht mindert.

Die Newcomen-Maschine

Ebenfalls aus der Grafschaft Devon kam der Schmied Thomas Newcomen (1663–1729). Er kannte Saverys Wasserpumpe und war

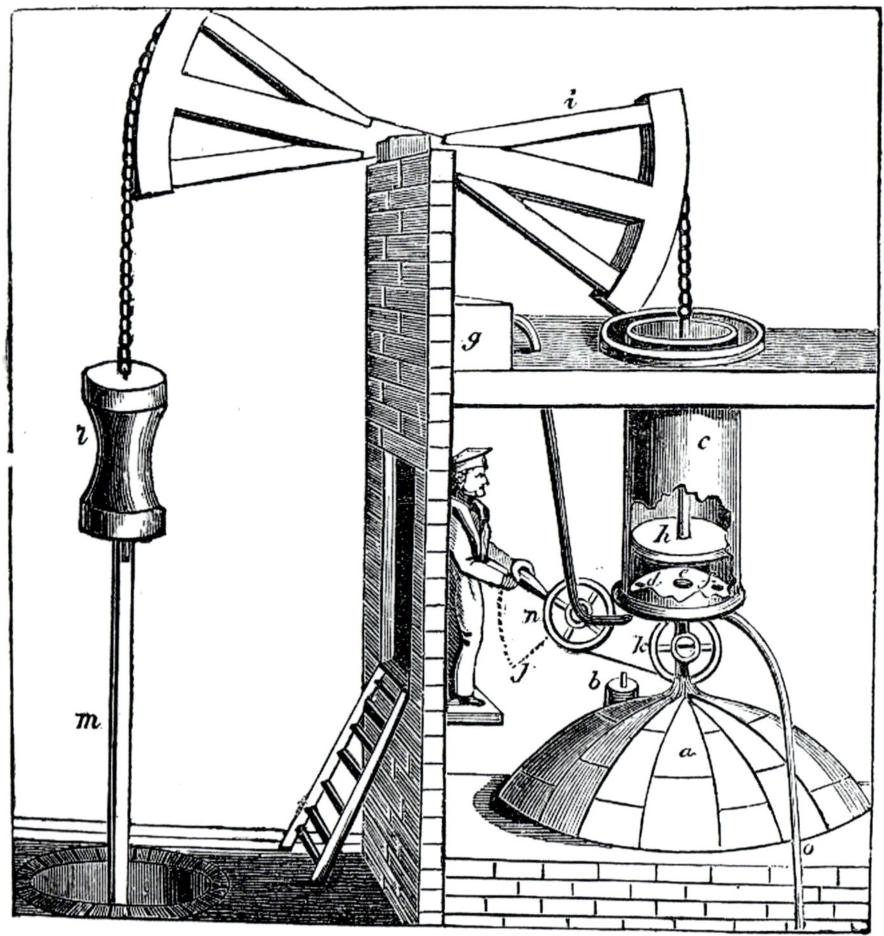

Bei der Newcomen-Maschine setzte ein Kolben (rechts) einen Schwingbalken (oben) in Bewegung. Dieser trieb wiederum eine Pumpe an (links), die sich im Bergwerk befand.

möglicherweise auch mit Versuchen vertraut, die von Papin vorgenommen worden waren. Newcomen begann bereits 1702, sich mit der Konstruktion einer „Feuermaschine“ zu beschäftigen. Es sollte jedoch noch ein ganzes Jahrzehnt dauern, bis die erste funktionierende Maschine in Betrieb genommen werden konnte, nämlich in einer Kohlengrube in der Nähe der Stadt Dudley in den englischen Westmidlands.

Die Maschine verwendete einen Kolben, der in einem oben offenen Zylinder arbeitete. Unterhalb des Zylinders befand sich ein mit Wasser befüllter Kessel, von dem aus nach dem Anheizen Wasserdampf nach oben in den Zylinder stieg. Der Kolben wurde durch den Dampf nach oben gedrückt. Durch das Einspritzen von kaltem Wasser kondensierte der Dampf und erzeugte im Zylinder unterhalb des Kolbens einen Unterdruck. Der atmosphärische Druck von oben brachte den Kolben wieder in seine Ausgangslage.

Der entscheidende Vorteil von Newcomens Maschine war der Umstand, dass sie tatsächlich praktische Arbeit verrichten konnte. Der Kolben war nämlich über Ketten mit einem Ende eines Schwingbalkens verbunden. Am anderen Ende bestand eine Verbindung des Balkens über eine Stange mit der Pumpe im Bergwerk. Durch die Auf- und Abwärtsbewegung des Kolbens wurde auch der Schwingbalken in Bewegung gebracht und dadurch die Pumpe angetrieben.

Man bezeichnete die Newcomen-Maschine als „atmosphärische Maschine“ („atmospheric engine“), da der Luftdruck bei der Kolbenbewegung eine Rolle spielte. Eine andere Bezeichnung war „Feuermaschine“ („fire engine“), da zum Erhitzen des Wassers Feuer nötig war. Ein Nachteil der Maschine war der hohe Brennstoffverbrauch. Beim Einsatz in einer Kohlengrube konnte man jedoch über diesen Makel hinwegsehen. Die Maschine wurde in der Folgezeit verbessert und arbeitete effizient genug, um vor allem in den Kohlengruben eine weite Verbreitung zu finden. Das Zeitalter der Dampfkraft war mit Newcomens Erfindung endgültig angebrochen.

James Watt

Niemand wird mit dem Erfolg der Dampfkraft und dem Beginn der Industriellen Revolution so oft in Verbindung gebracht wie der schottische Erfinder James Watt (1736–1819). Er wird häufig als der Erfinder der Dampfmaschine bezeichnet. Aber, wie wir gesehen haben, gab es vor ihm andere Konstrukteure, auf deren Einfälle er aufbauen konnte.

James Watt hatte sich im Alter von 17 Jahren entschieden, Hersteller wissenschaftlicher Instrumente zu werden. Um die nötigen Kenntnisse zu erwerben, zog er von Schottland nach London, wo er eine Mechanikerlehre absolvierte. Er eignete sich innerhalb eines Jahres das Wissen an, für das andere Lehrlinge gewöhnlich eine siebenjährige Ausbildung benötigten. Nach seiner Rückkehr in das schottische Glasgow wurde er von der örtlichen Universität beauftragt, astronomische Instrumente, die dem Institut vermacht worden waren, in Ordnung zu bringen. Aufgrund seiner hervorragenden Arbeit an den Instrumenten boten ihm drei Professoren die Möglichkeit, innerhalb der Universität eine kleine Werkstatt einzurichten.

1764 bekam die Universität eine Maschine, die James Watts Aufmerksamkeit in Anspruch nahm: eine Newcomen-Dampfmaschine. Er erkannte schnell, wie ineffizient das Design war, da es zu viel Dampf und Kohle verschwendete. James Watt beschloss, an der Konstruktion zu arbeiten, um die Effizienz zu verbessern. 1765 fand er schließlich eine Lösung. Wie so viele andere geniale Erkenntnisse in der Menschheitsgeschichte kam ihm die Lösung des Problems in einem Augenblick plötzlicher Erleuchtung. Später erinnerte er sich:

„Es war im Parkgelände von Glasgow, ich hatte an einem schönen Sabbath-Nachmittag einen Spaziergang unternommen. Ich hatte das Parkgelände durch das Tor am Ende der Charlotte Street betreten – war am alten Waschhaus vorbeigegangen ... Ich war nicht weiter gegangen als bis zum Golf-Haus, als sich das ganze Ding in meinem Geist ordnete.“[1]

Die Newcomen-Maschine war zu dieser Zeit bereits seit einem halben Jahrhundert zum Wasserpumpen in Kohleminen im Einsatz. Sie hatte auch mehrere Verbesserungen erfahren. Einen wichtigen Beitrag, der zu einer bedeutenden Effizienzsteigerung führte, sollte der englische Ingenieur John Smeaton (1724–1792) noch 1775 leisten. Aber im Großen und Ganzen hatte sich das Design nicht verändert. Zu dieser Zeit befand sich das allgemeine Verständnis der Dampfkraft noch auf einer sehr primitiven Stufe. Die Wissenschaft der Thermodynamik würde für mindestens weitere 100 Jahre nicht formalisiert werden.

James Watt gilt als einer der bedeutendsten Erfinder der Technikgeschichte. Dieses Porträt von Carl Frederik von Breda hängt im Science Museum in London.

↓ James Watt war schon als Kind an den Naturwissenschaften interessiert. Das Gemälde des englischen Künstlers Marcus Stone zeigt ihn fasziniert vom Teekessel und dem aufsteigenden Dampf.

1 Zitiert in: Hart, Ivor B. (1958). James Watt and the History of Steam Power. London und New York: Abelard-Schuman, Seite 168 – 169

Watt war das Problem der Newcomen-Dampfmaschine, nämlich der Wärmeverlust, nicht entgangen. Als er mit der Maschine experimentierte, hatte er festgestellt, dass drei Viertel der thermischen Energie für die Erwärmung des Zylinders verbraucht wurden. Die Energie wurde verschwendet, weil bei jedem Zyklus des Kolbens kaltes Wasser in den Zylinder gespritzt wurde, um den Dampf zu kondensieren und seinen Druck zu verringern. Durch wiederholtes Aufheizen und Abkühlen des Zylinders vergeudete daher die Maschine den größten Teil ihrer Wärmeenergie, anstatt sie in mechanische Energie umzuwandeln. Watts Idee bestand nun darin, die Maschine mit einem separaten Kondensator auszustatten. Dies sollte seine erste und größte Erfindung werden.

1769 bekam er ein Patent auf „eine neu erfundene Methode zur Verringerung des Dampf- und Kraftstoffverbrauchs in Feuermaschinen". Es gelang ihm, das Versprechen einzulösen, mit dem separaten Kondensator die Betriebskosten der Maschine erheblich zu verringern. Im Vergleich zu den herkömmlichen Newcomen-Maschinen verbrauchte Watts Variante ungefähr 60 Prozent weniger Kohle. Verglichen mit der verbesserten Smeaton-Ausführung lag die Einsparung bei ungefähr 35 Prozent. Aber der kommerzielle Erfolg wäre nicht ohne die Partnerschaft mit dem Unternehmer Matthew Boulton (1728–1809) möglich gewesen. Diese Kooperation verschaffte Watt den Zugang zu einigen der besten Metallbauer der Welt, denen es möglich war, Bauteile für die Maschine in ausreichender Präzision herzustellen.

Rotierende Kraft

Solange die Dampfmaschine nur eingesetzt wurde, um Wasser aus den Minen zu saugen, reichten die Auf- und Abwärtsbewegungen der Kolbenstange aus. Aber das Potenzial der

Der Unternehmer Matthew Boulton trug erheblich zum Durchbruch der Dampftechnik bei.

Maschine war viel größer. Die Bergwerke benötigten auch maschinelle Kraft, um die Kohle und das Erz in Aufzügen und Förderwagen aus den Schächten und Stollen zu ziehen, und die schnell wachsende Textilindustrie wollte von den Wasserrädern als Antrieb für die Produktionsmaschinen loskommen. Matthew Boulton erzählte Watt, dass er auf seinen Geschäftsreisen in die Industriezentren London, Birmingham und Manchester erfahren habe, wie verrückt man nach einem Dampfantrieb sei. Falls Watts Dampfmaschine diese Aufgabe erfüllen sollte, musste sie eine Drehbewegung erzeugen können.

James Watt fand mehrere Lösungen. Eine davon, nämlich die Umsetzung mit einem Kurbelwerk und einem Schwungrad, verschob er, da sich bereits ein konkurrierender Erfinder, James Pickard, die Rechte dafür in einem Patent hatte sichern lassen. Bis zum Erlöschen dieses Patents im Jahr 1795 wichen Watt und Boulton deshalb auf ein Planetentriebwerk aus.

Damit war die Entwicklung der Dampfmaschine noch nicht beendet. Bisher übte die Maschine mit der Kolbenstange nur in eine

Richtung eine ziehende Kraft aus. 1782 bekam der Erfinder ein Patent auf eine doppeltwirkende Maschine. Bei dieser Konstruktion wirkten der Dampf und der anschließende Unterdruck von beiden Seiten auf den Kolben und verdoppelten dadurch die Leistung der Maschine. Dies war das Ergebnis einer Idee, über die Watt bereits 1775 nachgedacht hatte.

Der Umstand, dass bei der doppeltwirkenden Maschine die Kolbenstange nicht nur zog, sondern auch schob, brachte eine neue Herausforderung mit sich, denn die Geradeführung der Stange musste gewährleistet sein. Watt löste dieses Problem durch die Einführung eines Parallelbewegungsmechanismus, den er 1784 patentieren ließ. Es handelte sich dabei um eine Anordnung mehrerer miteinander verbundener Stangen, mit denen die Bewegung der Kolbenstange in einer senkrechten Position gehalten wurde. Watt bezeichnete diese Erfindung später als einen der genialsten einfachen Mechanismen, die er sich ausgedacht habe.

Die Wattsche Dampfmaschine erfuhr in der Folgezeit weitere Verbesserungen. Boulton schlug später die Notwendigkeit eines Fliehkraftreglers zur automatischen Drehzahlsteuerung vor. Watt nahm seinen Vorschlag auf und setzte ihn 1788 erfolgreich um. 1790 vervollständigte er die Maschine, indem er ein Messgerät zur Überwachung des Dampfdrucks erfand.

Bis zum Ende des 19. Jahrhunderts hatten Boulton und Watt etwa 500 Maschinen verkauft. Ohne die Dampfkraft wäre die Industrielle Revolution in ihrer Frühphase zum Stehen gekommen. Auch wenn die Wasserwege immer noch eine zentrale Rolle beim Gütertransport spielten, so war die Produktion nun doch von Wind und Wasser unabhängig. Dampfmaschinen trieben neben dem Bergbau unter anderem Betriebe der Metallverarbeitung, der Druckerei und der Papierherstellung an.

↑ „Old Bess" hieß diese Dampfmaschine, die in dem Boulton-Werk in Handsworth (heute Birmingham) ihre Arbeit verrichtete. Rechts ist das Planetengetriebe zu sehen, mit dem das Auf und Ab des Kolbens in eine Kreisbewegung umgewandelt wurde.

Die Dampfmaschine wurde im Laufe der Zeit weiterentwickelt. Der amerikanische Ingenieur und Erfinder George Henry Corliss (1817–1888) konstruierte eine nach ihm benannte Dampfmaschine, die den höchsten thermischen Wirkungsgrad besaß.

Richard Trevithick nutzte die Dampfkraft als Fahrzeugantrieb.

Die Dampfkraft auf Rädern

Das Patent, das James Watt 1784 erhielt, bezog sich nicht nur auf die doppeltwirkende Maschine und das Wattsche Parallelogramm, sondern auch auf das Konzept einer „von einer Dampfmaschine angetriebenen Kutsche". Die Idee war nicht von Watt gekommen, sondern von William Murdoch (1754–1839, später auch Murdock geschrieben), einem Angestellten der Firma Boulton & Watt. Murdoch würde später für mehrere eigene Erfindungen bekannt werden. Die bedeutendste davon war die Gasbeleuchtung mit Stadtgas im Jahr 1792. Aber er baute 1784 auch ein funktionierendes Modell eines dreirädrigen Fahrzeugs, das als Antrieb mit einer Dampfmaschine ausgestattet war.

Murdoch war nicht der erste, der auf die Idee gekommen war, einen Wagen mit Dampfantrieb zu bauen. In Frankreich hatte Nicolas Joseph Cugnot (1725–1804) schon 1769 einen dreirädrigen Wagen mit einem Dampfantrieb versehen. Es war ihm gelungen, den Kolbenhub in eine Drehbewegung umzuwandeln. Im folgenden Jahr baute er einen größeren „Fardier à Vapeur" („Dampf-Artilleriewagen"). Diese Version sollte in der Lage sein, vier Tonnen zu transportieren und knapp acht Kilometer pro Stunde zurückzulegen. In der Praxis erreichte das Fahrzeug jedoch nie diese Ziele. Es hatte ein Eigengewicht von etwa 2,5 Tonnen, war hinten mit zwei Rädern ausgestattet und hatte vorne, wo normalerweise die Pferde gezogen hätten, ein großes Rad. Das Vorderrad trug den Dampfkessel und wurde mit einer Deichsel gelenkt. 1771 soll dieses zweite Fahrzeug außer Kontrolle geraten und gegen eine Mauer gefahren sein. Allerdings stammt die früheste Darstellung des Unfalls aus dem Jahr 1801 und ist in zeitgenössischen Berichten nicht zu finden. Sicher ist nur, dass die französische Armee, für die das Vehikel vorgesehen war, die Experimente aufgab und das Fahrzeug in einem Arsenal lagerte, bevor es dem Musée des arts et métiers (Museum für Kunst und Gewerbe) in Paris übergeben wurde. Dort befindet es sich noch heute.

Ein weiterer Versuch, die Dampfkraft als Fahrzeugantrieb einzusetzen, führte der englische Ingenieur und Maschinenbauer Richard Trevithick (1771–1833) in England durch. Während aber Cugnot sein Fahrzeug für die Armee konstruierte, arbeitete Trevithick an der zivilen Nutzung seines Gefährts. Ob er von Cugnots Versuch gehört hatte, ist ungewiss. Aber möglicherweise inspirierte ihn William Murdoch, der für einige Zeit sein Nachbar war.

Trevithick stammte aus einem Bergbaudorf in der englischen Grafschaft Cornwall. Seine schulische Laufbahn war nicht vielversprechend. Manche Lehrer hielten ihn für ungehorsam, langsam, eigensinnig und verwöhnt. Er hatte zwar seine Probleme mit dem Lesen und Schreiben, aber er liebte es, mit Werkzeugen zu hantieren und an Maschinen herumzuschrauben. 1790 begann er als Dampfmaschinenreparateur in Minen in der Grafschaft Cornwall zu arbeiten. In seiner Freizeit arbeitete er an einer eigenen Erfindung: eine Hochdruckdampfmaschine, bei der kein Kondensator mehr nötig und ein kleinerer Zylinder möglich wäre. Dadurch würde man Platz und Gewicht einsparen können. Diese kompakte Maschine sollte man sogar als Antrieb auf einer Kutsche unterbringen können.

Am 24. Dezember 1801 nahm Trevithick sechs seiner Freunde mit auf eine Probefahrt auf einer Straßenlokomotive mit dem bezeichnenden Namen „Puffing Devil“ („Pustender Teufel“). Bei einer weiteren Testfahrt, die drei Tage später stattfand, versagte die Maschine allerdings den Dienst und explodierte, während sich die Passagiere glücklicherweise in einem Gasthaus befanden.

1803 stellte Trevithick ein weiteres Dampffahrzeug vor. Das neue Modell sah nicht mehr wie eine Straßenlokomotive, sondern wie eine Kutsche ohne Deichsel und Zugpferde aus. Als Antrieb diente aber auch in diesem Fall eine Hochdruck-Dampfmaschine, die am Heck des Gefährts angebaut war und die zwei Hinterräder mit einem Durchmesser von 2,4 Metern in Bewegung setzte. Die Steuerung erfolgte über das vergleichsweise kleine Vorderrad.

Die Einzelteile des Fahrzeugs waren in der Kleinstadt Falmouth in Cornwall hergestellt und nach London transportiert worden. Trevithick wollte seine pferdelose Kutsche in der Hauptstadt einem größeren Publikum vorstellen. Man sprach deswegen auch von der „London Steam Carriage“ („Londoner Dampfkutsche“). Die Straßen waren für den Tag der Probefahrt eigens abgesperrt worden. Die Dampfkutsche, in der sieben oder acht Passagiere Platz genommen hatten, fuhr auf einer 16 Kilometer langen Strecke mit einer Geschwindigkeit von vier bis neun Meilen pro Stunde (6,4–14,5 km/h). An einem darauffolgenden Abend fuhr Trevithick jedoch mit der Kutsche gegen ein Hausgeländer. Als Folge dieses Unfalls, dem mangelnden Interesse potenzieller Käufe und der zur Neige gehenden finanziellen Mittel verwarf der Erfinder seinen Plan, die Dampfkraft für den Straßenverkehr einzusetzen.

Mit der Straßenlokomotive „Puffing Devil“ unternahm Richard Trevithick den ersten Versuch, die Eignung der Dampfkraft für den Straßenverkehr zu demonstrieren.

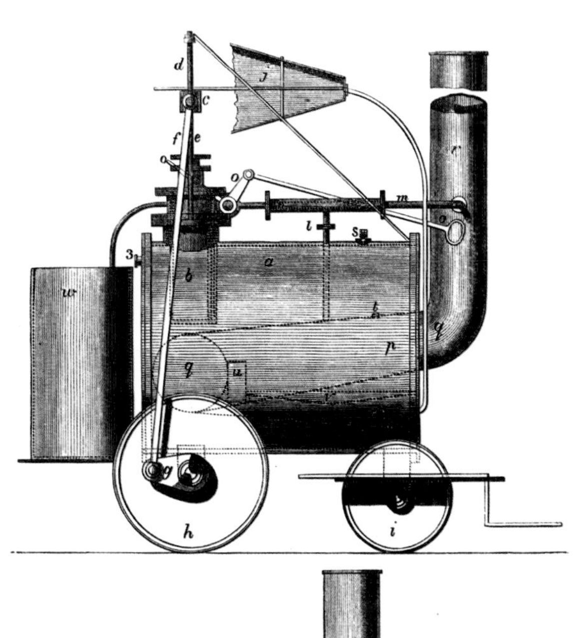

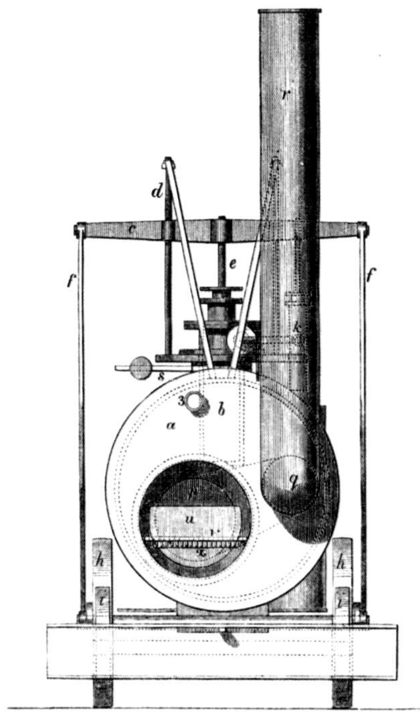

Erst als es möglich war, Schienen herzustellen, die das Gewicht der schweren Lokomotiven aushielten, konnte die Eisenbahn ihren Siegeszug antreten.

➔ Puffing Billy ist die älteste heute noch existierende Dampflokomotive. Sie wurde in den Jahren 1813 und 1814 für die Kohlengrube von Wylam, in der Grafschaft Northumberland, gebaut. Heute steht sie im Science Museum in London.

Die Dampfkraft auf Schienen

Obwohl sich bei Trevithicks Testfahrten die Dampfkraft für den Straßenverkehr nicht als sehr tauglich erwies, wurde die Idee von anderen weiterverfolgt. Einer von ihnen hieß Julius Griffiths. Er stammte aus Brompton in der Grafschaft Middlesex (heute Teil von London) und bekam 1821 ein Patent auf eine Dampfkutsche, mit der er in den folgenden Jahren Tests durchführte. 1822 bekam auch ein gewisser David Gordon ein Patent auf eine Straßenmaschine, über deren Erfolg allerdings nichts bekannt ist. Zwar gab es später durchaus Straßenlokomotiven, die jedoch für den Gütertransport verwendet wurden. Der Personenverkehr auf der Straße erfolgte weiterhin mit Kutschen, an deren Deichseln Pferde zogen. In der Zwischenzeit arbeitete Trevithick weiter an Hochdruckdampfmaschinen, die sich als sehr vielseitig erwiesen. Sie konnten in Bergwerken, in Fabriken, und später auf Schiffen und in der Landwirtschaft Verwendung finden.

Mit der Industriellen Revolution entstanden neben Wasserwegen und Straßen aber auch neue Transportwege, nämlich Schienen. Als man mit dem Verlegen der ersten Gleise begann, dachte man noch nicht an den Einsatz schwerer Zugmaschinen. Die Kraft für den Transport sollte nach wie vor von Pferden kommen. Aber die glatten Schienen waren weniger anstrengend für die Zugtiere als die Straßen mit ihren rauen und unebenen Oberflächen. 1726 schlossen sich mehrere Grubenbesitzer (Sydney Wortley, Sir Henry Liddell und George Bowes) aus Rationalisierungsgründen zusammen. Die Kohlenbergwerke lagen im Nordosten Englands in der Gegend von Stella, Derwenthaugh und Whickham sowie im Tal des Flusses Derwent. Man sprach vom „Grand Allies Agreement“ (das „Große Verbündeten-Abkommen“). Eine Folge des Zusammenschlusses war der Bau einer Schienenstrecke von den Bergwerken zum Fluss Tyne, von wo aus die Kohle verschifft wurde.

Die ersten Gleise waren aus Holz. Um die Haltbarkeit dieses Materials zu verlängern, begann man Mitte des 18. Jahrhunderts, die Schienen mit Gusseisenplatten zu belegen. Aber auch diese Ausführung hatte nur eine beschränkte Zeit überdauert. Eine stabilere Lösung waren die Schienen aus Eisenplatten, die man auf Steinblöcke nagelte. Ein frühes Beispiel dafür war die 1803 eröffnete Surrey Iron Railway im Süden Londons. Solange die Zugkraft noch von Pferden kam, hielt das Gusseisen dem Gewicht der Wagen stand. Sobald aber Lokomotiven über die Schienen fuhren, kam es unter den Rädern der schwergewichtigen Maschinen immer wieder zu Brüchen. Erst die Einführung von gewalztem Eisen in den 1820er-Jahren ermöglichte stabilere Strecken.

Der Erfolg der Dampfkraft war mit den expandierenden und verbesserten Strecken auch beim Gütertransport nicht mehr aufzuhalten. Die Wasserwege verloren damit ihre so lange geltende herausragende Bedeutung für den Warenverkehr. Nun konnten Industrien auch an Orten entstehen, wo sich keine Anlegestellen für Schiffe befanden. Die vielerorts enstehenden Bahnhöfe wurden ebenso wichtig wie Häfen.

Auch bei der Verbreitung der Eisenbahn spielte Großbritannien als herausragendste Industrienation und Herd der Industriellen Revolution eine Vorreiterrolle. Die „Kanal-Manie“ („canal mania“) der 1790er-Jahre, in der zahlreiche Kanäle angelegt wurden, um mit der Wasserkraft Maschinen anzutreiben und Wasserwege zu schaffen, wurde von der „Eisenbahn-Manie“ („railway mania“) übertroffen. 1843 befanden sich in Großbritannien 2036 Meilen (3277 km) in Betrieb. Aber dies war erst der Anfang. Von 1845 bis 1847, auf dem Höhepunkt der „Manie“, wurden 576 Unternehmen und 8731 (14.051 km) weitere Meilen zugelassen.

Auf dem europäischen Kontinent setzte die Industrielle Revolution mit einigen Verzögerungen ein. Während in den 1870er-Jahren der Eisenbahnbau in Großbritannien nahezu das Stadium der Sättigung erreicht hatte, kam er auf dem Kontinent erst richtig in Fahrt. Fast 60.000 Kilometer Gleise wurden in diesem Jahrzehnt in Kontinentaleuropa verlegt.

Die Dampfkraft auf Schienen löste die „Eisenbahn-Manie“ aus. Eisenbahnstrecken durchzogen Großbritannien und veränderten die Wirtschaft, das Leben der Menschen und die Landschaft.

Der Antrieb von Dreschmaschinen war ein wichtiges Einsatzfeld für die Dampfkraft in der Landwirtschaft.

→ Trevithick war davon überzeugt, dass eines Tages jede Art von landwirtschaftlicher Arbeit mit Hilfe der Dampfkraft erledigt werden könne. Einen Beitrag zur Bodenbearbeitung sollte eine seiner Maschinen leisten, an der sich ein mit Spaten bestücktes Rad dreht.

Die Dampfkraft in der Landwirtschaft

Die Dampfmaschine hatte die Industrie und das Transportwesen revolutioniert. Aber auch in der Landwirtschaft herrschte ein großer Bedarf an Zug- und Antriebskraft. Die Ablösung der menschlichen und tierischen Leistung durch die Maschine konnte jedoch nicht auf den kleinen Höfen erfolgen. Wegen der hohen Kosten kamen nur zahlungskräftige Gutsbesitzer in Frage.

Sir Christopher Hawkins (1758–1829), ein Großgrund- und Minenbesitzer in Cornwall und Förderer der Dampfkraft, beauftragte 1812 Richard Trevithick, ihm eine halbmobile Dampfmaschine für den Gebrauch auf der Farm zu bauen. Trevithick erfüllte diesen Wunsch und lieferte eine Dampfmaschine, die transportabel und für den Antrieb landwirtschaftlicher Maschinen geeignet war. Auf dem Hof von Hawkins wurde sie in Kombination mit der Dreschmaschine eingesetzt. Dadurch entfiel der Antrieb über einen Göpel. Ein Test zeigte, dass mit der Maschine 1500 Garben Gerste in vier und drei Viertel Stunden gedroschen werden konnten. Die Kosten beliefen sich auf zwei Shilling und sechs Pence am Tag, während die Kosten für den Betrieb mit Pferden bei einem Pfund am Tag lagen*.

Man kann nicht mit Sicherheit sagen, dass es sich um die erste dampfgetriebene Dreschmaschine oder gar die Verwendung der Dampfkraft in der Landwirtschaft handelte. Auf jeden Fall zeigte das Ereignis, dass nach den vielen Jahren der körperlichen Anstrengung die maschinelle Kraft begann, die tierische abzulösen – wenn die Entwicklung auch noch ganz am Anfang stand. Die von Trevithick gelieferte Maschine blieb bis in die 1880er-Jahre im Gebrauch und wurde später dem Science Museum in London übergeben.

Trevithick versorgte auch andere Farmer mit Dampfkraft. 1814 schrieb er in einem Brief: „Eine kleine Maschine, die ich für die Arbeit in einem Bergwerk hatte, musste ich den Farmern zum Dreschen schicken."[2] Für eine andere anstrengende Arbeit fand Trevithick ebenfalls eine Lösung. 1814 erwähnte er in einem Schreiben: „Die Pflugmaschine, von der ich Ihnen eine Zeichnung geschickt

* 20 Shilling ergaben ein Pfund, 12 Pence einen Shilling

habe, musste, nachdem sie zu diesem Zweck benutzt wurde, nach Exeter zum Wasserpumpen geschickt werden."[3] Die Maschine, auf die sich Trevithick in dem Brief bezog, war an der Rückseite mit einem Rad ausgestattet, das sich quer zur Fahrtrichtung drehte und mit Hilfe von angebrachten Spaten die Erde zur Seite warf. Ob das Pfluggerät von einer anderen Maschine gezogen oder mit einem eigenen Antrieb ausgestattet war, geht aus der erhaltenen Skizze nicht hervor. Wahrscheinlich mussten aber keine Pferde zum Ziehen eingesetzt werden.

Die Zeit der Lokomobilen und Dampfpflüge

Richard Trevithick war auf jeden Fall sehr optimistisch, was die Möglichkeiten der Dampfkraft in der Landwirtschaft betraf. In einem Brief von 1812 äußerte er die Überzeugung, dass man jeden Teil der Landwirtschaft mit Dampf verrichten könne.

Aber trotz der erfolgreichen Anwendung der Maschinen, die Trevithick den Farmern bereitstellte, verbreitete sich die Dampfmaschine auf den Höfen und Feldern nur langsam. Der Grund dafür waren dise hohen Anschaffungs- und Betriebskosten sowie die mangelnde Flexibilität. Lediglich auf den großen Gütern begannen die Dampfmaschinen die tierische und menschliche Kraft bei bestimmten Aufgaben abzulösen. Dabei handelte es sich vor allem um Pflugarbeiten und den Antrieb stehender Maschinen.

Ein Problem beim Einsatz der Dampfkraft war der Transport der schweren Maschinen. Während der Güter- und Personenverkehr auf Schienen dank der technisch immer ausgefeilteren Lokomotiven rapide zunahm, mussten die Dampfmaschinen für die Landwirtschaft noch auf Fahrgestelle montiert und von Pferden oder Ochsen an ihren Einsatzort gezogen werden. Im Deutschen nannte man eine solche Maschine „Lokomobile", was nichts anderes als „ortsbeweglich" heißt. Im Englischen sprach man dagegen von einer „portable engine" („bewegliche Maschine").

Die Bedingungen für den Einsatz der Lokomobilen waren in Europa und Nordamerika oft sehr unterschiedlich. In der Alten Welt belasteten die Maschinen Brücken und Straßen. Wenn man sie für Pflugarbeiten verwenden wollte, drohten sie, den Boden zu verdichten oder in der weichen Erde einzusinken. In den großen landwirtschaftlichen Betrieben, die sich den Einsatz von Dampfkraft leisten konnten, ließ man deswegen die

Der nordamerikanische Prärieboden konnte schwere Maschinen leichter tragen als die Ackerböden in Europa, weshalb die dampfgetriebenen „traction engines" dort ein Einsatzfeld fanden.

← Auf manchen Höfen übernahmen Lohnunternehmer mit ihren Lokomobilen und Dreschmaschinen die Arbeit.

2 Vgl. Trevithick, Francis (1872). Life of Richard Trevithick, with an Account of His Inventions (Volume II). London und New York: E. & F. N. SPON, Seite 30

3 Vgl. ebenda

Lokomobilen am Feldrand stehen und zog mit Hilfe einer Windetrommel und eines Drahtseils oder einer Kette einen Pflug über den Acker.

Die wichtigsten Hersteller dieser Dampfpflüge befanden sich auch in diesem Fall in Großbritannien. Die wahrscheinlich weltweit größte Bekanntheit erreichte die Firma John Fowler & Co., die 1862 im englischen Leeds entstand. Beim Fowler-System kamen zwei Lokomobilen zum Einsatz. Die Maschinen standen einander an den Längsseiten des Feldes gegenüber. Bei der Bodenbearbeitung zogen sie einen Kipppflug von einer Seite zur anderen. Diese Pflugart setzte sich aus zwei Rahmen mit jeweils einer Reihe von Scharen zusammen und lief auf zwei großen Rädern, die sich in der Mitte befanden und das Hauptgewicht trugen. An den Enden jedes Rahmens waren kleine Stützräder angebracht. Beim Pflügen kam immer nur eine Seite des Pflugs, das heißt ein Rahmen, zur Verwendung, während der andere schräg nach oben ragte. Sobald des Ende des Feldes erreicht war, kippte der Pflug auf die andere Seite und arbeitete beim Zurückziehen mit der anderen Scharenreihe. Auf diese Weise wurden die Schollen immer in die gleiche Richtung ausgehoben.

Die Fowler-Dampfpflüge wurden bis nach Afrika und Südamerika verschifft.

In den Vereinigten Staaten konnte das britische Unternehmen zwar ebenfalls einige Exemplare verkaufen, auf dem nordamerikanischen Kontinent herrschten aber andere Bedingungen. Die großen Farmen des Mittleren Westens und des Westens boten eine hervorragende Möglichkeit eines rentablen Einsatzes der Dampftechnik. Für eine Dampfpflugtechnik wie derjenigen von Fowler waren die Felder aber oft zu groß. Dagegen war der Prärieboden tragfähig genug, um das Gewicht einer Lokomobile auszuhalten. Zudem mussten auf den großen Farmen in der Regel auch keine Brücken überquert werden. Nach dem Vorbild der Lokomotiven konnten diese Lokomobilen außerdem mit einem eigenen Antrieb ausgestattet und als Zugmaschinen, sogenannte „traction engines“, eingesetzt werden. Eine Zugmaschine mit Dampfkraft stellte ein gewisser Joseph Fawkes bereits 1853 vor. Aber erst in den 1870er-Jahren erfolgte der Durchbruch der dampfgetriebenen Zugmaschinen auf den amerikanischen Farmen. Damit standen Leistungen zur Verfügung, die beim Pflügen mit Zugtieren noch unvorstellbar gewesen waren. Manche der Maschinen zogen Pflüge mit bis zu 20 Scharen.

Die Dampfmaschinen ließen sich jedoch nicht für alle Arbeiten einsetzen. Zum Säen mussten beispielsweise nach wie vor Pferde angespannt werden. Die Dampfkraft konnte zwar einige der anstrengendsten Arbeiten erleichtern, aber Richard Trevithicks Vision, dass die Dampfkraft alle Arten landwirtschaftlicher Arbeit erledigen könne, erfüllte sich nicht.

Auch in Europa entstanden selbstfahrende Lokomobilen, wie dieses Exemplar, das im Londoner Science Museum steht. Die großen, schweren Lokomobilen blieben für europäische Straßen jedoch ein Problem.

INVICTA

GAS
R
E
K
W
Willkommen
Ihr Kreativen.
swa
Für uns.

DER VERBRENNUNGSMOTOR: ARBEIT IM VIERTAKT

Während die Dampfkraft Industriemaschinen antrieb, auf den Gleisen die Züge in Bewegung setzte und in den großen landwirtschaftlichen Betrieben zum Pflügen und als Antrieb von Dreschmaschinen eingesetzt wurde, dachten manche Erfinder über eine Alternative zur Dampfmaschine mit ihrem enormen Bedarf an Brennmaterial und Wasser nach – etwas, was zudem kompakter und leichter als die Dampfmaschine war. Die Idee eines Motors, bei dem das Verbrennen von Kraftstoff direkt auf den Kolben wirkt, war geboren.

Ein in Washington beheimateter Hersteller warb 1840 für diesen Leuchtgasgenerator. Man konnte damit laut Werbung Hotels, Leuchttürme, Dampfboote, Landhäuser, Fabriken und Kirchen beleuchten.

← Dieses Gaswerk produzierte ab 1915 aus Steinkohle Gas für die Stadt Augsburg. Die Stadt wurde seit 1848 aus einem älteren Werk anfangs nur für die Straßenbeleuchtung mit Gas versorgt.

William Murdoch ist für viele Erfindungen verantwortlich. Heute ist er vor allem noch für die Einführung der Gasbeleuchtung bekannt.

Murdochs Leuchtgas

Wie schon weiter oben beschrieben, experimentierten bereits in den 1670er-Jahren Denis Papin und Christiaan Huygens an einem Motor, bei dem eine Explosion einen Kolben nach oben trieb. Ein Boiler zum Erzeugen von Dampf war bei einer solchen Maschine nicht nötig. Papin und Huygins können deshalb als die Väter des Explosions- oder Verbrennungsmotors gelten, auch wenn zu dieser Zeit der passende Brennstoff noch nicht zur Verfügung stand. Für mehr als ein Jahrhundert blieb es ruhig um diese Art von Motor. Die Zukunft schien zunächst der Dampfmaschine zu gehören.

Die nächste bedeutende Person auf dem Weg zum Verbrennungsmotor war William Murdoch, der für die Firma Boulton & Watt arbeitete und sich auch bei der Entwicklung der Dampfkraft einen Namen machte. Murdochs bekannteste Entwicklung ist aber die Gasbeleuchtung. Es begann mit einer Beobachtung, die er während der Arbeit mit Dampfmaschinen machte: Die erhitzte Kohle entwickelte ein brennbares Gas, das durch Rohre geleitet und an anderer Stelle abgefackelt werden konnte. Etwa 1792 – die Augenzeugenberichte widersprechen sich hier – begann Murdoch Experimente mit Kohle, Holz und Torf, um festzustellen, welches Material sich am besten zur Herstellung von brennbarem Gas eignete.

1794 erhitzte Murdoch in einer kleinen Retorte Kohle und leitete das dabei entstehende Gas durch ein etwa ein Meter langes Eisenrohr in einen alten Gewehrlauf, an dessen Ende es abbrannte. Im gleichen Jahr noch brachte er seine Erfindung zur praktischen Anwendung. Er stellte im Hof seines

Tanzen unter dem Gaslicht: Die künstliche Beleuchtung veränderte das Leben der Menschen. Dieses Bild von Charles Vernier (1813–1892) zeigt den Garten des Cafés La Closerie des Lilas in Paris.

Anwesens in der Kleinstadt Redruth, in der Grafschaft Cornwall, eine Retorte auf und führte eine Leitung durch ein Loch im Fensterrahmen bis zur Decke des Esszimmers oberhalb des Esstisches. Nun konnte man bei Bedarf Gas erzeugen und im Haus brennen lassen. Es war zwar noch eine sehr einfache und nicht ungefährliche Vorrichtung, aber die Gasbeleuchtung für das Zuhause war entstanden.

Murdoch kehrte 1798 nach Birmingham zurück, wo sich der Sitz der Firma Boulton & Watt befand und wo er seine Experimente fortsetzte. Vier Jahre später führte er seine Beleuchtung öffentlich vor, als er die Außenseite der zu Boulton & Watt gehörenden Maschinenfabrik Soho Works beleuchtete. Bald interessierten sich andere Unternehmen für die Beleuchtung der Arbeitsräume ihrer Fabriken. Auch immer mehr Städte stellten Gaslaternen in ihren Straßen und auf öffentlichen Plätzen auf. In London wurde die Straßenbeleuchtung mit Gas bereits 1807 demonstriert, und Paris begann 1829 mit der Gasbeleuchtung des Place du Carrousel. Wegen der Verwendung in Städten sprach man unter anderem von Stadt- oder Leuchtgas. Es wird jedoch angenommen, dass Murdoch trotz der enormen Bedeutung seiner Erfindung nie viel Geld damit verdiente. Zumindest verlieh ihm 1808 die Royal Society die Rumford-Medaille „für seine Veröffentlichung über den Einsatz von Gas aus Kohle zum Zwecke der Beleuchtung".

Es soll hier nicht verschwiegen werden, dass auch der französische Ingenieur Philippe Lebon (1767–1804) als Erfinder des Leuchtgases gilt. Er hatte schon 1786 die Eigenschaften des Gases aus der Destillation von Holz vorgestellt. 1799 bekam er ein Patent auf eine mit Gas betriebene „Thermolampe", die sowohl zum Heizen als auch zur Beleuchtung verwendet werden konnte. Er verstarb jedoch bereits 1804 und konnte den Erfolg seiner Erfindung nicht mehr miterleben.

Der Weg zum Gasmotor

Die Idee, Gas aus Kohle, Holz, Öl und anderen Substanzen zu erzeugen, hatte auch John Barber (1734–1793) aus der englischen Grafschaft Warwickshire, der nicht nur eine Kohlegrube leitete, sondern nebenbei auch noch für mehrere Erfindungen verantwortlich war. 1791 erhielt er ein Patent auf eine Vorrichtung, die als Antrieb für Maschinen dienen sollte. Als Kraftstoff stellte Barber ebenfalls Gas in einer Retorte her. Zur Abkühlung wurde es in einen Auffangbehälter geleitet. Eine Pumpe drückte anschließend eine Mischung aus Gas und Luft in einen Behälter, den Barber „Exploder" nannte. Dort erfolgte die Entzündung des Gemisches, das als kontinuierlicher Flammenstrahl gegen die Schaufeln eines Schaufelrads strömte. Um die Mündung des Gefäßes zu kühlen und durch Erzeugung von Dampf das Volumen des Strahls zu erhöhen, wurde auch Wasser eingespritzt. Barbers Vorrichtung erfüllte die Funktion eines Motors, war aber ohne Kolben und Zylinder.

Heute sind Gaslaternen als Straßenbeleuchtung eine Seltenheit. Einige der letzten kann man an der Stadtmauer von Nördlingen sehen.

1802 sorgte Murdoch mit der Beleuchtung der Außenseite der Soho Works für Aufsehen. Das Licht wurde teilweise mit Kohlegas erzeugt.

An Versuchen, das aus Kohle oder anderen Materialien erzeugte Gas als Treibstoff zu verwenden, mangelte es nicht. In einem Werk von 1909 wird jedoch ein Reverend (Hochwürden) W. Cecil als „Vater" des Verbrennungsmotors bezeichnet. Es ist nicht viel über die Person des Erfinders bekannt. Aber 1820 schrieb er eine Abhandlung mit dem Titel: „Über die Anwendung von Wasserstoffgas zur Erzeugung einer Bewegungskraft in Maschinen; mit einer Beschreibung eines Motors, der durch den Druck der Atmosphäre auf ein Vakuum bewegt wird, das durch die Explosion von Wasserstoffgas und Luft erzeugt wird". In diesem Dokument erklärt er, wie man die Energie von Wasserstoff nutzen kann, um einen Motor anzutreiben, und wie der Wasserstoffmotor gebaut werden kann. Seine Idee führte zwar zu keinem wirklichen Erfolg, aber sie war ein Schritt vorwärts.

In den 1820er-Jahren baute der Böttcher Samuel Brown (1799 – 1849) mehrere Gasmotoren. Unter anderem soll er Wasserstoff als Treibstoff benutzt habe. Er benutzte die Maschinen als Antrieb bei einer Bootsfahrt auf der Themse und fuhr mit einem motorisierten Wagen durch die Straßen von London. 1823 und 1826 erhielt er Patente auf seine Erfindungen. Brown zählt ebenfalls zu dem erlesenen Kreis von Personen, die manchmal als „Vater des Verbrennungsmotors" bezeichnet werden. Der kommerzielle Erfolg blieb zwar auch in diesem Fall aus, aber Browns Motoren dienten anderen als Vorlagen für eigene Entwicklungen.

Die Lenoir-Maschine

Der erste praxistaugliche Motor stammte schließlich von Jean-Joseph Étienne Lenoir (1822-1900). Lenoir stammte aus der Gemeinde Musson, die damals zu Luxemburg gehörte, 1830 aber Teil Belgiens wurde. 1838 verließ er seine Heimat und ging zu Fuß nach Paris. In der französischen Hauptstadt arbeitete er zunächst als Kellner. Später wurde er von einem Emaillierer angestellt. Er arbeitete an verschiedenen technischen Verbesserungen und erhielt 1847 sein erstes Patent. 1859 stellte er einen Motor vor, der mit einem

Lenoirs Maschine war der erste brauchbare Verbrennungsmotor. Er arbeitete noch nicht sehr effizient, inspirierte aber andere Erfinder, an der Entwicklung besserer Motoren zu arbeiten.

Gemisch aus Luft und Leuchtgas arbeitete. Das Leuchtgas war zu dieser Zeit bereits in den großen Städten weithin verfügbar.

Der Gasmotor arbeitete mit einem doppeltwirkenden Verfahren, wie es bereits bei Dampfmaschinen bekannt war. Am Anfang wurde der Kolben mit der Pleuelstange hochgezogen, wobei er die Luft-Gas-Mischung einsog. Die Zündung erfolgte durch einen elektrischen Funken. Die Explosion des Gemisches trieb den Kolben weiter aufwärts und brachte auch die Pleuelstange in Bewegung. Das Gas konnte durch das Einlassrohr nicht entweichen, da es mit einem Rückschlagventil versehen war. Die volle Wirkung der Explosion traf also auf den Kolben, der nach oben gedrückt wurde, wodurch die Pleuelstange Arbeit verrichtete. Als der Kolben das obere Ende seines Hubs erreichte, wurde das Auslassventil geöffnet. Da die Pleuelstange an einer Kurbel befestigt war, die ein Schwungrad drehte, ließ dessen Energie den Kolben nach unten gehen und die verbrannten Produkte aus dem Zylinder treiben. Das Zündgemisch wurde abwechselnd in den Brennraum oberhalb und unterhalb des Kolbens geleitet.

Lenoir hatte bei seiner Konstruktion mehrere Erkenntnisse und Techniken anderer Erfinder berücksichtigt. Dazu gehörten die Konstruktion eines Gasmotors von Philippe Lebon und ein Patent von Robert Street, das dieser 1794 für einen Motor bekam, bei dem die Kolbenbewegung entflammbares Gas einsog. Das entscheidende an Lenoirs Konstruktion war jedoch, dass es sich um den ersten wirklich einsetzbaren Verbrennungsmotor handelte. 1863 baute er das Antriebsaggregat in einen Wagen ein. Es gelang ihm damit, eine Strecke von neun Kilometern zurückzulegen.

Es stellte sich jedoch heraus, dass der Motor einen hohen Gas- und Ölverbrauch hatte. Die Kosten im Dauerbetrieb waren höher als bei einer Dampfmaschine. Ein rentabler Einsatz war deshalb vor allem auf Anwendungen beschränkt, die nur einen diskontinuierlichen Betrieb und eine relativ niedrige Leistung von bis zu vier PS verlangten. Trotzdem sah man den Motor weithin als einen Fortschritt an. Auf der Weltausstellung in London bekam Lenoir für den „praktischen Nutzen" eine Auszeichnung. Bis in die 1880er-Jahre wurden von dem Motor ungefähr 500 Exemplare hergestellt.

Philippe Lebon gilt nicht nur als einer der Erfinder des Leuchtgases, sondern auch als einer der Väter des Gasmotors. Die Früchte seiner Arbeit konnte er jedoch nicht ernten, da er 1804, im Alter von 37 Jahren, in Paris ermordet wurde.

Der Otto-Motor

Wenn die Lenoir-Maschine auch nicht den großen Durchbruch für die Motorisierung darstellte, so sorgte er doch für Aufsehen und inspirierte andere Erfinder, an einer Verbesserung zu arbeiten. Einer davon war Nicolaus

Nicolaus August Otto schrieb durch die Entwicklung eines Gasmotors Geschichte. Die Bezeichnung Ottomotor erinnert heute noch an ihn.

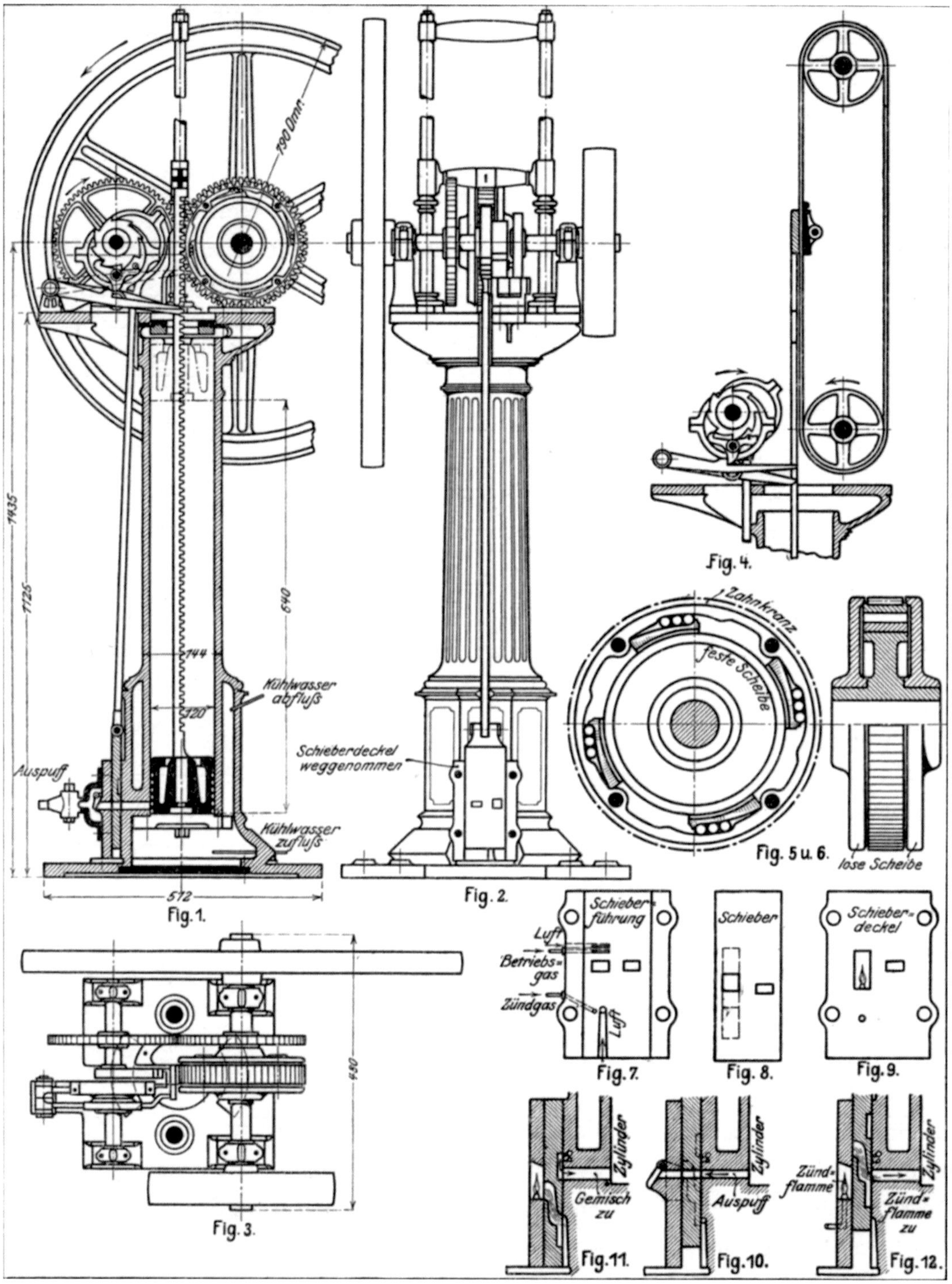

790 Dmr.
Auspuff
Kühlwasser abfluß
Schieberdeckel weggenommen
Kühlwasser zufluß
572
Fig. 1.
Fig. 2.
Fig. 3.
Fig. 4.
Zahnkranz
feste Scheibe
Fig. 5 u. 6.
lose Scheibe
Schieber-führung
Luft
Betriebs-gas
Zündgas
Luft
Fig. 7.
Schieber
Fig. 8.
Schieber-deckel
Fig. 9.
Zylinder
Gemisch zu
Fig. 11.
Zylinder
Auspuff
Fig. 10.
Zünd-flamme
Zylinder
Zünd-flamme zu
Fig. 12.

➔ Diese Konstruktionszeichnung zeigt die atmosphärische Kraftmaschine, für die Otto und Langen 1867 auf der Pariser Weltausstellung als Auszeichnung eine goldene Medaille erhielten.

August Otto (1832–1891), der in dem kleinen Dorf Holzhausen im Taunus geboren wurde und der Welt den Otto-Motor brachte.

Anfangs hatte Otto mit Technik nichts am Hut. Stattdessen erlernte er den Beruf eines Kaufmanns und beschäftigte sich mit dem

Verkauf von Tee, Zucker und Kolonialwaren. Es war die Ausübung dieses Gewerbes, was ihn dazu veranlasste, seinen Wohnsitz nach Köln zu verlagern.

Otto waren die Nachrichten von der neuen Antriebsmaschine zu Ohren gekommen. Er hatte die Idee, den Gasmotor zu verbessern, indem er ihn von der städtischen Gasversorgung unabhängig machte. Zu diesem Zweck ließ er sich nach seinen Plänen einen Apparat anfertigen, in dem sich Spiritus durch die Erwärmung verflüchtigte und so für den Antrieb des Motors dienen konnte. Bereits 1861 reichte er im preußischen Handelsministerium einen Patentantrag auf einen solchen Vergaser ein. Mit einem Quart (1,145 Liter) Spiritus sollte ein Motor mit einer Leistung von einer Pferdestärke drei Stunden lang betrieben werden können. Der Kraftstoff war auch außerhalb der Städte problemlos erhältlich, konnte leicht transportiert werden und nahm nur geringen Raum ein.

Ottos Patentantrag wurde jedoch abgelehnt. Der Grund dafür war, dass es bereits ähnliche Konstruktionen gab. Aber er ließ sich durch diesen Rückschlag nicht von seinem Vorhaben abbringen, sondern von einem Kölner Mechaniker einen funktionsfähigen Motor anfertigen, der ihm als Studienobjekt diente.

Ottos Ziel war es, etwas Neues zu schaffen. Er experimentierte mit verschiedenen Füllungen und Zündmomenten. Das Ergebnis war ein Viertaktmotor, der allerdings, so glaubte Otto damals, vier Zylinder haben musste. Er war sich so sicher, mit seiner Konstruktion den Durchbruch geschafft zu haben, dass er 1862 seinen Kaufmannsberuf aufgab, um sich auf den Motorenbau zu konzentrieren. In Frankreich und England bekam er auf seinen Viertaktmotor ein Patent. In Preußen lehnte man aber eine Patentierung weiterhin ab, da man keine wirklichen Neuerungen zu erkennen glaubte und an der Brauchbarkeit der Erfindung zweifelte. Tatsächlich waren bereits vorher Patente an zwei andere Erfinder, deren Motoren im Viertaktverfahren arbeiteten, vergeben worden.

Auch diesmal ließ sich Otto nicht entmutigen. Er richtete eine eigene Werkstatt ein, die allerdings nicht nur sein angespartes Geld und sein Erbe verschlang, sondern ihn noch dazu zur Kreditaufnahme zwang. Es war offensichtlich, dass er einen Unterstützer brauchte, der ihm finanziell und mit technischem Know-how unter die Arme greifen konnte. Diesen Partner fand er in der Person von Eugen Langen.

Eugen Langen

Anders als der Autodidakt Nicolaus Otto hatte Eugen Langen (1833–1895) eine technische Ausbildung genossen. Das Polytechnikum in Karlsruhe verließ er jedoch trotz seiner offensichtlichen Begabung ohne Abschluss. Seine technischen Kenntnisse waren Eugen Langen stets von Nutzen. Die Erfindung und der Verkauf eines Etagenrostes, der eine verbesserte Ausnutzung der in der Kohle enthaltenen Energie ermöglichte, war für ihn ein lukratives Geschäft. Aber Langen war in erster Linie Unternehmer. Diese Aufgabe übernahm er von seinem Vater, dem Kölner Zuckerfabrikanten und Eisenhüttenbesitzer Johann Jakob Langen. Als Leiter der Zuckerfabrik führte er später eine Zentrifuge ein, die der Klärung des Zuckers diente und eine Innovation darstellte, die sich auf die gesamte Zuckerindustrie auswirkte.

Eugen Langens Interesse beschränkte sich nicht auf die Zucker- und Eisenherstellung. Die Bedeutung des Lenoir-Motors war auch ihm zu Ohren gekommen. Als er schließlich mit Nicolaus Otto bekannt wurde, bot sich ihm die Möglichkeit, in eine neue, vielversprechende Branche einzusteigen.

Eugen Langen war ein vielseitig begabter und erfindungsreicher Unternehmer. Gemeinsam mit Otto verhalf er dem Verbrennungsmotor zum Durchbruch.

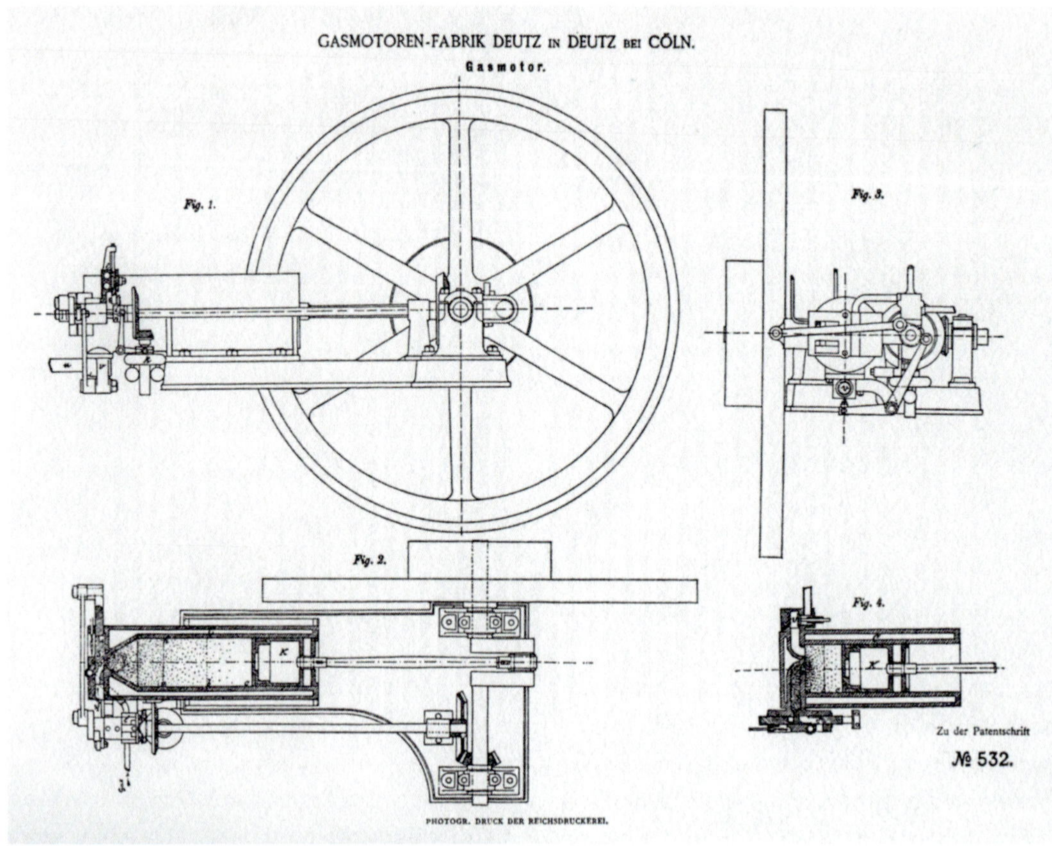

Diese Zeichnung stammt aus der Patentschrift von 1876, mit der die Gasmotoren-Fabrik Deutz eine Maschine anmeldete. Durch das Deutsche Reichspatent 532 erlangte der Ottomotor zunächst einen Schutz.

Die Gasmotoren wurden im Laufe der Zeit immer größer und stärker. Diese Gasmotoren wurden verwendet, um das Gebläse eines Hochofens anzutreiben.

Die Motorenfabrik N. A. Otto & Cie

Am 31. März 1864 schlossen Nicolaus Otto und Eugen Langen vor einem Notar einen Vertrag zur Gründung eines Unternehmens, das den Bau von Verbrennungsmotoren zum Ziel hatte: die Firma N. A. Otto & Cie. Der bereits hoch verschuldete Otto brachte seine Patente in die Firma mit ein. Er war der persönlich haftende Teilhaber. Langen lieferte das dringend gebrauchte Kapital, nämlich 10.000 Taler, die er nicht selbst aufbringen konnte, sondern von seinem Vater und einem Geschäftsfreund leihen musste. So entstand die „erste Motorenfabrik der Welt" – wie sich das Unternehmen später selbst gerne in der Werbung bezeichnete.

Einige Monate nach der Gründung errichtete die Firma ihre Werkstatt in sehr

← Dieser Ottomotor ist mit einem Dynamo verbunden, um Strom für die Beleuchtung eines Gebäudes zu erzeugen.

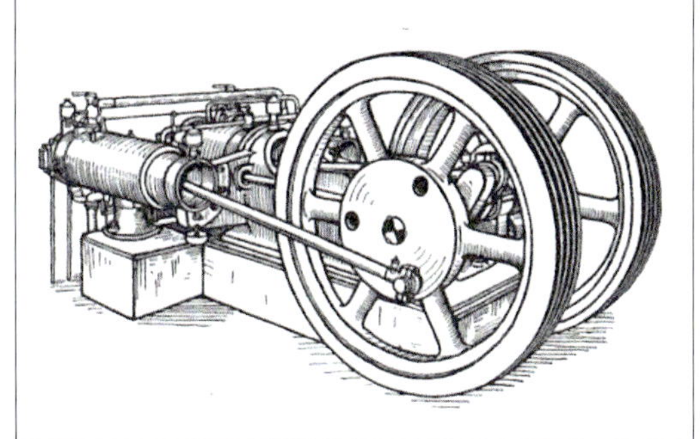

Ottomotoren, wie diese Dreizylinderverbundmaschine, schufen für viele Betriebe eine Alternative zu den vergleichsweise ineffizienten Dampfmaschinen.

Die Crossley-Brüder (Crossley Brothers) in Manchester erwarben bereits 1869 die Rechte aus dem Patent von Otto und Langen für das Vereinigte Königreich und bauten Motoren nach dem Otto-Prinzip.

bescheidenen Räumlichkeiten in der Kölner Servasgasse. Ottos Motor war jedoch noch nicht serienreif. Der Erfinder kämpfte noch mit einigen technischen Schwierigkeiten. Es war schließlich Eugen Langen, der die entscheidende Änderung vorschlug. 1865 bekam der atmosphärische Motor endlich das preußische Patent.

Richtig funktionsfähig wurde der Motor jedoch erst 1867, gerade rechtzeitig für die Weltausstellung in Paris. Diese Messe bot Otto und Langen die Möglichkeit, ihre „atmosphärische Kraftmaschine" der ganzen Welt vorzustellen. Darüber hinaus konnte sich bei dieser Gelegenheit das Antriebsaggregat aus Köln mit anderen Motoren messen lassen, und es stellte sich heraus, dass die Kölner Konstruktion ein Drittel weniger Gas pro Pferdestärke und Stunde verbrauchte als der Lenoir-Motor. Dies war ein bedeutender Erfolg für die Kölner, der ihnen nicht nur die „Goldene Medaille" einbrachte, sondern sie weithin bekannt machte. Endlich war die Zeit der Tests vorbei, die Produktion konnte beginnen. Der Erfolg auf der Weltausstellung hatte die Firma über die Grenzen hinaus bekannt gemacht, und die Zahl der Bestellungen wuchs beständig. 1868 konnte bereits jede Woche ein Motor ausgeliefert werden.

1869 zog die Firma in eine neue Fabrik in der Stadt Deutz, auf der anderen Seite des Rheins. Der neue Sitz befand sich seit 1872 im Firmennamen, der nun „Gasmotoren-Fabrik Deutz" lautete.

1876 stellte Otto seinen neuen Motor vor. Dieses Aggregat arbeitete mit dem Viertaktverfahren und der Verdichtung des Gas-Luft-Gemisches, was den Wirkungsgrad und die Wirtschaftlichkeit des Motors erhöhte. Es konnte jedoch nicht ausbleiben, dass das Patent, das Otto dafür erhielt, von mehreren Seiten angefochten wurde. 1886 hob das Reichsgericht in Leipzig den größten Teil der Ansprüche, die sich aus dem Patent von 1876 ergaben, wieder auf. Dies war eine bittere Niederlage für die Gasmotorenfabrik Deutz. Aber für die Verbreitung des Ottomotors war dies nur förderlich.

Das Viertaktverfahren

Die meisten Ottomotoren arbeiten im Viertaktverfahren. Es gibt zwar auch Zweitaktmotoren, die jedoch nur noch in Motorrädern, Motorsägen, Außenbordmotoren und so weiter verwendet werden. Der Zylinder eines Motors ist mit zwei Ventilen, dem Ansaugventil (auch Einlassventil genannt) und dem Auspuffventil (Auslassventil), versehen. Diese Ventile sind abhängig vom jeweiligen Takt geöffnet oder geschlossen. Der Kolben, der innerhalb des Zylinders in Auf- und Abwärtsbewegungen versetzt wird, ist über eine Pleuel- oder Schubstange mit der Kurbelwelle verbunden und setzt diese in eine Drehbewegung.

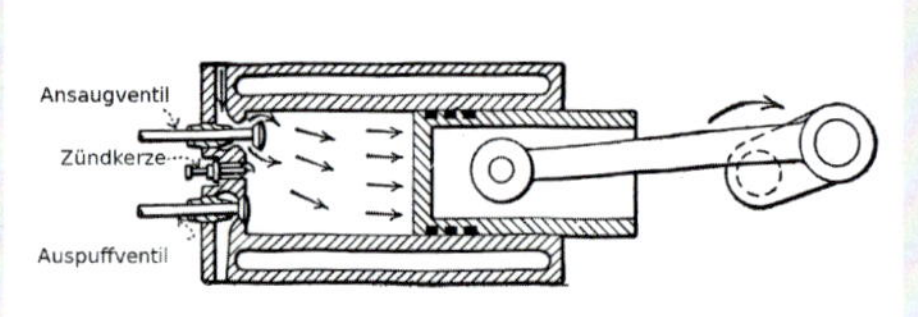

Beim ersten Takt bewegt sich der Kolben im Zylinder abwärts und saugt dabei über das Ansaugventil vom Vergaser her ein Gemisch aus Kraftstoff und Luft an. Man spricht deswegen vom Ansaugtakt.

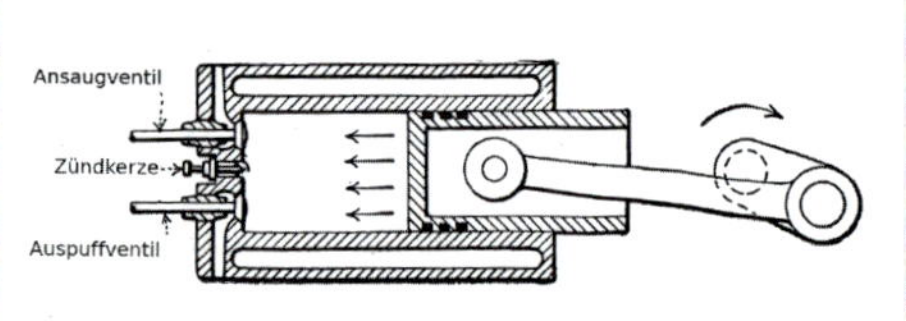

Beim zweiten Takt geht der Kolben wieder nach oben und komprimiert dabei das Luft-Kraftstoffgemisch im Zylinder. Beim Verdichtungstakt sind sowohl das Ansaug- als auch das Auspuffventil geschlossen.

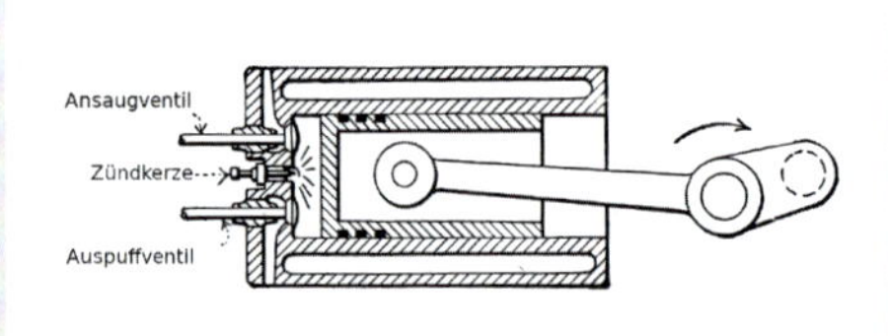

Wenn sich der Kolben dicht an der oberen Zylinderwand befindet und die Komprimierung die höchste Stufe erreicht hat, springt von der Zündkerze ein elektrischer Funke über und entzündet das Gemisch.

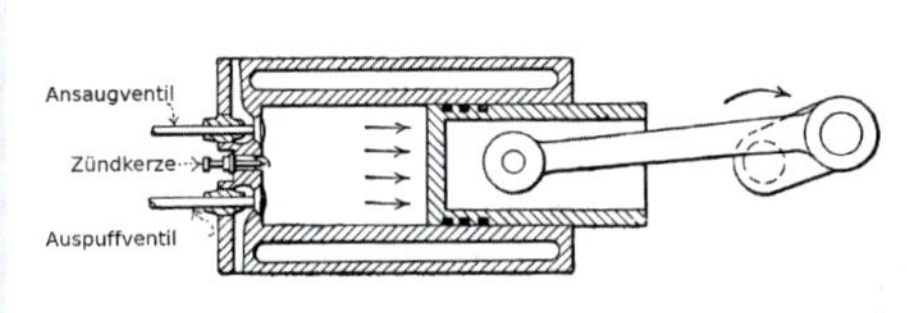

Durch die Verbrennung im Zylinder wird der Kolben wieder nach unten getrieben, wobei er Arbeit auf die Kurbelwelle überträgt. Dies ist der Arbeitstakt, mit dem der Motor tatsächliche Antriebsleistung erbringt.

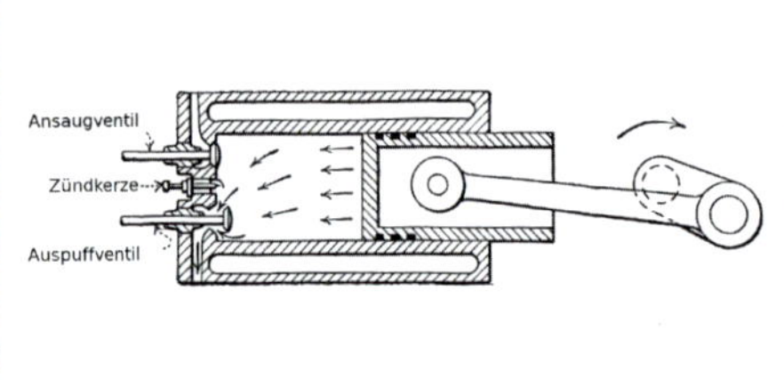

Nachdem der Kolben unten angelangt ist, geht er wieder nach oben. Nun öffnet sich das Auspuffventil und lässt das durch die Verbrennung entstandene Abgas entweichen. Nachdem der Kolben wieder oben angelangt ist, beginn der Kreislauf von Neuem.

GROSSE ERWARTUNGEN

Ende des 19. Jahrhunderts bestanden oft große Erwartungen hinsichtlich des Verbrennungsmotors. Obwohl die Motoren im Vergleich zu den mächtigen Dampfmaschinen nur eine bescheidene Leistung erbringen konnten, glaubte man, den kompakteren und sparsameren Generatoren würde die Zukunft gehören. In einem Buch von 1897 äußerte der Autor seine optimistische Überzeugung:

„Die unansehnlichen Schornsteine, die Rauch und Ruß ausstoßen, werden auf die Schrotthalde verbannt, und das Eisen wird verwendet, um nützlichere Maschinen zu bauen. Die Luft unserer Industriestädte wird so klar sein wie auf dem Lande. Die Kosten der Energieerzeugung werden so niedrig sein, dass ein Bettler fahren kann, und im nächsten Jahrzehnt wird die Dampfmaschine dieselbe relative Stellung zur Gasmaschine einnehmen, die jetzt der Feuerstein und der Stahl zum Luzifer-Streichholz, der Talgdip zum elektrischen Licht, die Postkutsche zum Fahrrad, Motorrad oder die modernen elektrischen Straßenbahnen einnehmen, und die Zivilisation wird einen weiteren großen Schritt in Richtung Millennium machen."[1]

1886 meldet Carl Benz sein „Fahrzeug mit Gasmotorenbetrieb" zum Patent an. Als Antrieb besaß dieses erste wirklich einsatzfähige Automobil einen Einzylinder-Viertaktmotor mit einer Leistung von 0,75 PS. Das Fahrzeug fuhr auf drei Rädern.

1 Vgl. Warwick, B. P. (1897). The Gas Engine: How to Make and Use It. Lynn. MA: Bubier Publishing Company, Seite 9

Rudolf Diesel (1858–1913) gehört zu den großen Erfindern der Technikgeschichte. Aber trotz aller Erfolge nahm sein Leben ein tragisches Ende.

Rudolf Diesel

Trotz des Erfolgs und der schnellen Verbreitung des Ottomotors war die Suche nach effizienter arbeitenden Verfahren noch nicht abgeschlossen. 1892 trat ein junger Erfinder namens Rudolf Diesel an mehrere Unternehmen mit seiner Idee eines neuen Motors heran. Er nannte seine Erfindung „neue rationelle Wärmekraftmaschine". Im gleichen Jahr hatte er bereits einen Patentantrag für die Idee eines Motors mit selbstzündendem Kraftstoff eingereicht. Anders als beim Ottomotor sollte bei diesem von Diesel konzipierten Verfahren die angesaugte Luft stark komprimiert und anschließend der Kraftstoff eingespritzt werden. Dadurch sollte sich der Kraftstoff selbstständig durch die Hitze der verdichteten Luft entzünden.

Rudolf Diesel gehörte wie Nicolaus Otto zu den bedeutendsten Persönlichkeiten der Technikgeschichte. Auch nach ihm sollten schließlich ein Motor – der Dieselmotor – und der dazu gehörende Kraftstoff – der Diesel – benannt werden. Rudolf Diesel, der Sohn eines Augsburgers, war 1858 in Paris geboren worden. 1870 kehrte er in seine Vaterstadt zurück, wo er eine technische Ausbildung absolvierte. Anschließend trat er ein Studium an der technischen Hochschule in München an, wo er 1880 sein Abschlussexamen ablegte.

Da er seine Idee jedoch nicht ohne die Hilfe finanzstarker und entsprechend technisch ausgerüsteter Partner verwirklichen konnte, schrieb Diesel gleich nach seinem Patentantrag mehrere Unternehmen an. Darunter war auch die Gasmotoren-Fabrik Deutz. Eugen Langen wollte jedoch abwarten, bis Diesel sein Patent bekommen hatte. Im folgenden Jahr lag es vor, und Diesel schickte an Deutz eine ausführliche Beschreibung mit den notwendigen Berechnungen. Langen meinte aber, dass Diesels Idee zwar theoretisch richtig sei, aber erhebliche Zweifel an der praktischen Durchführbarkeit angebracht seien. Deutz verlor mit Langens ablehnender Haltung die Chance, ein weiteres Mal Ursprungsort einer wichtigen Motortechnologie zu werden.

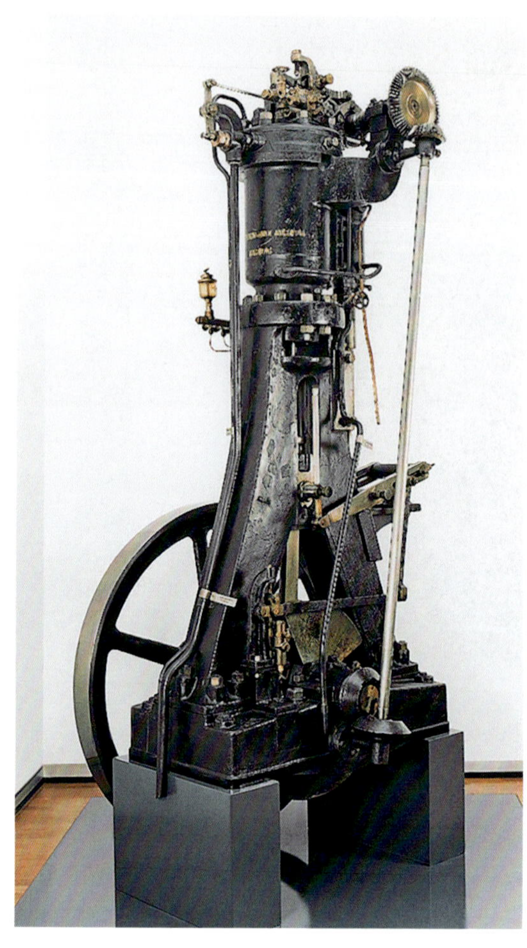

→ Der erste betriebsfähige Dieselmotor steht heute im MAN-Museum in Augsburg. Er ist drei Meter hoch und wiegt vier Tonnen. Mit einem Hubraum von 20 Litern erzielt er eine Leistung von etwa 20 PS.

Es war schließlich in seiner Vaterstadt, in der Diesel die nötige Unterstützung fand. Die Maschinenfabrik Augsburg reagierte zunächst zwar ebenfalls ablehnend. Nachdem einige Experten ihre Gutachten beigesteuert hatten, kam es aber doch noch zu einer Zusammenarbeit. Die Entwicklung des Motors nach dem „System Diesel" erwies sich jedoch als kompliziert. Anfang 1897 konnte schließlich der erste zufriedenstellend arbeitende Motor abgenommen werden. 1898 lieferte das Augsburger Werk den ersten Dieselmotor für den

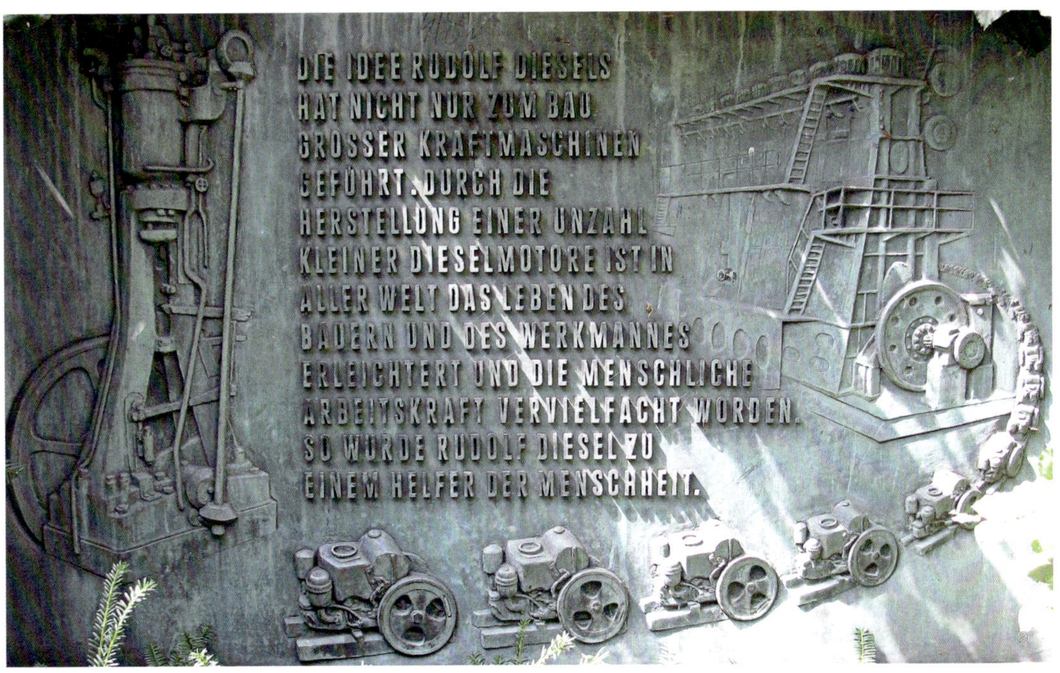

Zum Gedächtnis Rudolf Diesels ließ der japanische Unternehmer Yamaoka Magokichi 1957 im Augsburger Wittelsbacher Park einen Hain anlegen. „Durch die Herstellung einer Unzahl kleiner Dieselmotoren ist in aller Welt das Leben des Bauern und des Werkmannes erleichtert und die menschliche Arbeitskraft vervielfacht worden", heißt es in einer Widmung.

Fabrikbetrieb aus. Zwei Jahre später erhielt der Motor auf der Weltausstellung in Paris den Grand Prix. Der Dieselmotor war eine Konkurrenz für die Dampfmaschine und den Ottomotor im stationären Betrieb. Für den Einbau in Fahrzeuge eignete er sich wegen des hohen Gewichts jedoch noch nicht. In dieser Hinsicht hatte der Ottomotor weiterhin einen Vorteil. Auch Elektromotoren wurden zu dieser Zeit als Fahrzeugantrieb verwendet. Erst die Erfindung der Einspritzpumpe sollte dem „System Diesel" den Durchbruch im Nutzfahrzeugbereich ermöglichen.

Deutz erwarb 1897 eine Lizenz für den Bau von 20 Dieselmotoren, fertigte aber nur zwei davon an. Einer der Motoren wurde in die Vereinigten Staaten verschifft und war damit der erste Dieselmotor in der Neuen Welt. Den zweiten benutzte man für Tests. Auf die Serienfertigung ließ man sich bei Deutz schließlich wegen der hohen Lizenzgebühren nicht ein. Man wollte stattdessen lieber abwarten, bis das Hauptpatent auf den Dieselmotor abgelaufen war. Dies war 1907 der Fall.

DER ELEKTROMOTOR

Schon um etwa 600 vor Christus bemerkte der griechische Gelehrte Thales von Milet ein seltsames Phänomen: Wenn man einen Bernstein an einem Tierfell rieb, konnte das fossile Harz anschließend Strohstücke, Federn und andere kleine Gegenstände anziehen. Das griechische Wort für Bernstein ist „elektron". Es wurde nicht nur die Bezeichnung für das Elementarteilchen Elektron, sondern auch der Namensgeber für die Elektrizität.

Es sollte noch ein Jahrtausend vergehen, bis Wissenschaftler ernsthafte Versuche mit der Elektrizität anstellten. Im Jahr 1800 baute der Physiklehrer Alessandro Volta (1745–1827) die erste elektrische Batterie, und 1834 entwickelte Moritz Jacobi (1801–1874) den ersten Elektromotor, der eine nennenswerte mechanische Leistung abgab. In der Landwirtschaft erkannte man bald die Vorteile der kleinen Elektromotoren gegenüber der schwerfälligen Dampfkraft. Sobald Elektrizitätswerke verfügbar waren und die Höfe mit Strom versorgt werden konnten – was in manchen Gegenden noch sehr viel Zeit in Anspruch nahm –, erhielten Dresch- und Futterschneidemaschinen, Pumpen, Kreissägen und Buttermaschinen einen elektrischen Antrieb.

Zu den bekanntesten Versuchen, auch Fahrzeuge mit einem elektrischen Antrieb auszustatten, gehörte der Lohner-Porsche, ein Automobil, das Ferdinand Porsche 1900 auf der Pariser Weltausstellung präsentierte. Selbst das Pflügen versuchte man zu elektrifizieren. Aber wenn es um die Mobilität ging, hatte der Verbrennungsmotor einen entscheidenden Vorteil: Das Auftanken ging schnell, während das Aufladen einer Batterie im Vergleich dazu langwierig war. Es würde noch bis in die jüngste Zeit dauern, bis auch im Fahrzeugbereich die Zeit des Elektroantriebs gekommen war.

Prosper L'Orange leistete einen entscheidenden Beitrag zur Entwicklung des Dieselmotors zum Fahrzeugantrieb.

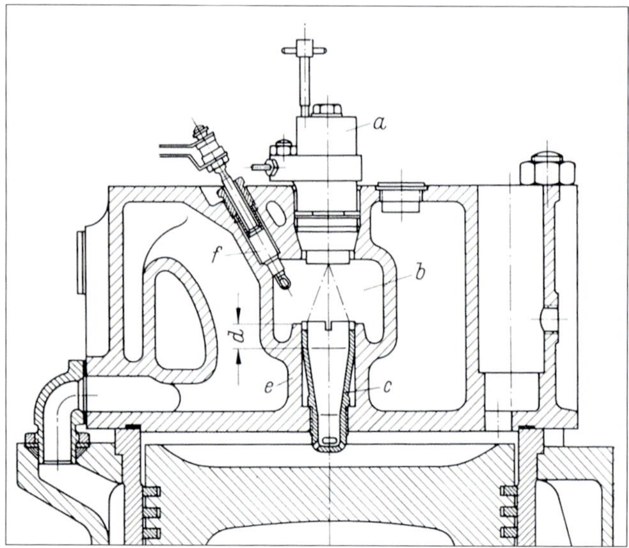

Die von Prosper L'Orange entwickelte Einspritzpumpe machte den Dieselmotor von der Drucklufteinspritzung unabhängig.

Prosper L'Orange und der Fahrzeug-Dieselmotor

Rudolf Diesel hatte als sein Lebensziel die Entwicklung des Automobilmotors bezeichnet. Allerdings konnte er das Erreichen dieses Ziels nicht mehr miterleben. Bei seinem Tod waren die Dieselmotoren noch zu groß und schwer, um als Fahrzeugantrieb zu dienen. Sie wurden zumeist stationär eingesetzt, um Maschinen und Schiffe anzutreiben oder Strom zu erzeugen. Der Grund dafür war die Drucklufteinspritzung mittels eines Kompressors mit seinen Hochdruckleitungen, Speicherflaschen und Zwischenkühlern. In mehreren Unternehmen arbeitete man daran, den Kompressor zu ersetzen. Es waren zwei Wege, die man verfolgte: die Luft aus dem Arbeitszylinder zu entnehmen oder den Kraftstoff durch eine Teilverbrennung zu zerstäuben. Bei Deutz hatte man bei Versuchsmotoren beide Wege beschritten und auch einige Patente erhalten. Es sollte aber ein Ingenieur mit dem Namen Prosper L'Orange sein, der den Durchbruch brachte.

Prosper L'Orange war 1876 in Beirut, das damals zum Osmanischen Reich gehörte, geboren worden. Sein Vater war Rudolf Heinrich L'Orange, der Chefarzt des Johanniter-Spitals der Stadt. Von 1896 bis 1900 studierte der junge L'Orange an der Technischen Hochschule in Charlottenburg Ingenieur-Wissenschaften und erwarb sein Diplom mit einer Auszeichnung.

Nach einiger Zeit an der Technischen Hochschule wechselte er zur Gasmotoren-Fabrik Deutz, wo er Leiter der Versuchsabteilung wurde. Er verfolgte die Idee eines getrennten Brennraums. Das bedeutete, dass neben dem Hauptbrennraum über dem Kolben ein Nebenbrennraum – oder Vorkammer – existierte. Durch diese heiße Vorkammer sollte der flüssige Brennstoff gespritzt werden, dabei teilweise verbrennen und verdampfen. 1907 konstruierte er einen schnelllaufenden Dieselmotor mit einer solchen Vorkammer. Allerdings wechselte L'Orange 1908 zu Benz & Cie. in Mannheim, wo er seine Motoren weiterentwickelte. Es sollte jedoch noch eine Weile dauern, bis der Vorkammermotor tatsächlich für die praktische Anwendung tauglich war. Zum einen brachte der Erste Weltkrieg zunächst eine Unterbrechung der Forschungsarbeit mit sich. Zum anderen führte die Verkokung und Verstopfung der Einspritzdüse zu einem unregelmäßigen Lauf des Motors. 1919 konstruierte L'Orange zur Lösung dieses Problems einen trichterförmigen Zündeinsatz, durch den der Brennstoffstrahl aus der Einspritzdüse traf, wodurch der Motor betriebssicher wurde. Zwei Jahre später folgte eine regelbare Einspritzpumpe, deren Fördermenge sich stufenlos verändern ließ. Damit konnte die Leistungsabgabe des Motors den Erfordernissen angepasst werden.

Der für den Antrieb von Fahrzeugen taugliche Dieselmotor war nun möglich. Bereits 1922 wurden diese Aggregate mit Motorpflügen eingesetzt, und ein Jahr später nahm der erste Diesel-Lkw die Fahrt auf. Damit begann der Siegeszug des Dieselmotors.

Verdampfender Kraftstoff

In seinen letzten Lebensjahren beschäftigte sich Nicolaus Otto mit der Suche nach einem neuen Verbrennungsverfahren, das den Betrieb mit schwerflüchtigen Kraftstoffen erlaubte. Er scheint dabei einer Lösung nahe

Der Hornsby-Akroyd-Motor hatte den Vorteil, dass er mit billigem Kraftstoff arbeiten konnte. Er diente außerdem als Vorlage bei der Entwicklung anderer Glühkopfmotoren.

gekommen zu sein, die dem Glühkopfmotor des britischen Ingenieurs Herbert Akroyd Stuart ähnelte. Bei Deutz verfolgte man diese Technik aber nicht weiter.

Manche Entdeckungen lassen sich auf ein zufälliges Ereignis zurückführen. Herbert Akroyd Stuart (1864–1927) war der Sohn von Charles Stuart, einem aus Schottland stammenden Unternehmers, der ein Eisen- und Weißblechwerk in der englischen Grafschaft Buckinghamshire leitete. Gemäß einer Anekdote soll er 1885 in der Firma seines Vaters aus Versehen etwas Petroleum in einen Behälter mit geschmolzenem Zinn gegossen haben. Das dabei verdampfende Öl entzündete sich sofort, als es mit einer Petroleumlampe in Kontakt gebracht wurde. Dies brachte Akroyd auf die Idee, den entzündbaren Dampf für den Betrieb eines Motors zu nutzen. Er baute 1886 den ersten Prototyp und meldete im selben Jahr sein erstes Patent an. Weitere Versuche und Patentanträge unternahm er gemeinsam mit Charles Richard Binney (1824 – 1909).

Was den Akroyd-Motor vom Ottomotor und von dem sich gerade in der Entwicklung befindlichen Dieselmotor unterschied, war die Art der Zündung. Der Kraftstoff gelangte zuerst in eine Art Vorkammer oberhalb des Zylinderkopfes, „vapouriser" (Verdampfer) oder „hot bulb" (Glühbirne) genannt. Dort erfolgte die Verdampfung und Selbstentzündung des Kraftstoffs durch den Kontakt mit der heißen Wandung des Verdampfers. Aufgrund der entstandenen Turbulenz schoss das Gas durch einen engen Kanal in den Zylinder. Der Verdampfer musste zum Start des Motors erst auf die entsprechende Betriebstemperatur gebracht werden. Dies erfolgte durch eine externe Flamme, etwa von einer Lötlampe. Sobald der Motor lief, wurde die Zündtemperatur durch die Verbrennungswärme beibehalten.

1891 kam Stuart zu der Überzeugung, dass der Motor für die Serienproduktion bereit war. Da er ein Unternehmen brauchte, das die Herstellung übernehmen konnte, bot er die Rechte der Firma Richard Hornsby & Son in Grantham, in der englischen Grafschaft Lincolnshire, an. Das Unternehmen war bereit, einen Hornsby-Akroyd-Motor auf Lizenzbasis zu entwickeln und zu vermarkten. Zwei der von Stuart gebauten Motoren wurden von Hornsby im Juni 1891

Die Versorgung mit Kraftstoffen war ein wichtiger Faktor, der zum Erfolg des Verbrennungsmotors führte. Im Vergleich zum Aufladen einer Batterie oder zum Herbeischaffen von Brennmaterial für eine Dampfmaschine ging das Tanken schnell.

auf der Royal Agricultural Show in Doncaster ausgestellt.

Der Hornsby-Akroyd-Motor war ein sofortiger Erfolg. Sein großer Vorteil bestand darin, dass er mit dem relativ billigen Schweröl arbeiten konnte, weswegen manchmal auch die Bezeichnung „Schwerölmotor" auftauchte. Es wurden insgesamt 32.417 Exemplare dieses Typs gebaut. Sie fanden auf vielfältige Weise Verwendung und wurden sowohl in horizontaler als auch in vertikaler Form in stationären sowie in bewegbaren Varianten hergestellt. 1896 wurde dieser Motortyp zum Antrieb einer Zugmaschine verwendet, und 1905 kam er in einer 20 hp (20,3 PS) leistenden Öllokomotive zum Einsatz. Hornsby baute später auch einen Raupenschlepper mit einem Antriebsaggregat dieser Art.

Andere Motorenhersteller übernahmen die Glühkopftechnik. Die bekanntesten davon waren Landini in Italien und Lanz in Deutschland. Allerdings arbeitete der Hornsby-Akroyd-Motor mit dem Viertaktverfahren, während es sich beim Lanz-Motor um einen Zweitakter handelte. In manchen Ländern wurde diese Motorart als „Semi-Diesel" oder „Halbdiesel" bezeichnet, weil sie Ähnlichkeiten mit dem Dieselmotor hatte. Der Verdichtungsdruck war jedoch bedeutend niedriger als bei einem richtigen Diesel, da die Entzündung nicht durch den hohen Druck, sondern durch die heiße Wand des Verdampfers erfolgte.

Mit dem Glühklopf-, dem Otto- und dem Dieselmotor waren drei Arten von Antriebsaggregaten vorhanden, die nicht nur das Potenzial hatten, die Dampfkraft auf den Äckern überflüssig zu machen, sondern schließlich auch den Pferden und anderen Arbeitstieren die Last abzunehmen. Der Weg zur Zugmaschine mit Verbrennungsmotor stand offen.

KRAFTSTOFFE

Die ersten Verbrennungsmotoren waren für den Betrieb mit Stadt- oder Leuchtgas konzipiert. Um die Motoren aber zum Antrieb von Fahrzeugen verwenden zu können, musste ein Treibstoff gefunden werden, der unkomplizierter als das Gas zu transportieren war. Die Entwicklung des Gasmotors zum Fahrzeugmotor wäre möglicherweise zum Stillstand gekommen, wenn nicht etwa um die gleiche Zeit, in der Lenoir mit seiner Erfindung für Aufsehen sorgte, die Mineralölindustrie entstanden wäre. Das aus dem Boden kommende oder in Minen anfallende Erdöl war zwar schon längere Zeit bekannt und wurde sowohl als Brennstoff als auch als Heilmittel verwendet. Mitte des 19. Jahrhunderts begann man aber damit, aus dem Erdöl Schmieröl und Petroleum als Leuchtmittel zu gewinnen. Wichtige Erdölquellen gab es zu dieser Zeit in dem damals zu Österreich gehörenden Galizien. Die Entdeckung von Benzin als Kraftstoff geht auf den in Wien lebenden Erfinder Siegfried Marcus (1831–1898) zurück. Seine eigentliche Bedeutung als Fahrzeugantrieb erhielt der Verbrennungsmotor erst, als es mit Hilfe von kleinen Vergasern gelang, leicht verdunstende flüssige Brennstoffe, wie Benzin, Spiritus oder Benzol, in einem Luftstrom zu zerstäuben. Kraftstofftoleranter war der Dieselmotor. Rohöl, Gasöl, Braunkohlenteeröl, Paraffinöl und Petroleum sollte der Dieselmotor des ersten Deutz-Schleppers laut Herstellerangaben verarbeiten können. Die Glühkopfmotoren standen in dieser Hinsicht in nichts nach. Laut Lanz waren auch aschehaltige Stoffe für den Betrieb tauglich, da sich die Asche restlos im Vorraum des Motors ansammelte.

Die dampfgetriebenen Lokomobilen erleichterten das Pflügen des schweren Präriebodens, aber sie mussten auch mit Wasser und Brennstoff versorgt werden.

AMERIKAS TRAKTORPIONIERE: MOBILE MOTORKRAFT

Die Lokomobilen oder „traction engines", wie man sie im englischsprachigen Bereich nannte, waren gegen Ende des 19. Jahrhunderts von den großen nordamerikanischen Farmen nicht mehr wegzudenken. Aber die Dampfgiganten hatten auch ihre Nachteile. In manchen Gegenden, etwa in der nordamerikanischen Prärie, mangelte es an passenden Brennstoffen. Zudem konnte aus der Feuerbüchse Glut fallen und das in der sommerlichen Hitze ausgetrocknete Getreide oder Gras in Brand setzen. Sogar die Versorgung mit Wasser für den Boiler stellte manchmal ein Problem dar. Es musste oft über weite Strecken mit Pferdefuhrwerken herantransportiert werden. Das Aufkommen leichterer und effizienterer Motoren bot deshalb erfindungsreichen Personen eine Möglichkeiten, Alternativen zu den schweren Dampfkolossen zu entwickeln.

John Charters „Zugmaschine"

John Charter (1838–1901) aus dem amerikanischen Bundesstaat Illinois gilt als der erste, der eine Zugmaschine mit einem Verbrennungsmotor als Antrieb baute. Wie viele andere war er als Kind mit seinen Eltern aus Deutschland in die USA ausgewandert. Er begann seine Karriere in einer wenig spektakulären Branche, nämlich im Zigarrenhandel. Aber bereits im Alter von 19 Jahren machte er seine erste Erfindung, die er sich patentieren ließ: eine Vorrichtung zur Zigarrenherstellung. Man scheint seine Fähigkeiten bald erkannt zu haben, denn vom Tabakhandel wechselte er zur Sterling Gas Company, von der die Kleinstadt Sterling mit Gas versorgt wurde. Etwas später übernahm er eine Stelle bei der Williams & Orton Manufacturing Company, die im gleichen Ort ihren Sitz hatte. Er stieg bald in das Management auf und wurde schließlich Präsident des Unternehmens. Nachdem er 1876 die Internationale Weltausstellung in Philadelphia besucht und einen Ottomotor bei der Arbeit gesehen hatte, überredete er das Management, in die Produktion dieser Maschinen einzusteigen.

Eine weitere wichtige Person bei der Entwicklung von Gasmaschinen bei Williams & Orton war Franz Burger – ebenfalls ein Einwanderer aus Deutschland. Zu dieser Zeit wurden mit Patentanträgen nicht nur Beschreibungen und Zeichnungen eingereicht, sondern auch Modelle der jeweiligen Gegenstände, die patentiert werden sollten. Burger baute Modelle für Patentanträge und hatte im Zuge seiner Tätigkeit auch die Otto-Maschine kennengelernt. Charter überredete ihn, für William & Orton zu arbeiten. An seinem neuen Arbeitsplatz entwickelte Burger einen Motor mit einer innovativen Vergasung. Charter meldete diese „Ölmaschine" beim

Die Charter Gas Engine Company stellte auch noch Benzinmotoren her, wie dieses Exemplar von 1891, nachdem die Einführung von motorisierten Zugmaschinen fehlgeschlagen war.

1 Bauer, Joseph (1854): „Dampf-Grabe-Maschine". In: Die Gartenlaube, Heft 9, S. 96

Patentamt an. Es handelte sich um einen der ersten Motoren in den Vereinigten Staaten, die mit flüssigem Kraftstoff arbeiteten. 1886 verkaufte Williams & Orton das erste Exemplar.

Um die Motoren beweglich zu machen, ließ Charter sie auf Fahrwerke montieren. Der nächste Schritt bestand darin, die motorisierten Fahrwerke selbstfahrend zu machen. Die erste Maschine des Unternehmens, die sich selbst vorwärtsbewegen konnte, erschien 1887. Ausgestattet war sie mit einem 10 bis 20 PS starken Motor. Sie besaß jedoch nur einen Vorwärts- und keinen Rückwärtsgang.

Oft wird dieses Gefährt als der erste Traktor bezeichnet. Der Ausdruck „Traktor" wurde zu dieser Zeit jedoch noch nicht zur Bezeichnung einer motorisierten Zugmaschine verwendet. Stattdessen sprach man, wie bei den selbstfahrenden Dampfmaschinen, von einer „traction engine" (Zugmaschine). Allerdings war der hauptsächliche Einsatzzweck der Antrieb stehender Maschinen. Was das Ziehen betrifft, verrichteten sie nur leichte Aufgaben, wie das Schleppen einer Dreschmaschine von einem Einsatzort zum anderen. Insgesamt verkaufte die „Charter Gas Engine Company", wie die Firma ab 1889 hieß, sechs Stück dieser Selbstfahrer mit Verbrennungsmotor. Sie wurden an Farmen im Bundesstaat South Dakota ausgeliefert. Die Fahrwerke kamen von der Firma Rumely, die zu dieser Zeit Dampf- und Dreschmaschinen herstellte.

Motorisierte Landmaschinen

Charters Unternehmen stellte zwar noch längere Zeit Verbrennungsmotoren her. Die Nachfrage nach den selbstfahrenden Maschinen war aber offensichtlich nicht groß genug, um die Produktion nach 1892 fortzusetzen. Aber auch andere Erfinder machten sich an die Arbeit, um Landmaschinen mit einem Verbrennungsmotor für den praktischen Einsatz zu schaffen. Einer von ihnen hieß George Taylor und lebte im kanadischen Vancouver. 1890 ließ er einen motorisierten Pflug patentieren. Von einer Serienproduktion des Motorpfluges ist jedoch nichts bekannt.

Mehr finanzielle Mittel und andere Möglichkeiten standen der Firma William Deering & Co. zur Verfügung. Das in Chicago ansässige Unternehmen war Ende des 19. Jahrhunderts einer der größten Erntemaschinenhersteller in den USA und schloss sich 1902 mit vier anderen Produzenten der Branche zur International Harvester Company (IHC) zusammen. 1891 bauten die Deering-Techniker einen sechs PS leistenden Zweizylindermotor, den sie auf eine Mähmaschine setzten. Wahrscheinlich handelte es sich dabei um den ersten selbstfahrenden motorisierten Mäher. Später entstanden bei Deering auch Motoren mit 12 und 16 PS Leistung. Eines dieser Antriebsaggregate kam

Mit einem modernen Schlepper hatte der Froelich-Traktor noch keine große Ähnlichkeit. Sein Einsatzzweck war hauptsächlich der Antrieb stationärer Maschinen.

Der Froelich-Traktor ist heute noch in einem kleinen Museum in dem ehemaligen Ort Froelich zu sehen.

auf einem experimentellen Maisernter zum Einsatz. Die Besucher der Weltausstellungen in den Jahren 1900 in Paris und 1903 in Saint Louis konnten ebenfalls motorisierte Deering-Mäher bestaunen. Aber bis zum ersten wirklichen Traktor sollten noch einige Jahre vergehen.

Ein Traktor aus Waterloo

Die fahrbaren Charter-Maschinen mögen zwar kein kommerzieller Erfolg gewesen sein, aber eines der motorisierten Fahrgestelle erweckte das Interesse von John Froelich, der 1888 bei der Drescharbeit auf einer Farm in South Dakota die Maschine im Einsatz erlebte.

John Froelich (1849 – 1933) wird oft als der Konstrukteur des ersten „Traktors" oder zumindest als des ersten technisch erfolgreichen „Traktors" bezeichnet. Er wuchs in Iowa, in dem kleinen, nach seinem Vater benannten Ort Froelich auf. John managte einen Getreidespeicher und betätigte sich als Lohndrescher. Er kannte die Nachteile der großen, schweren Dampfmaschinen aus eigener Erfahrung. Ob wirklich die Charter-Maschine den Anlass gab oder ob er auch selbst auf die Idee gekommen wäre, die Dampfkraft mit einem Verbrennungsmotor zu ersetzen, ist unbekannt. Jedenfalls erwarb er 1892 einen 16 PS leistenden Einzylindermotor der in Cincinnati ansässigen Firma Van Duzen. In Zusammenarbeit mit dem Schmied William Mann baute er das Aggregat auf einen Fahrzeugrahmen. Diese „traction engine" konnte nicht nur vorwärts-, sondern auch rückwärts fahren. Froelich und Mann brachten die Maschine per Eisenbahn nach South Dakota, wo sie sich im praktischen Einsatz mit einer Dreschmaschine der Firma Case zu bewähren hatte. In 52 Tagen konnte die Mannschaft mit ihrer Hilfe ungefähr 72.000 Bushel (2.537.213 Liter) Getreide dreschen.

Der „Traktor" konnte die angehängte Dreschmaschine außerdem anstandslos über schwieriges Terrain ziehen. Von der Marktfähigkeit seiner Zugmaschine überzeugt, nahm Froelich Kontakt mit Investoren auf. Mit acht Geschäftspartnern gründete er 1893 die „Waterloo Gasoline Traction Engine Company" – später „Waterloo Gasoline Engine Company" – mit Sitz in der Stadt Waterloo in Iowa. Die Selbstfahrer verkauften sich jedoch nicht wie erhofft. Nur für zwei der vier gebauten Exemplare konnten Käufer gefunden werden. Noch dazu brachten die Kunden ihre Maschinen wegen Unzufriedenheit wieder zurück. Das Unternehmen konzentrierte sich daraufhin auf die Produktion kleiner Standmotoren. 1895 verließ John Froelich die Firma. Bei der Waterloo Gasoline Engine Company hatte man jedoch die Idee von Zugmaschinen mit Verbrennungsmotoren nicht ganz aufgegeben. Aber es sollten noch fast zwei Jahrzehnte vergehen, bis man sich erneut an den Bau dieser Fahrzeuge wagte – und diesmal mit Erfolg.

1894 stellte auch der Motorlieferant Van Duzen einen Traktor vor, der eine auffallende Ähnlichkeit mit der Froelich-Maschine hatte. Auch in diesem Fall kam es zu keiner Serienproduktion. Van Duzen verkaufte die Pläne an die Huber Manufacturing Company in Marion, im Bundesstaat Ohio. Huber hatte bereits langjährige Erfahrung mit dem Bau von Dampfmaschinen und Lokomobilen. 1898 passte das Unternehmen einen Verbrennungsmotor an das Fahrgestell einer Dampflokomobile an, jedoch ohne damit erfolgreicher als die anderen frühen Pioniere zu sein. Huber ist heute selbst in den USA als Traktormarke kaum bekannt. Aber die Firma stellte später, nämlich von 1911 bis 1936, tatsächlich Traktoren her.

Der Paterson-Traktor war der erste Versuch des Dampf- und Dreschmaschinenherstellers Case in den Bau von Zugmaschinen mit Motorantrieb einzusteigen. Aber die Zeit war für den Landtechnikriesen noch nicht reif.

Der Paterson-Traktor

Es waren nicht nur kleine Unternehmer und Erfinder, die Verbrennungsmotoren als Chance für die Nutzung als Zug- und Antriebskraft sahen. Neben Deering streckte man auch bei dem großen Dampf- und Dreschmaschinenhersteller Case die Fühler aus, um die neue Technik zu crproben.

Obwohl die J. I. Case Threshing Machine Company zu dieser Zeit einer der führenden Produzenten dampfgetriebener Zugmaschinen war, erkannte man in der Firmenzentrale in Racine, im amerikanischen Bundesstaat Wisconsin, dass die Zukunft der landwirtschaftlichen Mechanisierung nicht bei den schweren Dampfkolossen lag. Man wagte sich deshalb auch in der Stadt am Michigansee an den Bau einer Zugmaschine mit Verbrennungsmotor. Bereits 1892 erhielt David Pryce Davies, ein Konstruktionszeichner bei Case, den Auftrag für die Entwicklung eines solchen Gefährts. Die Bezeichnung des Fahrzeugs lautete jedoch „Paterson-Traktor", weil auf den Zweizylindermotor, der als Antrieb diente, James und William Paterson (manchmal auch Patterson geschrieben) aus dem kalifornischen Stockton ein Patent besaßen. Die Zugmaschine wurde auf einer nahe gelegenen Farm getestet. Probleme mit der Zündung und Vergasung ließen das Projekt jedoch scheitern. Es sollten noch zwei Jahrzehnte vergehen, bis auch bei Case der erfolgreiche Einstieg in die serienmäßige Traktorenproduktion gelingen würde.

Die Otto-Zugmaschine

1894, also nur wenige Jahre nachdem Charter, Froelich und J. I. Case ihre ersten Zugmaschinen mit Verbrennungsmotoren gebaut hatten, stellte auch der Deutz-Ableger Otto Gas Engine Works in Philadelphia ein ähnliches Fahrzeug vor. Wie bei den anderen frühen Gefährten dieser Art handelte es sich dabei um ein Fahrgestell, auf das man nach

Die Otto Gas Engine Works in Philadelphia zählten zwar zu den frühesten Traktorpionieren, später fertigte das Unternehmen aber neben Motoren einige Jahre lang Automobile.

Vorbild der selbstfahrenden Lokomobilen einen Motor gesetzt hatte. Die Hinterräder wurden über Zahnräder und eine Reibungskupplung angetrieben. Die erste Version war mit einem 42 hp (42,5 PS) leistenden Motor ausgestattet. 1896 kam es zu einer Neugestaltung der Maschine. Es war vorgesehen, den Traktor in North Dakota bei der Feldarbeit zu testen. Darüber hinaus ist aber nicht mehr viel bekannt.

Obwohl nach Herstellerangaben die Betriebskosten der „Otto Traction Gasoline Engine“ nur halb so hoch wie bei einer dampfgetriebenen Zugmaschine waren, gelang dem Traktor aus Philadelphia ebenfalls nicht der Durchbruch auf dem Markt. Die Anzahl der hergestellten Exemplare belief sich wahrscheinlich auf nicht mehr als 14 Stück. Man übertraf zwar damit immerhin die Produktionszahlen der anderen frühen Traktorpioniere, aber eine wirtschaftliche Fertigung war noch nicht möglich. 1913 wurde die Firma Otto Gas Engine Works nicht mehr unter den Traktorherstellern aufgeführt. Auch der Durchbruch in der damals aufblühenden Automobilbranche blieb dem Unternehmen versagt.

Neustart in Iowa

Einer der beiden Männer, denen es schließlich gelang, den ersten kommerziell erfolgreichen Ackerschlepper der Welt auf den Markt zu bringen, wuchs auf einer Farm in der Nähe von Charles City im amerikanischen Bundesstaat Iowa auf. Charles W. Hart (1872 – 1937) war mit dem landwirtschaftlichen Alltag vertraut. Die Arbeiten waren oft langsam und mühselig, und während er hinter dem pferdegezogenen Mähbinder hertrottete, träumte er von einer Zugmaschine, die schneller als die Vierbeiner, aber leichter und billiger im Betrieb als die Dampfzugmaschinen war. Er entschloss sich, seinen Jugendtraum zu seinem Lebensziel zu machen. Um dies zu verwirklichen, musste er aber erst eine technische Ausbildung absolvieren.

Er besuchte zuerst das staatliche College in Ames und wechselte im Alter von 20 Jahren zur Universität Wisconsin-Madison, wo er ein technisches Studium begann. An dieser Lehranstalt hatte er eine Begegnung, die seinen weiteren Lebensweg beeinflussen sollte. Er freundete sich mit Charles H. Parr (1868 – 1941) an, und die beiden jungen Männer gründeten 1897, als sie noch Studenten waren, die Firma Hart-Parr in Madison mit dem Ziel der Motorenproduktion. 1901 errichteten sie eine Fabrik in Charles City. Dieses Datum gilt für manche als das Geburtsjahr der landwirtschaftlichen Traktorindustrie.

Noch im gleichen Jahr begannen sie mit dem Traktorbau. Ihr erstes in Serie produziertes Modell hieß Hart-Parr 17-30. Die Typenbezeichnung gab die Leistung an der Zugstange von 17 hp (17,2 PS) und an der Riemenscheibe von 30 hp (30,4 PS) wieder. 1903 vergrößerten die Hart-Parr-Techniker die Bohrung des Zweizylindermotors von neun auf zehn Zoll und den Hub von 13 auf 15 Zoll. Dadurch stieg die Leistung auf 22 hp (22,3 PS) an der Zugstange und 40 hp (40,6 PS) an der Riemenscheibe. Ein bedeutendes frühes Modell war der 30-60, der sich von 1907 bis 1918 in Produktion befand und der den Spitznamen „Old Reliable“ erhielt.

Die ersten Hart-Parr-Motoren arbeiteten mit Benzin. 1904 entwickelte das Unternehmen aber einen Motor, der mit dem billigeren Petroleum lief. Für den Start war zwar nach wie vor Benzin nötig, wenn der Motor aber eine bestimmte Arbeitstemperatur erreicht hatte, konnte der Fahrer auf den Betrieb mit Petroleum umschalten.

1907 befanden sich in den Vereinigten Staaten 600 Traktoren im Einsatz. Ungefähr ein Drittel stammte aus der Hart-Parr-Fabrik in Charles City.

Dem Bedarf vieler Farmer nach leichteren, flexibleren Modellen entsprach Hart-Parr 1918 mit dem „New Hart-Parr“. Dieser mit einem Zweizylindermotor ausgestattete Traktor zeichnete sich nicht nur durch eine verbesserte Technik aus, sondern unterschied sich von den Vorgängern außerdem durch ein moderneres Design.

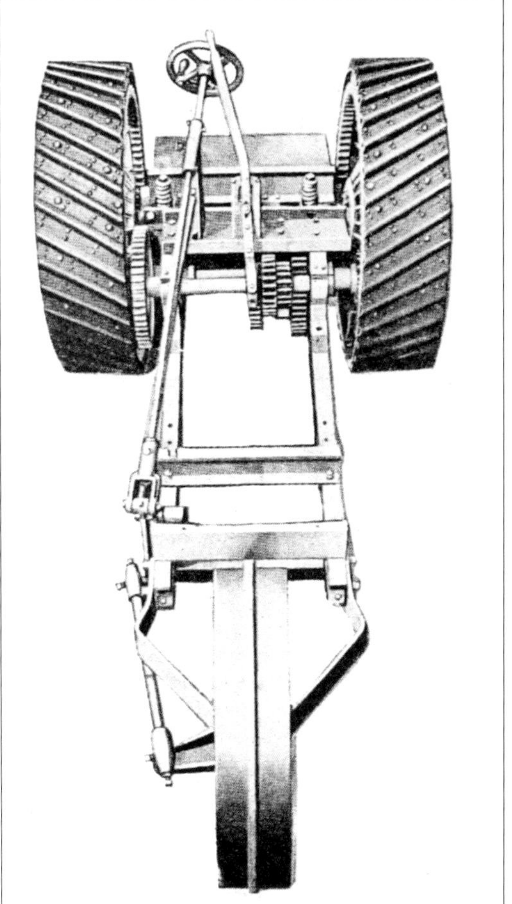

Die frühen Hart-Parr-Traktoren waren noch Rahmenkonstruktionen, auf die der Motor gesetzt wurde.

Die ersten Traktoren, wie dieses Exemplar von Hart-Parr, waren groß und schwer, aber sie waren bei der Motorisierung der Landwirtschaft ein entscheidender Schritt vorwärts.

→ Dieser Titan von IHC zieht fünf Mähbinder auf einem Flachsfeld in der kanadischen Provinz Saskatchewan.

→↓ Im John Deere Pavilion in Moline ist einer der frühen Waterloo Boys ausgestellt. Der Motor arbeitete mit „kerosene" (Petroleum), dessen Tank sich vorne befindet.

International Harvester

Der Erfolg von Hart-Parr konnte den Landtechnikriesen nicht entgehen. Einer der größten dieser Giganten war mit einem Anteil von 85 Prozent am amerikanischen Erntemaschinenmarkt die 1902 entstandene International Harvester Company (IHC). Zum Produktprogramm des international agierenden Konzerns gehörten auch stationäre Verbrennungsmotoren. IHC war dadurch bestens gerüstet, um sich auch ein Stück von dem großen Kuchen zu sichern, den der noch junge Schleppermarkt zu werden versprach. 1905 begannen die IHC-Ingenieure mit der Konstruktion von Schleppern. Dazu bestellte man von Zulieferern Fahrgestelle mit Getrieben. Im folgenden Jahr standen die ersten IHC-Traktoren zum Verkauf bereit. Die Modelle hatten anfangs noch nüchterne Bezeichnungen wie A, B, C und D. Ab 1911 bekamen die Schlepper fantasievollere Namen. Diejenigen, die aus dem Werk in Chicago kamen, hießen „Mogul" und wurden unter dem Markennamen McCormick vertrieben, und die Schlepper aus dem Werk in Milwaukee trugen den Namen „Titan" und wurden als Deering-Modelle verkauft. Die Leistung war ebenfalls in der Typenbezeichnung enthalten. Der 1911 und 1912 gebaute Mogul 45 konnte eine Leistung von 45 hp (45,6 PS) an der Riemenscheibe vorweisen. Von 1912 bis 1917 befand sich der Mogul 30-60 mit einer Leistung von 30 hp (30,4 PS) an der Zugstange und 60 hp (60,8 PS) an der Riemenscheibe in Produktion. Als Antrieb diente ein mit Petroleum arbeitender Zweizylindermotor.

Bereits von den ersten Modellen gingen einige Exemplare in den Export. Zu den aufgeführten Vorteilen dieser „selbstfahrenden Lokomobilen für flüssige Brennstoffe" gegenüber den Dampflokomobilen gehörten unter anderem das geringere Gewicht, der Wegfall der Kosten für das Heranschaffen von Wasser und Brennstoff, das Fehlen der Gefahr einer Kesselexplosion und die einfachere Bedienung.

Bis zum Ersten Weltkrieg konnte International Harvester ungefähr 15.000 Traktoren verkaufen. Dies klingt für ein Riesenland mit einem hohen Bedarf an Motorisierung auf den ersten Blick nicht überragend. Aber die Schlepper mit Verbrennungsmotoren waren zu dieser Zeit noch relativ teuer und mussten sich erst durchsetzen. Immerhin konnte IHC einen Anteil am Traktormarkt der Vereinigten Staaten von ungefähr 30 Prozent erzielen, was angesichts der

1 Vgl. Williams, Robert Charles (1981). Fordson, Farmall and Poppin Johnny: The Development and Impact of the American Farm Tractor. Dissertation, Texas Tech University, Seite 31, Fußnote 7

EIN NAME FÜR DIE ZUGMASCHINE

1906 soll W. H. Williams, der Verkaufsleiter der Firma Hart-Parr, die Bezeichnung „tractor" geprägt haben. In der Folgezeit wurde dieser Ausdruck die übliche Benennung von Fahrzeugen, die man vorher im Englischen „traction engines" („Zugmaschinen") oder „agricultural motors" („landwirtschaftliche Motoren") genannt hatte. Allerdings lässt sich der Begriff bis in das Jahr 1856 zurückverfolgen. Auch in einem Patentantrag von George H. Edwards im Jahr 1890 wurde das beschriebene Fahrzeug als „tractor" bezeichnet. 1912 sah sich die Zeitschrift Scientific American aber noch dazu veranlasst, die Frage zu stellen: „Was ist ein Traktor?" Die Antwort war in der Zeitschrift selbst zu finden: „Der Ausdruck ‚Traktor' ist lediglich ein neuerer und komfortablerer Ausdruck, um eine Zugmaschine (traction engine) zu bezeichnen." [1]

Im deutschen Sprachraum überwog vor dem Zweiten Weltkrieg dagegen der „Schlepper" als die gebräuchlichste Bezeichnung. Von einer „selbstfahrenden Lokomobile für flüssige Brennstoffe" sprach eine Anzeige für ein frühes IHC-Modell, das nach Deutschland exportiert wurde. Adolph Altmann verwendete schon 1896 die Bezeichnung „Trakteur" für sein Fahrzeug. Er hatte diese Bezeichnung aus dem Französischen übernommen, wo der Ausdruck „tracteur" bereits für Zugmaschinen Verwendung fand, die noch mit Dampfkraft liefen. „Trattore" und „trattrice" hießen die landwirtschaftlichen Zugmaschinen im Italienischen.

damaligen Größe und Marktmacht des Unternehmens nicht überrascht.

Die Waterloo Boys

Die Waterloo Gasoline Engine Company in Waterloo, Iowa, hatte sich nach dem Fehlschlag mit dem Froelich-Traktor unter einer neuen Leitung auf den Bau von Standmotoren konzentriert. Die Motoren wurden ab 1904 „Waterloo Boy" genannt. 1911 sah man auch in Waterloo die Zeit gekommen, wieder in den Traktorbau einzusteigen. Die Bezeichnung des Motors wurde auf die Traktoren übertragen. Von den ersten Waterloo Boys fanden nur wenige einen Abnehmer. Aber das 1914 eingeführte Modell R erwies sich

Diese Anzeige von Waterloo Boy Tractorsi in einer kanadischen Landtechnikzeitschrift hebt hervor, dass der Traktor von einer Person bedient werden kann und mit billigem Kraftstoff läuft. Konkret sucht die Firma in diesem Fall Verkäufer.

als ein richtiger Erfolg. Als Antrieb diente ein Zweizylinder-Petroleummotor. Nach Herstellerangaben betrug die Leistung an der Zugstange 12 hp (12,2 PS) und an der Riemenscheibe 25 hp (25,4 PS). Der Waterloo Boy R befand sich bis 1917 im Bau. In dieser Zeit wurden 9310 Exemplare verkauft. Noch erfolgreicher war das Modell N, das 1917 auf den Markt kam und von dem bis 1924 21.392 Stück hergestellt wurden. Während des Ersten Weltkriegs importierte die britische Regierung ungefähr 4000 Schlepper aus dem Waterloo-Werk, um die Produktivität der Landwirtschaft auf den britischen Inseln zu erhöhen. In Großbritannien waren die Waterloo Boys unter dem Namen „Overtime“ bekannt.

Case-Traktoren aus Racine

Auch die J. I. Case Threshing Machine Company wagte 1912 den erneuten Einstieg in die Schlepperproduktion. Mit den fortgeschritteneren Zünd- und Vergasersystemen und anderen technischen Entwicklungen der vorhergehenden Jahre sah man bessere Chancen für die Zugmaschinen mit Verbrennungsmotoren. Im ersten Jahr gingen zwei Modelle mit den Bezeichnungen 20-40 und 30-60 in Serienproduktion. Auch bei diesen Modellbezeichnungen gaben die Zahlen die Leistungen am Zughaken und an der Riemenscheibe wieder. Anfangs wurden die Motoren, die alle mit Petroleum liefen, noch von einem Zulieferer bezogen. Bald begann Case aber mit der Produktion eigener Antriebsaggregate.

Die Traktoren waren ausgereift genug, um bei den Farmern Anklang zu finden. Die Nachfrage nach den Schleppern war so groß, dass Case 1913 in Racine ein eigenes Werk für deren Produktion errichtete. In den 89 Jahren, die diese Fabrik in Betrieb war, verließen 920.000 Traktoren die Werkhallen.

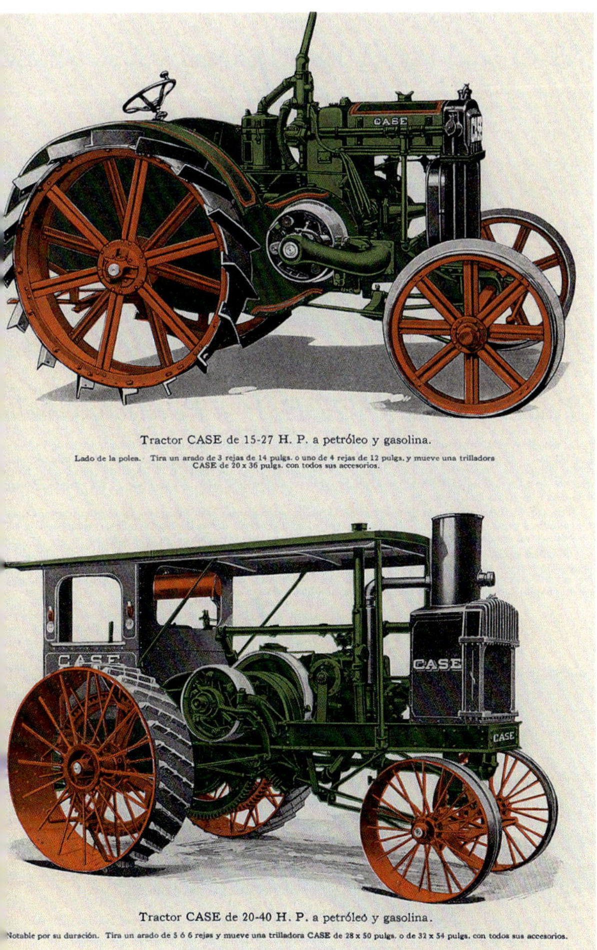

Der 20-40 war eines der Modelle, mit denen die Firma J. I. Case 1912 in die Serienfertigung von Traktoren einstieg. Das Betriebsgewicht des Schleppers betrug etwa 6,3 Tonnen.

← Werbung für zwei Case-Traktoren: Der 15-27 (oben) befand sich von 1919 bis 1924 in Produktion. Das untere Modell ist der 20-40, der von 1912 bis 1919 hergestellt wurde.

Case brachte in den folgenden Jahren in schneller Folge weitere Schleppermodelle auf den Markt. 1915 begann die Serienproduktion des kleineren und leichteren 10-20, bei dem es sich um den ersten Dreiradtraktor von Case handelte und der bereits ab einem Verkaufspreis von 900 Dollar zu bekommen war. Ein Jahr später folgte der noch kleinere 9-18. 1918 erschien mit dem 10-18 der erste Case-Schlepper in Blockbauweise. Zu den Großtraktoren seiner Zeit gehörte der 1921 eingeführte 40-72, der für den Antrieb von Dreschmaschinen und Sägewerken sowie für die Arbeit mit großen Pflügen konzipiert war. Während des Ersten Weltkrieges gelangten auch viele der Case-Traktoren nach Europa.

Als richtiger Bestseller erwies sich der 15-27, der 1919 auf den Markt kam und der großen Nachfrage nach leichten Allzweckschleppern entsprach. Etwa 17.000 Exemplare wurden von diesem Modell verkauft. Die Schlepper für die Landwirtschaft wurden gewöhnlich mit Eisenreifen ausgeliefert. Ausführungen mit Vollgummireifen gab es für Industrie, Handel und Gewerbe.

Massey-Harris, Bull und Parrett

Während in den USA immer mehr Unternehmen in den Traktormarkt einstiegen, hielt sich im nördlichen Nachbarland der größte Landmaschinenhersteller, Massey-Harris, zunächst aus diesem Geschäftszweig heraus. Als offensichtlich war, dass die Zugmaschinen mit Verbrennungsmotoren im Kommen waren, entschloss man sich in der Konzernzentrale in Toronto schließlich doch dazu, die Angebotspalette um Traktoren zu erweitern. Auf eine Eigenkonstruktion wollte man vorerst jedoch verzichten und dafür lieber auf das Know-how eines erfahrenen Schlepperbauers zurückgreifen. Da es in

Der Big Bull war ein vielversprechendes Modell. Aber der Hersteller konnte den Liefervertrag mit Massey-Harris in Kanada nicht einhalten.

Kanada keinen bedeutenden Produzenten von Zugmaschinen dieser Art gab, richtete das Massey-Harris-Management den Blick Richtung Süden.

Die in Minneapolis, im amerikanischen Bundesstaat Minnesota, ansässige Bull Tractor Company hatte 1914 den „Little Bull“ auf den Markt gebracht und war im folgenden Jahr auf den ersten Platz in der Verkaufsstatistik vorgestoßen. Der „Kleine Bulle“ hatte den Vorteil, nicht so schwer und behäbig wie die Maschinen der Konkurrenz zu sein. Er besaß einen Zweizylinder-Motor und leistete fünf PS an der Zugstange. Für manche Farmer, die mit dem Pflug große Präriefl ächen umbrechen wollten, war dies jedoch trotz aller Lobeshymnen nicht genug. Die Firma aus Minneapolis brachte deshalb 1915 einen größeren Schlepper auf den Markt: den „Big Bull“, der zwölf PS an der Zugstange leistete. Der „Große Bulle“ war jedoch schwerer und teurer. In den Verkaufszahlen fiel er hinter der Konkurrenz von International Harvester zurück. Trotzdem glaubte man bei Massey-Harris, dass dies der richtige Traktor für die kanadischen Farmer wäre. Man schloss deshalb mit der Firma aus Minneapolis ein Abkommen, das Massey-Harris den Vertrieb der Bull-Traktoren in Kanada überließ. Doch als 1917 die Lieferungen beginnen sollten, konnte die Bull Company ihren Teil des Vertrags nicht erfüllen. Der Grund dafür lag beim Zulieferer, der für die eigentliche Montage der Fahrzeuge zuständig war und der seinerseits den Vertrag mit der Bull

Mit dem M-H 1, bei dem es sich eigentlich um eine Lizenzausführung eines Parrett-Modells handelte, gelang Massey-Harris der Einstieg in den Traktormarkt.

Der Fahrkomfort spielte bei den frühen Traktoren, wie dem ersten Massey-Harris-Modell, noch eine nachrangige Rolle. Wichtiger war die Ausstattung. Dazu gehörte auch die Riemenscheibe an der Seite.

Company gekündigt hatte. Es ist unbekannt, ob jemals Bull-Traktoren an Massey-Harris geliefert wurden.

Nach dem Fehlschlag mit den Bull-Schleppern entschloss sich Massey-Harris zur Eigenproduktion von Traktoren. Allerdings setzte man immer noch lieber auf eine Lizenzfertigung als auf eine eigene Entwicklung. Einen geeigneten Lizenzgeber glaubte man bei der Parrett Tractor Company in Chicago gefunden zu haben. Nach dem Abschluss des Abkommens begann Massey-Harris 1918 mit der Fertigung eines Schleppers, bei dem es sich um das dritte Parrett-Modell handelte. In der Lizenzausführung erhielt das Fahrzeug die Bezeichnung Massey-Harris No. 1 (M-H 1). Die Produktion erfolgte zunächst in Toronto, wurde aber im folgenden Jahr in den nahe gelegenen Ort Weston verlagert. Der M-H 1 wurde nicht nur in Kanada verkauft, sondern gelangte über das Massey-Harris-Vertriebsnetz bis nach Großbritannien, Australien und Neuseeland.

Bereits 1920 kam eine verbesserte Version des Parrett-Schleppers auf den Markt. Bei Massey-Harris wurde er als No. 2 vertrieben. Die Produktion der dritten Version, des M-H 3, begann 1922 in Weston. Aber mittlerweile hatte sich die Situation auf dem Traktormarkt gravierend verändert. Die Flaute im Schleppergeschäft nach dem Ersten Weltkrieg und ein neuer Konkurrent namens Henry Ford, von dem noch die Rede sein wird, führten auch bei der Parrett Tractor Company wie bei vielen anderen kleinen Schlepperherstellern zur Schließung der Fabriktore. Damit schied Massey-Harris vorerst erneut aus der Schlepperbranche aus. Trotz aller Rückschläge war die Verbreitung des Traktors auf den nordamerikanischen Farmen nicht mehr aufzuhalten. Aber die wirkliche Revolution sollte noch kommen.

MOTORISIERTE ZUGMASCHINEN UND PFLÜGE: EUROPAS ERSTE TRAKTOREN

Während auf den großen nordamerikanischen Farmen Dampfzugmaschinen vielscharige Pflüge über die großen Felder zogen, die Getreideernte mit Mähbindern eingebracht wurde und Dreschmaschinen mit Dampfkraft arbeiteten, sah die Situation in Europa anders aus. Zwar gab es auch auf dem Alten Kontinent neben den vielen klein- und kleinstbäuerlichen Anwesen große Güter, aber der Einsatz moderner Landmaschinen war weniger rentabel. Einer der Gründe dafür war der Umstand, dass Arbeitskräfte billiger und bedeutend leichter verfügbar waren als in Nordamerika. Die großen Güter in Ostdeutschland konnten beispielsweise für die Erntearbeit leicht Erntehelfer aus Polen und anderen osteuropäischen Ländern anheuern, anstatt sich teure Maschinen zu leisten.

In diesem landwirtschaftlichen Betrieb benutzte man immerhin bereits einen Motor, um die Dreschmaschine anzutreiben. Das Foto entstand 1910.

Ein zögernder Anfang

Während sich in Nordamerika immer mehr Unternehmer an die Traktorenproduktion wagten, setzte die Landwirtschaft auf dem europäischen Kontinent immer noch auf Pferde, Ochsen und Dampfkraft. Einzelne Erfinder sorgten mit ihren Konstruktionen zwar für Aufsehen, aber die „Traktoren“ kamen meist über das Versuchsstadium nicht hinaus. Ein Beispiel dafür war ein gewisser A. de Souza, der um 1905 in Frankreich ein Fahrzeug baute, das einem Automobil sehr ähnlich sah, aber geeignet war, einen Pflug zu ziehen. 1916 fand in der Nähe von Paris ein Feldtag statt, bei dem verschiedene Hersteller die Leistungsfähigkeit ihrer Maschinen demonstrieren sollten. Von den 22 Fahrzeugen kamen jedoch nur 13 rechtzeitig zum Termin. Dabei handelte es sich um acht Traktoren, einen Seilpflug, zwei Automobilpflüge, eine Ackerfräse und einen Motorlastwagen. Die Traktoren stammten in fünf Fällen aus amerikanischer Produktion, ein Modell kam aus Italien, und zwei Fahrzeuge waren französische Konstruktionen. Der amerikanische Vorsprung zeigte sich noch dazu in dem Umstand, dass alle Modelle in Serie produziert wurden, während dies bei den europäischen Maschinen nicht in jedem Fall zutraf.

Einen ähnlichen Wettbewerb hatte es in Italien 1911 mit unbefriedigenden Ergebnissen gegeben. Die Vorführung fand zwei Jahre später noch einmal statt. Dabei waren sechs Hersteller vertreten: zwei amerikanische – International Harvester und Emerson-Brantingham –, drei italienische sowie ein deutscher, nämlich Robert Stock mit einem Motorpflug. Von den italienischen Herstellern erlangten nur Otav und Pavesi & Tolotti Bedeutung.

Eine Pionierleistung im Traktorenbau konnte Schweden verzeichnen. In dem skandinavischen Land hatte 1832 Johan Theofron Munktell in der Kleinstadt Eskilstuna eine Werkstatt für den Bau von Maschinen und Werkzeugen mit dem Firmennamen „Munktells Mekaniska Verkstad“ gegründet. Das Unternehmen baute 1852 die erste Lokomotive in Schweden. Eine weitere Vorreiterrolle übernahm Munktell mit dem Beginn der Serienproduktion des ersten schwedischen Traktors. Wie damals üblich, setzte sich die Typenbenennung aus Leistungsangaben zusammen. In diesem Fall lautete sie 30-40 und bezeichnete die Motorleistung in Pferdestärken. Allerdings wog der Schlepper über acht Tonnen, was ihn träge und für einige Einsatzarten zu schwer machte. Außerdem erreichte er nur eine Höchstgeschwindigkeit von 4,4 km/h. Bis 1915 wurden etwa 30 Exemplare der Zweizylindermaschine hergestellt. Trotz der zunächst geringen Verkaufszahlen entwickelten sich die Traktoren zum Hauptprodukt des Unternehmens.

Der Berliner „Trakteur“

Etwa zur gleichen Zeit, als man in den Vereinigten Staaten an den ersten Zugmaschinen mit Ottomotoren arbeitete, baute auch in Berlin ein Erfinder namens Adolf Altmann (1850 – 1905) an einem Fahrzeug, das er „Trakteur“ nannte.

Altmann war ein Erfinder und Unternehmer, der zunächst eine eigene Firma besaß und später Direktor der Motorfahrzeug- und Motorenfabrik Berlin AG (MMB) wurde. Vermutlich hatten die Nachrichten von der anderen Seite des Atlantiks über die Zugmaschinen mit Verbrennungsmotoren auch ihn erreicht. Auf jeden Fall machte er sich 1896 daran, eine Zugmaschine mit der gleichen Antriebsart zu konstruieren. Dieses Gefährt bestand aus dem Fahrgestell einer Lokomobile, auf das er einen Einzylinder-Petroleummotor mit einer Leistung von 18 PS setzte. Der Fahrer saß ganz vorne und steuerte mit

Johan Theofron Munktell (1805–1887) war der Gründer des Unternehmens, das nicht nur die erste schwedische Lokomotive baute, sondern auch den ersten Traktor in Schweden in Serie produzierte.

Adolf Altmann war für die Konstruktion mehrerer Fahrzeuge bekannt, unter anderem auch für den Bau eines frühen Schleppers, den er „Trakteur“ nannte.

einem Handhebel. Bei Kurvenfahrten musste ein Antriebsrad ausgekuppelt werden. Dem Berliner Trakteur ging es nicht besser als den Prototypen anderer früher Experimentierer: Er setzte sich nicht durch.

1905, drei Jahre nachdem die Motorfahrzeug- und Motorenfabrik Berlin Konkurs angemeldet hatte, gründete Altmann ein neues Unternehmen: die Altmann Kraftfahrzeug-Werke in Brandenburg an der Havel. Das Unternehmensziel war die Herstellung von Dampfautomobilen. Aber 1907 kam Altmann bei einer Explosion ums Leben, was auch das Ende des Betriebs zur Folge hatte.

Deutsche Motorpflüge

Altmanns Trakteur blieb eine Ausnahme. Einen Markt für Schlepper wie in den Vereinigten Staaten schien man vorerst nicht zu sehen. Dagegen beschritten diejenigen, die sich mit der Motorisierung der Landwirtschaft beschäftigten, einen Umweg. Anstelle der relativ flexiblen Traktoren, denen man Pflüge, Wagen und andere Geräte anhängen konnte, brachten deutsche Hersteller motorisierte selbstfahrende Pflüge auf den Markt. Eine bedeutende Rolle dabei spielten erfindungsreiche Unternehmer wie Robert Stock (1858 – 1912).

Robert Stock hatte als Schlosser sein Handwerk sozusagen von der Pike auf gelernt. Als er begann, sich mit der Motorisierung der Landwirtschaft zu beschäftigen, war er bereits ein erfolgreicher Unternehmer. Er hatte ein Vermögen mit der Herstellung von Blitzableitern, Fernsprechleitungen, Klappenschränken für die Telefon-Vermittlungsämter sowie Spiralbohrern erworben. Anfang des 20. Jahrhunderts legte er sein Geld in landwirtschaftlichen Gütern an. Sein technischer Erfindungsreichtum kam ihm auch in der Rolle als Gutsbesitzer zugute. Mit seinem Mitarbeiter Karl Gleiche konstruierte er einen Motorpflug, der mit einem 24 PS leistenden Benzinmotor ausgestattet war. Fast das ganze Gewicht lastete auf den beiden vorderen großen Antriebsrädern, während das hintere Stützrad ein Kippen der Maschine verhinderte. Die Pflugscharen befanden sich am starren Rahmen zwischen den vorderen Rädern und dem hinteren Rad. Da der Pflugkörper vom Fahrgestell getragen wurde, nannte man diese Art selbstfahrender Motorpflüge auch „Tragpflüge“.

Im Gegensatz zu den sogenannten Dampfpflügen, die von Lokomobilen über das Feld gezogen wurden, hatte ein Motortragpflug den Vorteil, dass er leicht genug war, um pflügend über das Feld fahren zu können. Außerdem war während der Arbeit nur eine Person für die Bedienung notwendig. Nach dem Abschrauben des Pfluges ließ sich die Maschine auch zum Ziehen von Eggen, Wagen, Rübenhebern und sogar von seitlich angehängten Mähbindern einsetzen. Motorpflüge besaßen anfangs nur einen Vorwärtsgang, erhielten aber im Zuge der Weiterentwicklung weitere Gänge und auch die Möglichkeit der Rückwärtsfahrt.

Dieser Motorpflug von Stock pflügt ein Kartoffelfeld bei Tempelhof, dem späteren Berliner Stadtteil. Das Bild wurde zwischen 1910 und 1915 aufgenommen.

Der W. D. Kleinpflug wurde von Hanomag Anfang der 1920er-Jahre produziert. Sein Vierzylindermotor erbrachte eine Leistung von 35 PS.

1911 gründete Robert Stock mit seinem Partner ein Unternehmen zur Serienproduktion dieser Pflüge: die „Stock-Motorpflug GmbH" in Berlin. Robert Stock starb zwar bereits im Folgejahr, aber das Unternehmen existierte weiter und produzierte in den 1930er-Jahren sogar einen richtigen Traktor.

Andere Konstrukteure begutachteten den Stock-Motorpflug und fanden Möglichkeiten, die Arbeitsmaschinen zu verbessern. Dazu gehörten der Ingenieur Ernst Wendeler und der Landwirt Boguslav Dohrn. Sie boten ihr Konzept der Hannoverschen Maschinenbau AG (Hanomag) an, deren Verantwortliche die Idee übernahmen. So entstanden der W. D. Großpflug, der ab 1912 produziert wurde und in seiner letzten Ausführung eine Motorleistung von 80 PS vorweisen konnte, sowie der

VON DER M.A.N. ZU MAN

Die Maschinenfabrik Augsburg-Nürnberg spielte mehrmals eine wichtige Rolle in der Traktorgeschichte, vor allem in Deutschland. Der erste wichtige Beitrag war die Entwicklung des Dieselmotors. Der zweite bedeutende Schritt war der Bau von Motorpflügen. Und schließlich spielte das Unternehmen auch noch eine Vorreiterrolle bei der Einführung des Allradantriebs.

Das Unternehmen entstand 1898 durch die Fusion der Maschinenfabrik Augsburg und der Maschinenbau-Actiengesellschaft Nürnberg. Die Firmenbezeichnung lautete zunächst „Vereinigte Maschinenfabrik Augsburg und Maschinenbaugesellschaft Nürnberg AG". Der Hauptsitz des Großunternehmens befand sich in Augsburg. Ab 1904 verwendete man die praktischere Kurzform M.A.N., und 1908 erfolgte auch eine Kürzung der vollständigen Bezeichnung zu „Maschinenfabrik Augsburg-Nürnberg Aktiengesellschaft". In den 1980er-Jahren entstand im Zuge einer Umstrukturierung die MAN AG. Die Punkte im Firmennamen entfielen, und man sprach auch nicht mehr von „der" MAN. In der Landtechnik spielt MAN allerdings nur noch als Motorenlieferant eine Rolle.

Opel ist eigentlich als Automobilhersteller bekannt. Aber 1911 brachte das Rüsselsheimer Unternehmen auch einen 60 PS starken Motorpflug auf den Markt.

W. D. Kleinpflug, der ab 1921 gebaut wurde und von einem 35 PS starken Vierzylindermotor angetrieben wurde.

Der flexible Motorpflug, den die M.A.N. ab 1918 nach den Plänen des Ingenieurs Rudolf Bernstein (1880–1971) entwickelte, erfüllte fast alle Funktionen, für die gewöhnlich auch ein Traktor konzipiert war. Er eignete sich nicht nur zum Pflügen, sondern auch zum Eggen, für die Kartoffelernte, zum Antreiben stationärer Maschinen und als Zugmaschine. 1921 wurde der Motorpflug auf der DLG-Ausstellung vorgestellt, wo er die höchste Auszeichnung gewann. Auch bei mehreren Wettbewerben ließ er die Konkurrenz hinter sich.

Im Gegensatz zu den Tragpflügen handelte es sich beim Motorpflug der Bremer Firma Hansa-Lloyd um eine Zugmaschine, die das Pfluggerät an einer Kette schleppte. Die Bezeichnung „Trecker" für die schleppende Maschine bürgerte sich ein und wurde in einigen Regionen Deutschlands in der Umgangssprache zum Synonym für Traktoren.

Andere bedeutende Motorpflughersteller waren die Firmen Komnick, Pöhl, R. Wolf und sogar Opel.

➔ Die Firma Komnick stellte im ostpreußischen Elbing unter anderem Automobile, Lastwagen und seit 1908 auch Motorpflüge her. 1925 führte Komnick auch einen Vierradtraktor (Universalkraftschlepper) ein.

Deutz-Ackermaschinen

Die Gasmotoren-Fabrik Deutz war nicht nur ein bedeutender Motorenhersteller. 1905 stellte das Unternehmen auf der DLG-Ausstellung in München eine Art Traktor vor. Für eine Serienfertigung der Maschine schien die Zeit jedoch noch nicht gekommen zu sein. Auf der zwei Jahre später in Düsseldorf stattfindenden DLG-Ausstellung präsentierten die Kölner dagegen den „Automobilpflug". Dabei handelte es sich um ein Gefährt, mit dem sowohl Feldarbeiten verrichtet als auch über die Riemenscheibe stationäre Maschinen auf dem Hof angetrieben werden konnten. Der Automobilpflug von Deutz war gegenüber den auf großen Betrieben eingesetzten Dampfpflügen immerhin ein Fortschritt. Er war selbstfahrend und konnte mit einem Pflug oder einer Egge arbeiten. Er besaß vier Räder, von denen zwei angetrieben waren und zwei zum Lenken dienten. Als Antrieb fungierte ein 25 PS starker Motor. Die Praxis zeigte aber, dass die Motorleistung für das drei Tonnen wiegende Gefährt nicht ausreichte. Auch der Kraftstoffverbrauch erwies sich mit 196 Litern bei einer zehnstündigen Pflugarbeit als ausgesprochen hoch. Zudem neigten die Antriebsräder des schweren Pflugfahrzeugs auf nassem Boden zum Durchrutschen.

Unter Verwendung von Patenten der Ingenieure Brey und Heyer konstruierte man bei Deutz zur gleichen Zeit eine Pfluglokomotive, die mit einem 40 PS leistenden Motor ausgestattet war. Um die Traktion zu verbessern, war das Gefährt mit vier lenkbaren angetriebenen Rädern versehen. Falls es trotzdem einmal zum Durchrutschen kam, konnte sich die Ackermaschine durch einen Erdanker und dem Aufrollen des damit verbundenen Seils selbstständig aus dem Acker ziehen. An der Vorderseite und am Heck war die Maschine jeweils mit einem mehrscharigen Pflug ausgestattet. Bei der Feldarbeit kamen abhängig von der Fahrtrichtung die vorderen oder hinteren Scharen zur Anwendung. Trotz aller technischen Raffinessen der Pfluglokomotive entschied man sich bei Deutz aber auch in diesem Fall, vermutlich wegen des fehlenden Marktes, gegen eine Serienproduktion.

Im Gegensatz zum Vereinigten Königreich, wo man amerikanische Traktoren importierte, stellte der Erste Weltkrieg einen Rückschlag für die Mechanisierung und Motorisierung der europäischen Landwirtschaft

← Der Automobilpflug von Deutz konnte ein Arbeitsgerät über den Acker ziehen. Er war bereits eine frühe Form eines Traktors.

Die Pfluglokomotive von Deutz war im Prinzip ein selbstfahrender Kipppflug. Abhängig von der Fahrtrichtung wurde der vordere oder hintere Pflug eingesetzt.

Der Deutzer Trekker war in erster Linie eine Zugmaschine, die im Ersten Weltkrieg zum Ziehen von Kanonen und nach Kriegsende zum Schleppen von Baumstämmen eingesetzt wurde.

dar. Für Deutz hatte der Krieg einen indirekten Einstieg in die Schlepperproduktion zur Folge. Angesichts der hohen Verluste, die der Krieg auch bei den Zugtieren verursachte, war die Armee immer stärker auf motorisierte Zugmaschinen angewiesen. Besonders die mittlere und schwere Artillerie musste häufig von einem Brennpunkt der Front an einen anderen verlegt werden. Gegen Ende des Krieges trat die deutsche Heeresverwaltung an die Gasmotoren-Fabrik Deutz heran und verlangte den Bau einer Zugmaschine. Die Konstruktionszeichnungen stammten nicht von Deutz selbst, sondern aus einer anderen Quelle. Der Verwendungszweck der Maschine sollte das Ziehen schwerer Artillerie sein. Ein 100 PS leistender Benzolmotor sorgte für die nötige Leistung. Es ist nicht bekannt, wie viele dieser Zugmaschinen gebaut wurden. Mit Kriegsende und der Umstellung auf die Friedenswirtschaft entschloss man sich bei Deutz, den Bau des Fahrzeugs, das als „Deutzer Trekker" bekannt wurde, für andere Zwecke fortzusetzen. Aufgabengebiet des Fahrzeugs war nun nicht mehr das Ziehen von Kanonen, sondern das Schleppen schwerer Gegenstände oder Geräte in der Land- und Forstwirtschaft.

Der ab 1919 gebaute Deutzer Trekker wurde mit einer Seilwinde ausgestattet und erhielt einen 40-PS-Motor. Die vier Vollscheibenräder befanden sich an aufwendig gefederten Achsen, die eine relativ stoßfreie Fahrt erlaubten. Der Fahrer saß wegen der Achsfederungskonstruktion so weit oben in seinem Fahrerhaus, dass eine kleine Leiter für den Einstieg nötig war. Auf einer Ladefläche hinter der Kabine konnten Gegenstände mitgenommen werden. Der Trekker sollte auch Pflüge ziehen und war zum Antrieb stehender Maschinen mit einer Riemenscheibe ausgestattet. Doch seine hauptsächlichen Aufgaben waren das Ziehen von Wagen und der Transport von Baumstämmen in der Forstwirtschaft. Die schlechte Wirtschaftslage und die politischen Wirren gehörten sicherlich zu den Gründen, dass sich dieses Fahrzeug nicht erfolgreich vermarkten ließ. Der Deutzer Trekker mochte zwar keine weite Verbreitung gefunden haben, er stellte für das Kölner Unternehmen aber eine Vorstufe zum Bau landwirtschaftlicher Traktoren in größerer Serie dar.

Frühe motorisierte Zugmaschinen von Lanz

Die Firma Heinrich Lanz in Mannheim hatte bereits Erfahrung im Bau von Lokomobilen, aber den direkten Einstieg in den Traktorbau wagte das Mannheimer Unternehmen vor dem Ersten Weltkrieg trotzdem nicht. Stattdessen führte Lanz ein Fahrzeug ein, das als „Landbaumotor" bezeichnet wurde.

1905 hatte der aus Ungarn stammende Konstrukteur Karl Köszegi ein Fahrzeug gebaut, das am Heck mit einer Fräse ausgestattet werden konnte und das die Bezeichnung „Landbaumotorwagen" erhielt. Angetrieben wurde das Gefährt von einem Vierzylindermotor. Der Boden konnte mit dieser Maschine bis zu einer Tiefe von 35 Zentimetern gefräst und saatbereit gemacht werden. Innerhalb von zehn Stunden war damit eine Flächenleistung von acht Hektar zu erzielen. Der Fahrzeuglenker saß ganz vorne. Eine zweite Person war nötig, um den Motor und die Rotorfräse zu überwachen.

Köszegi fehlten die nötigen Mittel, um eine eigene Serienproduktion des Landbaumotorwagens aufzubauen. Aber Karl Lanz, der Sohn des Gründers des Mannheimer Unternehmens, wurde auf die Konstruktion aufmerksam und sah auch ein Einsatzfeld für die Bodenbearbeitungsmaschine. Er erwarb die Lizenz und die Konstruktionspläne von dem ungarischen Erfinder und begann bereits 1911 mit dem Bau der ersten Exemplare des Landbau-Motors „Patent Köszegi". In der Folgezeit arbeiteten die Lanz-Konstrukteure daran, das Fahrzeug zu verbessern. Dazu gehörte die Steigerung der Motorleistung, die zum Schluss bei 80 PS lag. Der Landbau-Motor wandelte sich zunehmend zu einer Art Traktor, der Pflüge und andere Arbeitsgeräte ziehen, Transportaufgaben lösen und Arbeitsmaschinen antreiben konnte. Es wird geschätzt, dass insgesamt etwa 1500 Exemplare der Köszegi-Maschine hergestellt wurden. Die Ablösung des Landbau-Motors erfolgte 1926 durch die Glühkopf-Traktoren, die Bulldogs.

Eine weitere Zugmaschine, die ihre Dienste in der Land- und Forstwirtschaft sowie im Transportgewerbe leistete, war der Feldmotor, den Lanz 1921 vorstellte. Die 3,8 Tonnen wiegende Maschine war mit einem 38 PS starken Vierzylinder-Benzinmotor ausgestattet. Neben anspruchsvollen Zugarbeiten konnte der Feldmotor über eine Riemenscheibe auch stehende Maschinen antreiben. Von dem bis 1925 gebauten Schlepper wurden jedoch nur etwa 200 Stück hergestellt.

Diese Version von 1912 zeigt den Landbau-Motor mit einer Fräse am Heck. Die von Köszegi konstruierte Maschine wurde im Laufe der Zeit weiterentwickelt.

Der Feldmotor von Lanz war eine leistungsstarke Zugmaschine, die zwei Mähbinder gleichzeitig ziehen konnte. Der Motor arbeitete jedoch mit dem damals sehr teuren Benzin.

Der Ivel zieht einen dreischarigen Pflug. Bis zu 6 acres (2,4 Hektar) konnten mit dieser Ausrüstung am Tag gepflügt werden.

Großbritanniens Start in den Traktorbau

Großbritannien war nicht nur das Ursprungsland der Industriellen Revolution. Es war auch während des gesamten 19. Jahrhunderts das Land mit der fortschrittlichsten Landwirtschaft in Europa. Auf die britischen Inseln pilgerten zu dieser Zeit Fachmänner aus ganz Europa, die sich über die neuesten Entwicklungen in der Landwirtschaft informieren wollten.

Anfang des 20. Jahrhunderts konnte Großbritannien noch die technische Führerschaft gegenüber den anderen europäischen Ländern beibehalten und auch einige Pioniere des europäischen Traktorbaus hervorbringen. Einer von ihnen war Dan Albone aus Biggleswade in der Grafschaft Bedfordshire. Er hatte mehr Erfahrung mit Fahrrädern als mit der Landtechnik, gründete aber 1902 ein Unternehmen, das nach dem Bedfordshire durchquerenden Fluss Ivel benannt war. Im folgenden Jahr begann er mit dem Bau von leichten dreirädrigen Traktoren, die mit einem Zweizylinder-Benzinmotor ausgestattet waren und zu deren Besonderheiten eine Zapfwelle gehörte. Dan Albone verstarb jedoch bereits 1906, was die Weiterentwicklung des Schleppers beendete.

Die Ivel-Traktoren wurden in mehrere Länder exportiert. Ein spezielles Plantagenmodell wurde für einen Kunden auf Tasmanien angefertigt. Das Unternehmen importierte während des Ersten Weltkriegs Traktoren von Hart-Parr nach Großbritannien. 1921 stellte Ivel jedoch den Betrieb ein.

Ein bekannter Name unter den frühen britischen Traktorpionieren war auch die Firma Ransomes. Das in der südostenglischen Stadt Ipswich ansässige Unternehmen war bereits im 18. Jahrhundert gegründet worden. Zu den ersten Produkten gehörten Pflugscharen. Später kamen andere Geräte und Maschinen für landwirtschaftliche Zwecke zum Programm. 1848 befanden sich im Katalog von Ransomes & May, wie die Firma mittlerweile hieß, unter anderem Pflüge, Kultivatoren, Rechen, Dreschmaschinen, Getreidereiniger und Mühlen. Später erweiterten mobile

Dieser Marshall-Traktor musste auf einer Testfahrt, über die 1913 die Zeitschrift „The Petroleum Review" berichtete, seine Leistungsstärke und Zuverlässigkeit in der südafrikanischen Salzpfanne Haagenstad unter Beweis stellen.

Dampfmaschinen und Lokomobilen die Produktpalette. Vor allem für die dampfgetriebenen Maschinen erlangte Ransomes eine große Bekanntheit.

Zu Beginn des 20. Jahrhunderts baute Ransomes, Sims & Jefferies – so hieß die Firma seit 1881 – einen landwirtschaftlichen Traktor, der von einem Benzinmotor angetrieben wurde. Das Modell war für 450 Pfund zu haben, verkaufte sich aber nicht gut genug und wurde deswegen wieder aufgegeben.

Ransomes war schließlich doch noch im Traktorbau erfolgreich, allerdings erst in den 1930er-Jahren im Bereich des Gartenbaus.

Mit Land- und Dampfmaschinen hatte auch die Firma Marshall, Sons & Co. begonnen. Das 1848 gegründete Unternehmen hatte seinen Sitz in Gainsborough, in der Grafschaft Lincolnshire. Zum Produktionsprogramm gehörten Lokomobilen, Dampfwalzen, gezogene Dampfmaschinen, Dreschmaschinen, Kreissägen sowie andere Maschinen und Geräte für die Landwirtschaft.

Marshall begann 1908 mit dem Bau der ersten Traktoren, die den Namen „Marshall Colonial" erhielten. Als Vorbild dienten die großen amerikanischen Modelle. Ein Colonial nahm bereits im ersten Jahr bei einem Wettbewerb für motorisierte Maschinen („Light Agricultural Motor Contest") in der Nähe der Stadt Winnipeg, in der kanadischen Provinz Manitoba, teil und verkaufte sich recht gut auf dem kanadischen Markt. Die Schlepper wurden bis nach Australien exportiert. Die Colonials wurden insgesamt in fünf Varianten angeboten. 1928 begann Marshall Schlepper im Lanz-Design zu bauen.

Der Marshall-Traktor zog auf einer Fahrt vier Anhänger mit sieben Tonnen Kohle. Auf der Rückfahrt musste er 13 Tonnen Salz transportieren. Ein Vierzylindermotor lieferte die nötige Leistung.

FORD UND DIE ANDEREN: DIE MOTORISIERUNG DER AMERIKANISCHEN FARM

Die frühen Oil-Pull-Modelle von Advance-Rumely waren Giganten. Sie genossen aber auch einen Ruf der Zuverlässigkeit, was nicht bei allen frühen Herstellern zutraf.

Anfang des 20. Jahrhunderts wurde der Traktorbau in den Vereinigten Staaten erstmals kommerziell erfolgreich. Aber die ersten Modelle waren groß, schwer und nicht für alle Farmer erschwinglich. Henry Ford, der bereits mit dem Model T den Automarkt aufgerüttelt hatte, wollte das Gleiche bei der Schlepperfertigung erreichen: Er wollte den Traktor für den Durchschnittsfarmer schaffen. Dies gelang ihm mit dem Model F. Ford dominierte innerhalb kürzester Zeit den amerikanischen Traktormarkt. Diese Periode des intensiven Konkurrenzkampfes wird manchmal als „Traktorkrieg" bezeichnet. Traktorhersteller, die im Geschäft bleiben wollten, mussten technisch und preislich auf die Herausforderung durch Ford reagieren. Den Vorteil daraus zogen die amerikanischen Farmer, die schneller von ihren Pferden und Maultieren auf die motorisierten Zugmaschinen umsteigen konnten.

Legendäre Namen

Als erster Serienproduzent von Traktoren hatte Hart-Parr zunächst einen gewissen Vorsprung gegenüber später in den jungen Markt einsteigenden Herstellern. Wie bei vielen neuen Wirtschaftszweigen gab es auch in der Schlepperbranche anfangs eine große Anzahl von Produzenten, von denen viele bald wieder verschwanden. Zu den bekanntesten Namen gehörte die Firma Rumely in La Porte im Bundesstaat Indiana, die bereits 1853 gegründet worden war und zunächst Dreschmaschinen und später auch Dampfmaschinen herstellte. Die Rumely-Fahrwerke hatten bereits bei den Charter-Traktoren Verwendung gefunden.

Der erste Rumely-Traktor kam 1910 auf den Markt. Er war mit einem ölgekühlten Motor ausgestattet und hatte die passende Bezeichnung „Oil Pull". 1911 fusionierte das Unternehmen mit der Firma Advance und hieß nun Advance-Rumely. Nach der Übernahme durch Allis-Chalmers 1931 wurde jedoch die Produktion aller Traktormodelle eingestellt.

Kultivatoren und Dampfzugmaschinen gehörten zum Programm des von den Brüdern Cyrus und Robert Avery 1874 gegründeten Unternehmens. Ab 1891 hatte die Firma Avery ihren Sitz in Peoria in Illinois. Der erste serienmäßig gebaute Schlepper rollte 1909 aus der Fabrik. 1941 schloss allerdings auch Avery die Werkstore.

Ein weiterer bekannter Name der amerikanischen Traktorbranche war einst auch Minneapolis-Moline. Die Minneapolis Threshing Machine Company war 1887 gegründet worden und stellte, wie der Firmenname schon sagt, Dreschmaschinen her. Bald wurden aber auch Dampfmaschinen in das Produktprogramm aufgenommen. 1911 kam der erste Minneapolis-Traktor auf den Markt. 1929 erfolgte der Zusammenschluss mit der Moline Plow Company und einem weiteren Unternehmen. Die bis 1974 hergestellten Schlepper trugen nun den neuen Markennamen Minneapolis-Moline.

Aultman-Taylor war ebenfalls ein Unternehmen, das um die Jahrhundertwende auf dem Gebiet der Dampfzugmaschinen von Bedeutung war und sich 1910 entschloss, in die Traktorproduktion einzusteigen. 1924 wurde das Unternehmen von Advance-Rumely übernommen.

Minneapolis-Moline war einer der bedeutenden amerikanischen Traktoren- und Landmaschinenhersteller. Diese Werbung für das Traktormodell Standard „U" stammt von 1938.

„The Reeves 40" war ein großes Modell der Emerson-Brantingham Implement Company in Rockford, im Bundesstaat Illinois. 1926 wurde das Unternehmen von J. I. Case übernommen.

➔ Dieses Modell 25-45 wurde bereits 1907 von dem im kanadischen Hamilton ansässigen Unternehmen Sawyer-Massey eingeführt. Die Firma existierte bis 1930.

Die Großen und die Kleinen

1910 konnte der große Landmaschinenhersteller International Harvester die Firma Hart-Parr als Marktführer überholen. Im folgenden Jahr stellte IHC ungefähr ein Drittel aller Traktoren in den Vereinigten Staaten her. 1912 belief sich die jährliche Produktionszahl auf über 3000 Stück. Rumely nahm den zweiten Platz ein, während Hart-Parr auf die dritte Stelle in der Verkaufsstatistik zurückgefallen war. Dem großen Landtechnikkonzern kamen dabei das ausgedehnte Vertriebsnetz und die bereits vorhandenen Produktionskapazitäten zugute. Die kleinere Konkurrenz konnte in dieser Hinsicht nicht mithalten. Aber wer geglaubt hatte, die Expansion des Traktormarktes würde anhalten, sah sich getäuscht. Der Boom erfuhr schon bald einen Einbruch. Dafür gab es mehrere Gründe. Zum einen war die Anzahl der Anbieter schnell gewachsen. Neben den großen, etablierten und finanzstarken Unternehmen der Landtechnikbranche, wie IHC und Case, hatten auch zahlreiche neue Firmen die Hoffnung, mit einem enthusiastischen Optimismus, aber einem mangelhaften Geschäftsmodell, ein Stück von dem schnell wachsenden Kuchen abzubekommen. Die Kapazitäten stiegen schneller als die Nachfrage.

Ein weiterer Faktor, der zum frühen Platzen der Blase auf dem Traktormarkt führte, waren die Größen- und Leistungsklassen, die von den Herstellern angeboten wurden: Die Konstrukteure hatten zum überwiegenden Teil das Design der dampfgetriebenen Lokomobilen übernommen. Das heißt, die Traktoren waren oft groß, schwer, unflexibel und für den Durchschnittsfarmer nicht geeignet.

„Die Phase der großen Traktoren kollabierte unter ihrem eigenen Gewicht", schrieb 1931 Cyrus McCormick, der Enkel des berühmten Erfinders der Getreidemäher. „Man kann annehmen, dass der Leistungsbedarf von großen Farmen, die bisher die Ausstattung mit großen Dampfmaschinen gewohnt waren, nach einem solchen Typ verlangt hätten. Aber Giganten mit 60 hp erforderten zu viel Wartung, zu viel Geschick beim Betrieb."[1]

Das erste Unternehmen, das auf die neue Situation mit einem leichten Modell reagierte, war die Bull Tractor Company in Minneapolis, im US-Bundesstaat Minnesota. Bei dem 1914 eingeführten „Little Bull" handelte es sich um einen Dreiradtraktor, der nur 1360

1 Vgl. McCormick, Cyrus (1931). The Century of the Reaper. Boston und New York: Houghton Mifflin Company, Seite 159
2 Vgl. Ford, Henry (1922). My Life and Work. Garden City: Garden City Publishing Company, Seite 22–23

Kilogramm (3000 pounds) wog und bereits für 395 Dollar zu haben war. Allerdings betrug die Leistung des Zweizylindermotors nur 12 PS, und an der Zugstange konnten lediglich 5 PS gemessen werden. 1915 folgte der „Big Bull", der mit einem 25 PS leistenden Motor ausgestattet war.

Laut McCormick gab es zu diesem Zeitpunkt offiziell 150 Traktorhersteller, aber nur 50 davon konnten tatsächlich Maschinen liefern. Der Erste Weltkrieg in Europa hatte auch Auswirkungen auf die Nachfrage nach Traktoren aus den Ländern der Entente, die schließlich die amerikanische Schlepperproduktion wieder steigen ließ. Während 1916 noch fast alle Traktoren, die in den Vereinigten Staaten hergestellt wurden, auch im Inland einen Käufer fanden, wurden 1917 von den über 62.000 produzierten Traktoren fast 15.000 ins Ausland verschifft. Die meisten davon gingen nach Großbritannien, Frankreich und Italien. Bei Kriegsende gab es in den USA 200 Unternehmen, die angaben, Traktoren herstellen zu wollen. Die meisten davon gaben jedoch schnell wieder auf. Dazu gehörten auch einige Pioniere, wie die Bull Tractor Company, die 1918 den Traktorbau beendete und zwei Jahre später den Konkurs anmeldete. Zu dieser Zeit war International Harvester der Branchenführer, gefolgt von Case, Avery und Moline. Doch die Situation sollte sich überraschend schnell ändern – sowohl für große als auch kleine Hersteller. Denn nun betrat ein Mann den Markt, der bereits der Automobilbranche seinen Stempel aufgedrückt hatte.

Die Modelle der Nilson Tractor Company gehörten zu den selteneren Traktoren. Die Firma existierte nur 15 Jahre lang und musste 1929 den Konkurs anmelden.

Henry Ford

Henry Ford hinterließ seinen Fußabdruck auf drei Gebieten: in der Automobilbranche, auf dem Gebiet der Fertigungsmethoden und bei der Motorisierung der Landwirtschaft. Der zukünftige Unternehmer wurde am 30. Juli 1863 auf einer Farm in der Nähe von Dearborn, im amerikanischen Bundesstaat Michigan, geboren. Nicht weit von Fords Heimatort entfernt befand sich Detroit, eine schnell wachsende Stadt, die damals ungefähr 50.000 Einwohner hatte, aber bald als „Autostadt" der Vereinigten Staaten Bekanntheit erlangen sollte.

Auf der elterlichen Farm gab es immer etwas zu tun, und wie es damals in der Landwirtschaft üblich war, musste auch der junge Henry zupacken. Die Arbeit bereitete ihm keine Freude, und er war davon überzeugt, dass man sich viele der Tätigkeiten mit Hilfe von passenden Geräten und Maschinen erleichtern könnte. Später schrieb er: „Es gab zu dieser Zeit zu viel harte Handarbeit auf unserer und auf allen anderen Farmen. Sogar als ich sehr jung war, vermutete ich, dass viel davon auf eine bessere Weise erledigt werden könne. Das war es, was mich zur Mechanik brachte … Oft nahm ich eine kaputte Uhr und versuchte, sie wieder zusammenzusetzen. Als ich dreizehn war, gelang es mir zum ersten Mal, eine Uhr so zusammenzubauen, dass sie die richtige Zeit behielt. Als ich fünfzehn war, konnte ich fast alles in Bezug auf das Uhrenreparieren tun – obwohl meine Werkzeuge die einfachsten waren."[2]

Henry Ford (1863–1947) war nicht nur eine bedeutende Persönlichkeit der Automobilgeschichte, er spielte auch eine wichtige Rolle bei der Motorisierung der amerikanischen Farmen.

Die erste Fabrik der Ford Motor Company befand sich in der Mack Avenue in Detroit. 1708 Autos vom Typ A und AC wurden in den Jahren 1903 und 1904 in diesem Gebäude montiert.

Die Fließbandfertigung ermöglichte es Henry Ford, die Preise niedrig zu halten. Andere Unternehmer übernahmen dieses Konzept.

Eine andere Erfindung war eine Vorrichtung, die es ihm erlaubte, das Hoftor zu schließen, ohne vom Wagen abzusteigen. Und er war schon früh von Dampfmaschinen und Straßenlokomotiven fasziniert.

Henry Ford sah seine Zukunft nicht in der Landwirtschaft. 1879 schloss er seine Schulausbildung ab und machte sich auf den Weg nach Detroit, um eine Karriere zu verfolgen, die ihn mehr interessierte. Er bekam eine Anstellung bei der Michigan Car Company, einem Hersteller von Eisenbahnwaggons, geriet aber schon wenige Tage nach Arbeitsbeginn in Schwierigkeiten, über die heute nichts Genaues mehr zu erfahren ist, und musste das Unternehmen wieder verlassen. Nachdem sein Vater ein gutes Wort für ihn eingelegt hatte, bekam er bei der Firma James Flower & Brothers, dem größten Dampfmaschinenhersteller der Stadt, eine neue Arbeitsstelle. Für diese Tätigkeit erhielt er einen Wochenlohn von zweieinhalb Dollar, und weitere zwei Dollar verdiente er sich für eine Teilzeitbeschäftigung bei einem Juwelier. Sein nächster Arbeitgeber waren die Dry Dock Engine Works, die ebenfalls Dampfmaschinen bauten. 1882 kehrte Henry Ford als ausgebildeter Maschinist wieder auf die elterliche Farm zurück. Unter anderem bediente er für einen anderen Farmer eine Dampfmaschine, und er begann bald darauf, Dampfmaschinen der Firma Westinghouse zu reparieren.

1891 gelang ihm ein entscheidender Karrieresprung. Er wurde Maschinenbauer und später Chefingenieur bei der Edison Illuminating Company, einem Unternehmen, das von dem Erfinder Thomas Alva Edison gegründet worden war. Aber Ford arbeitete in seiner Freizeit an einer eigenen Erfindung. Am 4. Juni 1896, nachdem er zwei Jahre lang daran herumgeschraubt hatte, stellte er sein erstes selbstkonstruiertes Fahrzeug vor: ein kutschenähnliches Gefährt, das von einem vier PS starken Zweizylindermotor angetrieben wurde. Er nannte es „Quadricycle". Das Fahrzeug erreichte zwar nur eine Geschwindigkeit von 20 km/h, aber es fand für 200 Dollar einen Käufer.

Gemeinsam mit einem finanzstarken Geschäftsmann gründete Ford 1899 die Detroit Automobile Company. Sein Partner übernahm die Rolle des Managers, und er selbst erhielt den Posten des Konstrukteurs. Allerdings gelang es dem Jungunternehmer

Mit der Massenfertigung von Automobilen, die auch für den Durchschnittsverdiener erschwinglich waren, leistete Ford einen wichtigen Beitrag zur Motorisierung der amerikanischen Gesellschaft.

nicht, mehr als 20 Fahrzeuge herzustellen. 1901 musste die Automobilfabrik bereits wieder die Tore schließen.

Andere Investoren waren jedoch von dem innovativen und unternehmerischen Potenzial, das Henry Ford bot, überzeugt. Noch im gleichen Jahr entstand die Henry Ford Company. Das Unternehmensziel war ebenfalls die Produktion von Automobilen. Mit einem dieser Autos erzielte er am 12. Januar 1904 auf dem gefrorenen Lake St. Claire eine Höchstgeschwindigkeit von 91,37 Meilen pro Stunde (147,046 km/h) – ein Weltrekord. Aber schon vorher war auch dieses Unternehmen wegen Meinungsverschiedenheiten zwischen Ford und den Kapitalgebern gescheitert. Ford wollte ein preisgünstiges Auto für die Massen bauen, während die Financiers eher luxuriöse Modelle mit hohen Gewinnmargen im Auge hatten. Nach dem Ausstieg Fords und der Übernahme der Unternehmensleitung durch Henry Martyn Leland (1843–1932), erfolgte die Umbenennung in Cadillac Motor Company, und aus dem Werkstor rollten nun wie von den Geldgebern gewünscht Modelle der Oberklasse.

1903 unternahm Ford den dritten Anlauf: Mit einem Startkapital von 28.000 Dollar gründete er die Ford Motor Company. Das erste Modell kam noch im gleichen Jahr auf den Markt. Da Ford die Modelle nach den Buchstaben des Alphabets benannte, bekam es den einfachen Namen „Model A". Es war mit einem acht PS leistenden Zweizylindermotor ausgestattet und konnte eine Höchstgeschwindigkeit von 72 km/h erreichen. Der Kaufpreis belief sich auf 750 Dollar.

FERTIGEN IM TAKT

Die Fließbandfertigung spielte eine zentrale Rolle, um das Ziel zu erreichen, möglichst preiswerte Fahrzeuge zu produzieren. Diese Fertigungsmethode hatte zur Folge, dass die Arbeiter in der Produktion nach einem bestimmten Takt arbeiten mussten und auf wenige einfache Tätigkeiten beschränkt waren. Es war unvermeidlich, dass auch andere Hersteller Ford zum Vorbild nahmen. „Es wie Ford machen" („fare come Ford"), lautete die Devise des Fiat-Mitbegründers Giovanni Agnelli, der in die USA reiste, um sich über Fords Produktionsmethoden zu erkundigen.

Es wie Ford zu machen, setzte sich in der Folgezeit allgemein in der industriellen Fertigung durch. Manche sahen darin eine dystopische Entwicklung. In Aldous Huxleys Science-Fiction-Roman „Schöne neue Welt" („Brave New World"), der 1932 erschien, gibt es zwar keine konventionelle Religion mehr, aber man verehrt eine symbolträchtige Vaterfigur: Henry T. Ford. Der Mittelname T. ist natürlich eine Anspielung auf das Model T. Der Kalender dieser neuen Welt beginnt mit dem Jahr 1908 und die Zählung lautet „nach Ford". Huxleys Weltstaat hat Fords Massenproduktion und das System der Fließbandfertigung übernommen und sie biologisch auf den Menschen angewendet. Die Bürger dieses globalen Staats vergöttern Ford als eine vage erinnerte, ferne historische Figur, die buchstäblich die ihnen bekannte Welt erschaffen hat.

Aber Fords Ziel war es, die Branche zu revolutionieren und ein Modell zu bauen, das sich der Durchschnittsverdiener leisten konnte. Um den Preis niedrig halten zu können, sollte das Fahrzeug möglichst einfach gebaut sein. Seine Devise lautete: „Was nicht vorhanden ist, kann auch nicht kaputt gehen.“ Eine Wasser-, Öl- oder Benzinpumpe fehlte deswegen bei seiner Konstruktion. Das Ergebnis war das 1908 vorgestellte Model T, auch „Tin Lizzie“ („Blechliesl“) genannt, das 1914 mit der Einführung der Fließbandfertigung für nur 440 Dollar und zwei Jahre später für 345 Dollar zu haben war. 1908 war ein bedeutsames Datum in der Automobilgeschichte, da dieses Jahr den Punkt markierte, an dem sich der Großteil der Automobilverkäufe von bessersituierten Hobbyisten und Enthusiasten zum Durchschnittsbürger verlagerte.

Henry Ford begann bereits 1906 mit der Arbeit an dem Prototypen eines Traktors. Die frühen Konstruktionen sahen dem Model F noch nicht sehr ähnlich.

Ford und Fordson

Henry Fords Interessen beschränkten sich nicht auf den Autobau. „Von Kutschen ohne Pferde war schon seit vielen Jahren die Rede – eigentlich schon seit der Erfindung der Dampfmaschine –, aber die Idee der Kutsche erschien mir zunächst weniger praktisch als die Idee einer Maschine für die härtere Landarbeit, und von der ganzen Arbeit auf der Farm war das Pflügen das Härteste.“[3]

Sein Ziel war es, eine Zugmaschine zu bauen, die diese Arbeit erleichtern konnte und die sich nicht nur die großen Farmer leisten konnten. Die Arbeit am ersten Prototypen eines Traktors begann 1906. Es handelte sich nicht um eine völlige Neukonstruktion. Stattdessen basierte der Traktor auf dem Automodell B, weshalb er die Bezeichnung „Automobil-Pflug“ erhielt. Als Antrieb diente ein Vierzylindermotor mit einer Leistung von 24 Pferdestärken. Der Prototyp wog weniger als 2000 Pfund (907 Kilogramm) und war damit im Vergleich zu den erfolgreichsten Modellen dieser Zeit, die etwa das Zehnfache auf die Waage brachten, ein Leichtgewicht. Dem Automobil-Pflug mangelte es jedoch an der nötigen Traktion, und außerdem erwies sich die Kühlung als unzureichend. Trotzdem entstanden in den folgenden zwei Jahren noch mehrere Variationen des Prototypen.

1908 war das Jahr der Einführung des Model T. Ford setzte alles daran, die Produktionskosten für das Automobil zu senken und damit dessen Durchbruch als Fahrzeug für die Massen zu erzielen. Die Entwicklung des Traktors nahm deswegen zunächst eine nachgeordnete Stelle ein. Obwohl es nicht dafür vorgesehen war, spielte das Model T trotzdem in der Landwirtschaft eine Rolle, wenn auch nur am Rande, denn mehrere Unternehmen boten Umbausätze an, mit denen man aus dem Auto einen leichten Traktor machen

3 Vgl. Ford, Henry (1922), Seite 25

konnte. Auf diese Weise arbeitete das Ford-Fahrzeug auf den Felder, bevor der eigentlich für diese Aufgabe vorgesehene Traktor marktreif war.

Erst als das Model T sicher auf den Weg gebracht war, wandte sich Henry Ford wieder dem Traktor zu. Aber die Aktionäre der Ford Motor Company weigerten sich, seinen Enthusiasmus für ein landwirtschaftliches Fahrzeug zu teilen. 1915 gründete er deswegen ein weiteres Unternehmen, das sich dem Traktorbau widmen sollte: Henry Ford & Son, kurz Fordson. Bei dem Sohn in der Firmenbezeichnung handelte es sich um den damals 21-jährigen Edsel.

1917 war es soweit. In Dearborn konnte die Fertigung des ersten Serienmodells, des Model F, beginnen. Die ersten Exemplare waren jedoch nicht für den amerikanischen Markt bestimmt. In Europa tobte der Erste Weltkrieg, und die Regierung des Vereinigten Königreichs hatte schon vor Beginn der Serienfertigung 5000 Schlepper bestellt, um die Nahrungsmittelproduktion aufrecht erhalten zu können.

Eine der Besonderheiten der Konstruktion bestand darin, dass nicht mehr ein schwerer Rahmen das Gewicht des Traktors trug, sondern Motor, Getriebe und Hinterachsgehäuse als Einheit und als tragendes Element verbunden waren. Diese Blockbauweise stellte eine der wichtigsten Entwicklungen im Schlepperbau dar. Ford erreichte damit eine massive Gewichtsersparnis. Außerdem konnten die Produktionsabläufe vereinfacht werden. Motorisiert war der Schlepper mit einem Vierzylinder-Vergasermotor, der anfangs von Hercules geliefert wurde und ab 1920 aus eigener Produktion stammte. Beide Versionen leisteten 20 PS. Sie wurden mit Benzin gestartet und konnten nach der Warmlaufphase mit dem billigeren Petroleum arbeiten.

Henry Ford produzierte seine Schlepper nach den modernen Fließbandmethoden, die er bereits in der Autofertigung angewandt hatte. In dreißig Stunden und vierzig Minuten waren die etwa 4000 Einzelteile zu einem fertigen Exemplar montiert.

Die Konkurrenz nahm zunächst das Model F nicht ernst. Der erste Fordson-Schlepper war relativ klein und wog nur 1.324 Kilogramm. Im Vergleich dazu: Der von 1917 bis 1924 gebaute Waterloo Boy N hatte ein Gewicht von 2.804 Kilogramm, und ein Titan 15-30 von IHC brachte 4.077 Kilogramm auf die Waage. Hinsichtlich des geringen Gewichts meinte Henry Ford:

↑ Henry Ford war an der Erprobung des Model F selbst beteiligt. Er hatte nicht nur Ahnung von der Technik, sondern auch von der landwirtschaftlicn Arbeit.

Nachdem die ersten Fordson-Schlepper in das Vereinigte Königreich geliefert worden waren, konnten auch die amerikanischen Farmer das Model F bestellen. Dieses Exemplar ist auf Werbefahrt.

Traktoren spielten auch im Zweiten Weltkrieg eine wichtige Rolle bei der Aufrechterhaltung der landwirtschaftlichen Produktion. Dieses Bild zeigt Mitglieder der britischen „Women's Land Army" bei der Rübenernte. Beim Traktor handelt es sich um einen Fordson.

➔ Die Mähbinder waren ursprünglich für die Arbeit mit Pferden konzipiert. Die preisgünstigen Fordson-Traktoren ersetzten auf vielen Farmen die tierische Zugkraft.

„Der Gewichtsgedanke war fest in den Köpfen der Traktorenbauer verankert. Man nahm an, dass ein höheres Gewicht eine höhere Zugkraft bedeutet – dass die Maschine keinen Griff haben könne, wenn sie nicht schwer wäre. Und das, obwohl eine Katze nicht viel Gewicht hat, aber ziemlich gut klettern kann."[4]

Ford konnte das Model F für 750 Dollar anbieten. Dank der Massenproduktion schaffte er es, den Preis im Januar 1922 sogar auf 395 Dollar zu drücken. Kein Wunder, dass sich das Model F als Renner erwies. Bis zum Ende des Jahres 1919 wurden 34.167 Fordson-Schlepper hergestellt, und in elf Jahren belief sich die Produktionszahl auf etwa 755.000 Stück – eine Zahl, von der die Konkurrenten nur träumen konnten und die auf dem europäischen Kontinent noch unvorstellbar war. 1919 vereinbarte Ford mit der jungen Sowjetunion die Lieferung von 25.000 Schleppern. Im Putilow-Werk in Sankt Petersburg wurde der Typ F in Lizenz gebaut.

Die Fordson-Schlepper schienen nicht zu bremsen zu sein. 1923 verließen 101.898 Traktoren das Werk. Sie belegten 76 Prozent des amerikanischen Traktormarktes. International Harvester war mit 12.057 Schleppern und neun Prozent Marktanteil auf den zweiten Platz zurückgefallen. Für die anderen 73 Hersteller, die es zu dieser Zeit noch gab, blieb der Rest übrig.

Die Geburt eines Giganten

John Deere ist ein Name, der heute fast auf der ganzen Welt bekannt ist – zumindest bei den Personen, die in der Landwirtschaft, aber zunehmend auch in der Forstwirtschaft, dem Landschafts- und Gartenbau, tätig sind. Der Name geht auf den Gründer des Unternehmens zurück, der am 7. Februar 1804 im Nordosten der Vereinigten Staaten, im Bundesstaat Vermont, geboren wurde. John Deere erlernte den Beruf eines Schmieds und machte sich als solcher auf den Weg nach Westen, wo ein großer Bedarf an Handwerkern herrschte. In den 1840er- und 1850er-Jahren fand eine große Wanderbewegung aus den östlichen Staaten der USA nach Westen statt. Die meisten der Migranten, die in den Mittleren Westen kamen, waren Landwirte, die ihr Glück in den von Indianern und Bisons verlassenen Prärien suchten. Viele der

4 Vgl. Ford, Henry (1922), Seite 200

TRAKTORENPRÜFUNG IN NEBRASKA

Die Traktoren, die Anfang des 20. Jahrhunderts von immer mehr Herstellern auf den Markt gebracht wurden, versprachen die amerikanische Landwirtschaft nachhaltig zu verändern. Endlich konnten die Farmer ihre Pferde und Maultiere in den Ruhestand schicken und die Arbeit den Maschinen überlassen. Aber nicht alle Traktoren hielten, was ihre Hersteller versprachen. Sie erbrachten nicht die angekündigte Leistung, erwiesen sich bald als reparaturbedürftig, waren mit minderwertigen Materialien gebaut, hatten einen hohen Kraftstoffverbrauch oder kämpften mit anderen Problemen.

Ein Farmer im Bundesstaat Nebraska namens Wilmot F. Crozier hatte sein Geld in mehrere Modelle investiert, darunter in einen Ford B (nicht von Henry Ford, sondern einer anderen Firma mit diesem Namen). Er musste jedoch feststellen, dass die Angaben der Verkäufer und Broschüren nicht immer der Realität entsprachen. Crozier fragte sich, ob man die Hersteller nicht dazu bringen könne, realistische Angaben zu machen. Als er für einen Senator der Legislative des Bundesstaates arbeitete, nutzte er diese Beziehung, um auf das Problem, dem sich die Traktorkäufer gegenübersahen, aufmerksam zu machen.

Das Parlament des Bundesstaates reagierte auf die Problematik und verabschiedete 1919 ein Gesetz, das es den Herstellern, die in Nebraska Traktoren verkaufen wollten, vorschrieb, ihre Produkte einem Test zu unterziehen. Das Gesetz verlangte außerdem, dass die Produzenten einen ausreichenden Vorrat an Ersatzteilen bereithalten mussten. Verantwortlich für die Tests war die Universität von Nebraska in Lincoln. Die Prüfungen begannen im März des folgenden Jahres. Die ersten vorgefahrenen Traktoren hatten oft überraschend große Mängel. Tester fanden defekte Motorblöcke, Zylinderköpfe, -ventile und andere minderwertige Teile. Sie entdeckten auch, dass einige Traktoren übermäßige Wartungsarbeiten erforderten. Von den ersten 103 Testbewerbungen erschienen nur 68, 35 stornierten ihre Bewerbungen. 39 Traktoren hatten nach größeren Modifizierungen den Test bestanden.

Nicht nur Farmer, sondern auch Unternehmen begrüßten die Einführung der Tests – vor allem, wenn sie von der Qualität ihrer eigenen Produkte überzeugt waren. Der Nebraska-Test wurde nicht nur zum Standard für die amerikanischen Hersteller. Andere Länder führten ebenfalls vergleichbare Tests ein. In Gestalt der OECD-Tests entstand schließlich ein internationaler Standard.

Werkzeuge, die von den Farmern in dieser Zeit verwendet wurden, waren selbstgemacht. Dazu gehörten hölzerne Pflüge, Eggen, Rechen, Schaufeln, Gabeln und Kultivatoren. Vor allem Schmiede waren im Mittleren Westen gefragt, denn die Bearbeitung von Metall überstieg die Möglichkeiten der meisten Farmer. Dies war der Grund, warum auch John Deere sein Glück dort suchte, wo die neuen Siedler anfingen, das Land zu bebauen, und wo noch kaum Industrie existierte. 1836, im Alter von 32 Jahren, ließ er sich in der kleinen Siedlung Grand Detour in Illinois nieder. Dort verdiente er seinen Lebensunterhalt mit Reparaturen verschiedenster Art und der Herstellung kleiner Werkzeuge, wie Schaufeln und Gabeln.

Die Erde dieser Gegend war schwer und wurzelreich. Die leichten Pflüge, wie man sie im Osten benutzte, eigneten sich kaum für die Bearbeitung des Bodens. Für diese Aufgabe wurden deswegen oft große, schwere Pflüge verwendet, sogenannte „Prärie-Brecher“, die von drei bis sieben Ochsengespannen gezogen werden mussten. Wegen der klebrigen Erde war eine häufige Reinigung der Pflugscharen erforderlich. John Deere nahm sich des Problems in seiner Werkstatt an. Er baute einen Pflug mit Scharen aus poliertem Stahl, die leichter durch den Prärieboden kamen und außerdem so geformt waren, dass sie sich selbst reinigten. Der Pflug hatte zudem den Vorteil, dass er nicht so schwer war wie die Prärie-Brecher.

Die Nachricht von dem neuen Pflug verbreitete sich nur langsam. 1839 stellte John Deere zehn dieser Pflüge her, 1841 waren es 75 und ein Jahr später 100. Richtig aufwärts ging es mit der Produktion erst, als er sein Geschäftsmodell änderte und anstatt Aufträge abzuwarten, die Pflüge auf Vorrat produzierte und sie zum Verkauf anbot. Nach einer

Der Pflughersteller John Deere (1804–1886) gründete ein Unternehmen, das sich zu einem der größten Landtechnikkonzerne der Welt entwickelte.

In Grand Detour errichtete John Deere seine erste Werkstatt. Die Schmiede war noch nicht für eine Massenproduktion von Pflügen eingerichtet.

gescheiterten Zusammenarbeit mit einem anderen Schmied zog John Deere 1848 in die Stadt Moline, die ungefähr 120 Kilometer südwestlich seines bisherigen Wohnsitzes lag. Der neue Standort hatte den Vorteil, dass er sich am Ufer des Mississippi befand und deshalb über Wasserkraft und eine bessere Verkehrsanbindung verfügte. Mit zwei neuen Partnern gründete er die Firma „Deere, Tate & Gould“ und errichtete eine Werkstätte, in der monatlich 200 Pflüge produziert werden konnten.

1852 erwarb John Deere die Anteile seiner Partner und nahm seinen Sohn Charles in die Unternehmensleitung auf. Nach einer landesweiten Finanzkrise im Jahr 1858 wurde das Unternehmen neu organisiert und John Deeres Schwiegersohn Christopher Webber als Teilhaber aufgenommen. Den endgültigen Namen, „Deere & Company“, bekam das Unternehmen 1868 nach einer weiteren Umorganisation.

Als John Deere 1886 verstarb, wurde sein Sohn Charles (1837 – 1907) Präsident der Firma. Die Leitung hatte er faktisch vorher schon innegehabt. Die Anzahl der monatlich produzierten Pflüge ging mittlerweile in die Tausende. Zusätzlich stellte das Unternehmen andere Geräte für die Landwirtschaft her, wie Wagen, Kultivatoren, Eggen, Sämaschinen und Einspänner. Vorübergehend befanden sich sogar Fahrräder im Produktprogramm. 1907 bekam das Unternehmen mit William Butterworth (1864–1936), der mit der Enkelin des Gründers verheiratet war, den dritten Präsidenten. Von 1910 bis 1912 unternahm Deere & Company eine Reihe von Fusionen, die dazu führten, dass das Unternehmen elf Werke in den USA sowie eine Fabrik in Kanada betrieb. 1913 kam ein Werk für den Bau von Erntemaschinen hinzu: John Deere Harvester Works in East Moline.

Trotz der Ausweitung des Produktprogramms sah sich John Deere immer noch in erster Linie als Pflughersteller.

1873, als dieses Bild entstand, war Moline bereits eine Industriestadt. Die Stadt hatte den Vorteil, dass sie am Mississippi lag, was den Gütertransport erleichterte.

1911 erkannte man auch in der Firmenzentrale in Moline die Zeichen der Zeit. Eigene Traktoren hatte man nicht im Angebot. Zunächst zog man entweder eine Allianz mit einem Schlepperhersteller oder den Kauf eines Traktorproduzenten in Betracht. Schließlich entschied sich die Unternehmensleitung, sich auf die Entwicklung eines eigenen Modells einzulassen. Mehrere Prototypen wurden gebaut und getestet. Sogar ein Modell mit Vierradantrieb wurde in Betracht gezogen. Während der Traktormarkt durch den Kriegseintritt der USA beträchtlich wuchs, erfuhr die Schlepperentwicklung bei John Deere durch den Tod zwei wichtiger Entwickler einen Rückschlag. Die Geschäftsleitung entschloss sich daufhin, den einfachsten Weg zu gehen, nämlich einen etablierten Hersteller zu übernehmen. Die Wahl fiel auf die Waterloo Gasoline Engine Company. Im März 1918 nahm John Deere die Waterloo Boys in das eigene Programm auf.

Aus dem Waterloo-Werk kam auch nach der Übernahme zunächst weiterhin ein Waterloo-Boy-Modell mit der Typenbezeichnung N. Es handelte sich um ein Modell in der damals noch typischen Rahmenbauweise, das heißt, ein Rahmen trug den Fahrerstand, Motor und Tank. Das Modell N war für 1050 Dollar zu haben, besaß als Antrieb einen Zweizylindermotor und konnte eine Leistung von 25 hp (25,4 PS, 18,6 kW) an der Riemenscheibe und 12 hp (12,2 PS, 8,9 kW) an der Zugstange vorweisen. Trotz der starken Konkurrenz durch Fordson verkaufte sich das Modell von 1917 bis 1924 über 21.000-mal.

1919 begannen die Techniker in Waterloo bereits an einem Nachfolger zu arbeiten. Sie entwarfen vier Ausführungen mit den Bezeichnungen A, B, C und D. Es war die vierte Version, die es zur Marktreife schaffte und die als erstes Modell unter dem Namen John Deere erschien.

1876 ließ sich John Deere den springenden Hirsch als Warenzeichen schützen. Das Markenzeichen ist auch heute noch auf Traktoren und anderen Maschinen der Firma Deere & Company zu sehen.

1924 kostete der D rund 1000 Dollar. Der Zweizylindermotor, der sich – anders als beim Vorgänger – unter einer Haube befand, war mit 27 hp am Riemen und 15 hp an der Zugstange etwas stärker als das Vorgängermodell. Die rahmenlose, kompakte Bauweise half dabei, das Gewicht niedrig zu halten. Der Schlepper war dafür konzipiert, mit einem dreischarigen Pflug zu arbeiten. Die John-Deere-Werbung pries das Model D als „leicht, kraftvoll, einfach" an. In einer Broschüre hieß es: „Größere Einfachheit. Der exklusive, horizontale Zweizylindermotor eliminiert viele unnötige Teile." John Deere konnte mit dem D zwar nicht im Preiskampf mit dem Fordson mithalten, er schien aber nach Einschätzung der Farmer genügend Vorteile zu bieten, um ihn trotz des höheren Preises als rentable Investition in Betracht zu ziehen. Der Waterloo-Traktor verkaufte sich nicht nur in den USA gut, sondern wurde auch nach Argentinien und in die Sowjetunion exportiert.

1927 bekam der D einen etwas größeren Motor. Der Hubraum vergrößerte sich von 7,6 Liter auf 8,2 Liter. Neben der Standardversion gab es auch eine Ausführung mit einem Kettenlaufwerk für Plantagenarbeiten sowie eine Industrieversion. Erst 1953 brachte John

Das Modell D war der erste marktreife Traktor, der unter dem Namen John Deere erschien. Damit begann die erfolgreiche Geschichte von John Deere im Traktorbau.

➔ Das Model D überstand die Herausforderung durch den Fordson F und befand sich sogar bedeutend länger in Produktion, obwohl es preislich nicht mit dem Billigschlepper aus Dearborn mithalten konnte.

Deere einen Nachfolger für das Erfolgsmodell auf den Markt. Mit einer Bauzeit von 30 Jahren war der D das am längsten gebaute Modell in der Geschichte des Unternehmens. In dieser Zeit wurden über 160.000 Exemplare der Standardausführung hergestellt.

John Deere brachte in der Zeit vor dem Zweiten Weltkrieg eine ganze Reihe von Zweizylindermodellen auf den Markt. Da ihre Typenbezeichnungen einfache Buchstaben waren, sprach man von der Buchstaben-Reihe. Wegen des besonderen Klangs des Zweizylindermotors bekamen diese Modelle den inoffiziellen Beinamen „Johnny Popper“ und „Poppin' Johnny“. Als ein Bestseller unter der Baureihe erwies sich der 1928 eingeführte GP. Die Typenbezeichnung GP stand für „General Purpose“ („allgemeiner Zweck“). Mit dem GP führte John Deere ein Modell ein, das wendig genug für Arbeiten auf Reihenfruchtfeldern war, aber auch genügend Leistung und Flexibilität für anspruchsvollere Aufgaben besaß. Dies zahlte sich aus, denn 1935 verließen ungefähr 35.000 Exemplare des GP das Werk in Waterloo. An den Erfolg des GP knüpfte das Nachfolgemodell an, das den Buchstaben A als Typenbezeichnung bekam. Der A wurde bis 1952 in Waterloo gebaut. Die Anzahl der hergestellten Exemplare belief sich auf circa 300.000 Stück. Es handelte sich wie beim GP um einen Reihenfruchttraktor, der jedoch auch für andere Zwecke eingesetzt werden konnte. Für einige Einsatzfelder gab es spezielle Ausführungen. Die Variante AO war für Arbeiten im Obstbau konzipiert, und AR war mit einer Standardfrontachse ausgestattet. Die AI-Ausführung war für Industrie und Gewerbe vorgesehen. Für hohe Reihenfrüchte standen Ausführungen mit einer größeren Bodenfreiheit (ANH und AWH) zur Verfügung. Die AN-Version besaß ein einzelnes Vorderrad, während die Normalversion vorne mit einem Doppelrad versehen war. Die AW-Ausführung war mit einer verstellbaren breiten Vorderachse versehen. Außerdem war der A das erste John-Deere-Modell, das mit Gummireifen erhältlich war.

Mit der Buchstabenserie gelang es John Deere, sich vom Nachzügler im Traktorbau zu einem bedeutenden Anbieter zu wandeln. Das spezielle Motorgeräusch der „Johnny Popper“ ruft auch heute noch bei manchen Erinnerungen an die frühen Farm-Traktoren wach. Aber darüber hinaus trug das Modell D dazu bei, dem großen Konkurrenten, Henry Ford, die Stirn zu bieten.

DIE MODELLE DER BUCHSTABENSERIE

Modell	Bauzeit	Gebaute Exemplare
D	1923–1953	ca. 160.000
C	1927–1928	92
GP	1928–1935	ca. 36.000
A	1934–1952	ca. 300.000
B	1935–1952	55.670
L	1937–1946	13.365
G	1937–1953	10.684
H	1939–1947	58.584
M	1947–1952	45.799
R	1949–1954	21.293

Der GP war in mehreren Varianten erhältlich. Neben der Reihenfrucht-Ausführung gab es ihn auch in Versionen für den Kartoffelbau, für den Einsatz in Obstplantagen sowie mit einer vergrößerten Spurweite.

VON HART-PARR ZU OLIVER, WHITE UND AGCO

Der Preiskampf, den Henry Ford mit seinem Model F auslöste, ermöglichte zahlreichen amerikanischen Farmern die Motorisierung, gleichzeitig führte er auch zum Verschwinden von Traktorherstellern, die im Wettbewerb nicht mithalten konnten. Diese Entwicklung findet zwar in jungen Branchen, die in der Regel in einer schnellen Entwicklung begriffen sind, ohnehin statt, aber in der amerikanischen Schlepperbranche wurde der Umbruch durch den Fordson schlicht und einfach beschleunigt. Nicht alle der schwächeren Hersteller mussten Konkurs anmelden. Manche verlagerten ihr Geschäftsfeld auf andere Produkte, sie wurden aufgekauft oder fusionierten. Zu den Herstellern, die im Konkurrenzkampf untergingen, gehörte Hart-Parr. 1929 fusionierte der Traktorpionier mit drei anderen Unternehmen der Landtechnikbranche – mit der Oliver Chilled Plow Company, der American Seeding Machine Company und der Nichols and Shepard Company – zur Oliver Farm Equipment Company mit Sitz in South Bend, im Bundesstaat Indiana. Charles Hart war zu dieser Zeit jedoch nicht mehr in dem Unternehmen, dessen Mitbegründer er gewesen war. Er hatte Hart-Parr 1917 verlassen. Auch Charles Parr hatte sich 1923 eine neue Stelle gesucht. Er war jedoch später zurückgekehrt und blieb bis zu seinem Tod bei Oliver. Das neue Unternehmen konnte eine breite Palette an landwirtschaftlichen Produkten anbieten und damit den dominierenden Konzernen Paroli bieten. Für einige Zeit wurden die Traktoren unter dem Markennamen Oliver Hart-Parr verkauft, aber schließlich trugen die Schlepper nur noch den Namen Oliver auf der Motorhaube.

Die Konzentration auf dem Landtechnikmarkt schritt auch in der Folgezeit fort, und am 1. November 1960 erfolgte die Übernahme der Oliver Company durch die White Motor Corporation in Cleveland, Ohio. Drei Jahre später kam ein weiterer bedeutender Traktorhersteller zur White-Familie, nämlich Minneapolis Moline. 1969 entstand aus den landtechnisch orientierten Tochtergesellschaften die White Farm Equipment Company mit Sitz in Oak Brook, Illinois. Die Traktoren erschienen nun unter dem Markennamen White. 1991 wurde White ein Teil des neuen Landtechnikunternehmens AGCO. Die Traktoren wurden bis 2001 unter dem Namen AGCO-White verkauft. Dann verschwand das White von der Motorhaube. In Charles City, das mit einigem Recht als Geburtsort des Traktors gilt, erinnern heute noch Ausstellungsstücke in einem historischen Museum an Hart-Parr. Das Werk, aus dem einst die ersten Traktoren rollten, wurde 1993 geschlossen.

Ford hatte mit seinem Fordson F den anderen Traktorherstellern das Fürchten gelehrt, aber International Harvester war mit seiner breiten Palette an Produkten nach wie vor ein Riese der Landtechnikbranche.

Die IHC-Herausforderung

Während Ford mit seinem Billigtraktor in den 1920er-Jahren schnell die Marktführerschaft übernahm, sah sich der bisherige Platzhirsch, International Harvester, plötzlich auf den zweiten Platz verwiesen. Wie die meisten anderen Traktorhersteller, hatte auch IHC dem Fließbandschlepper nicht viel entgegenzusetzen. Die Hauptkonkurrenten für den Fordson F waren zunächst die Kleintraktoren Titan 10-20 und 8-16, die jedoch beide schon bald als veraltet galten und kaum mit dem Fordson mithalten konnten. International Harvester senkte die Preise auf 700 beziehungsweise 670 Dollar und gab noch dazu jedem Käufer einen Pflug oder ein anderes Gerät mit. Um verlorene Marktanteile zurückzugewinnen, forderten oft IHC-Vertreter die Fordson-Verkäufer zu Wettkämpfen heraus, bei denen die Maschinen zeigen konnten, welche leistungsfähiger waren. Obwohl IHC mit der aggressiven Verkaufsstrategie einige Marktanteile zurückerobern konnte, führten die niedrigen Preise dazu, dass beide Unternehmen mit jedem Verkauf Verlust machten.

1923 führte IHC mit den Modellen McCormick-Deering 10-20 und 15-30 zwei technisch verbesserte und moderner aussehende Modelle in den Kampf gegen Fordson. Auch hinsichtlich der Produktionsmethoden hatte man bei International Harvester dazugelernt. Falls es einen Gewinner des „Traktorkrieges" gab, war es International Harvester, denn 1927 überstiegen die Verkaufszahlen der McCormick-Deering-Modelle diejenigen der Fordson-Schlepper, und im folgenden Jahr zog sich Ford aus dem amerikanischen Markt zurück.

Die Farmall-Reihe

Vor 1924 produzierten amerikanische Traktorbauer vor allem Modelle, die für das Pflügen und den Antrieb stehender Maschinen über die Riemenscheibe konzipiert waren. Für andere Aufgaben, wie das Mähen, Rechen, Säen, die Unkrautbekämpfung und so weiter, musste der Farmer weiterhin Pferde und Maultiere vor die Geräte spannen. Es war nicht zuletzt der von Ford ausgelöste Wettkampf, der die Traktorhersteller inspirierte, Modelle zu konstruieren, mit denen die tierische Arbeitskraft auch auf den Reihenfruchtfeldern ersetzt werden konnte. Diese Schlepper bekamen deswegen die Bezeichnung „Reihenfruchttraktoren“ („row-crop tractors“), obwohl sie nicht nur für die Arbeit mit Reihenfrüchten, wie etwa Mais, geeignet waren. Zumeist handelte es sich um Allzwecktraktoren. John Deere wies darauf mit der Typenbezeichnung des 1928 gestarteten Modells GP (General Purpose) hin. International Harvester nannte die Reihenfruchtschlepper aus dem eigenen Haus „Farmall“, was mit „bewirtschafte alles“ oder „bebaue alles“ wiedergegeben werden kann.

Bei vielen Reihenfruchttraktoren waren die Spurweiten verstellbar, was eine wichtige Eigenschaft war, wenn der Abstand der Räder an die Reihen der Feldfrüchte angepasst werden sollte. Anstelle einer Vorderachse besaßen diese Schlepper in der Frühzeit ohnehin nur ein Doppel- oder ein Einzelrad, sodass lediglich die Hinterachse angepasst werden musste. Die fehlende Vorderachse hatte auch den Vorteil, dass ein Frontgerät vom Fahrersitz aus leicht im Auge behalten werden konnte.

Bei International Harvester machten sich die Konstrukteure schon früh Gedanken über Modelle, die für Arbeiten in Reihenfruchtfeldern geeignet waren. Als erstes Ergebnis erschien 1915 der „Motor Cultivator“, ein motorisiertes Bodenbearbeitungsgerät, bei dem der Fahrer vor sich das Arbeitsgerät oberhalb einer breiten Vorderachse hatte. Am Heck befand sich der Motor, und gelenkt wurde über ein einzelnes Hinterrad. Zu den Vorteilen des Motorkultivators gehörte die Möglichkeit, verschiedene Geräte einzusetzen, darunter einen Maispflücker. IHC produzierte zwar mehrere Hundert dieser Reihenfruchtmaschinen, aber damit war die Entwicklung noch nicht beendet. 1920 erschien ein Prototyp, bei dem sich der Motor vor dem Fahrer befand und die Steuerung über ein vorderes Einzelrad erfolgte. Dieses Fahrzeug glich einem herkömmlichen Traktor bedeutend mehr als der Motorkultivator.

Das einzelne Vorderrad und die verstellbare Hinterachse des Farmall-F12 erleichterten die Anpassung der Spurweite an die Abstände auf den Reihenfruchtfeldern. Dieses Modell wurde vor dem Zweiten Weltkrieg in einer anderen Version auch in Deutschland gebaut.

Mit weiteren Prototypen glichen die Entwickler von International Harvester das Modell immer mehr den Anforderungen eines Allzwecktraktors an. Die Prototypen wurden kürzer, leichter, besser, und man erprobte sie mit einem einzelnen und einem doppelten Vorderrad. Das Ergebnis war schließlich der Farmall, der nun keine spezialisierte Maschine, sondern ein Allzwecktraktor war.

Bei IHC war man sich jedoch nicht sicher, wie ein Modell, das angeblich für alle Arbeiten auf der Farm verwendbar sein sollte, angenommen werden würde. Anstatt die

FRÜHE FARMALL-MODELLE

Modell	Bauzeit	Gebaute Exemplare
Farmall Regular	1924–1932	134.650
F-30	1931–1939	28.902
F-12	1932–1938	123,442 (USA), 2848 (D)
F-20	1932–1939	154.398
F-14	1938–1939	27.401
A	1939–1947	117.552
B	1939–1947	75.241
H	1939–1953	391.227

Der Farmall leistete einen bedeutenden Beitrag, die Fordson-Schlepper vom amerikanischen Markt zu drängen und IHC die Position eines Spitzenreiters der Traktorbranche zu sichern.

Markteinführung des Farmall mit einer großen Werbekampagne durchzuführen, erfolgte sie zunächst eher zurückhaltend und auf Texas beschränkt. Damit wollte man mögliche negative Presseberichte vermeiden.

Der erste Farmall, der später zur Unterscheidung von den anderen Modellen den Beinamen „Regular“ erhalten sollte, erwies sich als ein Bestseller. Als sich zeigte, dass die Verkaufszahlen die Erwartungen übertrafen, entschloss sich die Geschäftsführung von International Harvester, ein eigenes Werk für die Farmall-Produktion zu errichten. 1926 begannen die ersten Traktoren aus der neuen Produktionsanlage in Rock Island, im Bundesstaat Illinois, zu rollen. Bis zum 1. Februar 1974 entstanden in diesem Werk fünf Millionen Traktoren. Auf seinem Höhepunkt produzierte es 350 Traktoren am Tag und beschäftigte 5000 Mitarbeiter.

Der Farmall Regular war das erste Modell einer Reihe von Reihenfruchtschleppern, die unter dem Markennamen Farmall bis in die 1970er-Jahre fortgeführt wurde. Hinsichtlich der Produktionszahlen wurde der erste Farmall, von dem über 134.000 Exemplare hergestellt wurden, sogar noch von späteren Modellen übertroffen. Vom Farmall F-20 verließen über 154.000 Exemplare die Rock-Island-Fabrik. Über 391.000 Stück des Farmall H rollten von der Produktionsstraße.

Case holt auf

Der Farmall gilt als der erste richtige Reihenfruchtschlepper. Anderen Herstellern konnte der Erfolg des IHC-Schleppers nicht entgangen sein. Als der Farmall auf den Markt kam, stellte Case in Racine noch die sogenannte Cross-Motor-Reihe her. Diese Schlepper wurden so genannt, weil der Motor im rechten Winkel auf dem Rahmen montiert war. Das Design galt nicht nur als veraltet, sondern auch völlig unvereinbar mit den Reihenkulturen. Case benötigte dringend einen neuen Traktor. Das im Februar 1929 eingeführte Modell L, das mit drei- bis vierscharigen Pflügen arbeiten konnte, war ein sofortiger Erfolg bei den Kunden, die eine hohe Zugleistung verlangten.

Eine kleinere Version des Modell L mit der Bezeichnung Modell C wurde 1929 der Öffentlichkeit vorgestellt und sollte auch die Basis für einen Reihenkulturtraktor bilden. Diese Variante erschien noch im gleichen Jahr als Modell CC. Der CC besaß eine verstellbare Hinterachse und ein doppeltes Vorderrad. Auch nachfolgende Modelle waren in Ausführungen, die man damals noch als „Standard“ bezeichnete, sowie als „Row-Crop“-Varianten erhältlich. Dazu gehörten beispielsweise der von 1936 bis 1940 gebaute R und seine Reihenfruchtausführung RC. Der D, der von 1939 bis 1953 gebaut wurde,

Der CC befand sich von 1929 bis 1939 in Produktion. In der Ausführung CC-3 war er als Dreiradversion, das heißt, mit einem vorderen Doppelrad, erhältlich. Als CC-4 gab es das Modell auch mit einer breiten Vorderachse.

und dessen Reihenfruchtversion DC, befanden sich im gleichen Zeitraum in Produktion.

Als Henry Ford 1928 die Produktion seiner Fordson-Schlepper nach Irland verlagerte, gab er auch den amerikanischen Markt auf. Die beträchtlich gelichteten Reihen der anderen Anbieter profitierten vom Wegfall des früheren Herausforderers, dazu gehörte Case. Der einstige Dampf- und Dreschmaschinenbauer konnte sich zwar nicht mit den großen Herstellern IHC und John Deere messen, bildete aber mit den Konkurrenten Massey-Harris und Allis-Chalmers die zweite Riege.

DIE ANZAHL DER HERGESTELLTEN TRAKTOREN IN DEN USA (IN TAUSEND)[5]

Hersteller	**Gesamt**	**1910–1925**	**1926–1935**	**1936–1945**
IHC	1555	219	542	794
Fordson/Ford	740	550	190	198
John Deere	648	35	152	461
Massey-Harris	318	16	38	264
Allis-Chalmers	370	50	58	262
Case	289	56	66	167
Oliver	160	20	42	98
Minneapolis-Moline	120	44	12	64
Sonstige	302	229	59	14
Gesamt	**4502**	**1219**	**1159**	**2322**

5 Nach: White, William (2000). An Unsung Hero: The Farm Tractor's Contribution to Twentieth-Century United States Economic Growth. Dissertation, The Ohio State University, Seite 76, ergänzt mit Daten der Ford/Fordson Collectors Association (fordtractorcollectors.com).

Die Zapfwelle dieses Eicher ED 16 von 1955 arbeitete mit 580 Umdrehungen bei einer Motordrehzahl von 1500 Umdrehungen pro Minute.

Die Zapfwelle wird über eine Gelenkwelle mit der Maschine, die angetrieben werden soll, verbunden.

Die Zapfwelle hält Einzug

Bei der Zapfwelle, die manchmal auch als Nebenantrieb bezeichnet wird, handelt es sich um einen Wellenstumpf am Heck des Traktors, der zum gleichmäßigen Antrieb angehängter oder angebauter Maschinen dient. Die Größe des Stumpfes ist heute international genormt, was die Einführung zapfwellengetriebener Maschinen bedeutend erleichterte. Auch die Drehzahl der Zapfwelle wurde offiziell festgelegt, nämlich auf 540 Umdrehungen pro Minute bei Nenndrehzahl des Traktormotors, wobei jedoch eine Abweichung von 30 Umdrehungen nach oben und zehn nach unten möglich war. Später wurden auch Zapfwellen eingeführt, die mit 1.000 Touren arbeiten konnten.

Versuche mit Zapfwellen wurden schon früh durchgeführt. Bei der International Harvester Company sprach man vom „Triple Power Plan". Damit war gemeint, dass der Traktor neben der Zugstange und der Riemenscheibe noch eine dritte Möglichkeit zum Antrieb von Arbeitsmaschinen haben sollte. 1918 unternahm das Unternehmen den entscheidenden Schritt mit der Einführung der Zapfwelle bei einem in Serie gebauten Modell. Vorher mussten die angehängten Maschinen, wie Mähmaschinen, Bindemäher und Mähdrescher, über mitlaufende Räder angetrieben werden. Nun war es möglich, Maschinen direkt mit der Kraft des Traktors zu betreiben. Aber auch stehende Maschinen konnten damit angetrieben werden, wie Wasserpumpen, Holzspalter und Ähnliches. Nachdem die passenden Maschinen dafür zur Verfügung standen, verbreitete sich die Zapfwelle schnell. Sie war zunächst bei den großen Schleppern kaum mehr wegzudenken und hielt schließlich auch bei den kleinen Traktoren Einzug.

Man unterscheidet zwischen drei Arten von Zapfwellen. Die Getriebezapfwelle, die auch als getriebeabhängige oder kupplungsabhängige Zapfwelle und einst als Normzapfwelle bezeichnet wurde, ist über das Getriebe und die Fahrkupplung mit dem Motor verbunden. Dies bedeutet, dass beim Treten der Fahrkupplung auch die Zapfwelle zum Stillstand kommt. Bei Arbeiten mit manchen Maschinen, wie einem angehängten Mähdrescher, einem Feldhäcksler oder einem am Heck angebauten Mähwerk, konnte dies ein Problem darstellen. Falls es zu einer Verstopfung des Mähwerks oder einer Trommel kam und deshalb der Traktor anhalten musste, blieb auch die Maschine stehen, anstatt sich im Stand wieder freizuarbeiten. Man führte deswegen die Motorzapfwelle ein, die auch als freie oder kupplungsunabhängige Zapfwelle bezeichnet wird. Diese Zapfwelle ist über eine eigene oder über eine Doppelkupplung mit dem Motor verbunden. Falls es zu einer Störung kommt, kann der Fahrer den Traktor anhalten, die Zapfwelle und dadurch die Maschine aber weiterlaufen lassen. Vor allem bei großen Traktoren, die mit entsprechenden Maschinen arbeiten, ist diese Zapfwellenart unerlässlich.

Die dritte Art von Zapfwelle war ebenso wie die Getriebezapfwelle kupplungsabhängig. Die Drehzahl hing aber vom gewählten Gang und der Fahrgeschwindigkeit ab. Man nannte sie deswegen gangabhängige oder geschwindigkeitsabhängige Zapfwelle oder auch Wegzapfwelle. Ihre Verwendung fand sie vor allem bei Arbeiten mit Triebachsanhängern. Der Vorteil war, dass der Anhänger aufgrund seiner Triebachse auf schwierigem Gelände die Traktion verbesserte. Aber auch bei Drillmaschinen und Düngerstreuern konnte die Wegzapfwelle nützlich sein.

Manche Traktoren verfügten über zwei Zapfwellenstummel, von denen einer für die Wegzapfwelle und der zweite für eine andere Zapfwellenart bestimmt war. Bei manchen Schleppern konnte man nach Belieben zwischen dem Betrieb als Weg- oder als Getriebezapfwelle umschalten.

Die Fordson-Schlepper leisteten nach dem Ende der Produktion in den Vereinigten Staaten noch einen Beitrag zur Motorisierung der Landwirtschaft in einigen europäischen Ländern.

EUROPA ZWISCHEN DEN KRIEGEN: MECHANISIERUNG IM KRIECHGANG

Schon in der zweiten Hälfte des 19. Jahrhunderts zeichnete sich ab, dass die Führung in der Landtechnikbranche vom Vereinigten Königreich auf die einstigen britischen Kolonien in Nordamerika überging. In den USA begannen wichtige technische Entwicklungen die Landwirtschaft zu verändern. Die europäische Landtechnik – vor allem diejenige auf dem Festland – hinkte der amerikanischen bei der Einführung moderner Technik dagegen um mehrere Jahrzehnte hinterher. Der Erste Weltkrieg war nicht nur eine menschliche Katastrophe gewesen, er hatte auch die technischen Entwicklungen in manchen Bereichen zurückgeworfen und Handelsbarrieren aufgebaut. Die Motorisierung der europäischen Landwirtschaft zwischen den Kriegen machte ebenfalls Fortschritte, aber nicht im Schnellgang wie die amerikanische.

Das Werk in der irischen Stadt Cork spielte nur vorübergehend eine Rolle im Traktorbau. Bedeutend längere Zeit wurden Pkw der Marke Ford in dem Werk gebaut.

Ford in Cork

Eine der ersten europäischen Traktorfabriken entstand auf Initiative eines amerikanischen Unternehmers: Henry Ford. Der Vater des Innovators war 1847 von Irland in die Vereinigten Staaten ausgewandert. 1912 reiste Henry Ford mit seiner Frau und seinem Sohn Edsel in das Land seiner Vorfahren. Entgegen dem Rat einiger seiner Mitarbeiter entschloss er sich, in Irland eine Fabrik zu errichten, um der grassierenden Armut entgegenzuwirken. Als Standort wählte er die nicht weit vom Geburtsort seines Vaters gelegene Stadt Cork ganz im Süden der Insel.

Bei der Errichtung des Werks kam es zu Verzögerungen, für die unter anderem der Erste Weltkrieg verantwortlich war. Einige Materialladungen, die mit Schiffen herantransportiert werden mussten, fielen U-Boot-Angriffen vor der irischen Küste zum Opfer. Aber am 3. Juli 1919 war es schließlich soweit: der erste Fordson F lief von der Produktionsstraße. Bis zum Jahresende entstanden in der Fabrik 303 Traktoren. Im folgenden Jahr konnte eine Zahl von 3626 verzeichnet werden. Der Absatzmarkt für die Schlepper befand sich vor allem in Irland und Großbritannien. Einige Exemplare wurden jedoch auch nach Frankreich, Spanien, Dänemark, Rumänien und sogar in den Nahen Osten verschifft. Am 29. Dezember 1922 rollte das 7605. Model F aus der Werkshalle, und damit endete die Traktorproduktion in Cork – vorerst.

Die Cork-Fabrik konzentrierte sich in der Folgezeit auf die Montage von Autos für den irischen Markt. Allerdings stellte man in der Fabrik auch Teile für den Exportmarkt her. Zu dieser Zeit besaß Ford ein Automobilwerk in Manchester, und in Dagenham, östlich von London, hatte Ford 1924 ein Gelände für den Bau eines moderneren Werks erworben.

Da sich Ford 1928 vom Traktorbau in Nordamerika zurückzog, der europäische Markt aber für Modelle wie den Fordson durchaus noch interessant war, richtete man auch das Cork-Werk wieder für die Schlepperfertigung ein. Der neue irische Fordson wurde jedoch einer leichten Modernisierung unterzogen, weshalb seine Typenbezeichnung nun „Model N" lautete. Das neue Modell wog mehr und hatte einen größeren Motor, der mit einer höheren Drehzahl arbeitete, unter der Haube. Die Motorleistung stieg dadurch von 20 hp (20,3 PS, 14,9 kW) auf 26 hp (26,4 PS, 19,4 kW).

1932 kam das erneute Aus für die Schlepperproduktion in Cork. Diesmal war der Grund dafür der Umzug in das neue Werk in Dagenham. Dabei wurden auch die Produktionsanlagen für den Traktor abgebaut und nach England verfrachtet. Damit endete jedoch die Geschichte des Ford-Werks in Cork noch nicht. Die Fabrik im Süden Irlands war von nun an vor allem für den Bau von Pkw zuständig. In den 1960er- und 1970er-Jahren kamen aus den Montagehallen die Modelle Escort und Cortina. Tausende dieser Autos gingen jährlich in den Export. Aber im Zuge des wirtschaftlichen Umbruchs, den unter anderem der Beitritt zur Europäischen Gemeinschaft mit sich brachte, verlor das Werk seine Konkurrenzfähigkeit, was 1984 zum Ende der Fertigung führte.

IHC in Neuss am Rhein

Auch Fords größter Rivale auf dem Traktormarkt, International Harvester, sah Europa als einen wichtigen Absatzmarkt. Landmaschinen aus Chicago waren schon in die Alte Welt verschifft worden, als sich McCormick und Deering noch einen bitteren Konkurrenzkampf geliefert hatten. Nach der Vereinigung der beiden Gegner zur International Harvester Company konnten die vorher getrennt agierenden Hersteller ihre Produkte gemeinsam vertreiben. Um die Zölle und die langen Transportwege zu umgehen, entschloss sich IHC, in Deutschland ein Werk zu errichten. Als Standort wurde Neuss am Rhein ausgewählt. Die Stadt bot wegen ihrer Lage an dem schiffbaren Fluss hervorragende Transportwege. 1911 begann das IHC-Werk in Neuss mit der Fertigung von Getreidemähern, Heuwendern und Pferderechen.

Aber Europa schlitterte in den Ersten Weltkrieg, kam anschließend in eine kurze Phase der wirtschaftlichen Erholung und wurde 1930 von der Weltwirtschaftskrise getroffen. 1933 übernahmen die Nationalsozialisten die Macht im Deutschen Reich. In Neuss wurden zwar Landmaschinen hergestellt, aber Traktoren kamen nach wie vor aus Übersee. 1935 entschloss sich IHC, auch in Deutschland Schlepper zu produzieren, da Importe zunehmend durch die nationalistische Wirtschaftspolitik des Nazi-Regimes behindert wurden. Man einigte sich darauf, den kleinen Farmall F-12 in einer eigens für den deutschen Markt angepassten Version zu produzieren. Die deutsche Ausführung bekam in der Typenbezeichnung ein G, das für „Germany“ stand. Anders als die amerikanischen Farmer hielten die deutschen Landwirte nicht viel von Dreiradtraktoren, weswegen der Farmall mit einer zweirädrigen Vorderachse ausgestattet wurde. Der für kleine und mittlere Betriebe gedachte F-12 G wurde ab Herbst 1937 in verschiedenen Versionen ausgeliefert, manchmal unter dem Markennamen „Deering“ und manchmal als „McCormick“. Die Motorleistung betrug ungefähr 15 PS. 1940 wurde die Leistung auf 20 PS angehoben. Die stärkeren Schlepper wurden unter der Bezeichnung FG vertrie-

Der F-12 wurde in Deutschland als „Bauernschlepper“ vermarktet. Zu früh verhinderte jedoch ein erneuter Kriegsausbruch den Erfolg dieser kleinen Allzwecktraktoren.

„Für jeden Hof ein Farmall-Dieselschlepper“ hieß es im Werbetext zu diesem Bild. In der Nachkriegszeit bot IHC in Neuss Modelle für kleine, mittlere und große Betriebe an.

ben, falls sie mit Luftbereifung ausgestattet waren, und FS bei Stahlbereifung.

Der Kriegsausbruch 1939 betraf auch das Werk am Rhein. Die Landmaschinenproduktion musste zurückgefahren und teilweise auf militärische Produkte umgestellt werden. Wegen des Kraftstoffmangels war IHC in Deutschland ab 1943 gezwungen, auf den Antrieb mit Holzgasmotoren umzusteigen. Außerdem lieferte Neuss für fast 19.000 in Russland erbeutete Traktoren Umbausätze für den Holzgasbetrieb sowie Ersatzteile. Gegen Kriegsende kam es zum Stillstand der Arbeit im Werk. Dies lag zum einen an den alliierten Bomben, zum anderen an der Einberufung der Arbeiter in den Volkssturm, an dem „Führerbefehl“, das Werk zu zerstören, sowie an den Plünderungen in den letzten Kriegstagen. Nach dem Krieg kam die Produktion nur langsam wieder in Gang. Aber die große Zeit der IHC-Schlepper aus Neuss am Rhein stand noch bevor.

Sendlinger Traktoren

Zu den frühesten deutschen Traktorpionieren gehörte ein Unternehmen, das heute kaum mehr jemand kennt. Die Firma hieß anfangs „Münchener Motorenfabrik, München-Sendling“ und war, wie der Name andeutet, im Stadtteil Sendling der bayerischen Hauptstadt angesiedelt. Einen Platz in der Traktorgeschichte sicherte sich das Münchener Unternehmen 1909 mit dem Bau des ersten in mehreren Exemplaren hergestellten Schleppers. Es handelte sich um einen Giganten mit einem Gewicht von etwa fünf Tonnen und einem Vierzylindermotor mit einer Leistung von 80 PS, der einen Pflug mit bis zu neun Scharen ziehen konnte. Wie die frühen Modelle, die von amerikanischen Herstellern gebaut wurden, ähnelte auch der Typ 1 von München-Sendling einer Dampflokomobile, mit dem Unterschied, dass ein Verbrennungsmotor anstelle der Dampfkraft für den Antrieb sorgte. Für die meisten bayerischen Bauern war eine solche Maschine zu groß und finanziell unerschwinglich. Der Typ 2 entstand noch im gleichen Jahr, wog nur noch die Hälfte und erbrachte mit seinem Zweizylindermotor eine Leistung von 45 PS. Vom Hersteller wurden die Maschinen als Motorpflug bezeichnet. Gemäß einer Anzeige des Unternehmens waren diese Zugmaschinen aber nicht nur zum Pflügen, sondern auch zum Lastenziehen, zum Dreschen und für alle landwirtschaftlichen Arbeiten verwendbar. Während des Ersten Weltkriegs mussten die Münchner nun auch Artilleriezugmaschinen für das bayerische Heer bauen.

Nach Kriegsende gründete das Münchener Unternehmen mit der Mannheimer Firma Benz & Cie. ein gemeinsames Tochterunternehmen, das Schlepper der Marke Benz-Sendling vertreiben sollte. Das erste von den Münchnern und Mannheimern gemeinsam entwickelte Gefährt bekam die Öffentlichkeit

Die Firma München-Sendling zählt zu den wichtigsten Traktorpionieren in Deutschland. In Kooperation mit Benz & Cie. entstanden die Benz-Sendling-Schlepper.

Die Sendling-Traktoren gehören heute zu den Raritäten, die man nur noch sehr selten in einem so guten Zustand wie dieses Exemplar bei einem Oldtimer-Treffen zu sehen bekommt.

1922 auf der Landwirtschaftsausstellung in Königsberg zu sehen. Als Antrieb diente ein Dieselmotor mit zwei Zylindern und einer Leistung von 25 PS (18 kW) bei einer Drehzahl von 800 Umdrehungen pro Minute. Das Ausstellungsstück sowie zwei Exemplare aus der Vorserie fanden auch gleich Käufer. Die Serienfertigung begann im folgenden Jahr.

Die ersten beiden München-Sendling-Typen waren in Dreiradausführungen erhältlich gewesen. Ab 1923 bot Benz-Sendling jedoch auch Vierradschlepper an.

Die Zusammenarbeit zwischen den Münchnern und den Mannheimern hielt jedoch nur 1930 an. In den 1930er-Jahren versuchte München-Sendling mit eigenständig entwickelten Modellen wieder in den sich mittlerweile vielversprechend entwickelnden Traktormarkt einzusteigen. Der Schwerpunkt blieb jedoch die Produktion von Kleindieselmotoren für Landwirtschaft, Gewerbe und Industrie.

Der Traktorbau in Deutschland

In Deutschland ging die Motorisierung nur zögerlich voran. Motorpflüge und Lokomobile waren die einzigen Maschinen, die den Zugtieren die Arbeit abnahmen. Der Erste Weltkrieg hatte die technische Entwicklung auf diesem Gebiet verzögert. Zwar hatte der Krieg den Bau von Artilleriezugmaschinen, die nachher in zivilen Bereichen Verwendung fanden, in einer gewissen Weise gefördert, aber die Breite Schicht der kleinen und mittleren Landwirte profitierte nicht davon.

Der Anschaffung von Maschinen standen neben der Wirtschaftskrise und der weithin kleinstrukturierten Landwirtschaft andere Hindernisse im Weg: Es fehlte an geeigneten

Der Pöhl-Schlepper konnte zwar die gleiche Leistung wie ein Fordson F erbringen, war aber hinsichtlich der Produktionskosten unterlegen.

Reparaturwerkstätten, die technische Ausbildung in der Landwirtschaft war mangelhaft, und Kundendienste sowie Ersatzteilversorgungen mussten von den Unternehmen der Landtechnikbranche erst noch aufgebaut werden. Zumindest machte es sich die Regierung zur Aufgabe, den technischen Fortschritt in der Landwirtschaft zu fördern. 1920 wurde zu diesem Zweck ein „Reichsausschuss für Technik in der Landwirtschaft" gegründet. Zwei Jahre später veranstaltete der Ausschuss in Pommern einen Versuch, mit dem die Wirtschaftlichkeit von Motorpflügen im Lohnbetrieb in bäuerlichen Betrieben ermittelt werden sollte. Das Ergebnis fiel jedoch negativ aus.

Die schnelle Verbreitung der Traktoren in den USA war natürlich auch dem Reichsausschuss nicht entgangen. 1923 führte man einen Vergleichstest zwischen einem Fordson-Traktor und einem Schlepper der Pöhl-Werke, eines der frühesten deutschen Traktorbauers, durch. Die Maschinen mussten 70 Tage lang schwere Pflugarbeiten verrichten. Beide wiesen die gleiche Stundenleistung und Betriebskosten auf. Der Unterschied war jedoch, dass die Herstellungskosten eines Pöhl-Schleppers mehr als dreimal so hoch waren als diejenigen eines Fordson. Der Ausschuss empfahl der Regierung daraufhin, die Einfuhr von 500 bis 1000 Fordson-Schleppern zu bewilligen. Damit entstand zwar eine Konkurrenz für die noch am Anfang stehenden deutschen Traktorenhersteller, verlieh dem Schlepperbau aber auch neue Impulse.

Eine weitere Maßnahme, die Mechanisierung der Landwirtschaft voranzutreiben, war die mit Hilfe des Reichsernährungsministeriums erfolgte Gründung der „Finanzierungsgesellschaft für Landmaschinen A. G." (FIGELAG), die den Landwirten bei der Anschaffung von Landmaschinen und Traktoren zinsverbilligte Kredite zur Verfügung stellte. Aber auch davon profitierten nur die zahlungskräftigeren Betriebe.

Glühkopf-Bulldogs

Einen deutschen Fordson sollte es nicht geben. Aber zumindest gab es Bemühungen, Schlepper mit niedrigen Betriebskosten einzuführen. Ein besondere Rolle spielte dabei die Firma Heinrich Lanz in Mannheim, die bereits vor dem Ersten Weltkrieg zu einem der führenden deutschen Landmaschinenhersteller aufgestiegen war und mit dem Landbau-Motor eine Art Traktor auf den Markt gebracht hatte. Eine entscheidende Rolle bei der Einführung einer einfachen und robusten Antriebsart spielte der Lanz-Ingenieur Fritz Huber. Auf der Suche nach geeigneten Alternativen zum Benzin- und Dieselmotor stieß er auf Herbert Akroyd Stuarts Glühkopfmotor aus dem Jahr 1891, der jedoch damals nur als Stationärmotor arbeiten konnte. Huber verbesserte diese Konstruktion maßgeblich. Er erreichte durch einen veränderten Einspritzzeitraum, dass ein Betrieb auch im Leerlauf möglich wurde, was eine unabdingbare Voraussetzung für den Antrieb eines Fahrzeugs war. Er führte eine spezielle Einspritzdüse für alle

Leistungsbereiche ein und konstruierte eine Ausbuchtung des eigentlichen Glühkopfs unterhalb des gekühlten Zylinderkopfes, die er Zündsack nannte. Den Einspritzkegel der Kraftstoff-Einspritzdüse konnte der Fahrer während seines Einsatzes über ein Handrad nach Bedarf verändern.

Der Glühkopfmotor war eine eigenständige Antriebsart, die zu den konkurrierenden Otto- und Diesel-Systemen eine Zwischenstellung einnahm. Die Bildung des Kraftstoff-Luft-Gemisches fand beim Glühkopf wie beim Diesel-System im Motor statt und wurde ebenfalls einer Kompression unterzogen, wenn auch einer niedrigeren als beim Dieselmotor. Die Zündung erfolgte durch die glühenden Wände der Vorkammer, das heißt des Glühkopfes. Deshalb musste beim Anlassen des Motors der Glühkopf erst mit einer Lötlampe erhitzt werden. Es dauerte einige Minuten, bis dieser so heiß geworden war, dass er bläulich glühte. Sobald der Motor in Betrieb war, erzeugte er selbst die nötige Hitze. Bei Lanz wurde in der Regel ein liegender Zweitakt-Einzylindermotor verwendet, dessen Hubraum zwischen 2,8 und 10,3 Litern betrug. Die Drehzahl war mit 540 bis 850 Umdrehungen pro Minute relativ langsam. Einer der Vorteile des Glühkopfes war die hohe Kraftstofftoleranz. Für den Betrieb konnten zum Beispiel Braunkohlenteeröl, Rohöl, Gasöl, Paraffinöl, Petroleum, Spiritus, Benzol, altes Schmieröl, Benzin und Diesel verwendet werden. Mit einer zusätzlichen Teeröl-Ausrüstung konnten weitere Stoffe, wie Heizöl und Steinkohlenteeröl, verbrannt werden.

1921 stellte Lanz das erste Modell vor. Die Traktoren aus Mannheim bekamen wegen ihres Aussehens, das an eine Bulldogge erinnerte, die Bezeichnung „Bulldog". Die frühen Modelle waren weniger zur Feldarbeit geeignet, sondern mehr als mobiler Antrieb und Zugmaschine. Das änderte sich 1926 mit der Einführung des HR-Bulldogs, der ein vollwertiger Ackerschlepper war, eine Dauerleistung von 22 PS erbrachte und vier Gänge (je vorwärts und rückwärts) besaß. Der Hubraum des Einzylindermotors betrug über zehn Liter.

Ende der 1920er- und in den 1930er-Jahren war Lanz mit seiner breiten Palette von verschieden großen Glühkopfschleppern,

Die Firma Heinrich Lanz erzielte mit ihren Glühkopfschleppern die Marktführerschaft in Deutschland vor dem Zweiten Weltkrieg. Die Bezeichnung „Bulldog" für die Schlepper wird bis heute in manchen Regionen auch auf Traktoren anderer Hersteller angewendet.

Die Ackerausführungen der Lanz-Bulldogs waren vor dem Zweiten Weltkrieg noch mit Eisenrädern ausgestattet. Einen großen Komfort erwartete man in der Landwirtschaft ohnehin nicht.

SCHLEPPERTEST

Von Juli 1925 bis Juli 1926 führten das Reichsernährungsministerium und das Reichsverkehrsministerium in der Versuchsanstalt für Kraftfahrzeuge der Technischen Hochschule Berlin einen Schleppertest durch. Neben dem Fordson-Schlepper und vier Raupenschleppern ausländischer Hersteller wurden folgende Modelle deutscher Unternehmen den Tests unterzogen:
der WD-Radschlepper von Hanomag,
der MTW-Raupenschlepper von Ritscher,
ein Radschlepper von Pöhl,
der Felddank von Lanz,
ein Ackerbulldog von Lanz,
ein Schlepper von Benz-Sendling.

Es handelte sich dabei um die erste mit Labormessungen durchgeführte Schlepperprüfung in Deutschland. Aus den Daten konnten zahlreiche Erkenntnisse über die Vor- und Nachteile der verschiedenen Traktorkonstruktionen gewonnen werden. Später wurde in Bornim bei Potsdam ein Schlepperversuchsfeld eingerichtet, auf dem nach dem Vorbild der amerikanischen Nebraska-Tests Traktoren nach festgelegten Regeln getestet werden konnten. Das Ziel bestand darin, eine Vergleichbarkeit der Maschinen anhand der Testwerte zu schaffen. In Potsdam-Bornim befand sich zu DDR-Zeiten die zentrale Prüfstelle für Landtechnik.

die je nach Ausstattungsvariante zum Ackereinsatz, aber auch für den Straßenverkehr nutzbar waren, zum Marktführer in Deutschland aufgestiegen. 1930 stammten 45,5 Prozent aller Traktoren im Deutschen Reich von Lanz.

Der MTH wurde von Deutz als Zug- und Kraftmaschine für jede Arbeit bezeichnet. Im Hintergrund ist der Schlepper beim Antrieb einer Dreschmaschine zu sehen. Im Vordergrund zieht er einen Strohwagen.

Deutz und der Schlepperbau

Die Gasmotorenfabrik Deutz, die bereits Erfahrungen im Bau von Zugmaschinen, wie dem Deutzer Trekker, gesammelt hatte und noch dazu eigene Motoren herstellte, war wie prädestiniert für den Schlepperbau. Der Deutzer Trekker war jedoch wie andere Maschinen in der Frühzeit des Schlepperbaus zu groß, zu schwer und zu teuer für die weitaus größte Zahl der Landwirte. Der Betrieb war wegen des teuren Kraftstoffs außerdem für viele zu kostspielig. Aber 1924 führte das Kölner Unternehmen eine Zugmaschine ein, die geeigneter für den deutschen Landwirt war. Der Schlepper war mit einem kraftstofftoleranten Motor ausgestattet, der mit billigen Brennstoffen wie Rohöl, Gasöl, Braunkohlenteeröl, Paraffinöl und Petroleum betrieben werden konnte und dadurch einen entscheidenden Kostenvorteil hatte. Das Einzylinder-Dieselaggregat mit der Bezeichnung MTH, nach dem auch der Traktor benannt werden sollte, leistete in der ersten Ausführung zwar nur 14 PS, aber die Maschine konnte für Zugarbeiten und zum Antrieb stehender Maschinen eingesetzt werden. Nur für schwere Ackerarbeiten erwiesen sich die MTH-Schlepper noch als unzulänglich. Die nächste Generation von Deutz-Traktoren wurde bereits 1929 mit dem MTZ 120 präsentiert. Die Motorleistung der neuen Schleppergeneration hatte sich im Vergleich zum MTH erhöht. Grund dafür war der Zweizylindermotor, der eine Leistung von 27 PS erbrachte. Anstelle der Verdampfungskühlung hatten die Deutz-Konstrukteure das neue Modell mit einer moderneren Umlaufkühlung ausgestattet. Wie beim Vorgänger konnte der Dieselmotor mit verschiedenen Kraftstoffen arbeiten, was auch in diesem Fall half, die Betriebskosten niedrig zu halten. Ein weiteres Modell dieser Reihe, der MTZ 220, entwickelte sich zum Verkaufsschlager. Innerhalb von zwei Jahren verließen über 1200 Exemplare das Deutz-Werk. Für amerikanische Verhältnisse wäre dies eine eher niedrige Zahl gewesen, aber in Deutschland, wo die Technisierung der Landwirtschaft am Anfang stand und zudem wirtschaftliche Hindernisse zu überwinden waren, war ein gewisser Stolz angebracht.

Die dritte Vorkriegsschleppergeneration nahm 1934 ihren Anfang. Diese neuen Modelle waren im Vergleich zu den Vorgängern nicht nur technisch ausgereifter, zuverlässiger und flexibler, sie unterschieden sich auch hinsichtlich ihrer Konstruktion. Die bisherigen Schlepper beruhten auf einer sogenannten Rahmenkonstruktion, das heißt, ein Rahmen aus Profilträgern bildete das tragende Element. Mit der neuen Traktorengeneration ging man in Köln zur Blockbauweise über. Dies bedeutete, dass der Motor, das Getriebe und andere Elemente zu einem starren Block verschraubt waren und sozusagen das Rückgrat des Traktors darstellten. Zu den Vorteilen dieser Bauweise zählten die hervorragende Stabilität und die Verwindungssteifheit. Die neuen Schlepper aus Köln bekamen den Beinamen „Stahlschlepper". Der Grund dafür war die Ölwanne, die das Getriebe umgab und aus Stahl war. Sie leistete einen Beitrag zur Stabilität der Getriebe-Motor-Einheit, die wiederum die Aufbauten des Schleppers trug.

Der 28 PS leistende Stahlschlepper F2M 315 befand sich von 1934 bis 1942 in Produktion. Fast 12.000 Stück dieses Modells stellte Deutz her.

Hanomag und der Schlepperbau

Bei der Hannoverschen Maschinenbau AG (Hanomag) hatte man bereits Erfahrung mit der Landtechnik. Vor dem Ersten Weltkrieg waren in Hannover die W.D.-Motorpflüge entstanden, und ab 1919 produzierte das Unternehmen Raupenschlepper, die ebenfalls für die Feldarbeit geeignet waren. Die Kettenfahrzeuge hatten jedoch ihre Nachteile. Sie hatten zwar eine hervorragende Traktion und konnten auch auf schwierigem Gelände eingesetzt werden, aber die Ketten an den Laufwerken radierten auf dem Boden, was problematisch sein konnte, wenn es sich beispielsweise um Wiesen oder andere Oberflächen handelte, bei denen Beschädigungen vermieden werden sollten. Die ersten Modelle, die kurz nach Kriegsende und Anfang der 1920er-Jahre eingeführt wurden, liefen außerdem noch mit Vergasermotoren und benötigten teuren Kraftstoff.

Die Hannoversche Maschinenbau AG stellte schon früh Raupenschlepper für den landwirtschaftlichen Einsatz her. Die Gleisketten hatten zwar eine hervorragende Traktion, waren aber wegen der Spuren, die sie auf dem Boden hinterließen, nicht problemlos.

Mitte der 1920er-Jahre schlossen sich die Hannoveraner anderen frühen Traktorherstellern, wie Benz-Sendling, Deutz und Lanz, an und begannen mit der Entwicklung eines eigenen Dieselmotors. 1930 kam das erste Hanomag-Dieselaggregat zum Laufen. Es erhielt die Bezeichnung D 52, was für Dieselmotor mit 5,2 Litern Hubraum stand. Das Vierzylinderaggregat arbeitete mit dem Vorkammerverfahren. Im folgenden Jahr war auch schon der erste auf Rädern fahrende Hanomag-Schlepper erhältlich. Er trug die Typenbezeichnung RD 36 und besaß als Antrieb den D 52, der eine Leistung von 36 bis 40 PS erbrachte. Neben einer Ackerversion war das Modell auch in einer Ausführung als Straßenschlepper erhältlich. Diese Variante war vor allem für Transportaufgaben auf Straßen vorgesehen.

1933 folgte ein stärkeres Modell. Der Motor blieb der gleiche, aber mit einer Drehzahlerhöhung entlockte man ihm eine Leistung

von 50 PS. Hanomag bot diesen Schlepper in mehreren Ausführungen an. AR 50 hieß die Variante, die für Ackerarbeiten vorgesehen war. Sie fuhr auf Eisenrädern. Parallel dazu befand sich mit dem GR 50 auch ein Straßenschlepper im Angebot. Diese Ausführung war mit Luftbereifung und Gussfelgen erhältlich. Als Zubehör gab es eine Windschutzscheibe mit einem Scheibenwischer, ein Verdeck oder ein Führerhaus aus Blech. Als AG 50 folgte ein Jahr später eine Version mit einem Zwischengetriebe, das eine doppelte Gangzahl und eine größere Höchstgeschwindigkeit bot. Eine Ackerversion mit Gummireifen stellte Hanomag mit dem Modell AGR 50 1935 vor. R 50 und RS 50 waren zwei Varianten, die im gleichen Jahr eingeführt wurden. Der Unterschied zwischen den beiden Straßenzugmaschinen betraf vor allem die Bereifung. 1936 führte Hanomag einen Nachfolger für den RD 36 ein. Der Schlepper war ebenfalls in mehreren Ausführungen erhältlich. AR 38 hieß die Ackerausführung mit Eisenbereifung. AR 38/45 hieß eine Variante mit bis zu 45 PS. Außerdem gab es auch bei diesem Modell verschiedene Versionen für Transportaufgaben auf der Straße.

Der Ausbruch des Zweiten Weltkriegs brachte auch bei Hanomag erhebliche Einschränkungen bei der Produktion von zivilen Fahrzeugen mit sich, da nun auch Waffen hergestellt werden mussten. Mit dem R 40 konnten die Hannoveraner aber sogar 1942 ein neu entwickeltes Schleppermodell einführen. Die Produktionszahlen blieben jedoch während der Kriegszeit gering.

Der R 40 war ein 40 PS leistender Schlepper, den Hanomag noch 1942 auf den Markt bringen konnte. Die Ausführungen B und G waren mit Eisenreifen erhältlich, die Varianten A und J waren dagegen mit Luftreifen ausgestattet. Außerdem gab es Unterschiede beim Anlasser.

Weiter auf Seite 100

Die Eisenreifen an den Hinterrädern dieses Lanz sind mit Greifern versehen. Diese Ausstattung bietet eine hervorragende Traktion. Bei einer Straßenfahrt mussten aber die Greifer entweder entfernt oder mit Greiferklötzen versehen werden.

Auf Eisen und Gummi

Die Schlepper fuhren in der Anfangszeit auf Eisenrädern. Diese Räder hatten den Nachteil, dass sie keine hohen Geschwindigkeiten auf der Straße erlaubten und dass sie auf nassen Böden durchrutschten. Man konnte das Rutschen durch die Ausstattung mit Greifern verringern. Ein solches Greiferrad sollte möglichst auf allen Böden gleich gut durchziehen, ohne Klee- oder Wiesennarben zu zerstören, an nassen Stellen zu versacken oder auf festem Boden zu „stelzen". Die ideale Lösung gab es nicht. Aber es standen mehrere Arten von Greifern zur Auswahl. Die weitaus häufigste Lösung waren Spatengreifer, die aus Winkeleisen bestanden und schräg auf dem Rad angebracht waren. Seltener waren Kegelgreifer auf Gitterrädern und spitze Sporengreifer.

Bei der Ausrüstung mit Greifern ergab sich ein weiteres Problem, nämlich die Straßenfahrt. Dazu mussten vor der Fahrt zum Acker und vor der Rückfahrt auf dem Reifen Greiferklötze angebracht werden, was eine zeitraubende Arbeit war. Auch dafür boten verschiedene Firmen Lösungen an, wie etwa einklappbare Greifer oder einen Greiferschutz, der ein- und ausgeklappt werden konnte.

Bis in die 1930er-Jahre fuhren Schlepper, die vor allem für Zug- und Transportaufgaben auf Straßen vorgesehen waren, oft auf Vollgummireifen. Bei Lanz gehörten zum Beispiel zur Grundausstattung eines Acker-Bulldogs der Vorkriegszeit Eisenräder. Die Verkehrs-Bulldogs waren dagegen mit „Hochelastikrädern" ausgestattet. Außerdem war die Vorderachse gefedert. Die Vollgummireifen ermöglichten zwar höhere Geschwindigkeiten, verfügten aber über eine geringe Traktion.

Ein wirklich neues Fahrerlebnis brachten erst die Luftreifen, die eine eigene Entwicklungsgeschichte haben. Der in Irland lebende Tierarzt John Boyd Dunlop (1849–1921) erfand 1887 aufblasbare Gummireifen für das Dreirad seines Sohnes. Zwei Jahre später gewann ein Rennradfahrer mit Dunlops Reifen ein Radrennen. Dunlop machte nie das große Geschäft mit seiner Erfindung, aber sein Name existiert auch heute noch als Reifenmarke. Mitte der 1890er-Jahre statteten die Brüder Michelin in Frankreich ein Rennauto mit Luftreifen aus und bewiesen dadurch deren Alltagstauglichkeit. In der Landwirtschaft musste man jedoch noch bis in die 1930er-Jahren warten, um die mit Greifern bestückten Eisenräder und Vollgummireifen durch die praktischere neue Bereifung ablösen zu können.

1932 begann der Traktorenhersteller Allis-Chalmers, mit aufblasbaren Niederdruckreifen von Flugzeugen zu experimentieren. Die Konstrukteure nahmen buchstäblich die Räder von einem Flugzeug und befestigten sie

Die Vollgummireifen, mit denen dieser Lanz an den Hinterrädern ausgestattet ist, ermöglichten zwar höhere Geschwindigkeiten als die Eisenbereifung, aber sie boten auch eine schlechte Dämpfung bei Unebenheiten und eine geringe Traktion.

an ihrem eigenen Traktor, einem Model U. Es handelte sich um spezielle Fliegerreifen, die von Firestone hergestellt worden waren. Frühe Tests erwiesen sich als erfolgreich, und Harvey Firestone, der Gründer des nach ihm benannten Unternehmens, wurde hinzugezogen, um bei der Entwicklung der Schlepperluftreifen zu helfen.

Obwohl sich die Reifen in Tests als äußerst erfolgreich erwiesen, stießen sie nicht sofort auf Akzeptanz. Dies hing zum einen mit der konservativen Einstellung der Farmer, zum anderen mit der gerade herrschenden tiefen Rezession zusammen. Um die Skepsis der Farmer zu überwinden und die Zuverlässigkeit der neuen Reifen zu beweisen, veranstalteten Allis-Chalmers und Firestone auf Ausstellungen im Mittleren Westen Traktorrennen.

Der wirkliche Durchbruch erfolgte aber erst, als die Besitzer der Orangenplantagen in Florida endgültig genug davon hatten, dass die bislang üblichen Eisenräder mit ihren Greifern den Boden und die Wurzeln ihrer Bäume beschädigten. Sie waren es, die Allis-Chalmers kontaktierten, um zu sehen, was man dagegen tun könne. Und der Traktorhersteller hatte erfreulicherweise die Lösung. In der Folgezeit explodierte die Nachfrage nach den Luftreifen, und bis zum Ende des Jahrzehnts waren fast alle neuen Schlepper mit Luftreifen ausgestattet.

In Europa verbreitete sich die Luftbereifung als optionale Ausstattung oder als Standardbereifung bei Verkehrsschleppern ebenfalls schnell. Lanz verkaufte beispielsweise den ab 1934 gebauten Verkehrs-Bulldog D 7521 standardmäßig mit den neuen Reifen. Der im gleichen Jahr eingeführte Deutz F2M 315 konnte gleichfalls mit Luftreifen für den Acker- und Straßenbetrieb ausgerüstet werden.

Die aufblasbaren Reifen boten viele Vorteile, wie schnellere Geschwindigkeiten, einen bodenschonenden Einsatz sowie die unkomplizierte Verwendung auf Feldern und Straßen. Die Luftbereifung gewann deshalb in den 1930er-Jahren eine rasante Verbreitung.

Mit dem Modell 700 führte Fiat einen erfolgreichen Schlepper ein. Der 700 war in mehreren Ausführungen erhältlich. Durch die Eröffnung des Werks in Modena standen nun auch genügend Produktionskapazitäten zur Verfügung.

Fiat-Traktoren aus Turin und Modena

Henry Ford hatte mit seinen Produktionsmethoden und seinem Model T, dem Auto für Jedermann, nicht nur den amerikanischen Automobilmarkt durcheinandergerüttelt, er hatte auch in Europa für Aufsehen gesorgt – und er hatte seine Bewunderer. Einer von ihnen war Giovanni Agnelli (1866 – 1945), eines der Gründungsmitglieder der Firma Fiat (Fabbrica Italiana Automobili Torino). Es Ford nachzumachen, gehörte zu seinen Devisen. Einer der Anlässe, warum Agnelli 1906 in die Vereinigten Staaten reiste, war die Eröffnung einer Filiale des Turiner Unternehmens am Broadway in New York. Ein anderer Grund war der Besuch des Ford-Werks in Detroit. Agnelli interessierte sich in erster Linie für die Massenfertigung von Automobilen. Der Fordson war zu dieser Zeit noch nicht auf dem Markt. Als jemand, der aus einem landwirtschaftlichen Umfeld kam, wusste Agnelli aber auch über die Arbeitsbedingungen auf dem Land und die Anforderungen an Menschen und Tiere bei der Feld- und Erntearbeit Bescheid.

Fiat begann im Jahr 1900 mit der Automobilproduktion. Während des Ersten Weltkrieges musste das Unternehmen Waffen und Militärfahrzeuge herstellen. Die ersten Pläne für den Bau von Traktoren ergaben sich aus der Notwendigkeit, die landwirtschaftliche Produktion zu stützen. In Europa waren Millionen von Männern von den landwirtschaftlichen Betrieben abgezogen und an die Front geschickt worden – ganz zu schweigen von den vielen Zugtieren, die im Krieg nun Lasten tragen und militärisches Material schleppen mussten. Die Folge war ein Arbeitskräftemangel in der Landwirtschaft, der die Versorgung der Bevölkerung mit Lebensmitteln gefährdete. Um die Situation zu verbessern, kam der erste Fiat-Traktor jedoch zu spät. Das Modell mit der Typenbezeichnung 702 war erst im Herbst 1918 fertig entwickelt und ging im Frühjahr des folgenden Jahres in den Verkauf. Aber das Turiner Traktorenprogramm war erfolgreich ins Rollen gekommen.

Der mit einem 30 PS leistenden Motor ausgestattete 702 wurde angesichts der Umstände zum Erfolgsmodell. Der Schlepper verkaufte sich nicht nur in Italien, sondern wurde auch in andere europäische Länder sowie nach Nord- und Südamerika exportiert. Bis 1925 verließen ungefähr 2000 Exemplare des ersten Fiat-Schleppers (mit seinen verschiedenen Varianten) die Produktionsbänder.

1926 führte Fiat mit dem 700 ein moderneres Modell ein. Der 700 war nicht nur auf den neuesten technischen Stand gebracht worden, sondern auch kürzer und um etwa 1000 Kilogramm leichter. Vom 700 kamen ebenfalls mehrere Varianten auf den Markt. Eine davon war der 700C, der mit einem Raupenlaufwerk ausgestattet war. Einige der 700-Varianten wurden bis zum Zweiten Weltkrieg hergestellt.

Gegen Ende der 1920er-Jahre übernahm Fiat eine Fabrik in Modena und baute sie für die Traktorenproduktion um. 1932 erfolgte der Umzug der Tochtergesellschaft Fiat Trattori, die für die Schlepperproduktion zuständig war, in das neue Werk. Modena ist heute einer der wichtigsten Produktionsstandorte der europäischen Automobilindustrie.

Italiens Glühkopfschlepper

Italien brachte schon früh eine erstaunliche Vielfalt von Unternehmen der Landtechnik hervor. Eines der bedeutendsten gründete Giovanni Landini (1859–1924). 1884, im Alter von 25 Jahren, eröffnete er in dem kleinen Ort Fabbrico in der Provinz Reggio Emilia eine Werkstätte für die Reparatur von Geräten und Maschinen, die im Weinbau und der Landwirtschaft gebraucht wurden. Bald darauf übernahm er auch die Instandsetzung von Dreschmaschinen und Lokomobilen, die Ende des 19. Jahrhunderts auch in Italien die tierische Zugkraft zu ersetzen begannen.

Giovanni Landini entging jedoch nicht, dass die Verbrennungsmotoren die Dampfkraft ablösen würden, wie es bereits nördlich der Alpen und in Nordamerika der Fall war. Er machte sich selbst an die Motorentwicklung, und in den 1910er-Jahren war er soweit, dass er in seiner Fabrik die ersten eigenen Antriebsaggregate herstellen konnte. Bei den Landini-Motoren handelte es sich um stationäre Maschinen, die mit der Glühkopftechnik arbeiteten. Sie dienten zum Antrieb von Pumpen und Dreschmaschinen. Die Verwendung seines Motors als Fahrzeugantrieb konnte Giovanni nicht mehr miterleben. Nach seinem Tod verfolgten seine Söhne Archimede, Aimone und James die Pläne des Firmengründers weiter, und 1925 erschien der erste für den praktischen Einsatz taugliche Traktor. Es handelte sich um den historischen Landini 25/30 HP. 1932 erfolgte die Einführung des Nachfolgemodells Landini 40 HP, das sich vor allem an die großen landwirtschaftlichen Betriebe richtete. 1934 begann die Produktion des „Super Landini", der bei vielen Urbarmachungsprojekten in ganz Italien zum Einsatz kam und sich als großer kommerzieller Erfolg erwies. Das ebenfalls 40 PS leistende Modell wurde bis 1951 hergestellt.

Ein legendäres Modell der italienischen Landtechnikgeschichte war der 1935 eingeführte Landini „Vélite". Der 25-PS-Schlepper war bedeutend leichter als der Super Landini.

Der Super Landini, auch „il Super" genannt, war ein großer kommerzieller Erfolg für Landini und wurde auch noch nach dem Zweiten Weltkrieg hergestellt.

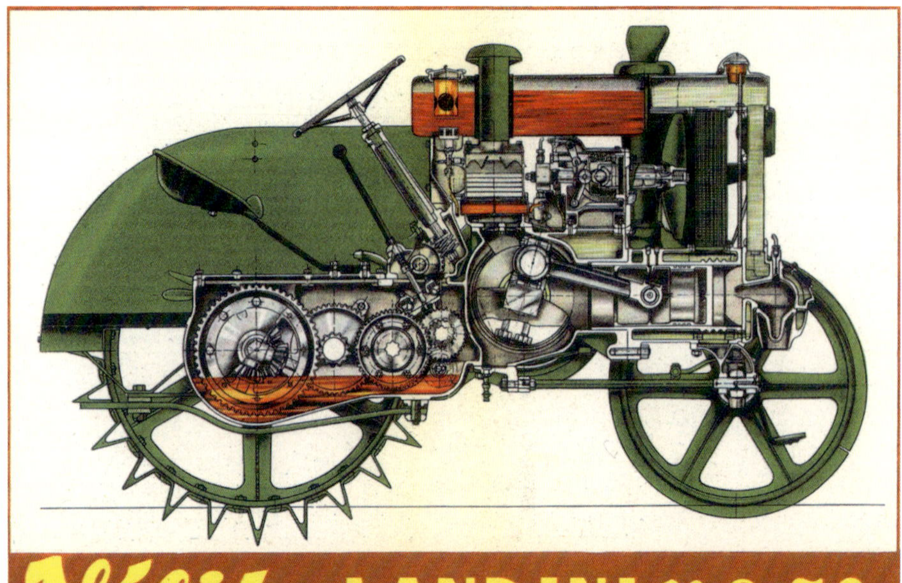

Der Vélite zählte ebenfalls zu den großen Erfolgen von Landini in der Vorkriegszeit. Die Zielgruppe für dieses Modell waren die mittelgroßen Betriebe.

➔ Die Firma Bubba gehörte zu den bedeutendsten Herstellern von Glühkopfschleppern und zu den Pionieren des Traktorbaus in Italien.

Er richtete sich vor allem an mittelgroße Betriebe. Der Traktor trug den Namen „Vélite“ (ursprünglich ein römischer Fußsoldat) in Anspielung an den Titel, den Mussolini denjenigen verlieh, die sich in der „Weizenschlacht“ („battaglia del grano“) besonders hervorgetan hatten. Dank diesem Modell löste Landini einige Zeit sogar Fiat als größten Traktorenproduzenten Italiens ab.

Mit dem „Bufalo“ führte Landini 1940 noch ein 35 PS starkes Modell ein. Der Erfolg des „Vélite“ konnte damit jedoch nicht wiederholt werden, was unter anderem daran lag, dass mittlerweile der Zweite Weltkrieg ausgebrochen war. Nach dem Krieg setzte Landini weiterhin auf die Glühkopftechnik beim Motorbau, was sich als eine schicksalhafte Entscheidung für das Unternehmen erweisen sollte.

„Orsi Pietro & Figli“, oder einfach „Orsi“, hieß eine Firma, die heute nur noch wenige kennen, die aber ebenfalls einen wichtigen Platz in der italienischen Landtechnikgeschichte einnimmt. Die Geschichte der Firma begann 1881 in dem piemontesischen Ort Tortona, wo Pietro Orsi ein Eisenwarengeschäft mit einer angrenzenden Schmiede eröffnete. Der Einstieg in den Landmaschinenbau erfolgte 1901, als Giuseppe, der 19-jährige Sohn des Firmengründers, mit in das Geschäft einstieg und bereits ein Jahr später seine erste Strohpresse baute. Zwei Jahre später entstand eine Dreschmaschine, und 1907 konnte das Unternehmen eine selbstgebaute Lokomobile in Betrieb nehmen.

1930 konstruierte Luigi Orsi, Giuseppes Sohn, einen Traktor, der im folgenden Jahr in Produktion ging. Es handelte sich dabei um einen Einzylinder-Schlepper mit einem Hubraum von etwas über 10 Litern, der bei einer Nenndrehzahl von 560 U/min 32 PS leistete. Die Produktion wurde unterbrochen, als die Mannheimer Firma Lanz sich wegen angeblicher Ähnlichkeiten zu einem eigenen Modell beschwerte.

Luigi führte daraufhin mehrere Änderungen durch, und 1933 entstand das Modell 35-40, das die Modifikationen der Vorgängerversion sowie mehrere Verbesserungen erhielt. 1934 folgte das Modell 40 HP, das

die technische Basis für alle später gebauten Orsi-Modelle darstellen sollte.

Ein weiteres Unternehmen, das sich mit Glühkopfmotoren beschäftigte, war die Firma Bubba in Santimento in der Provinz Piacenza. Die von Pietro Bubba 1896 gegründete Firma begann mit der Produktion von Schälmaschinen. Kurz danach stellte Bubba auch Dreschmaschinen und Pressen her. Der Einstieg in die Traktorenfertigung begann nach dem Ersten Weltkrieg mit dem Umbau amerikanischer Traktoren, die während des Kriegs von Case geliefert worden waren. Bei Bubba stattete man die Schlepper mit Glühkopfmotoren aus, was den Einsatz mit billigen Kraftstoffen ermöglichte. Diese Modelle bekamen die Bezeichnung UTC, was für Ulisse (ein Enkel des Gründers), Trattore und Case stand. 1926 kam das erste eigene Modell auf den Markt. Es trug die Bezeichnung UTB3, wobei die Buchstaben die Abkürzung für „Ulisse Trattore Bubba" bildeten.

1927 starb der Firmengründer Pietro Bubba, und zwei Jahre später stürzte der Ausbruch der Weltwirtschaftskrise das Unternehmen in eine existenzgefährdende Lage. 1930 fand sich jedoch ein Investor, der das Überleben unter einer neuen Firma mit dem Namen Bubba S.A. ermöglichte. Die Bezeichnung der neuen Traktoren lautete nun UT. Das erste dieser Modelle war der 25 PS starke und für seine Zeit flexible UT2, der bereits vor der Übernahme von Ulisse entwickelt worden war. Mit neuen finanziellen Mitteln ausgestattet, konnte die Traktorenproduktion wieder anlaufen. In den Jahren 1934 und 1935 erschienen die Modelle UT 4 und UT 6, von denen es jeweils Straßenausführungen und Varianten für den Antrieb stehender Maschinen gab. Der UT 4 besaß einen Hubraum von 15,4 Litern und war damit mit einem der größten Einzylinder-Glühkopfmotoren ausgestattet. Neben den Radtraktoren stellte Bubba auch Raupenschlepper her.

Der Bubba UT 6 befand sich von 1935 bis 1949 in Produktion. Die Leistung an der Riemenscheibe wurde mit 35 PS angegeben. Die Hauptkonkurrenten des Schleppers waren der Landini Vélite und der Orsi Artigio.

Nach dem Zweiten Weltkrieg fuhr das Unternehmen mit dem Bau von Glühkopfmodellen fort. Eine besondere historische Leistung war die Einführung eines der ersten selbstfahrenden Mähdrescher. Als Antrieb diente jedoch ein luftgekühlter Motor von Deutz.

1954 änderte sich nach einer Fusion mit Arbos der Firmenname in Arbos-Bubba, und wenig später verschwand der Name Bubba von der Liste der Traktormarken.

Renault: Traktoren für Frankreich

Am 25. Juni 1899 gründete Louis Renault (1877 – 1944), der sich für alles Technische interessierte, zusammen mit seinen Brüdern Fernand und Marcel ein Unternehmen in dem damaligen Pariser Vorort Billancourt. Das Interesse der Brüder galt in erster Linie den Autos, aber der Einstieg in die Produktion von Nutzfahrzeugen blieb nicht lange aus. Zuerst kamen Lastwagen, Zugmaschinen, ein

Der Renault VY befand sich von 1932 bis 1938 in Produktion. Die Anzahl der hergestellten Exemplare blieb jedoch niedrig: 238 Schlepper dieses Typs verließen das Werk.

Omnibus, und als der Erste Weltkrieg ausbrach, ging man zur Produktion von Panzern über.

Basierend auf den Erfahrungen im Panzerbau und unterstützt von zinslosen Krediten der französischen Regierung wurde nach dem Krieg der erste Traktor konstruiert. Der GP, wie er genannt wurde, war mit einem Vierzylinder-Benzinmotor ausgerüstet, konnte eine Leistung von 30 PS erbringen, wurde mit einem Steuerhebel gelenkt und fuhr auf Raupen. Erst eine spätere Version bekam Räder. Den ersten in größerer Stückzahl produzierten Traktor mit Dieselantrieb bot Renault ab 1933 zum Kauf an. Der gelb und grau lackierte VY wurde von einem 30 PS starken Vierzylinder-Motor angetrieben.

1938 entstand in der Stadt Le Mans, die für ihr 24-Stunden-Rennen bekannt ist, ein Renault-Werk. 1942 liefen die ersten Traktoren von den Produktionsbändern der neuen Fabrik, in der auch heute noch Schlepper hergestellt werden.

Gegen Ende des Zweiten Weltkriegs wurde Louis Renault der wirtschaftlichen Kollaboration mit den Besatzern bezichtigt und verhaftet. Im Oktober 1944 starb er in Untersuchungshaft, ohne dass ein Prozess stattfinden konnte. Das Unternehmen wurde daraufhin von der provisorischen französischen Regierung verstaatlicht. Sowohl vor als auch nach dem Zweiten Weltkrieg besaß Renault in Frankreich die Führerschaft auf dem Traktormarkt. Mit einem Anteil von 58 Prozent an der Gesamtproduktion von Traktoren war Renault 1950 der mit Abstand größte französische Schlepperhersteller.

Harry Ferguson und die Dreipunktaufhängung

Infolge der Eröffnung des Ford-Werks in Cork spielte Irland eine besondere Rolle in der Motorisierung der europäischen Landwirtschaft. Aber die Grüne Insel brachte mit Henry George Ferguson auch eine eigene herausragende Person der Landtechnikgeschichte hervor. Harry Ferguson, wie man ihn kurz nannte, wurde 1884 als viertes von elf Kindern einer protestantischen Bauernfamilie in der nordirischen Grafschaft Down geboren. Wie andere wichtige Erfinder und Unternehmer der Landtechnikbranche, hatte auch er ein zwiespältiges Verhältnis zur Landwirtschaft. Es waren aber nicht nur die harte Feld- und Stallarbeit, die ihn von einem anderen Leben träumen ließen, sondern auch die eiserne Disziplin und die gelegentlichen Schikanen, die vom Familienpatriarchen James Ferguson ausgingen. Im Alter von 18 Jahren plante Harry deshalb, nach Kanada auszuwandern, fasste aber dann doch den Entschluss, lieber bei seinem älteren Bruder Joe, der in Belfast eine Autowerkstatt eröffnet hatte, eine Lehre zu beginnen. Abends besuchte er eine weiterführende technische Schule, das Belfast Technical College. Sein Interesse für Technik kam ihm dabei sehr zugute, und es dauerte nicht lange, bis er soweit war, eigene Verbesserungen an den Fahrzeugen vornehmen zu können. Er leistete damit einen Beitrag zu dem hervorragenden Ruf, den die Werkstatt bald in Belfast genoss.

Mit dem ersten Auto, das Harry selbst steuerte, landete er im Schaufenster eines Ladens. Dieses Missgeschick entmutigte ihn jedoch nicht, an seinen Fahrkünsten zu arbeiten. Seine Fortschritte im Umgang mit Fahrzeugen stellte er bei Motorrad- und Autorennen unter Beweis. Es gab noch ein anderes Verkehrsmittel, das damals für Schlagzeilen sorgte und Harry besonders faszinierte. 1903 hatten die Gebrüder Wright den ersten erfolgreichen gesteuerten Motorflug unternommen. In den folgenden Jahren setzten sich auch andere Flugpioniere in ihre fliegenden Kisten. Harry Ferguson war einer von ihnen. Am 31. Dezember 1909 hob er mit seinem selbst konstruierten Flugzeug in die Lüfte ab und brachte es trotz ungünstiger Winde wohlbehalten wieder auf den Boden zurück. Er hatte mit seinem Fluggerät zwar nur eine Strecke von 119 Metern (130 Yards) zurückgelegt. Die Tatsache, dass er als erste Person in Irland einen Flug unternommen hatte, sicherte ihm aber einen Platz in der Luftfahrtgeschichte.

Die Erfolge im Rennsport und im Flugzeugbau hatten Harry Ferguson berühmt gemacht, und als er sich 1911 selbstständig machte, stellte er den Betrieb seines Bruders bald in den Schatten. Die Firma „Harry Ferguson Limited“ vertrieb die Autos mehrerer Marken, zu denen Vauxhall und Darracq gehörten. Eine solidere Lebensweise hatte für Harry 1913 seine Heirat zur Folge. Aber selbst dieser Entschluss fand gegen den Widerstand und Boykott der Eltern des Bräutigams und der Braut statt.

Mit der Landwirtschaft kam Harry Ferguson nach Ausbruch des Ersten Weltkriegs wieder in Berührung. Der Abzug vieler Arbeitskräfte und Pferde aus der Landwirtschaft ins Militär machte es schwierig, die Nahrungsmittelproduktion aufrecht zu erhalten. Der Einsatz von Traktoren sollte nach den Plänen der Regierung die Produktivität erhöhen. Aber der Widerstand in der Landwirtschaft gegen die neuartigen Maschinen war nicht unerheblich.

Ferguson vertrieb mit seinem Unternehmen den aus Amerika stammenden Waterloo Boy, der auf den britischen Inseln unter dem Namen Overtime verkauft wurde. 1917 wurde Ferguson von der irischen Landwirtschaftskammer beauftragt, für die Vorteile des Traktoreinsatzes in der Landwirtschaft zu werben. Für dic Aufgabe wurde ihm von der Regierung ein Automobil zur Verfügung gestellt. Gemeinsam mit William Sands, einem seiner technischen Entwickler, unternahm er Reisen durch Irland und demonstrierte den Farmern das rationelle Arbeiten mit den Maschinen. Als Alternative zu den großen und schweren Traktoren dieser Zeit fand oft der Eros Verwendung. Dabei handelte es sich um ein umgebautes Model T von Ford.

Ein Problem, dem Ferguson und Sands begegneten, war die Befestigung der Pflüge an den Traktoren. Die Geräte wurden, wie man es von der Arbeit mit den Pferden oder

Harry Ferguson (1884–1960) war ein wichtiger Erfinder und eine der bedeutendsten Persönlichkeiten der Landtechnikgeschichte.

„Eine vollkommene Pflug-Einheit“, lautet die Überschrift dieser Anzeige, mit der Ferguson für sein System warb. Der Traktor sollte den Pflug nicht mehr hinter sich herziehen, wie man es von der Arbeit mit Zugtieren kannte, sondern eine Einheit bilden.

Seine Pflugaufhängung am Traktor demonstrierte Ferguson bereits 1921 mit einem Fordson Model F in Lincolnshire. Harry Ferguson ist links im Hintergrund zu sehen.

Ochsen gewohnt war, von den Schleppern wie Anhänger gezogen. Aber im Gegensatz zu den Zugtieren hielt der Traktor nicht an, wenn der Pflug auf ein Hindernis, wie zum Beispiel eine Baumwurzel oder einen Felsen, stieß. Die Zugmaschine konnte sich vorne aufbäumen und den Fahrer unter sich begraben oder sonstige Schäden verursachen.

Die Zusammenarbeit zwischen Harry Ferguson und David Brown war problematisch, und nach dem Scheitern der Kooperation führte Brown die Traktorproduktion alleine weiter.

Ferguson entwickelte deshalb zuerst für den Eros und später für den Fordson einen Pflug und eine Aufhängung, die das Arbeiten sicherer und einfacher machen sollte. Der Pflug war bedeutend leichter als vergleichbare Geräte und war mit zwei Streben, der sogenannten Duplex-Aufhängung, mit dem Traktor fest verbunden. Diese Vorrichtung hatte den Vorteil, dass der Schlepper vorne nicht mehr hochstieg, falls der Pflug auf einen Widerstand traf. Das Ackergerät konnte gehoben und gesenkt werden, und die Arbeitstiefe ließ sich vom Fahrersitz aus anpassen.

In den folgenden Jahren arbeiteten Ferguson, Sands und andere Entwickler, die für Ferguson tätig waren, an einer Verbesserung des Systems. Dazu gehörten Kufen am Ende des Pfluges, mit denen ein gleichmäßigeres Pflügen ermöglicht werden sollte. Gleichzeitig suchte Ferguson nach einem Partner in den Vereinigten Staaten, der die Pflüge für die Fordson-Traktoren in einer größeren Anzahl herstellten konnte. Nach einigen Fehlschlägen gründete er 1925 mit den Sherman-Brüdern das Unternehmen Ferguson-Sherman in Evansville, im Bundesstaat Indiana, das im folgenden Jahr die Produktion aufnahm.

Mit der Geräteaufhängung waren Ferguson und seine Mitarbeiter immer noch nicht ganz zufrieden. Den endgültigen Durchbruch brachte die Aufhängung an drei Stellen, nämlich an zwei beweglichen Unterarmen und einem Oberlenker, über den die Arbeitstiefe des Gerätes geregelt werden konnte. Ferguson favorisierte ein hydraulisches System, mit dessen Hilfe das Anbaugerät gehoben und gesenkt werden konnte. 1933 baute Ferguson in Belfast einen eigenen Traktor, mit dem die hydraulisch gesteuerte Dreipunktaufhängung demonstriert werden sollte. An der Entwicklung war ebenfalls William Sands beteiligt. Wegen seines schwarzen Anstrichs bekam der Schlepper die Bezeichnung der „Schwarze Traktor".

In Meltham, südwestlich von Huddersfield, fand ab 1939 David Browns Traktorbau statt. Die Meltham Works entwickelten sich zu einem der wichtigsten englischen Produktionstandorte für Traktoren.

Für eine Serienproduktion des Traktors fehlten Ferguson die nötigen Mittel, weswegen er nach einem finanzkräftigen Partner suchte. Mehrere Hersteller zeigten sich interessiert, darunter der bekannte amerikanische Traktorproduzent Allis-Chalmers, aber erst der englische Unternehmer David Brown konnte, nachdem er eine Vorführung der Fähigkeiten des Schwarzen Traktors miterlebt hatte, Fergusons Enthusiasmus teilen und sich dazu entschließen, das finanzielle Wagnis einzugehen. Er gründete zu diesem Zweck ein eigenes Unternehmen, David Brown Tractors Limited, das im englischen Huddersfield mit der Produktion begann. Gemäß dem Kooperationsabkommen produzierte David Brown die Traktoren. Für das Marketing, den Verkauf und den Kundendienst war Ferguson zuständig. Die ersten Schlepper mit der einfachen Bezeichnung „Type A“ wurden im Frühjahr 1936 hergestellt. Bis Jahresende war die Marke von 100 Exemplaren erreicht. Die Verkäufe liefen jedoch nicht wie erhofft. Dies lag einerseits an der Skepsis der potenziellen Käufer in Bezug auf die neue Technik, zum anderen an der Wirtschaftskrise und schließlich auch an einzelnen Traktorkomponenten, die versagten.

Sowohl Ferguson als auch Brown schrieben Verluste. 1937 vereinigten sie ihre Kräfte mit der Gründung der Firma Ferguson-Brown Ltd. Die Zusammenarbeit der beiden Männer, die unterschiedliche Strategien verfolgten, lief jedoch nicht wie vorgesehen. Im folgenden Jahr reiste Harry Ferguson nach Amerika, um sich einen anderen Partner zu suchen. David Brown arbeitete währenddessen an der Entwicklung eines neuen, stärkeren Modells. Im gleichen Jahr fand die Zusammenarbeit – mit Erleichterung auf beiden Seiten – ein Ende, indem Brown die Anteile Fergusons übernahm.

Ein historisches Foto: Harry Ferguson und Henry Ford sitzen am Tisch und unterhalten sich über ihre Kooperation. Die Gespräche führten zum berühmten Handschlagabkommen.

➔ Henry Ford (auf dem Traktor) sah durch die Zusammenarbeit mit Harry Ferguson (links neben dem Traktor), eine Chance, wieder auf dem amerikanischen Traktormarkt präsent zu werden.

Das Handschlagabkommen

Die Reise, die Harry Ferguson 1938 über den Atlantik unternahm, führte ihn nach Dearborn bei Detroit. Dort traf er mit Henry Ford zusammen. Die beiden Männer besaßen ähnliche Persönlichkeiten und verstanden sich sofort. Ford wollte, nachdem er die Produktion seiner Fordson-Traktoren auf die britischen Inseln ausgelagert hatte, in Amerika wieder in die Traktorproduktion einsteigen. Das Ferguson-System lieferte ihm die Möglichkeit dazu, und er hätte es für eine erhebliche Summe gekauft, falls Ferguson zugestimmt hätte. Stattdessen schlug der irische Erfinder ein Abkommen vor. Ford sollte die Produktion der Traktoren sowie die damit verbundenen Kosten und Risiken übernehmen. Ferguson würde für die technische Entwicklung und den Vertrieb zuständig sein. Der Vertrag sollte von beiden Seiten aus jedem Grund jederzeit kündbar sein. Ford stimmte den Bedingungen zu. Das Abkommen wurde mit Handschlag, ohne jeglichen schriftlichen Vertrag, geschlossen. Den beiden Ehrenmännern reichte dies.

Die Zusammenarbeit lief zunächst gut, obwohl es immer wieder zu Reibereien zwischen den beiden Unternehmen kam. Dem Ford-Ferguson-Traktor 9N und seinem 1942 eingeführten Nachfolgemodell 2N gelang es, beträchtliche Anteile am amerikanischen Markt zu erlangen. Mitte der 1940er-Jahre wuchsen die Spannungen, als die Buchhalter in Dearborn darauf hinwiesen, dass die Traktoren an Ferguson zu billig weitergegeben wurden. Henry Ford II., der mittlerweile das Ruder der Ford Motor Company übernommen hatte, wollte den Vertrieb des neu entwickelten Schleppers, des 8N, selbst übernehmen. Als der ältere Henry Ford 1947 im Alter von 83 Jahren verstarb, erlosch auch endgültig das mit Handschlag getroffene Abkommen. Die Folgen waren Rechtsstreitigkeiten, die einer weiteren Zusammenarbeit zwischen Ferguson und Ford ein Ende setzten.

EIN TRAKTOR FÜR DIE KLEINEN: DER WEG ZUM BAUERNSCHLEPPER

In Nordamerika hatte bereits nach dem Ersten Weltkrieg eine rasante Motorisierung der Landwirtschaft eingesetzt. Der Grund dafür war zum einen der enorme Wettbewerb zwischen den Herstellern, der die Preise niedrig hielt und den technischen Fortschritt vorantrieb. Zum anderen konnten die nordamerikanischen Farmen wegen der Größe ihrer Flächen die modernen Maschinen effizienter einsetzen. Anders war die Situation in vielen europäischen Ländern, wie Deutschland, Frankreich, Österreich oder Italien. Zwar gab es auch auf dem alten Kontinent Großbetriebe, wie etwa in Deutschland östlich der Elbe, aber in manchen Regionen existierte eine Vielzahl von Klein- und Kleinstbetrieben. Als Beispiel dafür kann der deutsche Südwesten gelten. Die kleinen, finanzschwachen Landwirte wurden von den Traktorherstellern anfangs wenig beachtet.

Die motorisierten Mäher gehören zu den Vorläufern der kleinen Allzwecktraktoren. Ein Beispiel dafür ist der Allesschaffer von Kramer, der die Weiterentwicklung eines Grasmähers war.

Der 1928 gebaute Grasmäher von Fendt war der Stammvater der legendären Dieselrösser. Obwohl es sich in erster Linie um einen Mäher handelte, ließ sich die Maschine für andere Aufgaben ebenfalls einsetzen.

Vom Motormäher zum Kleinschlepper

Bei den Modellen, die 1925 und 1926 von der Versuchsanstalt für Kraftfahrzeuge bei Berlin getestet wurden, soll es sich dem Bericht gemäß um „Kleinkraftschlepper" gehandelt haben. Aber von solchen Arbeitsmaschinen konnten die kleinen Landwirte nur träumen. Sie lagen in preislicher Hinsicht jenseits dessen, was sie sich mit ihren mageren Einkünften leisten konnten.

Eine technische Hilfe für kleine Landwirte kam dagegen von einer anderen Seite. Mitte der 1920er-Jahre begannen einige Landmaschinenproduzenten und Tüftler, Gespannmäher und Bindemäher mit kleinen Aufbaumotoren zu versehen. Dadurch entstanden die ersten selbstfahrenden Landmaschinen, die zugleich auch zu den Vorläufern der Schlepper für den kleinen Hof, der sogenannten „Bauernschlepper", gerechnet werden können.

Einer dieser Tüftler war Emil Kramer aus Gutmadingen, der 1925 einen Gespannmäher mit einem vier PS leistenden Zweitakt-Benzinmotor der Firma DKW ausstattete. Unterhalb der Deichsel brachte er einen lenkbaren Vorderkarren an, um damit das Gefährt zu steuern. Außerdem besaß die selbstfahrende Mähmaschine einen Kettenantrieb, eine Reibungskupplung und ein Zweiganggetriebe. Die Triebachse verfügte jedoch noch nicht über ein Differenzialgetriebe. Ebenfalls einen vier PS starken Benzinmotor bekam der Gespannmäher, den 1928 Hermann Fendt und sein Vater in Markt Oberdorf (später Marktoberdorf) zu einer selbstfahrenden Maschine umbauten. Aus dem Grasmäher von Kramer wurde der Kleinschlepper „Allesschaffer", und der Selbstfahrer von Fendt erwies sich als der Vorläufer der erfolgreichen „Dieselrösser".

Es handelte sich dabei nur um zwei bekannte Beispiele. Viele heute vergessene, technisch begabte Handwerker und Landwirte unternahmen den Versuch, ihre Stationärmotoren als Antrieb von Landmaschinen zu verwenden – manchmal erfolgreich, oft mit weniger Erfolg.

Selbst die Friedrich Krupp AG, ein Unternehmen der Schwerindustrie, stellte ab 1928 Einachsschlepper her, die mit einer Schleppachse zu einem vierrädrigen Fahrzeug erweitert werden konnten. Zum Grasmähen konnte an der Vorderseite ein Mähwerk angebaut werden. Für den Antrieb war ein fünf PS starker Motor zuständig. Die Iruswerke im württembergischen Dußlingen waren ein weiteres Unternehmen, das Selbstfahrer mit einem Frontmähwerk baute. Allerdings konnten diese Motormäher nur vorwärts fahren. Neben dem Grasmähen wurden sie in größeren Betrieben auch zum Anmähen von Getreidefeldern verwendet. Die Sechs-PS-Motoren stammten von Sachs und DKW.

Die Motormäher waren zwar noch weit davon entfernt, die Rolle von Allzwecktraktoren in bäuerlichen Betrieben zu übernehmen, sie waren aber nicht nur zum Mähen einsetzbar,

sondern konnten auch zum Ziehen von Wagen verwendet werden. Trotz ihrer geringen PS-Zahl, hatten sie gegenüber den Zugtieren den Vorteil, ermüdungsfrei zu arbeiten.

Dieselrösser aus dem Allgäu

Die Werkstatt der Familie Fendt in der Allgäuer Kleinstadt Marktoberdorf hatte durch die Konstruktion des motorisierten fahrbaren Grasmähers, der auch Wagen ziehen konnte, eine gewisse Bekanntheit erlangt. Aus dem Grasmäher war 1930 der erste Fendt-Traktor, ein sechs PS starker Einzylinderschlepper mit der Bezeichnung „Dieselross" entstanden. Zwei Jahre später folgte das drei PS stärkere Dieselross F 9, und 1936 führten die Marktoberdorfer das 12 PS leistende Dieselross F 12 ein.

Im Vergleich zu den großen Herstellern, wie Deutz oder Lanz, hatte Fendt ungefähr die gleiche Bedeutung wie der Ort Marktoberdorf im Verhältnis zu den großen Industriestädten Köln und Mannheim. Aber bei der Familie Fendt, die eine eigene Landwirtschaft betrieb, kannte man die bäuerlichen Verhältnisse einer Region, die von kleinen landwirtschaftlichen Betrieben geprägt war.

In der Werkstatt auf dem Fendt-Anwesen, mitten in Marktoberdorf, entstanden der Grasmäher und die ersten Dieselrösser. 1937 erfolgte der Bau einer neuen Produktionsstätte am Ortsrand.

Bei den Vorkriegsmodellen der Dieselrösser, wie bei diesem F 12 von 1936, benötigte man noch keine Motorhauben. Auf das Styling der Traktoren wurde zu dieser Zeit ohnehin wenig Wert gelegt.

Die Produktionszahlen blieben anfangs gering. Vom Dieselross F 9, dem ersten in Serie produzierten Traktor aus Marktoberdorf, wurden ungefähr 100 Stück hergestellt. Das Dieselross F 12, das 1936 eingeführte Nachfolgemodell, konnte immerhin schon in einer fast doppelt so hohen Zahl gebaut werden. Obwohl man in der Folgezeit immer stärkere Modelle mit in das Produktprogramm aufnahm, wie der 1937 erschienene F 18 mit einer Nennleistung von 16 PS und der ein Jahr später folgende F 22, dessen Motor bereits 22 PS leistete, verlor man die kleinen Landwirte nicht aus den Augen.

Wie bei vielen anderen Herstellern setzte auch bei Fendt der Kriegsausbruch dem Traktorbau ein vorläufiges Ende. Fendt zählte zweifellos zu den Pionieren das Traktorbaus in Deutschland. Die Verkaufszahlen blieben hinter denen der großen Hersteller noch zurück. Es sollte noch bis zum Neuanfang nach dem Ende des Krieges dauern, bis die Dieselrösser aus dem Allgäu an die Spitze der Verkaufsstatistiken vorgaloppierten.

Der Elfer-Deutz

Zu den bedeutendsten Traktorherstellern Deutschlands der 1930er-Jahre gehörte die Humboldt-Deutzmotoren AG, wie die Gasmotoren-Fabrik Deutz mittlerweile hieß (ab 1938: Klöckner-Humboldt-Deutz, kurz KHD). Mit seinen Stahlschleppern hatte sich das Kölner Unternehmen einen der vorderen Plätze auf dem Schleppermarkt gesichert.

Der Deutz-Bauernschlepper war für die Arbeit mit verschiedenen Geräten und Maschinen ausgestattet. Auch bei der Getreideernte konnte damit auf die Zugtiere verzichtet werden.

Mitte der 1930er-Jahre war das kleinste Modell im Programm der 28 PS leistende Zweizylinder-Schlepper F2M 315. Selbst für einen mittelgroßen landwirtschaftlichen Betrieb hätte der Kauf eines solchen Schleppers eine Übermotorisierung bedeutet. 1936 machte das Kölner Unternehmen einen Schritt, der eigentlich überfällig war, nämlich ein Modell für die kleinen bäuerlichen Familienbetriebe auf den Markt zu bringen. Humboldt-Deutz war zwar nicht der Vorreiter auf dem Gebiet der kleinen Allzweckschlepper, aber die Kölner waren eines der wichtigsten Unternehmen der Branche, und wenn ein Deutz-Bauernschlepper auf den Markt kam, hatte dies eine größere Bedeutung als die Markteinführung eines Fendt-Dieselross oder eines Allesschaffer von Kramer.

Als Motor bekam der kleine Schlepper den F1M 414. Wie damals üblich, wurde der Traktor nach dem Motor benannt. Das F in der Typenbezeichnung stand für „Fahrzeug“. Dies bedeutete, dass es sich um einen Fahrzeugdieselmotor handelte. Die Zahl hinter dem ersten Buchstaben gab die Anzahl der Zylinder wieder, nämlich in diesem Fall einen Zylinder. M stand für die Wasserkühlung. Die erste Ziffer der folgenden Zahl bezeichnete die 4. Motorenbaureihe. Die beiden anderen Ziffern gaben den Kolbenhub an, der bei 14 Zentimetern lag. Die Höchstdauerleistung des Motors wurde mit 11 PS bei einer Drehzahl von 1550 Umdrehungen pro Minute angegeben. Verglichen mit den anderen Deutz-Modellen war dies nicht viel, war aber für die Landwirte, die damit ein oder zwei Zugtiere ersetzen wollten, ausreichend. Laut Herstellerangaben verrichtete der Schlepper die Arbeit von zwei bis drei Pferden. Aufgrund der Leistung und seiner Zielgruppe wurde der kleine Schlepper auch „Elfer-Deutz“ und „Bauern-Deutz“ genannt. Dies waren Namen, die sicherlich dem Marketing zugute kamen und leichter

Der F1M 414 schrieb Geschichte. Der kleine Schlepper hat deswegen mit Recht einen Platz unter den anderen Maschinen der historischen Landtechnik. Dieses Exemplar befand sich in der früheren Deutz-Fahr-Ausstellungshalle in Lauingen.

einzuprägen waren als die offizielle Bezeichnung F1M 414.

Der Bauern-Deutz war in der Grundausführung für 2300 Reichsmark erhältlich und lag damit in der finanziellen Reichweite vieler kleiner Betriebe. Wichtig waren auch die Betriebskosten. Der Kraftstoffverbrauch wurde von Deutz mit 215 Gramm pro PS-Stunde bei Volllast angegeben. Im Durchschnitt verbrauchte der Schlepper in zehn Stunden auf der Straße zehn bis zwölf Kilogramm und beim Pflügen 14 bis 16 Kilogramm Kraftstoff. Der Schmierölverbrauch betrug in zehn Arbeitsstunden ungefähr 500 Gramm. Innerhalb von zehn Stunden konnten laut Deutz etwa vier Morgen (circa ein Hektar) mit einer Arbeitstiefe von 22 bis 25 Zentimetern gepflügt werden. Auf ebener und trockener Straße konnte der Elfer-Deutz 120 bis 160 Zentner Anhängelast ziehen. Das Getriebe bot drei Gänge. Im höchsten Gang war damit bei Leerfahrt eine maximale Geschwindigkeit von acht Stundenkilometern zu erreichen.

Eine wesentliche Voraussetzung für den Erfolg des Traktors war dessen Vielseitigkeit, die sich nicht nur bei der Feldarbeit und bei Zugaufgaben, sondern auch beim Ernteeinsatz und auf dem Hof zeigen musste. Dank des integrierten, mit einer Sicherheits-Rutschkupplung versehenen Mähantriebs konnte man nun die Sense oder die von einem Pferd gezogene Mähmaschine zur

Mit dem F1M 414 brachte Deutz einen Allzweckschlepper auf den Markt, der sich an kleine und mittelgroße landwirtschaftliche Betriebe richtete. Für viele Landwirte war der Elfer-Deutz der erste Schritt zur Motorisierung des Betriebs.

Seite stellen. Allerdings musste für den Mähbalken extra bezahlt werden. In einer Stunde konnten damit ungefähr drei bis vier Morgen (circa 0,75 bis ein Hektar) Gras gemäht werden. Die serienmäßige Riemenscheibe hatte einen Durchmesser von 225 Millimetern und eine Breite von 100 Millimetern.

Zur Sonderausstattung gehörten neben dem Mähbalken die Zapfwelle, Ballastgewichte, Greiferkränze, ein zweiter Sitz sowie eine elektrische Beleuchtung mit einer Batterie, zwei Scheinwerfern und einem Schlusslicht.

Dem niedrigen Verkaufspreis und der verhältnismäßig hohen Qualität des Schleppers war es zu verdanken, dass bis 1942 über 10.000 Exemplare verkauft wurden. Deutz trug mit dem kleinen Schlepper erheblich zur Mechanisierung der Landwirtschaft bei und zeigte damit, dass die kleinen Betriebe als Kunden ernst genommen werden konnten. Mehrere andere Hersteller folgten dem Beispiel von Deutz und nahmen eigene Bauernschlepper mit in ihr Produktionsprogramm auf.

WAS IST EIN BAUERNSCHLEPPER?

Was genau einen Bauern von einem Landwirt unterschied, darüber gab es unterschiedliche Meinungen. Wenn aber in der Vorkriegszeit von einem „Bauernschlepper" gesprochen wurde, waren damit Schlepper für die Besitzer kleiner landwirtschaftlicher Betriebe gemeint. Die Vorstellungen, welche Anforderungen ein solcher „Bauernschlepper" erfüllen sollte, änderten sich im Laufe der Zeit ebenfalls etwas. Nach Meinung von Diplom-Ingenieur Helmut Meyer von der Prüfstelle in Potsdam-Bornim sollte ein sogenannter „Bauernschlepper" höchstens 4000 Mark kosten, möglichst niedrige Betriebs- und Unterhaltskosten erfordern, leicht in Gang zu setzen sein, stets betriebsbereit sowie ruhig und ungefährlich im Betrieb sein. Außerdem war natürlich ein Anbaumähwerk erforderlich.[1]

1 Vgl. Conze, Peter (2004). Das grosse Deutz-Buch Traktoren. Münster-Hiltrup: Landwirtschaftsverlag, S. 30

Bauern-Schlepper vom Rhein

Wie bereits an anderer Stelle bemerkt, produzierte auch die International Harvester Company in Neuss am Rhein ab 1937 einen Allzweckschlepper, der auf dem Farmall F-12 basierte, aber an den deutschen Markt angepasst war. „Die passende Zugmaschine für kleinere und mittlere Betriebe", hieß es in der Werbung. IHC bot das 15 PS starke Modell in Versionen mit Stahlrädern, Luftreifen, einem Zusatzgetriebe und einem Vierganggetriebe an. Den vielversprechenden Anfangserfolgen bereitete jedoch der Krieg ein Ende.

Ein weiterer großer Hersteller, der das Angebot für kleine Betriebe hätte verändern können, war das Mannheimer Unternehmen Lanz. Der Platzhirsch auf dem deutschen Schleppermarkt vor dem Zweiten Weltkrieg führte 1937 tatsächlich ein Modell mit der Bezeichnung „Bauern-Bulldog" ein. Dieser als Baureihe HN 5 benannte Bulldog stand zunächst mit Eisenrädern als Typ D 3500 zur Verfügung. Ein Jahr später wurde die Ackerluftversion D 3506 eingeführt. Als Leistung wurden 17 bis 20 PS angegeben. Für einen Kaufpreis von 3110 Reichsmark lag der HN 5 tatsächlich in der Preisklasse eines Bauernschleppers. Bis zum erzwungenen Baustopp im Krieg konnte Lanz über 11.000 Exemplare der beiden Ausführungen verkaufen.

1939 brachte Lanz mit dem D 4506 einen weiteren „Bauern-Bulldog" auf den Markt. Dieses kleinere Modell entsprach mit einer Höchstleistung von 15 PS und einer Dauerleistung von 12 PS mehr dem Bedarf der kleinen Landwirte. Laut Prospekt war es für den „allseitigen Einsatz in bäuerlichen Betrieben" konzipiert. Eine Ackerluftbereifung gehörte bereits zur Standardausstattung. Der Bulldog bekam die Baureihenbezeichnung HE 1. Aber der Zweite Weltkrieg vereitelte auch in diesem Fall den Erfolg. Wegen der kurzen Produktionszeit konnten nur etwa 300 Exemplare des leichten Glühkopfschleppers hergestellt werden.

← Der Lanz D 3506 war die Ackerluftausführung des erfolgreichen HN 5, der von Lanz die Bezeichnung „Bauern-Bulldog" erhielt.

„Zum allseitigen Einsatz in bäuerlichen Betrieben", heißt es in dieser Werbung für den Lanz D 4506. Ein auffallendes Merkmal des kleinen Bulldogs war die Lenkstange, die an dem schmalen Motorblock vorbeiführte.

Weiter auf Seite 118

Die Riemenscheibe diente bereits bei den Lokomobilen und bei den frühen großen Traktoren, wie bei diesem Mogul von International Harvester, zum Antrieb von stehenden Maschinen.

Die Riemenscheibe

Heute werden Traktoren in der Regel nicht mehr benutzt, um stehende Maschinen anzutreiben. Aber bereits zur Zeit der Lokomobilen gehörte der Antrieb von Maschinen über einen Riemen zu den Hauptaufgaben der maschinellen Kraftquelle. In den ersten Jahrzehnten des Traktorbaus zählte die Leistung, die ein Schlepper an der Riemenscheibe abgeben konnte, neben der Zugleistung auf dem Acker und der Straße zu den wichtigsten Leistungsdaten eines Schleppers. Eine entsprechende Ausstattung war unerlässlich. In manchen Ländern waren deshalb einem Käufer, der nach einem geeigneten Modell suchte, die PS-Zahl des Motors weniger wichtig als die Leistung am Riemen (neben der Leistung an der Zugstange). 16 hp (16,2 PS) soll zum Beispiel laut Herstellerangaben die Leistung des International Harvester 8-16, der sich von 1917 bis 1922 in Produktion befand, betragen haben, während der kleine Traktor an der Zugstange 8 Pferdestärken leistete. Die Werte spiegelten sich in der Typenbezeichnung wider.

Die Riemenscheibe war einer der wichtigsten Bestandteile der Bauernschlepper, die als Allzwecktraktoren noch häufig zum Antrieb von Maschinen auf dem Hof eingesetzt wurden. Dazu gehörten Dresch-, Häcksel- und Sägemaschinen. Aber auch zum Antrieb von Stromaggregaten konnten sie verwendet werden, wenn beispielsweise der Strom ausfiel oder an einem Ort nötig war, wo es keinen elektrischen Anschluss gab. Die Schlepper übernahmen damit die Funktion der Lokomobilen, mit denen vorher Lohnunternehmer von Hof zu Hof gezogen waren, um Drescharbeiten durchzuführen. Sie waren auch ein Konkurrent des Standmotors.

Die Bedienungsanleitungen enthielten oft noch Anweisungen zum richtigen Gebrauch der Riemenscheibe des Schleppers. Vor der Benutzung waren bestimmte Maßnahmen durchzuführen. In der Betriebsanleitung des Deutz F1L 612 hieß es zum Beispiel, dass der Traktor durch das Anziehen der Handbremse und das Sichern der Räder mit Bremsklötzen fest verankert werden sollte. Außerdem war

Die Riemenscheibe gehörte lange Zeit zur unverzichtbaren Ausstattung eines Allzwecktraktors. Dieses Eicher-Modell ist neben der Riemenscheibe bereits mit einer Zapfwelle ausgestattet.

der Schlepper durch eine metallische Verbindung mit dem Boden zu erden, beispielsweise durch das Einschlagen eines Eisenrohrs. Beim Dreschen sollte der Traktor so aufgestellt werden, dass möglichst wenig vom anfallenden Staub mit der Ansaugluft des Motors eingesogen wurde. Die gewünschte Drehzahl konnte nach dem Einschalten der Riemenscheibe über den Drehzahlverstellhebel eingestellt werden.

Die frühen Schlepper waren noch sehr wartungsintensiv. Dies betraf auch den Riemenscheibenantrieb. Vor dem Anbau des Antriebs musste die Ölmenge geprüft und unter Umständen ergänzt werden. Die Verschlussschraube am Gehäuse sollte bei intensiver Benutzung nach einer bestimmten Betriebsstundenzahl kontrolliert werden. Ein Ölwechsel und ein Ausspülen des Getriebes war ebenfalls für bestimmte Intervalle, zum Beispiel alle 300 Betriebsstunden, vorgeschrieben.

Auch hinsichtlich des verwendeten Riemens konnte der Landwirt Ratschläge in der Literatur finden: „Die besten Riemen für den Massengebrauch liefert die Ochsenhaut, auch Rinderhäute sind brauchbar, dagegen weniger Kuhhäute oder gar Bullenhäute. Am besten ist wieder von jedem Stück das Kernleder, das Mittelstück, das aus der Mitte der Wirbelsäule geschnitten wird …“[2]

Die Riemenscheibe verlor in den 1950er-Jahren immer mehr an Bedeutung. Der Grund dafür war das Verschwinden stationärer Maschinen. Das Dreschen wurde nun zunehmend vom Mähdrescher übernommen. Neuere stationäre Maschinen, wie etwa Rübenhäcksler, besaßen einen eigenen elektrischen Antrieb. Bei manchen Modellen dieser Zeit wurde deshalb die Riemenscheibe nur noch als Sonderzubehör angeboten. Diese Riemenscheibe konnte sich in beide Richtungen drehen und mit zwei Nenndrehzahlen arbeiten. Beim 1959 eingeführten D 15, dem letzten typischen Deutz-Bauernschlepper, war die Riemenscheibe ebenfalls nur noch als optionale Ausstattung erhältlich. Sie wurde an der inzwischen zum Standard gewordenen Zapfwelle aufgesteckt.

Die Dreschmaschine wird über einen Riemen angetrieben. Mit der Verfügbarkeit von Traktoren und Standmotoren verschwanden die Dampfkraft und der Antrieb über Göpel von den Höfen.

DIE RICHTIGE ÜBERSETZUNG

Um eine Arbeitsmaschine mit einer bestimmten Geschwindigkeit zu betreiben, musste man berechnen, wie groß die Riemenscheibe der Maschinen sein sollte. Diesen Wert erhielt man, indem man die Drehzahl der Riemenscheibe des Traktors mit deren Durchmesser multiplizierte und das Ergebnis durch die Soll-Drehzahl der Maschine teilte. Die Riemenscheibe des F1M 414 drehte sich beispielsweise mit 1110 Umdrehungen pro Minute. Der Durchmesser betrug 225 Millimeter. Die Drehzahl der Maschine sollte zum Beispiel bei 620 Umdrehungen pro Minute liegen. Auf den Durchmesser der Riemenscheibe kam man, indem man 1110 mit 225 multiplizierte und das Produkt durch 620 teilte. In diesem Beispiel musste der Durchmesser der Riemenscheibe der Maschine 403 Millimeter betragen.

2 Vormfelde, Karl (1930). Landmaschinen. Dritter Band des Handbuchs der Landwirtschaft, herausgegeben von F. Aereboe, J. Hansen und Th. Roemer. Berlin: Verlagsbuchhandlung Paul Parey, S. 46

Dieser frühe Prototyp des Porsche-Volksschleppers sieht noch ungewöhnlich aus: Der Fahrer sitzt vorne, und der Motor sowie der Tank befinden sich am Heck.

Grandiose Pläne

Die Machtergreifung Hitlers im Deutschen Reich 1933 stellte auch für die Landtechnik ein einschneidendes Ereignis dar, denn mit dem politischen Wandel ging die Etablierung einer Ideologie einher, die bestimmte Aspekte des bäuerlichen Lebens idealisierte. Dieses Idealbild zeichnete den Bauern als einen gesunden, starken Mann, der mit kräftigen Tieren sein Feld bearbeitet. Für knatternde, rauchende Traktoren gab es in dieser mythischen Vorstellung keinen Platz. Mitverantwortlicher für diese weltfremde Vorstellung war Richard Walter Darré, der am 29. Juni 1933 zum Reichsminister für Ernährung und Landwirtschaft ernannt worden war. Er forderte sogar das Verbot bestimmter Landmaschinen, da sie die menschliche Arbeitskraft ersetzten und seiner Meinung nach zur Arbeitslosigkeit beitrugen.

Doch die Realität holte die Ideologen ein. 1934 rief das Regime die „Erzeugungsschlacht" aus. Zur nationalistischen Politik der Naziregierung gehörte das Ziel, die Nation von Nahrungsmittelimporten unabhängig zu machen. Da Deutschland aber auf Nahrungs- und Futtermitteleinfuhren angewiesen war, musste die Produktivität der inländischen Landwirtschaft gesteigert werden. Eine intensivere Nutzung des Bodens, eine bessere Düngung und Saat, wie sie in den „Zehn Geboten der Erzeugungsschlacht" gefordert wurden, reichten nicht aus. Letztendlich war die moderne Technik unerlässlich, falls die Produktivität steigen sollte. Die Folge war eine Kehrtwendung in der Politik gegenüber der Landtechnik. 1938 verkündete man schließlich von staatlicher Seite, dass Deutschland 500.000 Ackerschlepper brauche. Bei diesen Schleppern sollte es sich weniger um die großen leistungsstarken Traktoren handeln, die von den meisten Herstellern ohnehin gebaut wurden, sondern um kleinere Modelle, die für einen Preis von höchstens 4000 Reichsmark zu haben waren. Die Zielgruppe waren die kleinen und mittleren Betriebe mit einer Größe von fünf bis 20 Hektar.

Das Regime hätte natürlich die Verbreitung der sich bereits auf dem Markt befindlichen Bauernschlepper, wie des 1936 eingeführten Deutz F1M 414, fördern können. Aber die nationalsozialistische Regierung betrieb eine dirigistische Wirtschaftspolitik und misstraute dem Markt. Die Verantwortlichen hatten grandiose Pläne. Auf die gleiche Weise, wie der Volkswagen zur Motorisierung einer breiten Bevölkerungsschicht führen sollte, so würde nach den Regierungsplänen ein Volksschlepper den meisten Landwirten den Umstieg auf die maschinelle Zugkraft ermöglichen.

Im Mai 1938 war in Wolfsburg das Volkswagenwerk eröffnet worden. Für den Bau des Volksschleppers sollte ebenfalls ein großes Werk errichtet werden. Im November 1940, als bereits der Krieg im Gang war, wurden die Pläne für diese Produktionsanlage veröffentlicht. Als Standort war die Gemeinde Waldbröl im heutigen Nordrhein-Westfalen

vorgesehen. Anfangs sollten den Plänen gemäß in diesen Anlagen jährlich 100.000 Traktoren hergestellt werden. Später wollte man die Produktionszahl auf bis zu 300.000 pro Jahr erhöhen, wobei ungeklärt blieb, wo sich der Markt für diese enorme Anzahl von Traktoren befinden sollte. Der Krieg verhinderte die Verwirklichung dieses unrealistischen Vorhabens.

Die Anlagen wurden zwar nie fertiggestellt. Mit der Konstruktion des Volksschleppers hatte man sich aber schon seit 1937 beschäftigt. Den Auftrag dazu bekam Ferdinand Porsche, der sich bereits als Konstrukteur des Volkswagens hervorgetan hatte. Der Schlepper sollte billig in der Anschaffung und im Betrieb sein, universelle Einsatzmöglichkeiten bieten und einfach zu bedienen sein, also dem Konzept des Bauernschleppers entsprechen und das bieten, was der Elfer-Deutz und andere Modelle ohnehin taten.

1938 war der erste Prototyp fertig. Der Typ 110, wie die Bezeichnung lautete, sah jedoch ganz anders als ein Standardschlepper aus. Der Zweizylinder-Vergasermotor befand sich am Heck, während der Fahrer vorne saß. Diese Anordnung scheint sich in den Versuchen nicht bewährt zu haben, denn Porsche überarbeitete bald die Konstruktion. Das Ergebnis war ein Traktor, bei dem der Fahrer hinten saß, der Motor direkt vor dem Fahrer eingebaut war, und der vordere Bereich durch eine Ladepritsche eingenommen wurde. Diese Bauweise hatte eine Ähnlichkeit mit den späteren Geräteträgern, konnte aber nicht mit so vielen Anbauräumen aufwarten. Auf dieser Version baute der Typ 111 auf. Eine entscheidende Änderung war die Verwendung eines Zentralrohrrahmens anstelle eines Leiterrahmens. Der nächste Schritt in der Entwicklung des Volksschleppers war der Typ 112, den es in drei Ausführungen gab: als Variante mit Ladepritsche, die dem Typ 111 glich, als Hackfruchtversion mit Speichenrädern und einer Motorhaube sowie als Version mit einem Holzgasgenerator, da mittlerweile der Treibstoff nur noch für den militärischen Einsatz verwendet werden durfte. Die Motorleistung hatte man beim Typ 112 auf 15 PS erhöht. 1943 setzte Porsche noch einen weiteren Entwurf um. Es handelte sich um den Typ 113, der ebenfalls mit Holzgas fuhr, aber ein neues Getriebe bekam. Die Erprobung dieses Prototypen fand im österreichischen Gmünd statt, wohin sich Porsche mit seinen Leuten wegen des Bombenkrieges zurückgezogen hatte.

Nach dem Krieg setzte Porsche seine Konstruktionsarbeit fort. Mit dem Typ 312 führte er ein Modell mit Dieselmotor ein. Der nächste Schritt in der Entwicklung war der Typ 313, der einen luftgekühlten Dieselmotor bekam. Auf diesem Typ basierte der AP 17, der ab 1950 serienmäßig von der Firma Allgaier in Uhingen produziert wurde.

Während der Zweite Weltkrieg tobte, arbeiteten Ferdinand Porsche (links) und seine Mitarbeiter an der Konstruktion des Volksschleppers weiter. Das linke Modell ist mit einem Holzgasmotor ausgestattet.

Nach dem System Porsche entstanden bei Allgaier in Uhingen und später in Friedrichshafen Traktoren, wie der AP 17 (Allgaier-Porsche), der in der Werbung tatsächlich als „Volksschlepper" bezeichnet wurde.

Weiter auf Seite 122

Die Werbung für den Bautz AS 120, der von 1950 bis 1956 gebaut wurde, zeigt den Schlepper mit einem Patent-Mähwerk.

Das Mähwerk

„Die Mähmaschinen haben von allen Landmaschinen die größte Bedeutung im Wirtschaftsleben der Völker gespielt und werden sie noch weiter spielen", heißt es in dem Handbuch über Landmaschinen von 1930.[3] Im Vergleich zur Sensenarbeit bedeutete das maschinelle Mähen eine enorme Produktivitätssteigerung.

Für kleine und mittelgroße Betriebe in Mitteleuropa, für die spezielle Mähmaschinen nicht rentabel gewesen wären, war die Ausstattung eines Allzwecktraktors mit einem Mähbalken unerlässlich. Kaum ein kleiner bäuerlicher Betrieb konnte auf dieses Mähwerkzeug verzichten. Die Bauernschlepper waren deswegen standardmäßig mit einem Mähantrieb ausgestattet. Der Mähbalken mit einer Länge von viereinhalb Fuß (1,37 Meter) zählte zwar zur Sonderausrüstung, wurde aber meist gleich im Werk an den Traktor angebaut und mit ausgeliefert.

Das Mähwerk am Schlepper verdrängte die Sense und den von Pferden gezogenen Gespannmäher beim Grasmähen. Für den Landwirt brachte der Mähbalken eine erhebliche Erleichterung mit sich, auch wenn es bei der Mäharbeit oft notwendig war, anzuhalten und vom Traktor abzusteigen, um das Messer auszuräumen, weil es sich verstopft hatte. Verglichen mit der Sensenarbeit und mit der gezogenen Mähmaschine war das Schneidwerk am Schlepper ein Fortschritt. Für große Flächen war das Mähen mit dem Mähbalken jedoch immer noch aufwendig und mühsam. Der technische Fortschritt sorgte deshalb dafür, dass der Mähantrieb wieder als Standardausstattung verschwand, nachdem die Zeit der Bauernschlepper zu Ende gegangen war. Mittlerweile war die Zapfwelle zur unverzichtbaren Ausstattung eines Traktors geworden. Dieser Antrieb ermöglichte den Anbau von Kreiselmähwerken am Heck, mit denen das Gras schneller und ohne viele Störungen geschnitten werden konnte.

Das Arbeiten mit dem Mähbalken verlangte vom Schlepper keine große Leistung. Beim Deutz F1M 414 war es gemäß Herstellerangaben unter Umständen sogar erforderlich, den Kühler abzudecken, damit angesichts der geringen Motorbelastung das Kühlwasser eine genügend hohe Temperatur erreichen konnte. Auf unebenem Boden und bei verfilztem Gras sollte mit langsamer Geschwindigkeit gefahren werden, um eine Beschädigung des Mähwerks oder der Aufhängung zu vermeiden. Eine Sicherheitsrutschkupplung sorgte außerdem dafür, dass es zu keinen Schäden kam. Falls eine Verstopfung des Messers eintrat, sollte man den Mähbalken mit Hilfe des Handhebels bis zur Schwadhöhe anheben und das Schneidwerk laufen lassen, damit es sich reinigen konnte. Nach dem Beenden der Mäharbeit wurde der Mähbalken hochgeklappt und durch einen Abstützhebel gesichert. Anschließend wurde ein Fingerschützer angebracht, um Schäden und Unfälle zu verhindern.

Vor Beginn des Mähens sollte überprüft werden, ob alle Schrauben des Mähwerks angezogen waren. Die Messerklingen, Kurbelstangenbüchsen, Gelenke und Zapfen sollten immer ausreichend geölt werden. Außerdem war zu prüfen, ob das Messer leicht in der Führung lief.

SCHNITTVERFAHREN

Die Messerbalken arbeiteten nach dem Prinzip des Scherenschnitts, das der schottische Pfarrer Patrick Bell 1826 vorgeschlagen hatte. Bei den Mähbalken wird ein Messer in Fingern, die als Gegenschneide dienen, hin- und herbewegt. Man unterschied drei Formen des Messerbalkens. Beim Hochschnittbalken beträgt der Abstand zwischen den Fingern 7,62 Zentimeter. Dabei kommt auf einen Finger ein Messer. Beim Mittelschnittbalken beträgt der Fingerabstand 5,08 Zentimeter. Auf vier Finger kommen bei dieser Balkenart drei Messer. Noch geringer ist der Abstand zwischen den Fingern beim Tiefschnittbalken, nämlich nur 3,81 Zentimeter. Auf drei Messer kommen dabei fünf Finger.

Um dem Problem der Verstopfungen entgegenzuwirken, mussten die Messer immer scharf gehalten werden und fest auf den Fingerplättchen aufliegen. Es musste auch darauf geachtet werden, dass die Kanten der Finger scharf blieben, da ansonsten das Gras nur eingezogen und nicht geschnitten wurde. Mit einer speziellen Schleifmaschine konnten die Schneiden auch mit einem Wellenschliff versehen werden, was die Schneidhaltigkeit erhöhen sollte.

3 Vormfelde, Karl (1930), Seite 122

Siemens-Schuckert-Werke spielten dabei eine Vorreiterrolle. Sie bauten mehrere einachsige Motorfräsen für Tätigkeiten, bei denen zwischen Reihen gearbeitet und anschließend gepflanzt wird. Es waren also vor allem der Gemüse- und Obstbau, aber auch die Landwirtschaft und der Weinbau, wo die Motorfräse, die mit einem fünf PS starken Motor ausgestattet war, zum Einsatz gelangte.

Noch einfacher gestaltet als die Siemens-Motorfräse war die Motorhacke vom Typ „Senior“ der Firma Adolf Busse aus Wurzen in Sachsen. Diese Maschine besaß nur ein einziges Rad, das mit Sporengreifern versehen war. Zumindest ließ sich damit eine oberflächliche Bodenbearbeitung durchführen.

Der ED II war ein Einachsschlepper der Firma Holder, der von 1952 bis 1958 gebaut wurde. Der Motor konnte eine Leistung von 10 PS vorweisen. Von dem Modell wurden über 14.000 Exemplare hergestellt.

➔ Der Einachsschlepper Hansa erfreute sich einer großen Beliebtheit nach dem Zweiten Weltkrieg. Er war bereits 1949 auf der Landwirtschaftsausstellung in Köln von der Hamburger Firma Bartels vorgestellt worden. Die Produktion erfolgte jedoch hauptsächlich bei der Schmiedag AG.

Motorisierung für die Kleinsten

Standardtraktoren, selbst wenn es sich um preisgünstige Bauernschlepper handelte, waren für die unterste Riege der Landwirte, die oft nur über einen Ochsen oder eine Kuh als Zugtier verfügten, zu teuer. Oft wäre wegen der kleinen Flächen ein rentabler Einsatz ohnehin nicht möglich gewesen. Allerdings gab es für Kleinbetriebe und kleine Flächen schon früh eine Alternative zum Standardschlepper: den Einachstraktor.

Eigentlich tauchten die ersten Einachsmaschinen schon in den 1920er-Jahren auf. Die

Ein breiteres Einsatzspektrum bot der Einachsschlepper, den Holder 1930 auf den Markt brachte. Das Modell war als Universalgerät angelegt und sollte in der Landwirtschaft, in Weinbergen, Obstplantagen und Gartenbaubetrieben Arbeiten verrichten können. Zu diesem Zweck wurden mehrere Geräte und Maschinen angeboten, wie Mäher, Pflüge, Eggen, Kartoffelroder und so weiter. Für manche Geräte gab es zur Befestigung einen speziellen Rahmen. Über eine Riemenscheibe konnten zudem stationäre Maschinen, wie eine Kreissäge und eine Dreschmaschine, angetrieben werden.

Natürlich eignete sich der Schlepper auch zum Ziehen kleiner Anhänger. Der Motor des ersten Modells leistete sechs PS. In der Folgezeit nahm Holder weitere Einachsschlepper mit in das Programm auf. Dieser Traktortyp wurde von der Metzinger Firma bis in die 1950er-Jahre gebaut.

Ein großer Bedarf an Einachstraktoren herrschte in Italien. Dies lag nicht nur an der Nachfrage durch Kleinstlandwirte, sondern auch an der weiten Verbreitung des Wein- und Obstbaus.

1960 erlangte die Firma Antonio Carraro in Campodarsego mit seinem Einachsschlepper „Scarabeo“ Berühmtheit. Der Kleinstschlepper konnte mit einem Rahmen versehen werden und mit zahlreichen Geräten für den Wein-, Obst- und Gartenbau sowie für die Landwirtschaft arbeiten.

Bevor die Cassani-Brüder, die Gründer des im italienischen Treviglio ansässigen Unternehmens SAME, sich ihrem Ziel, dem Bau von leistungsstarken Schleppern mit Allradantrieb, widmeten, wollten sie erst der Nachfrage nach weniger anspruchsvollen Traktoren entgegenkommen. Sie konstruierten deshalb einen Traktor, der speziell für die Zielgruppe der kleinen Landwirte und der Betriebe mit Sonderkulturen gedacht war. 1948 bracht SAME den 3 R 10 auf den Markt. Das „3 R“ stand für die drei Räder, mit denen das Gefährt ausgestattet war. Eine Achse mit zwei großen Rädern diente zum Antrieb, mit dem kleinen Rad am anderen Ende der Maschine wurde gesteuert. Die Konstruktion war unter rein praktischen Gesichtspunkten erfolgt. Alles Überflüssige war weggelassen worden. Stattdessen sollte der Schlepper mit allen wichtigen Geräten, die der Kleinbauer oder Plantagenbesitzer in seinem Betrieb benötigte, arbeiten können. Als Antrieb des 11 km/h schnellen Fahrzeugs diente ein luftgekühlter, 10 PS starker Einzylinder-Motor. Was den 3 R 10 besonders flexibel machte, war der Umstand, dass man mit ihm in beide Fahrtrichtungen arbeiten konnte. Bei Zugarbeiten befand sich gewöhnlich das kleine Rad in Fahrtrichtung vorne, während bei Einsätzen mit einem Anbaugerät mit den beiden großen Rädern vorausgefahren werden konnte.

Der SAME 3 R 10 war ein erfolgreicher Traktor, der zwar ungewöhnlich aussah, aber vielen kleinen italienischen Landwirten die Motorisierung ermöglichte.

← Von der Firma Antonio Carraro stammt der Einachsschlepper Scarabeo. Das im italienischen Campodarsego ansässige Unternehmen machte sich einen Namen mit Traktoren für kleine Landwirte, Sonderkulturen, Kommunalbetriebe sowie für den Wein- und Obstbau.

Der 3 R 10 von SAME war ein Dreirad-Schlepper für kleine Landwirte. Das kleine Rad diente zum Steuern. Der 3 R 10 zeichnete sich durch eine extreme Flexibilität aus und konnte mit vielen der Geräte arbeiten, die ein Kleinbauer benötigte.

LANDWIRTSCHAFT IM UMBRUCH: EUROPAS MOTORISIERUNG

Der VW Käfer war eines der Symbole des wirtschaftlichen Erfolgs der Bundesrepublik Deutschland. Ein Volkswagen war vor Kriegsausbruch vom Regime den Sparern versprochen worden. Nach dem Krieg wurde die Massenmotorisierung Wirklichkeit.

Am 8. Mai 1945 schwiegen die Waffen in Europa. Der Zweite Weltkrieg, der große Gebiete verwüstet und viele Millionen von Opfern gefordert hatte, war zumindest in Europa vorüber. Häuser und Fabriken waren zerstört, Millionen von Flüchtlingen und Vertriebenen mussten sich eine neue Existenz aufbauen. Die ersten Nachkriegsjahre waren für viele von Hunger und Not geprägt. Mitten durch Europa begann sich eine Grenze zu ziehen, die den Westen des Kontinents von den kommunistisch gewordenen Ländern des Ostens trennte.
Aber den Jahren der Not und des Wiederaufbaus folgte eine Zeit des beispiellosen Aufschwungs – zumindest im Westen Europas.

Die Zeit der Wirtschaftswunder

Sobald die ersten Nachkriegsjahre überwunden waren, begann in den meisten westlichen Ländern eine Zeit des schnellen Wirtschaftswachstums, der Industrialisierung, der niedrigen Arbeitslosigkeit und des steigenden Wohlstands. In Frankreich sprach man später von „Les Trente Glorieuses" („Die glorreichen Dreißig"). Manche Wirtschaftsstatistiker meinen, dass diese Zeit kürzer war und nennen sie lieber „Les Vingt Glorieuses" („Die glorreichen Zwanzig"). Auch Italien erlebte ein „miracolo economico", ein Wirtschaftswunder, das jedoch auf die Jahre 1950 bis 1963 beschränkt blieb.

In Großbritannien, dem Mutterland der Industriellen Revolution und dem technologischen Spitzenreiter des 18. und 19. Jahrhunderts, waren die Nachkriegsjahrzehnte weniger glorreich. Das Vereinigte Königreich zählte zwar zu den Siegern des Weltkriegs, verlor aber in den Nachkriegsjahrzehnten sein „Empire" und wurde von den meisten Ländern der Europäischen Wirtschaftsgemeinschaft hinsichtlich des Besitzes von Waschmaschinen, Kühlschränken, Telefonen, Fernsehern und Autos pro Kopf bis 1970 überholt. Trotzdem werden auch in Großbritannien die 1950er- und 1960er-Jahre manchmal als ein „goldenes Zeitalter" („golden age") bezeichnet. Dass auch im Vereinigten Königreich der Wohlstand stieg, zeigte sich durch den Gebrauch eines Kühlschranks, der zwischen 1955 und 1960 von 6 auf 16 Prozent der Bevölkerung stieg, und der Verfügbarkeit einer Waschmaschine, die von 25 auf 44 Prozent wuchs. Der Anteil derjenigen die ein Auto besaßen, stieg im gleichen Zeitraum von 18 auf 32 Prozent.[1]

Keine der großen europäischen Volkswirtschaften erlebte jedoch einen so starken Aufschwung wie diejenige des westlichen Teils des geteilten Deutschlands. 1948 erfolgte die Einführung einer neuen Währung, der D-Mark, und im folgenden Jahr entstand aus den drei westlichen Besatzungszonen die Bundesrepublik Deutschland. Es ging wieder aufwärts, und es war kein bloßes Gefühl. Man räumte die Trümmer weg, baute neue Häuser, und in den Betrieben liefen wieder die Maschinen an. Die Bezeichnung „Wirtschaftswunder" für den einsetzenden wirtschaftlichen Aufschwung wurde zum ersten Mal 1950 von der britischen Zeitung Times benutzt und setzte sich im allgemeinen Sprachgebrauch durch. Wie ein Wunder erschien es nicht nur den damaligen Menschen. Auch später blickte man auf diese Zeit zurück, als wäre das Deutschland der 1950er-Jahre eine Art wirtschaftliches Wunderland gewesen. Tatsächlich verzeichnete die Wirtschaft von 1950 bis 1954 ein jährliches Wachstum von durchschnittlich 8,8 Prozent. Von 1955 bis 1958 betrug die Wachstumsrate 7,2 Prozent, und von 1959 bis 1963 konnte die Wirtschaft immer noch ein jährliches Wachstum von 5,7 Prozent verzeichnen. Dies waren höhere Raten als in allen anderen Zeitabschnitten zuvor und danach. Erst 1967 kam es nach einem fast 20-jährigen kontinuierlichen Wachstum zu einer Rezession, die jedoch nur kurz andauerte.

Mit der allgemeinen industriellen Entwicklung erfuhr auch die Landtechnik nach den Kriegsjahren einen Aufschwung. Diese Anzeige in der Zeitschrift Landmaschinenmarkt weist auf die Wanderausstellung der Deutschen Landwirtschafts-Gesellschaft in Hamburg hin.

Immer mehr Maschinen leisteten einen Beitrag zur Rationalisierung der landwirtschaftlichen Arbeit. Dazu gehörte die Pick-up-Presse des aufsteigenden Erntemaschinenherstellers Claas in Harsewinkel.

1 Vgl. Briggs, Asa (1994). A Social History of England. London: BCA, S. 318

Diese Arbeiterinnen am Schältisch eines Unternehmens der Lebensmittelindustrie verrichteten keine abwechslungsreiche Arbeit. Aber zumindest konnten sie einem freien Sonntag in jeder Woche und einigen Tagen Urlaub im Jahr entgegensehen.

Diese Entwicklung hatte enorme Konsequenzen für den Wohlstand. Trotz des Zustroms von Flüchtlingen und Vertriebenen sowie der Rückkehr von vier Millionen Kriegsgefangenen konnte bis 1961 die Vollbeschäftigung erreicht werden, das heißt, die Arbeitslosigkeit sank auf weniger als ein Prozent der Erwerbstätigen.

Landflucht

Die 1950er-Jahre veränderten den Westen Deutschlands. Das schnelle Wirtschaftswachstum und die niedrige Arbeitslosigkeit hatten Einkommenssteigerungen in einem vorher nicht gekannten Ausmaß zur Folge. Erstmals konnte sich eine breite Bevölkerungsschicht den Traum vom eigenen Auto verwirklichen. Die Massenmotorisierung, die vor dem Krieg ein Versprechen der Machthaber gewesen und auf die Zeit nach dem „Endsieg“ verschoben worden war, wurde nun Wirklichkeit.

Der wirtschaftliche Aufschwung hatte in Westeuropa einen demografischen Wandel zur Folge. Die ländlichen Gebiete verloren in vielen Regionen an Bevölkerung, während die Metropolen wuchsen.

Die landwirtschaftlichen Arbeitskräfte – die Knechte und Mägde – kündigten bei den Bauern und gingen in die Fabriken, wo sie anstelle der langen Arbeitszeiten bei geringer Bezahlung lieber die freien Wochenenden und den bezahlten Urlaub genossen.

Viele der kleinen Landwirte, die mit ein paar Hektar Grund gerade über die Runden gekommen waren, gaben ebenfalls auf und schlossen sich am frühen Morgen den Pendlern an, anstatt in den Stall zu gehen und die paar Stück Vieh zu versorgen. Während 1950 noch 23,2 Prozent der Erwerbstätigen der Bundesrepublik Deutschland in der Landwirtschaft, der Forstwirtschaft und der Fischerei tätig waren, sank dieser Anteil bis

Arbeiter verlassen am späten Nachmittag das Werk. Mit dem Ertönen der Werkssirene ist Feierabend. In der Landwirtschaft beginnt um diese Zeit die Stallarbeit. Bis die Arbeit auf dem Hof erledigt ist, kann es abhängig von der Jahreszeit noch bis spät in die Nacht dauern.

1960 auf 14,3 Prozent. Zehn Jahre später lag dieser Wert nur noch bei 8,5 Prozent.

Diejenigen unter den Landwirten, die ihren Betrieb weiterführten, arbeiteten zunehmend alleine – von der Hilfe durch die unmittelbare Familie abgesehen. Die Lösung konnte nur eine stärkere Mechanisierung des Betriebs sein. Die schnell wachsende

Landmaschinenindustrie der Nachkriegszeit unterstützte die Landwirte mit Schleppern, Motormähern, Motorhacken, Vielfachgeräten, Mähdreschern, Melkmaschinen, Pumpen, Beregnungsanlagen und Geräten für alle möglichen Arbeiten.

Im Mittelpunkt der Mechanisierung stand der Traktor, der für eine Vielzahl von Arbeiten eingesetzt wurde. 1949 lag die Anzahl der Schlepper in Westdeutschland bei knapp 90.000 Fahrzeugen. Bis 1960, also nur elf Jahre später, war diese Zahl auf über 797.000 gestiegen. 1970 befanden sich bereits über 1,23 Millionen Schlepper auf den westdeutschen Höfen. Gleichzeitig nahm die Anzahl der Arbeitstiere rapide ab. 1949 verrichteten etwa 1,208 Millionen Pferde und 2,153 Millionen andere Zugtiere ihre Dienste auf den Höfen der Bundesrepublik. Bis 1960 war ihre Zahl auf 703.000 beziehungsweise knapp 800.000 gefallen. 1970 waren nur noch 195.000 Pferde und 38.000 andere Tiere vor Wagen und Maschinen gespannt.

Mit dem Mähbinder LKB von Lanz konnte das Getreide gemäht und in Garben gebunden werden. Wie meist üblich, fährt der Mann mit dem Bulldog, während die Frau die Maschine bedient.

DIE ENTWICKLUNG DER ZAHL DER ERWERBSTÄTIGEN IN DER LANDWIRTSCHAFT, FORSTWIRTSCHAFT UND FISCHEREI IN DER BRD[2]

Jahr	Erwerbstätige in Millionen	Anteil an der Gesamtbeschäftigtenszahl
1950	5,11	23,2 %
1960	3,62	14,3 %
1970	2,26	8,5 %
1980	1,44	5,5 %
1989	1,03	3,7 %

ANZAHL DER SCHLEPPER UND DES ZUGVIEHS IM BUNDESGEBIET[3]

Jahr	Schlepper	Zugpferde (mindestens drei Jahre)	Sonstiges Zugvieh
1949	89.743	1.208.000	2.153.000
1954	348.297	1.072.000	1.724.000
1960	797.416	703.000	798.500
1965	1.098.758	346.000	207.000
1970	1.234.068	195.000	38.000

2 Quelle: Seidl, Aois (2006). Deutsche Agrargeschichte. Frankfurt am Main: DLG-Verlags-GmbH, Seite 282
3 Quelle: Seidl, Alois (2006), Seite 287

DER EINSAME BAUER

„Wie mühselig war es doch früher, dem Boden das tägliche Brot abzuringen! Wie viele Tropfen Schweiß hat es früher gekostet, die Felder zu bestellen und im Herbst den Erntesegen einzubringen!"[4], reminiszierte 1950 die Zeitschrift Landmaschinen-Markt über die neuen Maschinen. Auch andere Rationalisierungsmaßnahmen, wie die Silage, der Einsatz von Mähdreschern, ein zweckmäßigerer Bau von Ställen und Scheunen, trugen dazu bei, die anfallende Arbeit mit weniger Aufwand durchzuführen. „Der Arbeitsanfall in den Bauernhöfen wurde durch all diese Maßnahmen gegenüber früher auf die Hälfte, in besonders günstigen Fällen auf ein Drittel verringert", wusste 1963 ein Kenner der niederbayrischen Kultur zu berichten. Aber die Last musste von weniger Schultern getragen werden. Trotz der vielen Technik blieb immer weniger Zeit, die Hände auch einmal in den Schoß zu legen. „Die Bäuerin ist heute mehr denn je der ‚halbe Hof' geworden. Freilich sind unsere Bäuerinnen trotz all dieser technischen Hilfsmittel in den meisten Fällen sehr stark überlastet. Ihr Arbeitstag dauert oft 14 oder 16 Stunden. Diese Überlastung der Bäuerinnen bedeutet eine ernste Gefahr für die Volksgesundheit."[5]

Während die Gewerkschaften für die Beschäftigten in der Industrie und im Dienstleistungssektor eine immer größere Zahl von Urlaubstagen vereinbarten, musste der Landwirt in seinem Betrieb ständig präsent sein, vor allem, wenn Tiere zu versorgen waren. Die Kühe wollten an Sonn- und Feiertagen genauso gemolken werden wie an Werktagen, und nachts musste der Landwirt oft aufstehen, um sich um ein neugeborenes Kalb zu kümmern. Während in der Sommerhitze die Arbeiter und Angestellten ans Meer oder an den Baggersee fuhren, war in der Landwirtschaft Erntezeit. Unter diesen Bedingungen verlor die Rolle des Bauern und der Bäuerin zunehmend an Attraktivität. Die Folge war eine historisch noch nie dagewesene Situation: Hoferben wollten den Betrieb nicht mehr weiterführen, und junge Frauen wollten die früher angesehene Rolle der Bäuerin nicht mehr übernehmen. Die Generationenkette vieler bäuerlicher Familien war am letzten Glied angekommen. „Bauer sucht Frau", lautete nun eine Parole, die das Schicksal vieler Junglandwirte verdeutlichte.

4 Landmaschinen-Markt. Zeitschrift für Landmaschinen-Industrie, -Handel und -Instandsetzungswerkstätten. Coburg: Vogel-Verlag. 8. März 1950, Seite 5

5 Bleibrunner, Hans (1964). Niederbayerische Heimat (2. Auflage). Landshut: Bezirk Niederbayern, Seite 233

Der große Schlepperboom

Im Mittelpunkt der Technisierung des Betriebs stand der Schlepper, der nicht nur die Pferde und Ochsen ersetzte, sondern auch mit neuen Geräte arbeiten sollte. Das Konzept des Bauernschleppers, der die Zugtiere auf dem kleinen Hof ersetzen sollte, war in der Nachkriegszeit immer noch aktuell. Die 1950er-Jahre waren die Zeit, in der die kleinen Allzweckschlepper die Zugtiere in einem Maß ersetzten, wie dies in den Jahren vor dem Krieg nicht möglich war.

Zahlreiche Anbieter schossen in der Nachkriegszeit aus dem Boden. Viele dieser Hersteller kauften Motoren, Getriebe und andere Bauteile von verschiedenen Zulieferern und übernahmen lediglich die Montage und das Formen etwaiger Blechteile. Selbst die Firma Fendt, ein schnell aufsteigender Stern dieser Zeit, kaufte die Motoren von Deutz und MWM. Eicher, ebenfalls ein vielversprechender Aufsteiger, stellte dagegen die hochgelobten luftgekühlten Motoren im eigenen Werk her und kaufte die Getriebe von Zulieferern. Manche der Produzenten spezialisierten sich auf kleine Modelle, während andere ihr Glück mit leistungsstarken Maschinen versuchten. Nur die Marktführer deckten das gesamte Leistungsspektrum ab. Dazu gehörten Deutz, Lanz, Fendt, Hanomag und Eicher.

Es waren nicht die Schlepper allein, die eine schnelle Mechanisierung der Landwirtschaft ermöglichten. Für die Arbeiten auf dem Hof, den Äckern und Wiesen gab

← Die Motorenfabrik München-Sendling versuchte auch nach dem Zweiten Weltkrieg wieder Fuß auf dem Traktormarkt zu fassen, wie dieses Plakat von 1955 zeigt. Die Verkäufe blieben jedoch weit hinter den Zahlen für eine rentable Produktion zurück.

Die Deutsche Lieferwagen GmbH (Deuliewag) hatte die ersten Traktoren ebenfalls bereits in den 1930er-Jahren auf den Markt gebracht. Nach dem Krieg gelang der Wiedereinstieg in den Schlepperbau nur bedingt. 1952 endete die Traktorenproduktion bei Deuliewag.

es mehr Geräte und Maschinen als jemals zuvor. Gemäß der Zeitschrift Landtechnik sollten mit dem Bauernschlepper gleichzeitig folgende Geräte angeschafft werden: Mähbalken, ein- oder zweischariger Anbaupflug, Anbaugrubber, schwerer und leichter Eggensatz, Anbau-Vielfachgerät, Satz Spurlockerer und möglichst zwei luftbereifte Ackerwagen. Wünschenswert waren auch ein Anbauzetter, der mit einem Anbauwender kombiniert werden konnte, ein Zapfwellenbinder und ein Zapfwellenroder.[6]

Tragschlepper

Der Arbeitskräftemangel in der Landwirtschaft führte nicht nur zum vermehrten Einsatz von Maschinen, sondern auch zu Überlegungen, wie man die Arbeit rationaler durchführen könnte. Im Bereich der Traktoren sah man eine Möglichkeit darin, mit mehreren Geräten gleichzeitig zu arbeiten.

Bei den Röhr-Traktoren, die anfangs in Passau und später in Landshut gebaut wurden, handelte es sich um sogenannte „Konfektionsschlepper". Die Schlepper wurden mit den Motoren und Getrieben ausgestattet, die gerade bei den Zulieferern erhältlich waren.

Die Firma Hatz mit Sitz im niederbayrischen Ruhstorf ist in erster Linie Motorenproduzent. Von 1953 bis 1964 stellte das Unternehmen auch Traktoren her. Die Stückzahlen blieben jedoch sehr gering. Nur mit wenigen Modellen konnte Hatz die Marke von 1000 hergestellten Exemplaren überschreiten.

6 Vgl. Landmaschinen-Markt, 22. September 1951, Seite 1

EIN POLNISCHER BULLDOG

Das polnische Unternehmen Ursus war nach dem gleichnamigen Warschauer Stadtteil benannt, wo es 1893 gegründet wurde. Zum Produktionsprogramm gehörten schon seit Anfang des 20. Jahrhunderts Verbrennungsmotoren. Bereits vor dem Ersten Weltkrieg wurden auch Dieselmotoren mit in das Produktionsprogramm aufgenommen. Zu den ersten Traktoren, die Ursus herstellte, gehörte der in Lizenz nachgebaute Titan von International Harvester. In den 1930er-Jahren geriet das Unternehmen aufgrund der Weltwirtschaftskrise in Schwierigkeiten und wurde deshalb verstaatlicht. Das Werk begann daraufhin mit der Produktion von Rüstungsgütern, Panzern und Zugmaschinen für das Militär. Auch während der deutschen Besatzung musste die Fabrik Panzer und andere gepanzerte Militärfahrzeuge herstellen – allerdings für die Wehrmacht. Nach dem Zweiten Weltkrieg wurden die Überreste der einstigen Lanz-Filialen in Königsberg, Breslau und Rostow nach Warschau transportiert. Als die polnische Regierung die zerstörte Industrie wieder aufbauen und die eigene Traktoren-Fertigung wieder in Gang bringen wollte, war damit bereits eine Grundlage vorhanden. 1947 begann die Produktion des Ursus 45, der, von einigen Teilen abgesehen, auf dem Acker-Luft-Bulldog D 9506 von Lanz basierte. Der 45-PS-Schlepper wurde bis 1955 produziert. Die Anzahl der hergestellten Exemplare belief sich auf ungefähr 60.000. Der Ursus 45 gehört damit zu den erfolgreichsten Glühkopf-Schleppern.

Ursus entwickelte auch eigene Modelle und begann 1962 eine Kooperation mit dem tschechoslowakischen Landtechnikunternehmen Zetor. Ab 1974 stellte Ursus Lizenznachbauten von Massey-Ferguson-Schleppern her. 2011 erfolgte die Verlagerung der Traktorenproduktion nach Lublin.

Eine Schlepperbauart, die in dieser Hinsicht gewisse Vorteile gegenüber den herkömmlichen Standardschleppern bot, war der Tragschlepper, der sich dadurch auszeichnete, dass der Raum zwischen den Vorder- und Hinterrädern für den Anbau getragener Arbeitsgeräte vorgesehen war. Im Vergleich zu den Standardschleppern besaßen die Tragschlepper deswegen einen längeren Radstand. Der Rumpf zwischen dem Kupplungs- und dem Getriebegehäuse war meist als Tragrohr oder Tragrahmen ausgebildet, um Platz für das Ausheben der Zwischenachsgeräte zu schaffen. Die Tragschlepper besaßen aber auch einen Anbauraum am Heck und oft noch eine Frontporta, die den Einsatz eines Frontgerätes ermöglichte.

1953 führte Deutz den elf PS starken F1L 612 ein. Dabei handelte es sich nicht nur um einen typischen Bauernschlepper, der mit einem luftgekühlten Motor ausgestattet war, sondern auch um einen Tragschlepper mit einem verlängerten Radstand.

Bei den Tragschleppern, die in Deutschland nach dem Zweiten Weltkrieg aufkamen, handelte es sich vor allem um Modelle im unteren Leistungsbereich, die hauptsächlich für Pflegearbeiten und andere eher leichte Aufgaben vorgesehen waren. In Nordamerika war diese Form jedoch schon früher bei den Hackfruchtmodellen bekannt. Beispiele für Tragschlepper der Nachkriegszeit waren der

Der A 111 von Allgaier war ein Universalschlepper für den kleinen Betrieb, der den Anbau von Pflegegeräten zwischen den Achsen ermöglichte. Von dem Modell stellte Allgaier über 5000 Exemplare her.

Allgaier 111 von 1952, der 1953 eingeführte Deutz F1L 612 sowie das Dieselross FL 114, das Fendt 1957 auf den Markt brachte.

Die Tragschlepper hatten aber neben dem gleichzeitigen Einsatz mehrerer Geräte noch einen weiteren Vorteil. Vor allem bei Arbeiten auf Reihenfruchtfeldern, die eine hohe Steuergenauigkeit verlangten, war die mangelnde Sicht auf die Anbaugeräte beim Standardschlepper häufig ein Problem. Außerdem musste sich der Fahrer oft seitwärts lehnen, um die Spur oder die Geräte im Auge zu behalten. Dagegen hatte der Fahrer eines Tragschleppers bei der Verwendung von Front- oder Zwischenachsgeräten einen besseren Blick auf die Geräte. Falls auf die Verwendung des Heckanbauraums verzichtet wurde, musste er sich auch nicht während der Arbeit zur Kontrolle umdrehen. Die schlanke Bauart und die Wespentaille der Tragschlepper erlaubten es zudem dem Fahrer, leichter auf die Spur zu achten. Andererseits ermöglichte der Heckanbauraum den Einsatz größerer Geräte und dadurch ein breitflächigeres Arbeiten. Allerdings war nicht selten noch eine zweite Person nötig, um das Steuern des Heckgerätes zu übernehmen.

LUFTKÜHLUNG

1944 entwickelte die Klöckner-Humboldt-Deutz AG (KHD) Dieselmotoren mit Luftkühlung zur Serienreife. Zunächst wurden die Motoren mit dieser Kühlungsart in Lkw eingesetzt. Doch auch für Schlepper war diese Lösung interessant, da hier Bauteile wegfielen, die ein wassergekühlter Motor braucht. Um eine große Oberfläche zu haben, auf die die Kühlluft auftreffen konnte, waren die Zylinder mit Kühlrippen versehen. Ein eigenes Gebläse spendete Luft. Zu den Vorteilen der Luftkühlung gehörten neben der geringeren Anzahl von Bauteilen die verbesserte Betriebsbereitschaft bei extremer Kälte, das Ausbleiben von Frostschäden oder kochendem Wasser im Kühlsystem. Allerdings waren die Motorgeräusche lauter als bei wassergekühlten Motoren, da die schallisolierende Wirkung des Wassermantels fehlte. Außerdem konnte sich ein luftgekühlter Motor stärker erwärmen, was ein größeres Kolbenspiel zur Folge haben konnte. Pioniere des Einsatzes luftgekühlter Motoren im Schlepperbau waren in Deutschland Eicher und Deutz sowie SAME und Lamborghini in Italien. Im englischsprachigen Raum fand die Luftkühlung bei landwirtschaftlichen Traktoren jedoch kaum Verbreitung.

Lanz-Alldog

Eine weitere Traktorenart, die in der Nachkriegszeit zur Rationalisierung der Arbeit beitragen sollte, war der Geräteträger. Bei dieser Bauform können oft der Heck-, der Zwischenachs- und der Frontanbauraum wie beim Tragschlepper zum Anbringen von Arbeitsgeräten genutzt werden. Zusätzlich wird der Raum vor dem Fahrer bei vielen Modellen als Aufbauraum verwendet, um ein weiteres Gerät, ein Fass oder eine Lade-

Der Fahrersitz und das Steuerrad des ersten Alldog, der die Bezeichnung A 1205 trug, waren nach rechts verschoben. Der Motor, der bei vielen Kunden für Unzufriedenheit sorgte, befand sich unter einer kleinen Motorhaube.

fläche unterbringen zu können. Der Motor verschwindet entweder unter einer kleinen Motorhaube direkt vor dem Fahrer oder unterhalb des Fahrerstandes. Der Geräteträger kann also mit bis zu vier Geräten arbeiten. Beispielsweise kann man vorne einen Düngerstreuer, zwischen den Achsen einen Grubber und am Heck eine Sämaschine anbauen sowie auf einer Ladefläche das Saatgut oder den Dünger mitführen. Traktoren, die einem Geräteträger ähnelten, tauchten bei Herstellern mehrerer Länder auf. Im Großen und Ganzen blieb diese Bauform aber ein deutsches Phänomen.

Unter den frühen Konstrukteuren von Geräteträgern erzielte vor allem die Firma Heinrich Lanz Aufsehen. Die einstigen Marktführer aus Mannheim überraschten die Öffentlichkeit anlässlich der DLG-Wanderausstellung 1951 in Hamburg mit einer Neuentwicklung: dem Motorgeräteträger. Der MTG hatte ein ungewöhnliches Aussehen. Der Fahrersitz war seitlich nach rechts versetzt am Heck positioniert. Der vordere Teil, wo sich bei einem Standardtraktor die Motorhaube befand, waren zwei Längsholme und eine Querverbindung, auf die man zu Transportzwecken eine Ladepritsche oder einen anderen Behälter aufmontieren konnte. Worauf die Repräsentanten aus Mannheim vor allem hinwiesen, und was die überarbeiteten Landwirte hauptsächlich ansprechen sollte, das waren die drei Anbauräume.

Der Motor befand sich links vor dem Fahrer unter einer kleinen Haube. Viel Platz war nämlich nicht vorhanden. Deshalb konnte man nicht auf die herkömmlichen Motoren zurückgreifen, die den Standardtraktoren ihre Leistungsstärke verliehen. Die Mannheimer Konstrukteure hatten sich stattdessen für einen Zweitakt-Benzinmotor der Triumph-Werke in Nürnberg (TWN) entschieden. Der Benziner war eigentlich für den Antrieb von Motorrädern konstruiert worden. Der Hubraum betrug nur 446 Kubikzentimeter. Nach einigen Änderungen und Anpassungen wollte man ihn nun für den Betrieb eines Traktors einsetzen. Die Leistung wurde mit zwölf PS angegeben.

Kurz nach seiner Geburt erhielt der Motorgeräteträger einen passenderen Namen. In Anlehnung an die anderen Traktoren aus dem Hause Lanz, die „Bulldog" genannt wurden, erhielt der MTG den Namen „Alldog". Der Name sollte, neben der Herkunft, auch darauf hinweisen, dass es sich bei der Maschine um einen Alleskönner handelte. Feld- und Erntearbeiten, Säen und Transporte sollten mit dem Geräteträger dank seiner Flexibilität erledigt werden können.

Die Nachfrage nach dem ersten Alldog war durchaus groß. 1953 erhielt Lanz sogar auf einer Rationalisierungsausstellung eine Auszeichnung, den „Grand Prix". Auf der

Medaille stand „Alle sollen besser leben“. Die Erwartungen waren hoch. Aber zum Leidwesen vieler Kunden war die innovative Arbeitsmaschine den Anforderungen des landwirtschaftlichen Alltags nicht gewachsen. Der Grund dafür war der schwache Motor.

Lanz ließ in schneller Folge verbesserte Modelle auf den Markt rollen. Aber erst 1956 entschieden sich die Mannheimer Konstrukteure, den Geräteträger mit einem zuverlässigen Dieselaggregat auszustatten, einem Zweizylindermotor von MWM, dessen Nennleistung bei 18 PS lag. Eigentlich wäre der Alldog nun bereit gewesen, den Erwartungen, die man am Anfang in ihn gesetzt hatte, zu entsprechen. Aber sein Ruf hatte mittlerweile schon irreparable Schäden. Dies war einer der Gründe, warum 1960 die Produktion eingestellt wurde. Ungefähr 1000 Exemplare der letzten Ausführung waren verkauft worden.

Die Geräteträger

Lanz gehörte zwar zu den bekanntesten Herstellern von Geräteträgern, aber das Konzept war von anderen früher entwickelt worden. Nach dem Zweiten Weltkrieg hatte in der Ostzone der Erfurter Ingenieur Egon Scheuch mit der Konstruktion eines Geräteträgers begonnen. Den Prototyp erhielt 1951 das Schlepperwerk Schönebeck, wo er weiterentwickelt wurde. Die Serienproduktion des RS 08/15, der den Beinamen „Maulwurf“ erhielt, begann jedoch erst im folgenden Jahr. Der Zweitakt-Benzinmotor leistete mit seinen zwei Zylindern 15 PS. Der Motor erwies sich aber trotz Verbesserungen in den folgenden Jahren als die Schwachstelle der Konstruktion. Bedeutend erfolgreicher war der Nachfolger RS 09, der ebenfalls aus dem Schlepperwerk Schönebeck kam. Als Antrieb diente diesmal ein Zweizylinder-Viertakt-Diesel-

Der A 1806, das letzte Alldog-Modell, war mit einem zuverlässigen Dieselmotor ausgestattet. Die 18 PS Leistung erlaubten tatsächlich die Arbeit mit Gerätekombinationen.

Der RS 08/15 „Maulwurf“ (links) und der stärker motorisierte RS 09 (rechts) wurden im Osten Deutschlands hergestellt. Die Exemplare im Bild stehen im Deutschen Landwirtschaftsmuseum Hohenheim.

→ Die Firma Schmotzer in Bad Windsheim brachte bereits in den 1950er-Jahren eine Art Geräteträger – von Schmotzer „Mehrzweckgerät“ genannt – auf den Markt. Das Unternehmen stellte auch passende Arbeitsgeräte her.

motor, der es auf eine Leistung von 18 PS brachte. Beim Antriebsaggregat handelte es sich um einen Lizenznachbau des österreichischen Herstellers Warchalowski. Von 1958 bis 1961 wurden ungefähr 12.000 Exemplare des RS 09 hergestellt.

In Bübingen, in der Nähe von Saarbrücken, befinden sich die Gutbrod-Werke, die 1949 mit einem Geräteträger namens Farmax 10 D auf den Markt kamen. Die Typenbezeichnung weist schon darauf hin, dass die Motorleistung nur bei 10 PS lag. Dies war wohl auch in diesem Fall das Manko, das dazu führte, dass die Produktion schon nach wenigen Jahren wieder eingestellt wurde.

Auch die Maschinenfabrik Schmotzer aus Bad Winsheim gehörte zu den Pionieren der Geräteträgertechnik. Das erste Modell dieser Traktorart mit der Bezeichnung Kombi kam schon 1951 auf den Markt und wurde von einem 12 PS starken MWM-Motor angetrieben. In der Folgezeit erhöhte man die Leistung. In den 1960er-Jahren wurden die Geräteträger „Kombi-Record“ genannt. Aber richtig erfolgreich war Schmotzer damit nicht, weshalb die Fertigung an die Reform-Werke abgegeben wurde.

Die Firma Ritscher in Sprötze bei Hamburg hatte sich schon vor dem Zweiten Weltkrieg mit der Fertigung von Raupen- und Radtraktoren einen Namen gemacht. 1954 nahm man dann einen Geräteträger mit der Bezeichnung „Multitrak“ mit in das Programm auf. Der Ritscher-Geräteträger war niedrig gebaut und zeigte deshalb auch am Hang eine hohe Standfestigkeit. Das zentrale tragende Element waren zwei ausziehbare Rundholme, die es ermöglichten, den Radstand an den jeweiligen Einsatzzweck anzupassen. Neben der Normalversion war zudem eine Hochradausführung verfügbar. Die Ritscher-Konstrukteure ersetzten 1955 den nur 12 PS leistenden MWM-Motor durch einen 17 PS starken Dieselmotor des in Aschaffenburg ansässigen Traktorbauers Güldner, der im Gegenzug mehrere Hundert Multitraks von Ritscher übernahm und sie mit einem anderen Anstrich unter eigenem Namen verkaufte. Später bekam der Multitrak noch stärkere Deutz-Motoren verabreicht, sodass er zum Schluss sogar auf eine Leistung von 25 PS kam. Als Ritscher 1962 die Produktion des Multitrak einstellte, hatte die Zahl der hergestellten Exemplare nicht einmal die 3000er-Marke erreicht.

Der Eicher-Kombi konnte problemlos gleichzeitig mit einer Sämaschine und einer Egge arbeiten. Ein zuverlässiger Eicher-Motor lieferte die nötige Kraft.

Nur wenige Stück des Geräteträgers der Ruhrstahl AG wurden verkauft. Dabei handelte es sich bei dem Modell mit der Typenbezeichnung „B 07 Landmaschine“ um eine auffallende Konstruktion. Das Fahrzeugheck mit dem Fahrerstand und dem Motor war mit der Vorderachse über zwei nach oben gezogene Kastenholme verbunden. Dadurch sollte mehr Platz als bei anderen Geräteträgern für den Einsatz von Maschinen zwischen den Achsen geschaffen werden. Es gingen zwar mehrere Hundert Vorbestellungen für das relativ teure Fahrzeug ein, letztendlich blieb der Erfolg aber aus.

Zu den erfolgreicheren Geräteträgerherstellern gehörte die Firma Eicher in dem kleinen, östlich von München gelegenen Dorf Forstern. Mitte 1952 und anschließend auf der DLG Wanderausstellung 1953 stellte Eicher den Kombi vor. Der Kombi besaß einen Front- und einen Heckkraftheber, mit denen man unabhängig voneinander die angebauten Geräte ausheben konnte. Nicht nur die Spurweite, auch der Achsabstand ließ sich ohne großen Aufwand verstellen. Die Eicher-Geräteträger hatten einen entscheidenden Vorteil gegenüber vielen anderen Geräteträgern: der zuverlässige und leistungsstarke Dieselmotor aus eigener Produktion. Die Eicher-Kombi und Unisuper, wie die Bezeichnung später lautete, hatten ihre überzeugten Anhänger. Aber sie hatten auch eine starke Konkurrenz, und dies mag einer der Gründe sein, warum Eicher das Geräteträgerprogramm 1969 einstellte.

Fendt und das Einmannsystem

Nachdem der Lanz-Alldog die Fachwelt hatte aufblicken lassen, begann man auch bei Fendt in Marktoberdorf an einem Geräteträger zu arbeiten. Den ersten Prototypen stellten die Allgäuer bereits 1953 auf der DLG-Ausstellung vor. Es handelte sich dabei um eine langgestreckte Version des Dieselross F 12, einem typischen Bauernschlepper. Die Motorhaube war stark verkürzt. Ein Doppelrohrrahmen, an dem die Vorderachse pendelnd aufgehängt war, sollte zur Befestigung von Geräten dienen. Aber bei Fendt wollte man nicht zu hastig vorgehen, um den Geräteträger zur Marktreife zu bringen. Erst einmal sollte das System erprobt und verbessert werden. Die wohl bedeutendste

„Ich schaffe alles allein", verkündet diese Werbung für das Fendt-Einmannsystem. Für die Landwirte, die einen Großteil der Arbeit ohne die Hilfe einer anderen Person verrichten mussten, waren die einfache Bedienung und der rationelle Einsatz von Geräten überzeugende Argumente.

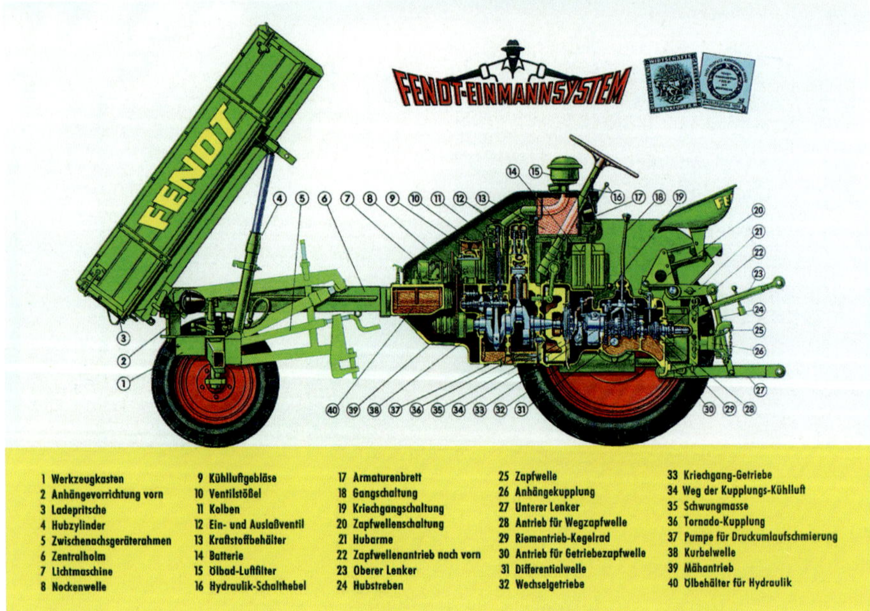

Dieses Schnittbild zeigt die Ausstattung eines frühen Fendt-Geräteträgers. Der Motor befindet sich unter einer abgeschrägten Motorhaube direkt vor dem Fahrer. Zur Ausstattung gehören sowohl eine Weg- als auch eine Getriebezapfwelle.

Änderung, zu der sich die Konstrukteure entschlossen, war die Verwendung eines über ein Drehgelenk mit der Antriebseinheit verbundenen Zentralholms anstelle des Doppelrohrrahmens. Von Anfang an war man bei Fendt darauf bedacht, den An- und Abbau von Maschinen und Geräten möglichst einfach zu gestalten. Der Geräteträger sollte ein richtiges Einmannsystem werden. Eine Person sollte in der Lage sein, innerhalb von fünf Minuten ohne Werkzeug ein Arbeitsgerät anzubauen und es ebenso schnell wieder zu entfernen. Als Fendt schließlich 1957 den F 12 GT offiziell auf den Markt brachte und in die Serienfertigung einstieg, stellte man die einfache Handhabung und die Arbeitsersparnis, die das „Fendt-Einmannsystem" mit sich brachte, als Hauptverkaufsargument heraus.

Der F 12 GT erregte nicht das gleiche Aufsehen wie der erste Alldog, aber er war lange erprobt und durchdacht worden. Was noch fehlte, war die passende Motorleistung, denn der luftgekühlte Einzylindermotor von MWM war nur zwölf PS stark. Schon ein Jahr nach Verkaufsstart entschied man sich deswegen in Marktoberdorf, ein besser motorisiertes Modell auf den Markt zu bringen. Die Verkaufszahlen waren durchaus verheißungsvoll, denn über 1000 Exemplare des F 12 GT hatten einen Abnehmer gefunden.

Der Nachfolger des ersten Fendt-Geräteträgers rollte 1958 als F 220 GT aus der Werkshalle in Marktoberdorf. Als Antrieb diente diesmal ein Zweizylinder-Motor. Angesichts der Leistung von 19 PS war der Hauptkritikpunkt verschwunden. Eine sichtbare Verbesserung brachte außerdem die abgeschrägte Motorhaube mit sich, da nun ein ungehinderter Blick auf die vorderen Anbaugeräte möglich war. Der F 220 GT befand sich vier Jahre lang in Produktion. In dieser Zeit wurden über 7000 Exemplare verkauft. Das Geräteträgerkonzept von Fendt war aufgegangen.

1961 erfolgte die Einführung des F 225 GT, dessen Zweizylinder-MWM-Motor eine Leistung von 25 PS erbrachte. Nicht nur die PS-Zahlen wuchsen, auch die Anzahl der ver-

kauften Exemplare stieg an. Über 8100 Stück des F 225 GT wurden produziert. Beim 32 PS starken F 231 GT, der sich von 1967 bis 1978 in Produktion befand, lag die Verkaufszahl bei 14.191 Exemplaren.

Ein weiterer Sprung in der Evolution des Geräteträgers fand 1970 mit dem Stapellauf des F 250 GT statt. Der Motor, der mit seinen drei Zylindern immerhin 45 PS leistete, befand sich nicht mehr unter einer kleinen Motorhaube vor dem Fahrer, sondern unterhalb des Fahrerstandes. Damit war er völlig aus dem Blickfeld des Fahrers verschwunden. Dieser hatte nun eine freie Sicht auf den Front- und Zwischenachsbereich. Sowohl der Allradantrieb als auch feste Kabinen hielten Einzug in die Geräteträgertechnik. Der Unterflurmotor leistete, vom Platzproblem befreit, immer mehr. Das Sechszylinder-Aggregat des 395 GTA von 1989 erbrachte immerhin eine Höchstleistung von 115 PS. Aber in den 1990er-Jahren neigte sich die Zeit der Geräteträger dem Ende zu. Die Standardtraktoren, die nun stark genug waren, um mit großen Gerätekombinationen zu arbeiten, waren der übermächtige Konkurrent. Auch das Ein-Mann-Konzept hatte sich, soweit es möglich war, durchgesetzt. 2004 rollte der letzte Geräteträger aus der Werkshalle in Marktoberdorf.

Die Fendt-Geräteträger wurden im Laufe der Zeit immer leistungsstärker und konnten mit zunehmend größeren Geräten arbeiten. Ab 1970 befand sich der Motor bei neuen Modellen unterhalb des Fahrerstandes. Gleichzeitig verlor der Zwischenachsanbauraum an Bedeutung.

Weiter auf Seite 140

Der General Purpose war ein Allradschlepper von Massey-Harris. Der Schlepper fuhr auf vier gleichgroßen Rädern. Für den Allradantrieb bestand in den 1930er-Jahren jedoch noch zu wenig Nachfrage.

Traktion mit vier Rädern

Standardtraktoren waren lange Zeit an den zwei großen hinteren Antriebsrädern und den zwei kleineren Fronträdern, mit denen gelenkt wurde, zu erkennen. Aber ein Antrieb mit allen vier Rädern hatte gewisse Vorteile. Die Schlepper wurden oft für Zugtätigkeiten in schwierigem Gelände eingesetzt. Mit einem Allradantrieb verbesserte sich nicht nur die Traktion, sondern erhöhte sich auch die Sicherheit, vor allem auf abschüssigem Gelände. Die Verwendung aller vier Räder zum Antrieb war jedoch technisch aufwendig und dadurch kostspielig.

Trotzdem gab es mehrere frühe Versuche, Schlepper mit einem Allradantrieb auf den Markt zu bringen. Dazu gehörte der 1923 von Lanz eingeführte Acker-Bulldog mit der Bezeichnung HP. Das Modell fiel bereits auf den ersten Blick auf, denn es besaß Vorderräder, die größer waren als die Hinterräder. Da sich die großen Räder nicht wie bei den herkömmlichen Traktoren einschlagen konnten, erfolgte das Steuern über ein Gelenk, das den vorderen und hinteren Teil des Gefährts miteinander verband.

Auf der anderen Seite des Atlantiks führte Massey-Harris 1930 ein Modell mit der Bezeichnung „General Purpose" („Allzweck") ein. Was den General Purpose besonders auszeichnete, waren die vier gleichgroßen Räder und der Allradantrieb. Trotz ihrer Größe konnte mit den Vorderrädern gelenkt werden. Der GP hatte jedoch gegenüber den Reihenfruchtschleppern den Nachteil, dass die Spurweite der Vorderachse nicht an die Ackerreihen angepasst werden konnte. Immerhin entstanden in dem Traktorwerk in Racine bis 1936 ungefähr 3000 Exemplare. Danach zog sich auch Massey-Harris aus der Fertigung von Allradtraktoren zurück.

Erst nach dem Zweiten Weltkrieg kamen immer mehr Modelle mit dem Vierradantrieb auf den Markt. Eine wichtige Vorreiterrolle spielte dabei die Maschinenfabrik Augsburg-Nürnberg (M.A.N.). Schon 1947, als die Wirtschaft noch unter Kriegsschäden litt und sich das Wirtschaftswunder mit dem einhergehenden Umbruch in der Landwirtschaft noch nicht am Horizont abzeichnete, begann im Nürnberger Werk die Produktion des Traktors AS 325, der neben einer Ausführung mit Hinterrad- auch mit einem zuschaltbaren Allradantrieb angeboten wurde.

Die Verkaufszahlen des AS 325 blieben angesichts der schwierigen wirtschaftlichen Bedingungen zwar noch gering, aber die M.A.N. ließ sich deswegen nicht von dem eingeschlagenen Weg abbringen. 1950 folgte der AS 330 A, der sich bis 1952 im Nürnberger Werk in Produktion befand. Von der wachsenden Kaufkraft der Landwirte beflügelt, fanden über 3400 Stück des Schleppers mit Vierradantrieb einen Abnehmer.

Die M.A.N.-Traktoren erwarben sich den Ruf von Zuverlässigkeit und Leistungsstärke. Fast alle Modelle wurden in Versionen mit Allrad- und Hinterradantrieb angeboten. Die Pionierleistung der M.A.N. bei der Einführung des Vierradantriebs kann gar nicht überschätzt werden. Allerdings blieben die Verkaufszahlen für beide Antriebsversionen

Die allradgetriebenen M.A.N.-Schlepper waren beeindruckende Fahrzeuge. Der 30 PS starke AS 430 A in diesem Bild befand sich von 1952 bis 1954 in Produktion. Es wurden jedoch nur knapp 1000 Exemplare hergestellt.

im Großen und Ganzen hinter den Erwartungen zurück. 1963 entschloss deshalb die Geschäftsleitung, aus der Traktorfertigung auszusteigen und sich lieber auf die lukrativeren Sparten zu konzentrieren. Ungefähr 40.000 M.A.N.-Schlepper wurden hergestellt, davon ein beträchtlicher Teil mit Vierradantrieb. Bis zum endgültigen Durchbruch des Allradantriebs sollten noch ein paar Jahrzehnte vergehen.

Auch südlich der Alpen sah man die Vorteile des Vierradantriebs. Ein Beispiel dafür war die Firma SAME („Società Accomandita Motori Endotermici"), die 1942 von den Brüdern Francesco und Eugenio Cassani in der kleinen, östlich von Mailand gelegenen Stadt Treviglio gegründet worden war. Das Ziel war zunächst die Motorenproduktion gewesen. 1947 begann die Produktion von Traktoren. Der bereits an anderer Stelle erwähnte 3 R 10 wurde ein früher Bestseller, der jedoch nur auf drei Rädern lief und sich an die kleinen Betriebe richtete. Aber Francesco Cassani, der nach dem frühen Tod seines Bruders das Unternehmen alleine leitete, war ein überzeugter Anhänger des Allradantriebs. Anfang der 1950er-Jahre setzte er alle Energie und finanziellen Ressourcen ein, um seinen Traum zu verwirklichen. Im Dezember 1953 präsentierte er der Öffentlichkeit den „D.A. 25 DT", der mit einem Allradantrieb ausgestattet war. Die Bedeutung des Vierradantriebs für SAME zeichnete sich sogar im Firmenlogo ab – einem vieräugigen Tiger.

Im Laufe der Zeit setzte sich der Allradantrieb auch bei anderen Herstellern zunehmend durch und wurde praktisch zum Standard. Der Grund dafür war der steigende Bedarf an Zugkraft. Immer stärkere Motoren unter die Haube zu packen, reichte alleine nicht aus. Um die Motorleistung in eine entsprechende Zugkraft umzuwandeln, mussten die Antriebsräder entweder größer oder mehr werden. Auch die wachsende Bedeutung des Frontanbauraums begünstigte die Nachfrage nach Schleppern mit Allradantrieb.

Der Allradantrieb war eine Traktortechnik, bei deren Einführung die Europäer den ansonsten fortschrittlicheren Amerikanern voraus waren. Der Grund dafür war praktischer und finanzieller Natur. Die nordamerikanischen Farmer konnten ihre Schlepper mit einer doppelten oder dreifachen Hinterradbereifung ausstatten und dadurch die Traktion verbessern, solange sie nicht auf Straßen fuhren. In Europa mussten die Landwirte dagegen auf öffentlichen Wegen zu ihren Äckern gelangen und sich dabei an die gesetzlichen Vorgaben bezüglich der Breite halten.

Der Allradantrieb des SAME D.A. 25 DT sorgte nicht nur für eine hervorragende Traktion, sondern auch für eine höhere Sicherheit an steilen Hängen und in schwierigem Gelände.

Den Typ 80 a brachte Steyr 1950 auf den Markt. Das Modell war eine als Hackfruchtschlepper konzipierte Version des Typ 80.

Österreichs rot-weiße Traktoren

Österreich war nach dem Zweiten Weltkrieg wirtschaftlich relativ lange abgeschottet. Erst 1960 kam es zur Gründung der Europäischen Freihandelsassoziation (EFTA) mit Österreich als Mitglied, und 1973 schloss das Alpenland mit der Europäischen Wirtschaftsgemeinschaft (EWG) ein Freihandelsabkommen ab. 1995 wurde Österreich EU-Mitglied. Die Abschottung hatte die einheimische Wirtschaft zwar vor ausländischer Konkurrenz geschützt, hatte aber auch Exporte innovativer und leistungsstarker Unternehmen erschwert.

Wie in anderen Ländern entstanden auch in Österreich in der Nachkriegszeit mehrere Traktorhersteller. Zu den bekanntesten Namen gehörten Lindner und Warchalowski. 1947 sah man auch bei dem großen Konzern Steyr-Daimler-Puch (SDP) die Zeit gekommen, in die Serienfertigung von Schleppern einzusteigen. Das erste Modell erhielt die Typenbezeichnung Steyr 180 und wurde in der Stadt Steyr hergestellt. Bei der Konstruktion hatte man auf die Erfahrungen aus der Vorkriegszeit zurückgreifen können. Angetrieben wurde der Schlepper von einem Zweizylinder-Dieselmotor. Mit seinen 26 PS Leistung richtete sich der Typ 180 vor allem an Mittel- und Großbetriebe.

Der Typ 80, der 15 PS leistete und deshalb auch „15er Steyr“ genannt wurde, kam zwei Jahre später für die kleinen und mittelgroßen landwirtschaftlichen Betriebe auf den Markt. Die österreichischen Landwirte wussten dieses Angebot zu schätzen. Der kleine Schlepper entwickelte sich zum Bestseller. SDP hatte nicht nur einen erfolgreichen Einstieg in den Traktorbau gefunden, das Unternehmen entwickelte sich schnell zum bedeutendsten Faktor auf dem österreichischen Traktormarkt.

Ab 1957 begann die Verlagerung der Traktorproduktion in das niederösterreichische Sankt Valentin. In der etwa 17 Kilometer von Steyr entfernten Kleinstadt war 1939 das Nibelungenwerk entstanden. Es hatte sich dabei um das modernste Montagewerk für Panzer im Deutschen Reich gehandelt. Mit dem Ende des Zweiten Weltkriegs kam Sankt Valentin zunächst zur sowjetischen Besatzungszone. Nach dem Abschluss des Staatsvertrags von 1955 wurde der österreichische Staat Eigentümer des ehemaligen Rüstungswerks in Sankt Valentin. Zwei Jahre später kam es in den Besitz der Steyr-Daimler-Puch AG, die angesichts der expandierenden Auto-, Lastwagen- und Traktorproduktion nach Möglichkeiten der Kapazitätsausweitung suchte. Schon kurz nach der Übernahme des Werks erfolgte die Verlagerung einzelner Produktionsbereiche von Steyr nach Sankt Valentin. Dazu gehörte die Montage der kleineren Traktoren. Später wurden auch Ladewagen in dem neuen Werk gebaut. Die Bedeutung des Ortes im Enns-Donauwinkel als Produktionsstandort wuchs im Laufe der Zeit, da die Traktorenfertigung immer weiter ausgebaut wurde. 1974 kamen der Vertrieb und die restlichen Fertigungsanlagen der Traktoren- und Landmaschinensparte nach Sankt Valentin.

Der Typ 84 e kann hier beim Leistungspflügen seine Fähigkeiten unter Beweis stellen. Das 18 PS starke Modell befand sich von 1956 bis 1964 in Produktion.

Mit dem Steyr 188 begann Steyr-Daimler-Puch 1960 eine Überholung des Traktorenprogramms. Neben einem neuen Motor, der sparsamer und laufruhiger als die Vorgängerserie war, zeichnete sich der Schlepper unter anderem durch einen erhöhten Fahrkomfort und eine verbesserte Ergonomie aus. In der Folgezeit ergänzten neue Schleppertypen mit Drei- und Vierzylindermotoren das Angebot. Die 1964 erfolgte Einführung des Steyr 190 nahm man bei SDP zum Anlass, darauf hinzuweisen, dass hundert Jahre vorher mit der Gründung einer Waffenfabrik durch Josef Werndl eine der Vorläuferfirmen von Steyr-Daimler-Puch entstanden war. Die neuen Schlepper wurden deswegen zur Abgrenzung von den Vorgängern als Jubiläumsserie bezeichnet.

Bereits 1967 löste SDP die Jubiläumsserie mit einer Nachfolgereihe ab. Auf der Wiener Internationalen Messe wurden die neuen Modelle mit einem modernen Design und einer rot-weißen Farbgebung der Öffentlichkeit vorgestellt. Zu den technischen Verbesserungen gehörte der Allradantrieb, der zum ersten Mal bei Steyr-Modellen zur Verfügung stand. Die Baureihe, mit der die Traktortechnik einen Sprung nach vorne unternahm, erhielt die Bezeichnung „Plus-Serie".

SDP entwickelte sich zum mit Abstand bedeutendsten Traktorhersteller Österreichs. Sich wandelnde Zeiten brachten allerdings auch neue Herausforderungen mit sich.

1966 startete die Plus-Serie. Mit den neuen Modellen erfolgte die Einführung eines modernisierten Designs. Dazu gehörte unter anderem die rot-weiße Farbgebung. Die Steyr-Traktoren wurden damit zu einem Symbol der österreichischen Industrie.

Dieser John Deere demonstriert alle drei Funktionen eines Traktors, nämlich als Zugmaschine mit dem Anhänger, als Antriebsmaschine, die über die Zapfwelle den Kratzboden des Anhängers antreibt, sowie als Lademaschine mit der Verwendung des Frontladers.

Die Arme des Schleppers

Von der Zug- und Antriebsmaschine entwickelte sich der Traktor im Laufe der Zeit weiter zu einer universalen Arbeitsmaschine, die Arbeitsgeräte über die Zapfwelle antreiben und schließlich an den Anbauräumen auch tragen konnte. Eine andere Erweiterung der Fähigkeiten des Schleppers stellte die Einführung des Frontladers dar – die „Arme des Schleppers“ oder, wie es ein Agrarwissenschaftler 1960 nannte: „die verlängerten Arme des Landmannes“.

Der Frontlader verbreitete sich erst in den 1950er-Jahren. Anfangs sprach man noch vom „Traktorlader“. Die Erfindung des Frontladers geht zurück auf Clifford Hamilton, einen jungen Farmer in der kanadischen Provinz Saskatchewan. Hamilton studierte in den 1920er-Jahren am landwirtschaftlichen College in Ames im US-Bundesstaat Iowa. Im Zuge eines Kurses über landwirtschaftliche Mechanik machte er sich Gedanken darüber, wie man mit dem Traktor Stalldung oder Heu auf einen Wagen laden konnte. Das Ergebnis war eine Ladevorrichtung, die allerdings damals noch nicht mittels einer Hydraulik gehoben oder gesenkt werden konnte, sondern mit einem Seil über einen Mast durch die Zapfwelle hochgezogen wurde. Etwa 1929 übernahmen einige Traktorhersteller die Idee des Frontladers und entwickelten sie weiter.

Die Arbeitserleichterung, die der Frontlader mit sich brachte, kann nicht überbetont werden. 1960 wurde festgestellt, dass es sich bei zwei Dritteln aller Arbeiten auf dem Hof um Ladearbeiten handelte. Mist oder Rüben waren vorher oft noch mit der Hand aufgeladen worden. Für manche Arbeiten entwickelte man spezielle Frontladergeräte, die später durch andere Maschinen ersetzt wurden. Dazu gehörte beispielsweise eine Spezialrodegabel für die Rübenernte, mit der sich beim Vorwärtsfahren drei Reihen Rüben ernten ließen. Wenn die Gabel voll war, wurde sie auf einen Wagen gekippt. Mais konnte mit einer speziellen Messerklinge am Frontlader geschnitten und gleichzeitig gesammelt werden.

Voraussetzung für den Anbau eines modernen Frontladers ist eine entsprechende Hydraulikanlage am Traktor. Der Frontlader selbst besteht aus Hubzylindern und einer Ladeschwinge, an der das Ladegerät befestigt wird. Beim Ladegerät kann es sich um eine Mistgabel, eine Grünfuttergabel, eine Rübengabel oder eine Schaufel handeln. Zur Arbeit mit dem Frontlader sind manchmal stärkere Vorderreifen empfehlenswert. Um das Manövrieren bei Ladearbeiten zu erleichtern, ist eine hydraulische Lenkhilfe von Vorteil. Der Frontlader wird auch oft zum Bergen von Heu-, Stroh- oder Silageballen verwendet. Im Winter kann eine Schneeschaufel angebaut und dadurch der Traktor als Schneepflug verwendet werden.

Der kleine graue Fergie

Harry Ferguson war ein großartiger Erfinder, und seine Dreipunktaufhängung, die zur Befestigung von Arbeitsgeräten am Traktor diente, hatte eine enorme Auswirkung auf die Landtechnik. Die Kooperation mit anderen Unternehmern war für ihn jedoch problematisch. „Seine Auseinandersetzungen mit vielen seiner Geschäftspartner in England und Amerika waren legendär", schrieb später James S. Duncan, der Präsident des kanadischen Landtechnikkonzerns Massey-Harris.

Bereits die Zusammenarbeit mit David Brown war gescheitert, was dazu führte, dass der englische Unternehmer in Meltham 1939 mit der Produktion eigener Modelle begann.

Ferguson hatte daraufhin mit Henry Ford ein Abkommen geschlossen, das den Produzenten der Fordson-Traktoren und der Ford-Autos dazu veranlasste, erneut auf dem amerikanischen Traktormarkt Präsenz zu zeigen. Das Ergebnis war, dass sich Ford als einer der bedeutendsten Hersteller der Landtechnikbranche in den USA etablieren konnte. Aber die Zusammenarbeit lief auch in diesem Fall nicht gut, und mit dem Tod von Henry Ford 1947 endete auch diese Kooperation.

Harry Ferguson war schon vor dem offiziellen Abbruch der geschäftlichen Beziehungen mit Ford nach England zurückgekehrt und hatte Verhandlungen mit der Standard Motor Company aufgenommen. Das Banner-Lane-Werk des Automobilherstellers in Coventry wurde nach Vertragsabschluss für den Bau der Ferguson-Traktoren ausgestattet. 1946 rollte das erste Exemplar des TE, was für „Tractor England" stand, aus der Werkshalle. Bis 1951 folgten 200.000 weitere, und bis 1956 wurden über eine halbe Million des „kleinen grauen Fergie", wie er auch genannt wurde, in dem Werk hergestellt. 1948 begann Ferguson mit der Produktion seines Traktors in Detroit, im amerikanischen Bundesstaat Michigan. Die Modellbezeichnung war TO, „Tractor Overseas". Bei Ford nannte man ihn „die graue Gefahr".

← 1946 fuhr Harry Ferguson in London mit seinem Traktor die Stufen des Hotels Claridge's hinab. Er sorgte damit für Aufsehen, was den Verkaufszahlen sicherlich nicht abträglich war.

↑ 1948 eröffnete Harry Ferguson sein Traktorenwerk in den USA. Bei Ford sah man diese unternehmerische Expansion des ehemaligen Geschäftspartners und neuen Rivalen als eine direkte Herausforderung.

7 Vgl. Duncan, James S. (1971). Not a One-Way Street. Toronto und Vancouver: Clarke, Irwin & Company, Seite 162

Die großen, international tätigen Traktorenhersteller beschränken sich heute nicht mehr auf den Schlepperbau, sondern bieten oft eine breite Palette von Landmaschinen an. Die beiden John-Deere-Traktoren in diesem Bild arbeiten mit Sä- und Bodenbearbeitungsgeräten der grün-gelben Marke.

KRISEN, FUSIONEN UND HIGHTECH: DIE GLOBALISIERUNG DES TRAKTORBAUS

Lange Zeit war die amerikanische Traktortechnik der europäischen um Jahrzehnte voraus. Aber trotz zweier Weltkriege und Handelsbarrieren verringerte sich der Abstand zwischen den beiden Industrieregionen beständig. Zu den Gründen gehörte der Technologietransfer, der dadurch entstand, dass die Landtechnikbranche die Grenzen überschritt und international wurde. Damit verbunden war eine Marktkonsolidierung, die dazu führte, dass die Branche zunehmend von wenigen, transnationalen Unternehmen geprägt wurde. Unter den Traktorenherstellern waren es zunächst vor allem die kleinen Anbieter, von denen manche lediglich eine regionale Bedeutung hatten, die vom Markt verschwanden. Viele dieser Schleppermarken sind heute nur noch Kennern der Landtechnikgeschichte bekannt. Krisen in der Landwirtschaft und unternehmerische Fehlentscheidungen führten dazu, dass letztendlich auch die großen Konzerne nicht verschont blieben, wovon etwa die Schicksale von Massey Ferguson, International Harvester oder KHD zeugen. Eine wichtige Rolle bei der Konzentration spielten aber auch die wachsenden Anforderungen in technischer Hinsicht. Traktoren sind heute Hightech-Fahrzeuge, deren Entwicklung sich nur noch finanzstarke Unternehmen leisten können.

Massey-Harris und Ferguson

„Harry Ferguson war ein schillernder Ire, liebenswert, fähig, exzentrisch, egozentrisch, sprunghaft, ein Visionär mit mehr als nur einem Hauch von Genie“, schrieb James S. Duncan, der langjährige Präsident des großen kanadischen Landtechnikkonzerns Massey-Harris über den Erfinder der Dreipunktaufhängung und den Produzenten des Ferguson-Schleppers in seinen Memoiren.

Der erste Kontakt zwischen Ferguson und Massey-Harris hatte bereits kurze Zeit nach dem Ende der Zusammenarbeit von Ferguson mit Ford stattgefunden. Damals hatte Harry Ferguson einen Produzenten für seine Traktoren in Nordamerika gesucht, und James S. Duncan hatte einer Vorführung des grauen Fergie beigewohnt. In der Folgezeit kam es immer wieder zu Gesprächen zwischen den Vertretern bei beiden Unternehmen. 1953 trafen Duncan und andere Massey-Harris-Manager in England ein, um mit Ferguson einen Vertrag über die Produktion einer neuartigen Maschine, die von den Ingenieuren in Coventry entwickelt worden war, abzuschließen. Es handelte sich um einen Traktor, den man mit Mähdrescheraufbauten versehen konnte. Der Vorteil der Maschine sollte darin bestehen, dass man sie zur Erntezeit als Mähdrescher und zu anderen Jahreszeiten als Traktor einsetzen konnte. Massey-Harris hatte die Absicht, sie im eigenen Werk in Schottland zu produzieren. Aber als es zum Vertragsabschluss kommen sollte, schlug Harry Ferguson etwas anderes vor.

Er bot Duncan die Fusion mit seinem Unternehmen an. Nach einiger Bedenkzeit und nachdem Ferguson sein Angebot mehrmals angepasst hatte, nahm der kanadische Verhandlungspartner das Angebot an. Harry Ferguson bekam ein großes Aktienpaket und eine leitende Stellung im Konzern, verkaufte aber 1954 seine Anteile an die Argus Corporation, eine Gruppe von Investoren, und zog sich ins Privatleben zurück. 1953 entstand durch den Zusammenschluss das neue Unternehmen Massey-Harris-Ferguson, dessen Name etwas später zu Massey-Ferguson (ab

Der „kleine graue Fergie“ war einer der bedeutendsten Traktoren der Landtechnikgeschichte. Durch die Vereinigung der vor allem in Großbritannien bedeutenden Firma Ferguson mit Massey-Harris entstand ein neuer transatlantischer Traktorhersteller.

Die drei ursprünglichen Firmen, aus denen Massey Ferguson entstand, sind durch die drei Dreiecke im Firmenlogo vertreten. Das obere Dreieck zeigt sogar den Ferguson-Traktor mit einem Pflug an der Dreipunktaufhängung.

Diese Plakette erinnert an das Banner-Lane-Werk in Coventry, in dem ab 1946 die Ferguson-Schlepper hergestellt wurden und das bis 2002 als Produktionsstätte für die Marke Massey Ferguson diente.

1 Vgl. Duncan, James S. (1971). Not a One-Way Street. Toronto und Vancouver: Clarke, Irwin & Company, Seite 162

den 1970er-Jahren ohne Bindestrich) verkürzt wurde. Die drei ursprünglichen Unternehmen sind seither in dem neuen Logo, das aus drei Dreiecken besteht, versinnbildlicht.

John Deere-Lanz

Teil eines Brückenschlags über den Atlantik war auch die Heinrich Lanz AG. Der einstige Marktführer hatte nach dem Zweiten Weltkrieg zunächst das Vorkriegsprogramm fortgeführt. Die Glühkopfmotoren wurden ab 1952 zwar mit sogenannten „Halbdieselmotoren“ ersetzt, die Lanz in der Werbung als „bahnbrechende Entwicklung im Ackerschlepperbau“ anpries, aber wirklich moderne Technik hatten die Mannheimer nicht zu bieten. 1954 fiel Lanz in der Verkaufsstatistik hinter die innovativeren Hersteller Hanomag, Deutz und Fendt zurück. Einen weiteren Sprung in der Motorentechnik unternahm Lanz 1955 mit der Einführung der Volldieselmotoren, die zum Starten kein Benzin brauchten. Allerdings handelte es sich dabei um Zweitaktermotoren, die sich kaum mit den Viertaktern der Konkurrenz messen konnten. In der Nachkriegszeit spielten Äußerlichkeiten zwar noch keine herausragende Rolle, aber selbst hinsichtlich des Designs wirkten die Bulldogs veraltet.

1956 war ein schicksalhaftes Jahr für Lanz. Zum einen konnte die Fertigstellung des zweihunderttausendsten Bulldogs gefeiert werden. Zum anderen erfolgte die Übernahme der Aktienmehrheit an der Heinrich Lanz AG durch den amerikanischen Traktorhersteller Deere & Company, besser bekannt durch den Markennamen John Deere. Das Unternehmen aus Moline im amerikanischen Bundesstaat Illinois war zu dieser Zeit bereits zu einem der wichtigsten Traktorhersteller in Nordamerika aufgestiegen. Auf dem europäischen Kontinent waren die grünen Schlepper jedoch kaum vertreten. Da der bisherige Hauptaktionär, die Deutsche Bank, seine Beteiligung an der Heinrich Lanz AG aufgeben wollte, bot die Übernahme des Aktienpakets für John Deere eine günstige Gelegenheit für einen Einstieg in den europäischen Markt.

Von der Übernahme konnten beide Seiten profitieren. Lanz hatte Produktionsstätten und ein ausgedehntes Händlernetz zu bieten. Dies ersparte dem amerikanischen Partner den teuren und langwierigen Aufbau eigener Vertriebswege. John Deere besaß im Gegenzug die Technologien, die es den Mannheimern erlaubte, den technischen Rückstand aufzuholen. Der Einfluss des amerikanischen Mutterunternehmens wurde zwei Jahre nach der Übernahme äußerlich erkennbar, als die Mannheimer Schlepper in den John-Deere-Farben Grün und Gelb erschienen.

Ein weiterer Eckstein in der transatlantischen Fusion war das Jahr 1960, in dem die Änderung des Firmennamens in „John Deere-Lanz“ stattfand. Diese Namensänderung hatte nicht nur einen symbolischen

Dieser 60 PS starke Lanz-Bulldog von 1960 ist zwar noch mit einem Zweitakt-Halbdieselmotor ausgestattet, er ist aber bereits mit den John-Deere-Farben Gelb und Grün lackiert.

Der John Deere 3010 befand sich von 1962 bis 1964 in Produktion. Die Einzelteile stammten aus den USA, in dem Mannheimer Werk wurde der Schlepper aber für europäische Verhältnisse und Vorschriften angepasst.

Charakter. Sie leitete eine einschneidende Änderung des Produktprogramms ein. Mit Ausnahme der großen Halbdiesel-Modelle D 5016 mit 50 PS, D 6016 mit 60 PS sowie den Verkehrsausführungen des 60-PS-Bulldogs wurde das bisherige Mannheimer Programm eingestellt. An ihre Stelle traten zunächst mit dem John Deere-Lanz 300 und dem John Deere-Lanz 500 zwei neue Traktor-Typen, die mit modernen Viertakt-Dieselmotoren ausgestattet waren. In der Folgezeit wurde die Baureihe um stärkere Modelle erweitert. Damit konnten schließlich auch die letzten Halbdiesel-Schlepper abgelöst werden. Mit der Umstellung auf die John-Deere-Viertaktmotoren erfolgte ein Neuanfang, der einem weiteren Abgleiten in der Verkaufsstatistik entgegengewirkte.

Die Lieferung der Motoren erfolgte ab 1965 aus dem französischen Ort Saran, wo eine neue John-Deere-Fabrik die Produktion von Drei-, Vier- und Sechszylinder-Motoren aufnahm. Gleichzeitig erfolgte eine immer stärkere Integration von John Deere-Lanz in den weltweit agierenden John-Deere-Konzern. Die im ehemaligen Lanz-Werk hergestellten Schlepper gingen zunehmend in den Export. 1965 lag diese Quote bereits bei 26 Prozent. Sie liegt heute bei 90 Prozent. Ab 1967 stand auf den Motorhauben der Mannheimer Schlepper nur noch der Markenname „John Deere". Damit verschwand Lanz endgültig aus der weiteren Traktorgeschichte.

DIE GROẞEN ACHT

Der Umsatz der amerikanischen Landmaschinenhersteller wurde für das Jahr 1949 mit 1815 Mio. US-Dollar angegeben. Acht große Firmen dominierten den Markt mit einem gemeinsamen Umsatz von 1530 Millionen US-Dollar. Bei den großen Acht handelte es sich um folgende Unternehmen:[2]

Firma	Umsatz in US-Dollar
Deere & Company	320 Millionen
IHC	310 Millionen
Allis-Chalmers	260 Millionen
Ford	170 Millionen
Case	160 Millionen
Massey-Harris	140 Millionen
Oliver	100 Millionen
Minneapolis-Moline	70 Millionen

2 Quelle: Kloth, W. (1951). „Entwickeln und Konstruieren in Deutschland und Amerika". In: Grundlagen der Landtechnik. Düsseldorf: VDI-Verlag. 1951, Nr. 1, Seite 7

Die Landinetta war ein Tragschlepper, den Landini von 1956 bis 1961 herstellte. Für die Leistung von 15-18 PS war ein Zweitakt-Dieselmotor zuständig. Die Landinetta war eines der Modelle, mit denen das Unternehmen in Fabricco den Übergang von Glühkopf- zu Dieselmotoren vollzog.

Massey-Ferguson expandiert

Nach der Fusion von Massey-Harris und Ferguson konnte Massey-Ferguson in Europa ein starkes Wachstum verzeichnen und seine Marktposition ausbauen. Eine besondere Rolle spielte dabei das Banner-Lane-Werk im englischen Coventry, in dem zwar die Ferguson-Schlepper produziert wurden, das aber der Standard Motor Company gehörte. Mit einer Produktionskapazität von 100.000 Schleppern handelte es sich dabei um eines der größten Traktorenwerke der Welt. Nach längeren Verhandlungen gelang Massey-Ferguson 1959 die Übernahme des Werks. Der Kauf beinhaltete auch die beiden französischen Werke in Saint-Denis und Beauvais. Die Traktorenproduktion in Beauvais begann im folgenden Jahr. Heute ist Beauvais die weltweit wichtigste Produktionsstätte für Massey-Ferguson-Traktoren.

Im gleichen Jahr gelang Massey-Ferguson auch die Übernahme des im englischen Peterborough ansässigen Motorenherstellers Perkins. Damit sicherte sich der Landtechnikkonzern die Versorgung mit Dieselmotoren für den europäischen Markt.

Ein weiterer wichtiger Schritt für Massey-Ferguson erfolgte 1960 mit der Übernahme des italienischen Traktorenherstellers Landini. Der in Fabbrico ansässige einstige Spitzenreiter in den Verkaufsstatistiken befand sich in einer ähnlichen Situation wie Lanz in Deutschland. Die Glühkopftechnik galt auch in Italien zunehmend als überholt. 1957 war Landini deswegen auf die Dieselmotoren von Perkins umgestiegen. Für das Werk in Fabbrico boten sich durch die Eingliederung in den internationalen Konzern neue Chancen. Auf dem italienischen Markt behielten die Traktoren den Markennamen Landini und die blaue Farbe bei. Die Schlepper aus Fabbrico, die in den Export gingen, bekamen dagegen oft einen roten Lack und die Aufschrift Massey-Ferguson.

Mit Beginn der 1960er-Jahre nahm Massey-Ferguson eine Spitzenposition unter den Landtechnikunternehmen ein. Weltweit arbeiteten für das Unternehmen ungefähr 23.000 Personen. In Großbritannien besaß die Marke mit dem Dreiecks-Logo bei den selbstfahrenden Mähdreschern einen Marktanteil von etwa 90 Prozent. In den USA nahm

Das Bild zeigt zwei Massey-Ferguson-Traktoren der Baureihe 200, die in den 1970er- und 1980er-Jahren produziert wurde. Die Schlepper erlangten eine weltweite Verbreitung. Aber die Größe des Unternehmens bot keinen Schutz vor der kommenden Krise.

sie den dritten Platz unter den Landmaschinenunternehmen ein. Mitte der 1960er-Jahre besaß das Unternehmen 36 Werke in zehn Ländern und verkaufte seine Produkte in 165 Ländern und Territorien.

International Harvester in Europa

Die International Harvester Company hatte bereits seit 1911 mit dem Werk in Neuss am Rhein eine europäische Produktionsstätte. Nach dem Zweiten Weltkrieg erfolgte der Wiedereinstieg in den Traktormarkt mit dem Modell FG, bei dem es sich um eine Weiterentwicklung des F-12-G handelte.

Der FG lief noch mit einem Vergasermotor. Irgendwann setzte sich jedoch auch in Neuss und in der amerikanischen Konzernzentrale die Erkenntnis durch, dass das Dieselzeitalter nicht mehr abzuwenden war. Die Folge davon war die Entwicklung des FG D2, der mit einem Zweizylinder-Dieselmotor von MWM ausgerüstet war. Richtige Verkaufsschlager wurden jedoch drei andere Modelle, die 1953 auf den Markt kamen und von einem Dieselmotor angetrieben wurden: der DLD 2 mit zwei Zylindern und 14 PS Leistung, der DED 3 mit drei Zylindern und 20 PS Leistung sowie der DGD 4 mit vier Zylindern und 30 PS Leistung. Zu den Besonderheiten dieser Modelle gehörten nicht nur die Dieselmotoren, sondern auch der Umstand, dass sie unabhängig von der Konzernzentrale in Chicago für den europäischen Markt entwickelt worden waren.

Mit optisch und technisch verbesserten Modellen trat IHC 1956 an die Öffentlichkeit. Die neue Baureihe bestand anfangs aus fünf Typen und deckte ein breiteres Leistungsspektrum ab als die vorhergehenden Baureihen. Die neuen Modelle hießen D-212, D-217, D-320, D-324 und D-430. Das „D“ in der Typen-Bezeichnung wies darauf hin, dass das Fahrzeug aus deutscher Produktion kam. Die erste Zahl gab die Anzahl der Zylinder an, und die beiden anderen Zahlen standen für die PS-Leistung. In den folgenden Jahren wurden der D-Reihe neue Modelle hinzugefügt und alte überholt. Von 1957 bis 1964 erreichte IHC den zweiten Platz in der deutschen Zulassungsstatistik für Traktoren. Ungefähr die Hälfte der Neusser Produktion war zudem für den Export bestimmt.

Unterdessen begann IHC auch in Saint-Dizier im Nordosten Frankreichs mit der

Der D-326 befand sich von 1962 bis 1966 in Neuss in Produktion Rhein im Bau. Über 15.000 Exemplare stellte IHC von dem 24 PS starken Modell her.

Der 423 gehörte zur Common-Market-Reihe. Das 40 PS leistende Modell wurde von 1966 bis 1975 produziert. Über 27.800 Exemplare wurden von diesem Modell hergestellt.

Produktion von Traktoren. Das erste Modell, das aus dem Werk rollte, war 1951 der 20 PS starke Farmall FC. Dabei handelte es sich um eine französische Version des amerikanischen Farmall C, dessen Einzelteile jedoch noch zum größten Teil importiert und in Saint-Dizier zusammengebaut wurden. Bereits 1952 erschien der Nachfolger Farmall Super FC, der mit einem amerikanischen 22-PS-C-123-Motor ausgestattet war. Es gab auch einen Farmall FC-N, der von einem Dieselmotor aus deutscher Produktion angetrieben wurde.

Mit der zunehmenden wirtschaftlichen Integration der westeuropäischen Länder entschloss man sich auch bei IHC zu einer Kooperation zwischen den deutschen und französischen Werken. Die neue Baureihe, die ab 1965 von den Bändern lief, wurde inoffiziell „CM-Reihe" (für Common Market) oder „EWG-Reihe" (für Europäische Wirtschaftsgemeinschaft) genannt. Das D für die deutschen und das F für die französischen Modelle entfiel in den Modellbezeichnungen, da die Traktoren für den ganzen europäischen Markt bestimmt waren.

Zu den äußerlichen Kennzeichen der EWG-Reihe gehörten die kantige Motorhaube und die im Kühlergrill integrierten Frontscheinwerfer. Der Trend ging auch bei IHC wie bei den anderen Herstellern eindeutig in Richtung höhere Leistung.

IHC IN ENGLAND

In England hatte International Harvester bereits 1936 eine Produktionsanlage in Doncaster, in der Grafschaft South Yorkshire, erworben. Mit Kriegsausbruch wurde das Werk jedoch von der Regierung zum Zweck der Munitionsherstellung requiriert. Nach dem Krieg produzierte das Doncaster-Werk zunächst Ersatzteile. 1949 lief der erste britische IHC-Traktor vom Band, ein Farmall M. Die Einzelteile kamen jedoch auch in diesem Fall noch aus den USA. Am 30. Juni 1951 wurde der erste vollständig in Großbritannien gebaute IHC-Traktor, ebenfalls ein Farmall M, fertiggestellt. Im folgenden Jahr erweiterte der erste Dieseltraktor die Produktpalette, bekannt als Farmall BMD (British-built M Diesel). 1954 eröffnete International Harvester ein zweites Werk in Bradford, in der Grafschaft West Yorkshire.

Der Erfolg der neuen Baureihe blieb nicht aus. 1972 erreichte IHC den ersten Platz in der deutschen Zulassungsstatistik für Traktoren, und 1975 nahmen die roten Schlepper aus Neuss und Saint-Dizier europaweit den ersten Platz ein.

Ein schrumpfender Markt

Das Verschwinden der kleinen landwirtschaftlichen Betriebe verstärkte in den 1960er- und 1970er-Jahren den Trend zu mehr Motorleistung bei den Traktoren. Zwar sank die Zahl der verkauften Schlepper, aber gleichzeitig stieg die Nachfrage nach größeren und stärkeren Modellen. Der Grund dafür lag in der Jahr für Jahr steigenden Produktivität der Landwirtschaft, für die immer weniger Betriebe verantwortlich waren. Aber wer in dieser „Erzeugerschlacht" nicht mithalten oder sich nicht spezialisieren konnte, gab auf. 1949 existierten in Westdeutschland 1.646.750 landwirtschaftliche Betriebe, bis 1970 war ihre Zahl auf 1.083.100 geschrumpft.

Die Landtechnikbranche machte diesen Schrumpfungsprozess mit. Unter den Traktorenherstellern verschwanden zuerst die Hersteller sogenannter „Konfektionsschlepper", die kaum eigene Entwicklungsarbeit leisteten, sondern ihre Produkte aus Teilen von Zulieferern zusammenmontierten. Aber nach und nach erloschen auch einstige hell leuchtende Sterne am Traktorenhimmel. Darunter befanden sich Firmen mit so illustren Namen wie Porsche-Diesel. Die in Friedrichshafen am Bodensee hergestellten Schlepper fielen durch ihr schickes Design auf und hatten eine überzeugte Anhängerschaft. Aber angesichts der Tatsache, dass Porsche-Diesel in den Verkaufsstatistiken immer weiter in die hinteren Ränge abdriftete, entschlossen sich die Eigentümer, die Produktion 1963 einzustellen.

Einer der Gründe für das Ausscheiden der Porsche-Diesel-Schlepper aus dem Traktorenmarkt kann die vergleichsweise schmale Angebotspalette gewesen sein. Anders sah es bei Eicher aus. Der bayerische Traktorenbauer hatte schon früh sein Landtechnikprogramm erweitert. Neben Standardtraktoren rollten auch Geräteträger und Schmalspurtraktoren aus den Werkshallen. Dazu kamen Landmaschinen, Hoflader, Transportfahrzeuge und sogar ein selbstständig fahrender Motorpflug namens „Agri-Robot". Aber auch die Eicher-Gründer mussten sich eingestehen, dass ein Überleben auf dem enger werdenden Markt ohne einen starken Partner nicht möglich war, und man fand diesen Mitstreiter in Gestalt des großen Landtechnikkonzerns Massey-Ferguson. Es war die Hochzeit zwischen einer „bayerischen Bauerntochter und einem Mann von Welt", wie es ein Zeitzeuge ausdrückte.

Selbst die Branchenriesen entgingen nicht den Fusionen und Übernahmen. 1970 übernahm der texanische Mischkonzern Tenneco die Firma J. I. Case. Zwei Jahre später kaufte Tenneco auch den bedeutenden britischen Traktorenhersteller David Brown und vereinigte ihn mit Case.

In Italien wurde Lamborghini Trattori nach einem geplatzten Großauftrag aus Bolivien zum Übernahmekandidaten. 1973 erwarb SAME das von Ferruccio Lamborghini gegründete Unternehmen. Auch der bedeutende Schweizer Traktorenbauer Hürlimann wurde 1975 Teil von SAME. Die Marken Lamborghini und Hürlimann werden heute bei SAME im italienischen Treviglio hergestellt.

Auch der „Mann von Welt", der einstige Marktführer Massey Ferguson (inzwischen ohne Bindestrich geschrieben), geriet ins Schlittern. 1980 musste der kanadische Konzern das sechs Jahre vorher erworbene Hanomag wieder verkaufen. Hanomag hatte bereits 1971 den Traktorbau aufgegeben und sich auf Baumaschinen konzentriert. Die Kanadier gaben auch das Engagement bei Eicher auf. Es gab mehrere Rettungsversuche für den bayerischen Traktorhersteller, bevor auch dieser Stern verblasste.

Die Porsche-Diesel-Schlepper fielen durch ihr schnittiges Design auf. Aber der zunehmend gesättigte Markt führte dazu, dass selbst namhafte Hersteller, wie Porsche-Diesel, ihre Tore schlossen.

Nach der Beteiligung und schließlich vollständigen Übernahme durch Massey-Ferguson wurden einige Eicher-Schlepper anstelle der luftgekühlten Motoren aus eigener Produktion mit wassergekühlten Perkins-Motoren ausgestattet, wie dieser Eicher 4038, der zur Baureihe Phase III gehörte.

Die Hürlimann-Schlepper genossen bei manchen den Ruf, der Rolls-Royce unter den Traktoren zu sein. Letztendlich konnte aber auch das angesehene Schweizer Unternehmen nicht mit den wachsenden Anforderungen mithalten. Heute werden die Hurlimann-Modelle im italienischen Treviglio gebaut.

Der John Deere 9530 T befand sich von 2007 bis 2011 in Produktion. Dank seines Bandlaufwerks konnte der Ackergigant seine Leistung von 478 PS (351,8 kW) bodenschonend in Zugkraft umwandeln.

Von Gleisketten zu Gummibändern

Schon im 18. und 19. Jahrhundert konzipierten Erfinder Fahrzeuglaufwerke, die nicht auf Rädern, sondern auf Ketten aus flachen Platten liefen. Diese heute als Raupen bezeichneten Gleisketten helfen dem Fahrzeug, das Gewicht gleichmäßiger und auf eine größere Oberfläche zu verteilen als es bei Rädern der Fall ist. Die Raupen ermöglichen dies, weil die Segmente beim Vorwärtsfahren des Kettenfahrzeugs vorne flach auf dem Boden liegen und hinten wieder aufgenommen werden.

Eine effektive Zugmaschine, die auf Gleisketten fuhr, wurde erstmals von Alvin O. Lombard (1856–1937) im amerikanischen Bundesstaat Maine gebaut. Lombard erhielt 1901 ein Patent auf seine Erfindung. Die anfangs dampfgetriebenen Maschinen wurden zum Ziehen von Baumstämmen eingesetzt.

Etwa um die gleiche Zeit arbeitete auch das britische Landtechnikunternehmen Hornsby in Grantham , in der britischen Grafschaft Lincolnshire, an einer Zugmaschine mit Gleisketten. 1906 bekam Hornsby dafür ein Patent und verkaufte die Rechte 1913 an die amerikanische Firma Holt, aus der 1925 nach einer Fusion mit C. L. Best die Firma Caterpillar wurde. Raupenschlepper verbreiteten sich vor allem in der Baubranche. In der Landwirtschaft führten sie dagegen nur ein Randdasein, vor allem in Sonderkulturen. Sie hatten den Nachteil, dass die Gleisketten auf dem Boden radierten, sich nur beschränkt für Straßenfahrten eigneten und außerdem teurer als Radtraktoren waren.

Dies sollte sich jedoch ändern. Die entscheidende Rolle spielte dabei die Firma Caterpillar, die ihren Schwerpunkt im Baumaschinenbereich hatte. 1987 sorgte Caterpillar aber mit der Einführung eines für die Landwirtschaft konzipierten Traktors, dem Challenger 65, für Aufsehen. Der 270 PS leistende Großschlepper fuhr nicht auf Rädern, sondern auf Raupen. Anders als bei den Raupenschleppern der Baubranche handelte es sich dabei jedoch nicht um Gleisketten aus Stahl, sondern um Bänder, die aus dem gleichen Material wie Autoreifen bestanden. Durch das Bandlaufwerk konnte der Schlepper sein Gewicht auf eine größere Fläche verteilen, als dies selbst mit einer Achtfachbereifung an einem Radtraktor der Oberklasse möglich war. Zudem verfügte das sogenannte „Mobil-trac“-Laufwerk über eine hervorragende Federung. Es war nicht nur bodenschonend, sondern erlaubte auch hohe Geschwindigkeiten.

Die Challenger-Traktorsparte von Caterpillar wurde 2002 von AGCO übernommen. Andere Traktorhersteller, wie Case IH und John Deere, führten ähnliche Bandlaufwerke für ihre Modelle im oberen Leistungsbereich ein.

Fortschritt ZT 303 hieß dieser Universalschlepper aus Schönebeck. Die ZT-Modelle waren für Arbeiten in der großflächigen Landwirtschaft konzipiert. Die Motorleistung des Schleppers lag am Anfang bei 90 PS, später wurde sie auf 100 PS angehoben.

Ostdeutsche Schlepperwerke

Zu den bedeutendsten Ereignissen in der zweiten Hälfte des 20. Jahrhunderts gehörte der Fall des Eisernen Vorhangs, der Europa geteilt hatte. Dies hatte auch Auswirkungen auf die Landtechnik.

Während in Westeuropa der Traktoren- und Landmaschinenmarkt nach dem Zweiten Weltkrieg von einer Vielzahl von Herstellern geprägt war, sah die Situation auf der anderen Seite des unsichtbaren Vorhangs anders aus. Die Produktion von Landmaschinen und Traktoren hing in den sozialistischen Ländern nicht von den Initiativen einzelner Unternehmer ab, sondern von der staatlichen Planung. Der Bedarf der landwirtschaftlichen Betriebe an Maschinen und anderen Gütern konnte ebenso wenig über den Markt befriedigt werden. Stattdessen waren es die Planungsbehörden, die über die Verfügbarkeit entschieden.

Mit der Planwirtschaft kam auch die industrielle Zentralisierung. In der Sowjetischen Besatzungszone und anschließend in der DDR wurden zum Beispiel die verstaatlichten Betriebe des Fahrzeugbaus im Industrieverband Fahrzeugbau (IFA) zusammengeschlossen. Jedes Werk erhielt eine bestimmte Aufgabe. Aus den Werken der Maschinenbau & Bahnbedarfs AG und der Nordhäuser Maschinenbau AG (Normag), die bereits vor dem Krieg Traktoren hergestellt hatte, entstand das Schlepperwerk Nordhausen.

Im brandenburgischen Schönebeck wurden die Werke der Metallindustrie Schönebeck und die Fabrik der Fahrzeug- und Motoren-Werke (Famo) zu einem Schlepperwerk zusammengeschlossen. Ein drittes Traktorenwerk der DDR entstand 1948 in Brandenburg an der Havel auf dem Gelände der Brennabor-Werke.

Eine weitere Spezialisierung der Werke erfolgte in den 1960er-Jahren, nämlich auf Motorenfertigung in Nordhausen sowie auf Getriebefertigung in Brandenburg. Schönebeck war schließlich das einzige Werk in der DDR, das für die Endfertigung von Traktoren zuständig war.

Zu den bedeutendsten Modellen, die in Schönebeck hergestellt wurden, gehörten die Universaltraktoren der ZT-Reihe, die 1964 mit dem ZT 300 begann. Dabei handelte es sich um eine Reihe mittelstarker bis schwerer Traktoren, die für die Einsätze in den großen Landwirtschaftlichen Produktionsgenossenschaften (LPG) konstruiert worden waren. 1967 startete die Großserienfertigung dieses neuen Schleppers. Da das Schönebeck-Werk zum Kombinat „Fortschritt Landmaschinen" gehörte, erhielten die Schlepper auch die Bezeichnung „Forschritt". Von der ersten Generation dieser Fortschritt-Traktoren wurden circa 87.000 Exemplare hergestellt. Mit dem ZT 303 erfolgte 1971 auch die Einführung eines Modells mit Allradantrieb. Die ZT-Schlepper waren bis zum Ende der DDR die Zugpferde der planwirtschaftlich organisierten Landwirtschaft.

Nach der Wiedervereinigung der DDR mit der Bundesrepublik Deutschland erlosch auch das Interesse an den Landmaschinen und Traktoren aus den neuen Bundesländern. Das Werk Schönebeck versuchte ab 1993 durch die Produktion von Schlüter Euro Tracs und anschließend von Doppstadt-Tracs und -Trägerfahrzeugen den Betrieb aufrecht zu erhalten. 2006 war jedoch die Insolvenz nicht mehr abzuwenden.

SCHLEPPERLEISTUNG IM OSTBLOCK

Nennleistung des Schlepperbestandes je 100 ha Ackerland und Dauerkulturen (Weinbau, Obstbau, Hopfen und so weiter) in Motor-kW.[3]

Während in der Bundesrepublik Deutschland die Leistung der Traktoren relativ zur bewirtschafteten Fläche beständig stieg (letzte Zeile), war dies in den osteuropäischen Ländern nicht überall der Fall. In den Jahren vor dem Fall des Eisernen Vorhangs nahm die eingesetzte Motorleistung in einigen Ländern sogar erheblich ab.

Länder	1980	1981	1982	1983	1984	1985	1986	1987
Bulgarien	71	71	71	71	71	52	52	52
CSSR	124	125	126	130	132	101	103	106
DDR	136	144	148	152	152	113	116	121
Polen	127	138	152	161	172	145	155	164
Rumänien	66	68	77	79	81	64	-	-
Ungarn	57	59	61	63	65	49	49	50
UdSSR	63	66	69	71	73	-	-	-
BRD	352	361	370	382	388	395	399	401

3 Quelle: Landtechnik. 45. Jahrgang, 7+8/1990, Seite 304

Der autonome, fahrerlose Traktor, wie dieses Konzept von John Deere, das noch dazu mit einem Elektroantrieb ausgestattet ist, gehört nicht mehr in den Bereich der Science-Fiction. Roboter und künstliche Intelligenz werden nach den Plänen der Landtechnikunternehmen in Zukunft auch auf dem Acker anzutreffen sein.

Verglichen mit heutigen Traktoren verlangten die ersten Schlepper keine großen Kenntnisse für die Bedienung. Die wenigen Funktionen, die man beherrschen musste, wie Anlassen, Steuern, Einschalten der Zapfwelle und so weiter, erforderten in der Regel keine lange Einarbeitungszeit. Informationen über den Betriebszustand waren ohnehin sehr beschränkt. Manchmal gab es ein Lämpchen für den Ladezustand der Batterie, einen Betriebsstundenzähler und Ähnliches. Um die Kraftstoffreserve zu kontrollieren, wurde oft einfach der Deckel abgeschraubt und ein Blick in den Tank geworfen. Trotzdem fiel älteren Landwirten, die noch die Arbeit mit Ochsen und Pferden gewohnt waren, der Umstieg auf die neue Zugmaschine, auf der die Bedienung von Pedalen und Hebeln nötig war, manchmal schwer, wenn nicht gar unmöglich.

Auch spätere Jahrgänge hatten ihre Mühe, mit der sich schnell entwickelnden Traktortechnik Schritt zu halten. Fahrerinformationssysteme begannen, Daten über die Motordrehzahl, die Fahrgeschwindigkeit und die Zapfwelle zu liefern. Ein Lämpchen leuchtete auf, wenn das Fernlicht eingeschaltet war, der Öldruck abfiel oder der Kraftstoff zu Ende ging. In den 1980er-Jahren hielt auch der Computer Einzug in die Kabine. An die Stelle der analogen Anzeige traten zum großen Teil digitale Displays. Neben der Anzeige der Betriebsdaten konnte man sich in manchen Fällen auch betriebswirtschaftliche Werte berechnen lassen, wie die Bearbeitungszeit, die zurückgelegte Strecke, die bearbeitete Fläche, die Flächenleistung pro Stunde und mehr.

Mittlerweile gibt es auch auf GPS basierende Fahrhilfen und automatische Lenksysteme, die ein exaktes Fahren ermöglichen. Vorgewende-Management-Systeme ermöglichen das Abspeichern und Aufrufen bestimmter Bedienabfolgen und entlasten dadurch den Fahrer. Um aber mit allen Funktionen und Bedienelementen umgehen zu können, ist eine immer länger werdende Einarbeitungszeit nötig.

Die nächste Stufe in der Entwicklung des Traktors ist das fahrerlose, autonome Fahrzeug. Die Einarbeitung eines Fahrers erübrigt sich dann.

Vom Ganghebel zum Joystick

Abhängig von der Einsatzart eines Traktors, ob er auf der Straße fährt, einen Pflug zieht oder mit einer Feldspritze arbeitet, sind unterschiedliche Geschwindigkeiten und Drehzahlen nötig. Die erforderliche Drehzahlanpassung zu ermöglichen, ist die Aufgabe des Getriebes. Je feiner die Gangabstufung eines Getriebes ist, desto größer ist die Wahrscheinlichkeit, die optimale Kombination von Motordrehzahl und Geschwindigkeit zu finden.

Die ersten Traktoren besaßen wenige Gänge. Die Geschwindigkeiten, die gefahren werden konnten, waren ohnehin nicht hoch, weswegen zwei bis vier Gänge reichten. Je schneller die Traktoren wurden, desto größer wurde auch die Anzahl der Gänge. Mitte der 1960er-Jahre war die Höchstgeschwindigkeit bereits auf 25 bis 30 Stundenkilometer gestiegen. Die Getriebe boten zumeist acht Vorwärts- und zwei oder vier Rückwärtsgänge.

Die Gangabstufungen der Getriebe wurden im Laufe der Zeit immer feiner. Getriebe mit 32 oder gar 40 Gängen in beide Fahrtrichtungen waren in den 1990er-Jahren keine Seltenheit mehr.

Aber 1995 versetzte Fendt mit dem Favorit 926 Vario die Öffentlichkeit in Staunen. Der Großschlepper überraschte nicht nur durch die hervorragende Performance – er schaffte trotz seiner 7,8 Tonnen Leergewicht eine Beschleunigung von null auf 50 km/h in 8 Sekunden – sondern vor allem durch das stufenlose Vario-Getriebe. Acht Jahre hatten die Entwickler von Fendt an dem Getriebe gearbeitet. Das Ergebnis war ein wahrhafter Sprung in der Evolution der Antriebstechnik. Ein Ganghebel war in der Hightech-Kabine nicht vorhanden. Stattdessen konnte der Fahrer einen in der rechten Armlehne des Sitzes integrierten „Joystick“ benutzen, um den 260 PS leistenden Giganten in Bewegung zu setzen.

Durch das Nachvornedrücken des Hebels bei betätigter Aktivierungstaste beschleunigte der Traktor so lange, bis der Hebel wieder losgelassen wurde. Ein Zurückziehen

Die Bedienung eines Fendt F 12 HL aus den 1950er-Jahren war verglichen mit späteren Schleppern noch einfach. Das Getriebe bot sechs Vorwärts- und zwei Rückwärtsgänge. Um etwas über den Betriebszustand des Traktors zu erfahren, konnte man auf der Armatur die Motortemperatur ablesen.

des Joysticks führte zu einer Verringerung der Geschwindigkeit bis zum Stillstand. Ein Drücken des Hebels nach links aktivierte die Wendeschaltung: Der Traktor bremste selbstständig bis zum Stillstand ab und fuhr anschließend in umgekehrte Richtung weiter.

Das Vario-Getriebe und die dazugehörende Technik boten eine Vielzahl von Funktionen, die nicht nur das Fahren komfortabel machten, sondern auch einen kraftstoffsparenden Betrieb ermöglichten. Was das Getriebe aber besonders auszeichnete, war der Umstand, dass es kaum zu Leistungsverlusten kam.

Die Fendt-Ingenieure hatten das Problem gelöst, indem sie Hydrostatik und Mechanik bei der Kraftübertragung verwendeten. Ein zentraler Teil war das Planetengetriebe, das die Motorkraft in zwei Teile splittete. Das Hohlrad des Planetengetriebes übertrug die Kraft auf den hydrostatischen Teil und das Sonnenrad leitete sie über mechanische Zahnradverbindungen und die Fahrstufenschaltung weiter. Das Entscheidende war, dass sich bei zunehmender Geschwindigkeit der Kraftfluss stufenlos zum mechanischen Teil hin verschob.

Das Vario-Getriebe war ein voller Erfolg. Es wurde zunächst in den Großtraktoren aus dem Hause Fendt eingesetzt, steht heute aber auch für Baureihen kleinerer Schlepper zur Verfügung.

Mit dem Vario-Getriebe war der Damm gebrochen. Andere Hersteller führten nun ebenfalls stufenlose Getriebe mit Leistungsverzweigung ein. Bei Deutz-Fahr geschah dies im August 2001 mit der Auslieferung der ersten Agrotron-TTV-Modelle. Ein stufenloses Getriebe führten Case IH und Steyr mit ihrer CVX- beziehungsweise CVT-Reihe in Jahr 2000 ein. John-Deere-Schlepper sind mit dem IVT-Getriebe erhältlich, und bei Claas heißt die Familie stufenloser Getriebe Cmatic – um nur einige zu nennen.

Mit dem stufenlosen Vario-Getriebe löste Fendt eine Revolution aus. Zu sehen ist hier die Vario-Version ML 90, die für Schlepper im Leistungsbereich von 125 bis 165 PS (92 bis 121 kW) entwickelt wurde.

Mit einem Monitor, einem Schaltpult und einem Joystick ist ein Fendt 714 Vario ausgestattet. So mancher Landwirt, der noch die einfachen Bedienelemente älterer Modelle gewohnt ist, sieht sich bei neueren Traktoren mit einer steilen Lernkurve konfrontiert.

Steyr und Case IH Seite an Seite: Seit der Übernahme der Steyr Landmaschinentechnik GmbH durch die Case Corporation befinden sich die beiden Marken unter einem Dach. Im österreichischen Sankt Valentin werden sowohl die weiß-roten als auch die roten Schlepper hergestellt.

Krise, Umbruch und Neuanfang

Anfang der 1980er-Jahre waren nicht mehr viele unabhängige Traktorenhersteller auf dem Markt. Aber die schwierigen Jahre setzten sich fort. In Nordamerika schlitterte die Landwirtschaft in eine Rezessionsphase, die zu einem erheblichen Nachfrageeinbruch in der Landtechnikbranche führte. In Europa wurden die Folgen der Überproduktion sichtbar. Schlagwörter wie „Milchsee“ und „Butterberg“ machten die Runde. Das unbezahlbare Subventionssystem der EG musste zurückgefahren werden. Die Auswirkungen bekamen nicht nur die Landwirte, sondern letztendlich auch die Landmaschinen- und Traktorenbauer zu spüren.

Selbst so große Unternehmen wie International Harvester gerieten in den Abwärtsstrudel. 1979 hatte ein Streik die amerikanischen Werke des Konzerns für ein halbes Jahr lahmgelegt. Kaum war der Arbeitskampf beendet, setzte die Rezession ein, was dem Unternehmen das Genick brach. 1984 wurde die Landwirtschaftssparte von IHC von dem Mischkonzern Tenneco aufgekauft und mit Case vereinigt. Aus Case und International Harvester entstand die neue Marke Case IH.

Aus einer missglückten Fehlinvestition von Klöckner-Humboldt-Deutz (KHD) entstand ein neuer Global Player. KHD hatte 1985 die Landtechniksparte des Maschinenbaukonzerns Allis-Chalmers übernommen. Aber die Strategie, die Deutz-Traktoren in die USA zu exportieren, schlug zum einen wegen der Agrarkrise und zum anderen wegen eines gewissen Misstrauens der Farmer gegenüber den „Kraut-Dosen“ („Kraut cans“) fehl. Als der Kölner Mutterkonzern selbst in die Krise geriet, sollte die US-Tochter Deutz-Allis abgestoßen werden. 1990 übernahmen daraufhin mehrere Führungskräfte des amerikanischen KHD-Ablegers im Zuge eines Management-Buy-outs das Unternehmen. Der neue Name lautete nun „Allis-Gleaner Corporation“ oder kurz AGCO. Die neue Landtechnikfirma expandierte rasant durch Zukäufe. Einer der wichtigsten war 1994 der Kauf von Massey Ferguson. Es folgten 1997 Fendt, 2002 Challenger und 2004 Valtra.

Rückzug und Beschränkung auf die Kernkompetenz, nämlich den Motorenbau, lautete die Überlebensstrategie des KHD-Konzerns. Deswegen wurden einzelne Unternehmensbereiche als selbstständig wirtschaftende Tochtergesellschaften auf eigene Beine gestellt und zum Verkauf angeboten. Auf diese Weise ging die frühere KHD-Agrartechniksparte in den Besitz der italienischen Gruppe SAME-Lamborghini-Hürlimann über. Ab 1995 lautete die Bezeichnung des nun in Treviglio und Lauingen produzierenden Unternehmens „SAME Deutz-Fahr“.

Ein weiterer Landtechnikgigant entstand 1999 durch die Übernahme der Case Corporation, zu der seit 1996 auch die Steyr-Produktion in Sankt Valentin gehörte, durch die Fiat-Gruppe. Die Folge dieser Übernahme war die Verschmelzung mit New Holland, einer weiteren Fiat-Tochter, zu Case New Holland (CNH). Bei New Holland handelte es sich um ein Landtechnikunternehmen mit

Die Fastracs von JCB stießen in eine Marktlücke. Sie kombinierten hohe Transportgeschwindigkeiten mit entsprechend starken Motorleistungen. Manchmal kann man einen Fastrac sogar auf der Autobahn sehen.

einer Geschichte, die bis auf 1895 zurückgeht. New-Holland-Traktoren gibt es jedoch erst seit 1996, nachdem Fiat die eigene Landtechniktochter mit der Traktorsparte von Ford verschmolzen hatte. An die Ford-Schlepper erinnert noch der blaue Lack der New-Holland-Traktoren.

2003 stand auch der französische Traktorenhersteller Renault Agriculture zum Verkauf. Für die Firma Claas in Harsewinkel, die zu den führenden Unternehmen der Erntetechnik gehörte, war dies eine gute Gelegenheit, in das Marktsegment der Standardtraktoren einzusteigen. 2003 unterzeichneten

Das japanische Landtechnik- und Baumaschinenunternehmen Kubota betrat den europäischen und amerikanischen Traktorenmarkt zunächst mit Modellen im unteren Leistungsbereich. Mittlerweile sind auch stärkere Traktoren im Kubota-Orange erhältlich.

Traktoren der Mittelklasse, wie dieser John Deere 6420, werden in dem ehemaligen Lanz-Werk in Mannheim gebaut. Die John-Deere-Schlepper der Oberklasse, die für die großflächige Landwirtschaft bestimmt sind, kommen dagegen aus dem Werk in Waterloo in Iowa.

Vertreter von Claas und Renault Agriculture in Paris die entsprechende Vereinbarung. Es vergingen noch fünf Jahre, bis das Renault-Werk vollständig in den Besitz des Harsewinkeler Unternehmens überging. Die Schlepper aus Le Mans tragen seitdem den Markennamen „Claas" auf der Motorhaube.

Während ein Traktorhersteller nach dem anderen verschwand, fusionierte oder aufgekauft wurde, ging der englische Baumaschinenhersteller JCB den entgegengesetzten Weg. Man hatte erkannt, dass Traktoren den größten Teil ihrer Einsatzzeit nicht auf dem Feld, sondern auf der Straße verbrachten. Mit dem Ziel, diese Fahrzeit deutlich zu verkürzen, entwickelte das Unternehmen den Fastrac, der 1990 der Öffentlichkeit vorgestellt wurde. Dass JCB eine Marktlücke gefunden hatte, zeigte sich bald in der raschen Zunahme der bis zu 75 km/h schnellen Fastracs auf den Straßen.

Als weiterer wichtiger Neuling auf dem Traktorenmarkt soll noch Kubota erwähnt werden. Die Geschichte des Unternehmens mit Sitz im japanischen Osaka begann zwar schon im Jahr 1890, aber in Nordamerika und Europa tauchten die orangefarbenen Traktoren relativ spät auf. Es war zunächst im Bereich der Garten- und Kommunaltraktoren, in denen die japanische Firma größere Marktanteile erlangte. Mittlerweile sind die Kubota-Schlepper zunehmend im Agrarsektor vertreten.

Ein bedeutendes Unternehmen der Landtechnikbranche, das alle Turbulenzen überstand, soll zum Schluss nicht unerwähnt bleiben. Wo einst John Froelich seine ersten Traktoren baute, nämlich in Waterloo, und wo in der Frühzeit des Traktorbaus in Deutschland die Lanz-Bulldogs entstanden, in Mannheim, werden heute die John-Deere-Schlepper hergestellt. Das im 19. Jahrhundert von dem Schmied John Deere gegründete Unternehmen schaffte es, zum weltweit umsatzstärksten Unternehmen der Landtechnikbranche aufzusteigen – gefolgt von Kubota, CNH, AGCO und Claas.

TRAKTORENHERSTELLER IN EUROPA

Unternehmen	Marken	Traktorenwerk(e)
AGCO	Challenger, Fendt, Massey Ferguson, Valtra	Marktoberdorf (D), Beauvais (F), Suolahti (FIN)
Argo Tractors	Landini, McCormick, Valpadana	Fabbrico (I)
Claas	Claas	Harsewinkel (D), Le Mans (F)
CNH	Case IH, New Holland, Steyr	Basildon (GB), Jesi (I), Modena (I), Sankt Valentin (A)
Deere & Company	John Deere	Mannheim (D)
JCB	Fastrac	Cheadle (GB)
Kubota	Kubota	Bierne (F)
Peterburgsky Traktorny Zavod (Leningrader Kirowwerk)	Kirowez	Sankt Petersburg (RUS)
Lindner Traktorenwerk	Lindner	Kundl (A)
Minski Traktorny Sawod (Minsker Traktorenwerk)	Belarus	Minsk (BY)
SAME Deutz-Fahr	Deutz-Fahr, SAME, Lamborghini, Hürlimann	Lauingen (D), Treviglio (I)
Zetor Tractors	Zetor	Brno (Brünn) (CZ)

TRAKTORENHERSTELLER IN NORDAMERIKA

Unternehmen	Marken	Traktorenwerk(e)
AGCO	Challenger, Massey Ferguson	Jackson (Minnesota)
Buhler Industries	Versatile	Winnipeg (Manitoba, Kanada)
CNH	Case IH, New Holland	Fargo (North Dakota), Racine (Wisconsin)
Deere & Company	John Deere	Waterloo (Iowa), Augusta (Georgia)
Kubota	Kubota	Jefferson (Georgia)

Impressum

Verantwortlich: Lothar Reiserer
Satz: Helen Garner
Korrektorat: Ralf J. Klumb | The Wordworms
Einbandgestaltung: GM
Repro: LUDWIG:media
Herstellung: Anna Katavic
Printed in Slovakia by Neografia

Sind Sie mit diesem Titel zufrieden? Dann würden wir uns über Ihre Weiterempfehlung freuen.
Erzählen Sie es im Freundeskreis, berichten Sie Ihrem Buchhändler, oder bewerten Sie das Werk online. Und wenn Sie Kritik, Korrekturen oder Aktualisierungen haben, freuen wir uns über Ihre Nachricht an den GeraMond Media, Postfach 40 02 09, D-80702 München oder per E-Mail an lektorat@verlagshaus.de.

Unser komplettes Programm finden Sie unter

Bildnachweis Umschlag: Vorderseite – Agro GmbH (oben links), Shutterstock/MC_Metastudio (oben Mitte), picture alliance/ ZUMAPRESS | National Photo (oben links), picture alliance/ Countrypixel | FRP (großes Bild). Rückseite – Albert Mößmer (oben links), shutterstock/Maksim Safaniuk (oben Mitte), Deere & Company (oben rechts), Same Deutz-Fahr (großes Bild)

Die Deutsche Nationalbibliothek verzeichnet diese Publikation in der Deutschen Nationalbibliografie; detaillierte bibliografische Daten sind im Internet über http://dnb.d-nb.de abrufbar.

Infanteriestraße 11a, 80797 München
ISBN 978-3-96453-594-8

Bildnachweis

AGCO: 56 u, 57, 105 beide, 106 beide, 108 beide, 110, 111 o, 136 beide, 138, 143 beide, 145 o, 148 u, 164 – Allgaier Werke: 119 u, 131 –Antonio Carraro: 123 l – Argo Tractors: 101, 102 o, 148 o August Hageboeck / Library of Congress: 78 u – Bautz AG / Claas: 120 – Benz-Sendling: 90 – Bubba: 102 u, 103 – Carl Frederik von Breda: 17 o – British Library: 23, 25 l – Bull Tractor Company: 56 o – calgrin/Morguefile: 83 Carol M. Highsmith Archive, Library of Congress: 48 – Claas: 125 u – CNH Industrial: 49, 53 o, 55 alle, 74, 75 o, 82, 84, 85, 87, 88, 89 beide, 100, 107, 116 o, 140, 141 o – Community Archives of Belleville & Hastings County: 126 o – Daimler AG: 42 – ddobs/Morguefile: 68, 71 o – Deere & Company: 77, 78 o, 79, 144, 147, 152, 155 – Deuliewag: 129 or – DLG: 125 o – Eicher: 135 – Gasmotoren-Fabrik Deutz: 34 beide, 35, 36 o – Hanomag: 61, 97 – Hart-Parr: 51 beide Heinrich Lanz AG / Deere & Company: 65 beide, 115 r, 127, 132, 133 – Jusben/Morguefile: 76 r Komnick: 62 u – Kramer-Werke: 109 – Library of Congress: 2/3, 21, 25 r, 29, 45, 60, 71 u, 72 beide, 73, 75 u, 76 l, 124 – MAN: 40 beide Minneapolis-Moline: 69 – A. Mößmer: 9 beide, 22 beide, 27, 28, 31 o, 41, 80 beide, 81, 86 beide, 91, 93 beide, 96, 98, 99 l, 111 u, 113, 115 l, 116 u, 117, 122 beide, 129 Mitte, 129 u, 134 beide, 137, 139 o, 141 u, 142, 145 Mitte, 145 u, 146, 149 beide, 151 alle, 153, 156, 157 beide, 158, 159 beide, 160, 162/163, 166/167 – Motorenfabrik München-Sendling: 129 ol – New York Public Library: 11 u, 24 – New York Public Library / Benz Auto Import Co.: 39, 99 r – Opel: 62 o – Otto Gas Engine Works: 50 – Porsche AG: 118, 119 o– Ferdinand Pöschl: 58 – Renault Agriculture / Claas: 104 – Same Deutz-Fahr: 63 beide, 64, 94, 95, 112, 114, 123 r, 130, 139 u – Sammlung Mößmer: 12 beide, 13, 14 beide, 15 beide, 16, 18, 19 beide, 20, 24 r, 30 o, 31 u, 32, 33, 36 u, 37 alle, 38 alle, 43, 44, 46, 47, 59 beide, 66, 67 beide, 70 beide, 92 – State Archives and Records Authority of New South Wales: 126 u – Marcus Stone: 17 u – terren in Virginia / CC BY 2.0 (creativecommons.org/licenses/by/2.0/): 53 u – Charles Vernier: 30 u –Waterloo Gasoline Engine Company: 54 – August von Wille: 11 o

Stefan Schmitz (1938-2022)
in Dankbarkeit gewidmet

Impressum

168 Seiten mit 132 Abbildungen
Titelabbildung: Die Bildcollage zeigt den Drususstein zusammen mit dem römischen Theater und Baudekoration eines Ehrenbogens. Im Hintergrund ist der Sternenhimmel aus dem Isis- und Magna Mater-Heiligtum zu sehen. Fotos und Collage von © hjwiehr, Oppenheim. Hintergrundbild © GDKE, Landesarchäologie Mainz.
Frontispiz S. 4–5: Collage mit verschiedenen römischen Impressionen in Mainz, wie z. B. das Theater, die Gräberstraße in Mainz-Weisenau, ein Aktroter sowie eine Inschrift. Akroter/Inschrift: © GDKE, Landesarchäologie Mainz. Übrige Bilder und Collage © hjwiehr, Oppenheim.

Bibliografische Information der Deutschen Nationalbibliothek
Die Deutsche Nationalbibliothek verzeichnet diese Publikation in der Deutschen Nationalbibliografie; detaillierte bibliografische Daten sind im Internet über http://dnb.dnb.de abrufbar.

ISBN 978-3-96176-107-4

Lektorat: Annette Nünnerich-Asmus, Tina Sieber
Korrektorat unter Mitwirkung von: Marie Frevert, Theresa Kamp
Gestaltung des Titelbildes: hjwiehr, Oppenheim
Gestaltung: hjwiehr, Oppenheim

Aus Gründen der besseren Lesbarkeit wird auf die gleichzeitige Verwendung der Sprachformen männlich, weiblich und divers (m/w/d) verzichtet. Sämtliche Personenbezeichnungen gelten gleichermaßen für alle Geschlechter.

Printed in Europe by Nünnerich-Asmus Verlag & Media
Weitere Titel aus unserem Verlagsprogramm finden Sie unter:
www.na-verlag.de

Das römische Mainz

Detail zweier marschierender Legionäre (vgl. S. 30).

Drusus? Wer ist das denn?

Wenn von Mainz, Mogontiacum und Römern gesprochen wird, ist ein Name präsent: Drusus. Und allein schon aus diesem Grund scheint es angebracht, einen Blick auf das Leben des römischen Feldherrn zu werfen, der Stiefsohn des großen Kaisers Augustus und angesehene „Stadtgründer" von Mainz. Denn wer weiß, was aus ihm, Drusus, geworden wäre, hätte der zukünftige Kaiser Augustus seine Mutter, eine gewisse Livia Drusilla, seinem Vater nicht ausgespannt. Man schrieb das Jahr 39 vor unserer Zeitrechnung, als der 46-jährige römische Senator Tiberius Claudius Nero zusammen mit besagter Ehefrau Livia und seinem dreijährigen Sohn, der wie sein Vater Tiberius Claudius Nero hieß, aus Sparta (Griechenland) nach Rom zurückkehrte. Dahin war die junge Familie zwei Jahre zuvor geflohen, denn: Tiberius Claudius Nero, ein überzeugter Republikaner und Anhänger der Mörder Caesars, hatte sich politisch gegen Octavian, den späteren Kaiser Augustus, gestellt und fürchtete, als vogelfrei erklärt zu werden.

Der Stief- und Adoptivsohn des Kaisers Augustus, Nero Claudius Drusus.

Die Streitigkeiten zwischen Octavian, dem zweitmächtigsten Mann Roms, und seinen Gegnern waren beendet und bald schon ergab es sich, dass der 22-jährige Octavian die 21-jährige Livia kennenlernte und sich Hals über Kopf in sie verliebte. Obwohl nicht nur Livia, sondern auch seine eigene Frau, Scribonia, schwanger war, ließ er sich scheiden und machte Claudius Nero mit „sanftem Druck" klar, dass der sich von Livia zu trennen hatte. Doch mehr noch: Bei der von den Römern als skandalös angesehenen Hochzeit von Octavian und Livia im Oktober des Jahres 39 v. Chr. musste der Ex-Ehemann sogar die Rolle des Brautvaters spielen. Drei Monate später, am 14. Januar 38 v. Chr., wurde Livias Sohn im Haus des späteren Kaisers geboren, Nero Claudius Drusus. Postwendend schickte Octavian den Säugling an den leiblichen Vater...

Vater Claudius Nero sollte nur noch fünf Jahre nach der Trennung von Livia leben. In seinem Testament machte er Octavian zum Vormund seiner beiden Söhne. Der erst neunjährige Tiberius hielt seinem Vater die Grabrede. Octavian kümmerte sich um Tiberius und den sechsjährigen Drusus, sorgte für deren Erziehung und beschleunigte ihre Karriere. So konnte der 20-jährige Drusus bspw., obwohl er noch nicht das vorgeschriebene Mindestalter von 25 Jahren erreicht hatte, bereits (ein vom Stiefvater erwirkter Senatsbeschluss machte es möglich) die Quaestur, das niedrigste Amt der senatorischen Ämterlaufbahn bekleiden. Und 16 v. Chr., als Stiefvater Augustus und Bruder Tiberius nach Gallien aufbrachen, weil die von Marcus Lollius befehligten Truppen von drei germanischen Stämmen besiegt worden waren, die über den Rhein gestoßen waren, führte Drusus für seinen Bruder die Praetur weiter, d. h. eines der höheren Ämter der römischen Ämterlaufbahn. Drusus wurde in das Auguren-Kollegium aufgenommen, das zur Aufgabe hatte, etwa anhand des Vogelflugs herauszufinden, ob ein Vorhaben privater oder staatlicher Art den Göttern genehm war. Randnotiz: Äußeres Zeichen der Auguren war der Krummstab, wie wir ihn heute als „Bischofsstab" kennen... Der politische Höhenflug des jungen Drusus setzte sich fort: Im Jahre 11 v. Chr. wurde er Stadtpraetor und hatte zwei Jahre später zusammen mit Quincitius Crispinus das Consulat inne.

Drusus, der nach Ansicht seines Bruders Tiberius von Stiefvater Augustus bevorzugt wurde, stand eine glänzende militärische Karriere bevor. Schon 16 v. Chr. hatte Silius Nerva begonnen, die Alpenvölker zu unterwerfen. Ein Jahr später trat Drusus in seine Fußstapfen. Mit der Okkupation sollte eine direkte Kommunikationslinie zwischen Rhein und Donau, also zwischen dem römischen Militär in Gallien und Illyrien im Westen der Balkanhalbinsel geschaffen werden. Im Etschtal schlug Drusus die ihm entgegenziehenden Räter und wurde für diesen Sieg mit dem praetorischen Rangabzeichen belohnt. Davon angespornt drang der 21-Jährige mit seinen Truppen über Brenner- und Reschenscheideckpass bis ins Inntal vor. Hier traf er auf die von seinem Bruder Tiberius befehligten Einheiten, die rheinaufwärts und über den Bodensee kamen.

Seit 16 v. Chr. war Augustus mit der äußeren Sicherung und Umstrukturierung der Provinz Gallien beschäftigt. Als er nach drei Jahren nach Rom zurückkehrte, überließ er Drusus, der den anderen Statthaltern des Kaisers übergeordnet war, diese Aufgabe. Mehr noch, Drusus sollte eine Volkszählung (*census*) durchführen. Eine Anordnung, die nicht überall unbedingt auf Beifall stieß: Die Bewohner des noch unbesetzten Rheinlands protestierten heftig, die rechtsrheinisch lebenden Germanen wagten sogar Einfälle ins römische Gebiet und provozierten durch weitere Störungen. Aber Drusus wusste zu handeln: Diesseits des Rheins sorgte er für militärische Kontrolle und lud die Stammesfürsten zum gesamtgallischen Landtag nach Lugdunum (Lyon) ein. Gleichzeitig schlug der Stratege auch militärisch zu, drängte die Sugambrer vom Niederrhein, die Marcus Lollius eine herbe Niederlage beschert hatten, zurück und leitete Strafexpeditionen ein.

Dann fuhr Drusus mit seiner Flotte rheinabwärts zu den Friesen, mit denen er sich friedlich einigen konnte. Im Seengebiet des heutigen Ijsselmeeres kam es allerdings zu einer Begebenheit, wie sie nur einem Nicht-Seemann passieren konnte: An den ihnen unbekannten Gezeitenwechsel an der Nordsee hatten die Römer nicht denken können – und so strandete die Flotte des Drusus. Dass die Expedition für die Römer trotzdem nicht zum Fiasko wurde, ist den auf dem Landweg mitgezogenen Friesen zu verdanken. Uneinig ist sich die Forschung übrigens bis heute, ob es ihnen tatsächlich gelang, im Rahmen dieses Feldzugs die Insel Borkum zu erobern.

Zudem sind die Forscher über die Frage gespalten, ob die Feldzüge planmäßiger Beginn eines Unterwerfungskriegs waren. Sicher ist hingegen, dass es nach der Niederlage des Lollius einen Anstoß zur Neuorientierung gab. Augustus wollte die Einfälle der Germanen nach Gallien vorbeugen und es schien ihm notwendig zu sein, die Politik zu ändern. Statt gelegentlicher Machtdemonstrationen und oft nur kurzlebiger Friedensregelungen wollte er eine solide Basis schaffen. Unklar ist auch, ob dieses Konzept mit der Eroberung Galliens bis hin zur Elbe verbunden war. Entsprechende Quellenzeugnisse fehlen.

Als der Feldzug gegen die Germanen im Jahre 11 v. Chr. begann, war Drusus aus Rom nach Gallien zurückgekehrt. Vermutlich von Vechta aus überquerte er den Rhein. Diesmal, im Gegensatz zur Militäraktion des Jahres 12 v. Chr., beließ er es aber nicht dabei, das Land zu verwüsten. Diesmal unterwarf er den Stamm der Usipeter, überschritt auch die Lippe, unterwarf wahrscheinlich die Tencterer und erreichte kampflos das Gebiet der Sugambrer, die ursprünglich vom Niederrhein oder dem Gebiet zwischen Rhein und Lippe stammten. Diese waren gerade im Zwist mit den Chatten, die sich in Loyalität zu Rom einem Kampfbündnis nicht angeschlossen hatten.

Umso besser für Drusus, denn so konnte er mit seinen Truppen ungehindert in das Land der Cherusker eindringen und bis zur Weser, etwa bei Hannoversch-Münden, vordringen. Hier wurde vermutlich ein Sommerlager aufgeschlagen. Als der Winter nahte und zusätzlich Versorgungsprobleme auftraten, wurde Drusus zur Rückkehr gezwungen. Scharmützel begleiteten den Weg zurück zum Rhein. Fast wäre es dabei zur Katastrophe gekommen, als das Heer bei Arbalo (ein Ort, der bis heute nicht lokalisiert werden konnte) von Germanen eingeschlossen wurde. Es sei nur ihrem völlig ungeordneten Angriff zu verdanken gewesen, so vermerkt der Geschichtsschreiber Cassius Dio, dass die absehbare Niederlage der Römer in einen Sieg verwandelt worden sei. Noch im selben Jahr errichtete Drusus ein Kastell an der Lippe, wahrscheinlich das in Oberraden (darauf lassen neueste Erkenntnisse schließen).

Claudius nutzte die Popularität seines toten Vaters Drusus und ließ in den Jahren 41 bis 54 n. Chr. in Rom Münzen mit dessen Porträt prägen, wie z. B. dieser Sesterz aus Messing, um damit Propaganda in eigener Sache zu machen.

Ein solches Lager ließ Drusus in Holz-Erde-Technik auch „unmittelbar neben dem Rhein" gegenüber der Mainmündung ausführen. Stationiert wurden in dem Doppellegionslager Mogontiacum zu diesem Zeitpunkt die Legio XVI Gallica und die Legio XIIII Gemina mit insgesamt 12.000 Soldaten. Damit sicherte Drusus die Kontrolle über den Mittelrhein und die Mündung des Mains an einem der Haupteinfallswege nach Germanien. In dieser Zeit entstanden auch die ersten Hafenanlagen. Oberhalb der Mainmündung wurde eine Schiffbrücke als Rheinübergang installiert. Die erste feste Pfahljochbrücke wurde übrigens erst im Jahre 27 n. Chr. zwischen Mogontiacum und dem im 1. Jahrzehnt n. Chr. gegründeten Castellum Mattiacorum, dem heutigen Mainz-Kastel, gebaut. Rund 4 km weiter südlich des Legionslagers (heute liegt hier der Mainzer Stadtteil Weisenau) darf man aufgrund schriftlicher Quellen ein weiteres Lager überwiegend mit Auxiliartruppen, also Armeeangehörigen, die aus verbündeten Völkern oder Grenzprovinzen stammten, annehmen. Möglicherweise wurde es aber auch vorübergehend für die Stationierung weiterer Legionäre verwendet. Hier, im am weitesten östlich gelegenen Siedlungsbereich der gallischen Treverer, war eine kleine Siedlung des Teilstamms der Aresaken zuhause. V. a. von Mogontiacum aus, aber auch von den Kastellen Oberraden und Rödgen (bei Bad Nauheim) aus führte Drusus seinen Unterwerfungs- und Zerstörungsfeldzug, der ganz offenbar erfolgreich war. Zumindest lassen die vom römischen Senat erwirkten Siegesbeschlüsse darauf schließen.

Es folgte das für Drusus tragisch verlaufene Jahr 9 v. Chr., in dem er zunächst in Rom Konsul wurde, dann aber erneut gegen die Germanen zog. Über die genaue Route des Feldzugs weiß die Forschung nur wenig. Der römische Senator, Konsul und Geschichtsschreiber Cassius Dio berichtet allerdings von Kämpfen gegen die Chatten, einem Militärschlag gegen die Sueben und von einem Vorstoß in das Gebiet der Cherusker, bei dem Drusus die Weser überquerte. Ausgangs- und Zielpunkte des Feldherrn sind allerdings nicht bekannt. Den Vormarsch bestimmten die Gegner durch Aufenthalt und Bewegung. So setzten sich die Cherusker im Jahre 9 v. Chr. bspw. ab und überließen den Römern ihre Äcker zur Verwüstung. Aber Drusus setzte ihnen nach bis in entlegene Gebiete, erbeutete dabei sogar feindliche Rüstungen, was die Geschichtsschreibung besonders erwähnt.

Der 29-jährige Drusus hinterließ verbrannte Erde, als er auf dem Gebiet der Cherusker etwa auf Höhe des heutigen Magdeburg die Elbe erreichte. Vergeblich versuchte er in diesem Sommer, den Fluss zu überqueren. Der Feldherr war, aus welchem Grund auch immer, an die Grenzen seiner Möglichkeiten gestoßen. Dennoch ließ er Siegesmale errichten. Eine Legende besagt, dass dem Konsul Drusus eine riesenhafte Frau erschienen sei, die ihn mit düsterer Prophezeiung vom weiteren Vorgehen abgebracht habe. Cassius Dio zitiert sie sogar: „Kehre um, unersättlicher Drusus, denn das Ende Deiner Tage und Deiner Taten ist da!" Und in der Tat: Beim Rückmarsch stürzte Drusus irgendwo zwischen Saale und Rhein vom Pferd. Vergeblich wurde im Sommerlager (das später Castra Scelerata, also „verfluchtes Lager" genannt wurde) versucht, die Auswirkungen des Schenkelbruchs, den der Feldherr erlitten hatte, zu heilen.

Die Nachricht vom für den Feldherrn unrühmlich nahenden Tod erreichte nicht nur Kaiser Augustus, sondern auch die Ehefrau des Drusus, Antonia, die Tochter des römischen Politikers Marcus Antonius und der Kaiserschwester Octavia. Sie hatte mit Drusus drei Kinder. Germanicus war, als sein Vater starb, sechs Jahre alt, Livilla gerade vier und Claudius, der später Kaiser werden sollte, erst ein Jahr. Die junge Witwe Antonia war 27 und heiratete nach dem schmerzhaften Verlust ihres Mannes nicht wieder. Sie wurde später die Großmutter Caligulas und Agrippinas der Jüngeren, sowie die Urgroßmutter Neros. Auf Befehl ihres Enkels Caligula nahm sie sich 37 n. Chr. das Leben.

So stellte sich der Historienmaler Adalbert von Roessler (1853–1922) den Zug der römischen Legionen mit ihrem beim Sturz vom Pferd verletzten Feldherrn Drusus vor.

Augustus schickte Drusus' Bruder Tiberius, seinen späteren Nachfolger und Kaiser, im Eiltempo nach Germanien. Und tatsächlich erreichte er das Sommerlager noch rechtzeitig, bevor Drusus am 14. September des Jahres 9 v. Chr. in seinen Armen starb. Tiberius verhinderte nicht nur, dass die Soldaten ihren geliebten Feldherrn an Ort und Stelle bestatteten, sondern brachte das Heer in einem spektakulären Trauerzug durch die Provinzen zunächst nach Mogontiacum ins Winterlager, dann nach Ticinum (Pavia), wo er von Augustus erwartet wurde. In Rom wurden die sterblichen Überreste des Drusus eingeäschert und im Mausoleum des Augustus mit einem Staatsakt beigesetzt. Der Kaiser und Tiberius hielten die Leichenreden, Augustus verfasste für seinen geliebten Adoptivsohn Elogien, Ehreninschriften in Versen und in Prosa, das Volk trauerte um seinen Helden. Der Senat beschloss erstmalig die Vergabe eines Siegerbeinamens. Der „Germanicus", sollte sich auch auf die männlichen Nachkommen des Nero Claudius Drusus vererben. Und an der Via Appia in Rom wurde dem toten Helden ein Ehrenbogen errichtet. Den trauernden Soldaten der Legionen XVI Gallica und XIIII Gemina, bei denen der Leichenzug des Drusus Halt machte, gestattete Augustus im Nachhinein, einen Leergrab (*tumulus honorarius*), an dem die Soldaten wahrscheinlich schon bauten, „apud Mogontiacum in ripa Rheni" (am Rheinufer bei Mainz) zu errichten. Augustus bedachte das 96 römische Fuß (29,28 m) hohe Denkmal mit einem eigens verfassten Grabgedicht. Römische Geschichtsschreiber wie Sueton oder Eutropius erwähnen in ihren Schriften das Leergrab (Kenotaph), vermutlich den heutigen Drususstein. So schreibt Sueton etwa um 120 n. Chr.:

> „Ceterum exercitus honorarium ei tumulum excitavit, circa quem deinceps stato die quotannis miles decurreret Galliarumque civitates publice supplicarent."

> „Ferner errichtete ihm das Heer einen Ehrengrabhügel, um den jedes Jahr an einem bestimmten Tag die Soldaten defilierten und bei dem die gallischen Stämme von Staats wegen Opfer darbrachten."

Mogontiacum wurde zum „Wallfahrtsort". Nicht nur, dass die bis 92 n. Chr. rund 20.000 in Mogontiacum stationierten Soldaten des verstorbenen Feldherrn gedachten, so hatten die Feiern auch zivile Bedeutung. Zu den Kult- und Gedenkfeiern (*supplicatio*) reisten auch die Abgeordneten der drei gallischen Provinzen (*concilium Galliarum*) an. Für die Soldaten ein Höhepunkt des Jahres, bei dem sie wahrscheinlich im September zum Todestag des Drusus mit Paraden vor dem Kenotaph nicht nur ihren ehemaligen Heerführer ehrten, sondern auch ihre eigenen Leistungen würdigten, möglicherweise auch in sportlichen Wettkämpfen. Die gallischen Abgeordneten nutzten ihren Aufenthalt in Mogontiacum, sich durch Opferhandlungen öffentlich zum römischen Kaiserhaus zu bekennen, denn immerhin war Drusus es gewesen, der im Jahre 12 v. Chr. als Statthalter des Augustus das Concilium ins Leben gerufen hatte. Eingebunden in die Feiern, die einmal jährlich stattfanden, war mit Sicherheit auch das nahe, zur frühen Kaiserzeit noch in Holzbauweise errichtete Theater. Und ausgehend vom Ehrenmal wurde die Via Sepulcrum, die bis nach Mainz-Weisenau führende Gräberstraße, angelegt. Auch ein Zeichen der Wertschätzung für Drusus bei Militär und römischer Provinzbevölkerung. Später galten die Feierlichkeiten nicht nur Drusus, sondern auch seinem Sohn Germanicus und dem julisch-claudischen Kaiserhaus insgesamt. Vom frühen 2. Jahrhundert n. Chr. an trat die Ehrung des Drusus ein wenig in den Hintergrund und wurde bis etwa zur Mitte des 3. Jahrhunderts n. Chr. zu Feierlichkeiten im Rahmen des in Mogontiacum wichtigen Kaiserkults. In der Tabula Siarensis, die etwa im Jahre 20 n. Chr. geschrieben wurde, ist von einem Senatsbeschluss und ein darauf aufbauendes Gesetz der Konsuln mit Ehrenbeschlüssen für den im Jahre 19 n. Chr. im Alter von 34 Jahren ermordeten Drusus-Sohn Germanicus die Rede. U. a. wird ein Ehrenbogen in Mogontiacum erwähnt, bei dem es sich möglicherweise um den Ehrenbogen handelt, dessen Reste in der Großen Kirchenstraße in Mainz-Kastel gefunden wurden.

Voller Rätsel: Der Drusustein

In geradezu jämmerlichem Zustand befand sich der Drusustein auf der Mainzer Zitadelle noch Anfang des 20. Jahrhunderts.

Nur zehn Tage wütete Albrecht II. Alcibiades, Markgrafen von Brandenburg-Kulmbach, im August des Jahres 1552 in Mainz, aber diese Schreckenstage reichten ihm aus, um den Bischofssitz am Höfchen, die Kartause, Viktor-, Albans- und Heiligkreuzstift zu zerstören und die Martinsburg total ausbrennen zu lassen. Der Versuch der Mainzer, schon beim Anrücken der Truppen des Markgrafen den für ihn möglicherweise nützlichen Drusustein, der damals „Eichelstein“ genannt wurde, zu sprengen und abzureißen, misslang kläglich, schon aus finanziellen Gründen. Und so weist das römische Relikt auf dem Jakobsberg nun lediglich einen etwa 1,60 m tiefen, heute konservierten Ausbruch im damals als Wachturm der Zitadelle genutzten Monument auf. Seine Außenverkleidung hatte der „Eichelstein“ schon längst durch Steinraub verloren, ebenso sein Dach und mögliche Verzierungen. Steine des Drusussteins wurden nicht nur zum Bau der mittelalterlichen Stadtmauer, sondern auch für Klöster und Kirchen verwendet. Wie ramponiert das römische Ehrenmal sich präsentierte, mag eine Beschreibung aus der Mitte des 12. Jahrhunderts belegen, als einer der bedeutendsten Geschichtsschreiber des Mittelalters, Otto von Freising (um 1112–1158), ihn mit dem Bild eines Scheiterhaufens verglich. Im 17. Jahrhundert ist der Drusustein ausgehöhlt worden, mit einer Wendeltreppe aus Sandstein mit 69

Stufen und einer seitlichen Türöffnung in etwa 3 m Höhe sowie Aussichtsplattform zum Wachturm umgebaut. Eine Darstellung, wie sie auf der 1962 zum angeblich 2.000. Geburtstag der Stadt herausgegebenen Briefmarke nachempfunden werden kann (vgl. S. 9). Was bei der Abwehr des gegen den katholischen Kaiser Karl V. kämpfenden Protestanten Albrecht II. Alcibiades nicht gelang, hätten im Laufe der Jahre Witterung, Umwelteinflüsse und fehlerhafte Restaurierungen durchaus schaffen können, v. a. 1962 (da wurde die ursprüngliche Einschnürung in der Mitte des Drusussteins mit Mauerwerk aufgefüllt und er verlor sein bis dahin charakteristisches Aussehen) und in den 1980er Jahren. Während der Mauerwerksgürtel noch in einem verhältnismäßig guten Zustand war, wurde der Oberbau Anfang der 1980er Jahre überformt und mit handelsüblichem Zement falsch behandelt, und das nicht zum ersten Mal. Schon mehrfach hatte es Schäden durch Konservierungsversuche oder einfache Verfugung am antiken Relikt gegeben, das durch Austrocknung auf der sonnenbeschienenen und Durchnässung auf der anderen Seite porös geworden war.

Noch bevor die Stadt Mainz als Besitzerin des Drusussteins endlich auch aktiv wurde – nach fast schon penetranten Insistierens durch die Initiative Römisches Mainz (IRM) und den in Zeitungskommentaren für die Sanierung kämpfenden Autor –, hatte man sich des großen auch stadthistorischen Werts des Drusussteins besonnen. So war der damalige Landesarchäologe Gerd Rupprecht schon in den 1990er Jahren nicht nur Mahner, sondern legte selbst in teilweise waghalsigen Aktionen Hand an, um wilden Pflanzenbewuchs und das Gemäuer sprengendes Wurzelwerk zu entfernen. Es gingen Jahre ins Land, aber schließlich bestätigten Untersuchungen des Denkmals in den Jahren 2014 und 2018 den dringenden Handlungsbedarf. Es sollten noch zwei weitere Jahre ins Land gehen, bis im Mai 2020 die Rettungsarbeiten begannen, die den Drusustein in ein grünes Sicherungsnetz einhüllten. Fast 1,4 Millionen Euro wollte sich die Stadt Mainz die Sanierung des Ehrenmals für Stadtgründer Drusus kosten lassen. In enger Zusammenarbeit mit dem Mainzer Institut für Steinkonservierung (IFS) und seinem Darmstädter Partner wurde eine Rezeptur für eine Neuschöpfung des *opus caementicium*, dem römischen Beton, entwickelt und einem langwierigen Prüfverfahren unterzogen. Das neue *opus caementicium* aus gebranntem Kalk und Ziegelbruch wurde bei der Restaurierung des Gussmauerwerks von Sockel, Mauerwerksgürtel und Oberbau des „Steins" verwendet, an dem die durchfeuchtete Zonen den römischen Mörtel instabil werden ließen. Inzwischen wurde auch an eine Teilrekonstruktion des Drusussteins gedacht, damit er nicht mehr als „unförmiger Klotz" dastehen würde. Nicht auszuschließen, dass der Stein – seine aktuelle Höhe liegt bei 22,5 m Höhe – eine Gesamthöhe von 30 m gehabt haben könnte, wenn das ursprüngliche Lauf- und Fundament-niveau (wieder)gefunden und das Monument (erneut) statisch abgesichert wäre. Diese Maßnahmen und Erkenntnisse waren übrigens nicht neu, denn schon aus dem 18. Jahrhundert sind Unterfangungen bekannt, um den militärisch genutzten Drusustein zu stabilisieren. Dafür mussten selbstverständlich Sockel und Fundament freigelegt werden. Auch 1880 lag bereits der untere Bauabschluss frei, als Mitglieder des Mainzer Altertumsvereins Vermessungsarbeiten durchführten. Leider hat W.

Wie ein Werk des Verpackungskünstlers Christo präsentierte sich der Drususstein im September 2018, als die Renovierungs- und Rettungsarbeiten an ihm begannen.

Usinger die bautechnischen Ergebnisse zu Abmessung und Dimensionen des Drusussteins, die nahezu mit dem aktuellsten Forschungsstand übereinstimmen, nicht bildlich, sondern nur schriftlich festgehalten.

Die vorherrschende Meinung, dass es sich bei dem massiven Mauerblock auf der Mainzer Zitadelle um ein Ehrengrabmal für den römischen Feldherrn Drusus aus dem Jahre 9 n. Chr. handelt, stellte 2021 Marion Witteyer infrage, die damals Leiterin der Mainzer Außenstelle der Direktion Landesarchäologie der GDKE Rheinland-Pfalz war. Bei dem ursprünglichen Bauwerk habe es sich auch um ein Siegesmonument handeln können, das im wichtigen Stützpunkt Mogontiacum aus Freude über die zeitweilig als gelungen betrachtete Unterwerfung der Germanen aufgestellt wurde. Der Drusussstein erinnere sie in seiner ursprünglichen Kombination der Bauformen Quader, Rund und Kegel doch stark an das Tropaeum Alpium oder Tropaeum Augusti, das in den Seealpen in La Turbie oberhalb von Monaco steht. Errichtet 7/6 v. Chr. zur Erinnerung

Aktueller Zustand des Drusussteins, der inzwischen auch wieder gut sichtbar ist.

an den Alpenfeldzug der Brüder Drusus und Tiberius im Jahre 15 v. Chr., bei dem 46 Stämme unterworfen worden waren. Ein weiteres Argument Witteyers gegen die vorherrschende Einordnung des Drusussteins als Kenotaph (Leergrab) für Drusus war, dass in alten Berichten nie etwas von einem Monument für den toten Helden geschrieben worden sei, sondern lediglich von einem Tumulus, einem Hügelgrab.

Trotzdem herrscht in der Forschung weitestgehend die Meinung vor, dass es sich beim Drususstein um die Reste des von den antiken Autoren Sueton und Eutropius erwähnten Kenotaphs für Drusus handelt. Erstmals ist auf der etwa 19 n. Chr. beschrifteten Tabula Siarensis, einer Anfang der 1980er Jahre in Südspanien gefundenen Bronzetafel, der Beschluss des römischen Senats zu lesen, wie die Ehrungen des Drusus-Sohns Germanicus zu gestalten seien. U. a. wird ein Ehrenbogen in Mogontiacum genannt, der von einigen Wissenschaftlern als der in Mainz-Kastel gefundene identifiziert wird. In diesem Zusammenhang ist auch von einem Tumulus für Drusus die Rede. Um das Jahr 369 n. Chr. schließlich spricht der altrömische Historiker Eutropius im Zusammenhang mit der Drusus-Verehrung von einem *monumentum*, einem in Stein ausgeführten Bauwerk. Sophronius Eusebius Hieronymus (bis 420 n. Chr.), der als einer der wichtigsten lateinischen Kirchenväter gilt, war der letzte antike Autor, der das Kenotaph erwähnte. Allerdings hat sich der Kirchenvater dabei fast wörtlich des Eusebios-Textes bedient.

Fest steht, dass am leeren Grab des Drusus in Mogontiacum, rund 800 m vom Legionslager entfernt, schon in der frühen Kaiserzeit aufwendige Gedenkfeiern zu Ehren von Drusus stattfanden und hier für das Kaiserhaus gebetet und geopfert wurde. Auf dem etwa 600 m breiten und 800 m langen Platz zwischen Drususstein und Lager konnten die Legionen exerzieren, aber auch Reiterspiele und militärische Kulthandlungen stattfinden. Und um zwischendurch einmal einen Superlativ in Bezug auf Mogontiacum zu bemühen: Es heißt, dass der Drususstein neben der Igeler Säule das einzige römische Grabmal sei, das seit der Antike an seinem Originalstandort oberirdisch erhalten wurde. In diesem Zusammenhang ist auch das nur rund 340 m nordöstlich vom Drususstein entfernte römische Bühnentheater zu nennen, in dem ebenfalls Gedenkveranstaltungen für Drusus und Germanicus und das Kaiserhaus stattfanden. Und verbürgt ist, dass die Soldaten des Drusus, der im Mausoleum des Augustus in Rom beigesetzt ist, spontan ein Ehrenmal in „seinem" Mogontiacum errichteten. Erst nachträglich habe Kaiser Augustus diesen Bau genehmigt und ihn sogar mit einer selbstverfassten Ehrenschrift für seinen Stiefsohn Drusus versehen lassen.

Der fast ein Jahr dauernde, im August 69 n. Chr. begonnene Aufstand germanischer und keltischer Stämme gegen die römische Herrschaft hinterließ auch in Mogontiacum deutliche Spuren der Verwüstung. Bspw. wurde die große Thermenanlage in der zivilen Stadt (Reste befinden sich unter dem Staatstheater) zerstört, aber auch das Ehrenmal für Drusus blieb von den Aufständischen nicht unangetastet. Lange Zeit (bis in die 1980er Jahre) vermutete die Wissenschaft, dass zu seiner Wiederherstellung auch Großquader aus im Aufstand zerstörten Steinbauten verwendet worden seien. Eine andere und aktuelle Sichtweise wird von Andreas Panter und seinen bautechnischen Untersuchungen bekräftigt. Sie ergaben keinen wirklich belegbaren Hinweis auf die bislang angenommene Verwendung von Spolien (antike Elemente, die in einem neueren Bau wiederverwendet werden), sondern postulieren, dass die Quader schon beim Bau verwendet wurden, um ihm sicheren Halt zu geben. Die neueste wissenschaftliche Erkenntnis: Der Drususstein wurde in mehreren Bauabschnitten fertiggestellt. Allerdings ist die exakte Datierung des Baus ganz offensichtlich (noch) nicht möglich. Es fehlen bis jetzt bspw. Inschriften oder Holzfunde, mit deren Hilfe durch dendrochronologische Untersuchungen das Alter ermittelt werden könnte. Ganz sicher aber, da sind sich alle Wissenschaftler einig, ist der Drususstein ein Bauwerk aus römischer Zeit. Dafür spricht u. a. das beim Bau verwendete römische Fußmaß von 0,305 m, aber auch die Spuren am Baumaterial wie die von römischen Spitzeisen, mit denen Oberflächen bearbeitet wurden, oder Spuren von Metallklammern und Metallstiften, um einzelne Quader miteinander zu verbinden. Die Entstehungszeit des Drusussteins? Alle bislang bekannten Untersuchungs- und Forschungsergebnisse lassen den Schluss zu, dass tatsächlich das späte erste Jahrzehnt christlicher Zeitrechnung für den Baubeginn angenommen werden darf. Ein Datierungsansatz in das zweite Drittel des ersten Jahrhunderts kann damit *ad acta* gelegt werden.

Bleibt die Frage, wie das Ehrenmal für den Feldherrn Drusus ausgesehen haben mag. Provinzialrömische Großbauten in dieser Art gab es nicht. Aber ein Blick nach Rom zeigt an der von Grabdenkmalen gesäumten Via Appia u. a. einen Tumulus (Grabhügel) der Caecilia Metella aus dem 2. Jahrzehnt v. Chr. mit einem quadratischen und einem zylindrischen Unterbau, wie auch für das Drusus-Ehrenmal angenommen wird. Diese Bauart nahm übrigens schon Friedrich Lehne (1771–1836) bei seinem ersten Rekonstruktionsvorschlag mit Ober- und Unterbau im Verhältnis 1:2 im Jahre 1811 an. Auf einen halbrunden Dachabschluss setzt Lehne fantasievoll einen Adler als Bekrönung. Der Maler und Schriftsteller Nikolaus Müller (1770–1851) legte 1839 einen Vorschlag vor mit gleichgroßem Unter- und Oberbau, zahlreichen Figuren und einer Inschrift, mit der er die Legio XIIII und Legio XVIII als Erbauer des Ehrenmals festmacht. Auch der Historiker Johannes Ledroit (1862–1939) versuchte sich in einer Rekonstruktion und orientierte sich dabei an Lehnes Zeichnung, ersetzte das halbrunde Dach allerdings durch ein Spitzdach. Schließlich versuchte 1962 auch der Kunsthistoriker Heinz Leitermann (1908–1979) das tatsächliche Bild des Drusussteins zu zeichnen, mit umlaufenden Säulen mit korinthischen Kapitellen, Adlerfiguren und einer Inschrift wie bei Müller. Und wer weiß, ob sich nicht wieder ein Künstler, Kunsthistoriker oder archäologisch interessierter Maler findet, der seine ganz eigene Dar- und Vorstellung des Ehrenmals für den Mainzer Stadtgründer Drusus zu Papier oder auf die Leinwand bringt...

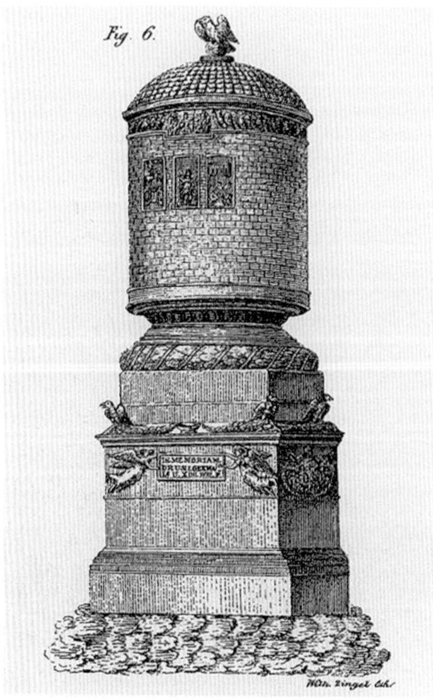

Rekonstruktionsversuche des Drusussteins (v. l. n. r.) von Friedrich Lehne (1811) und Nikolaus Müller (1839) sowie ein Bodenmosaik, das an einen aktuellen Vorschlag angelehnt ist.

Legionen rücken an

Man schreibt das Jahr 13 v. Chr., als auf der später Kästrich genannten Mainzer Hochebene, die an ihrem Nordostrand steil abfällt und einen weiten Blick auf das rechtsrheinische Germanengebiet gestattet, römisches Militär aufmarschiert und sich in der strategischen Top-Lage an Rhein- und Mainmündung einrichtet. Die Legio XIIII Gemina, deren heraldisches Erkennungszeichen der Capricorn ist, ein Fabelwesen zwischen Steinbock und Fisch. Die Legio XIIII ist aus Aquitanien angerückt, wo sie unter dem Prokonsul Marcus Valerius Messalla Corvinus seit 28 v. Chr. diente, dem berühmten General, Autor, Literatur- und Kunstmäzen. Gegründet worden ist die Legio XIIII (in anderer Schreibweise auch XIV), eine der 28 augusteischen Legionen, bereits durch Gaius Julius Caesar und war mindestens seit 57 v. Chr. während der Eroberungskriege Caesars in Gallien stationiert. Unter ihrem Legionssymbol, dem Löwen, marschiert zudem die Legio XVI, die wohl um 40 v. Chr. unter Octavian, dem späteren Kaiser Augustus, aufgestellt worden ist, auf den Kästrich. Die Legio XVI Gallica, „die Gallische", war zuvor (etwa ab 27 v. Chr.) in der Provinz Gallia Comata (haariges Gallien) im Einsatz. „Haariges Gallien", weil sich die Haarpracht der Gallier augenfällig vom Kurzhaarschnitt der Römer unterschied.

Nun gilt es zunächst, für die beiden Legionen ein befestigtes Lager einzurichten. Immerhin sind zweimal 5.500 Mann unterzubringen. Das ist die Legionsgröße seit der letzten Armeereform durch Augustus. Dazu kommt jeweils die 120 Mann starke Reiterabteilung, die der Aufklärung dient und als Melde-Reiterei eingesetzt wird. Jetzt heißt es, in einem Doppellager unter dem Legatus Augusti pro praetore Drusus die Großoffensive vorzubereiten, die die Truppen gen Norden bis an die Elbe führen soll.

Es ist nicht das erste Kastell, das von den nicht nur an Waffen ausgebildeten Legionären aufgebaut wird, von denen (stützt man sich auf die Auswertung von Inschriften) 71 % italischer und 29 % gallischer Herkunft sind. Das Bauschema der augusteischen Truppenstandorte ist (wie so vieles im Römischen Reich) normiert. Hier in Mogontiacum ist das Lager auf eine Größe von rund 35 ha, also der Fläche von etwa 49 Fußballfeldern, angelegt. Diese Größe hat sich im Laufe der „römischen Jahrhunderte" nicht verändert. Und da diese Fläche für die Unterbringung von zwei Legionen nach Ansicht von Experten „recht gering" ist, hält sich die Annahme, dass von Anfang an Einheiten der Mainzer Legionen ausgelagert wurden. Infrage kommen nicht nur kleinere Posten am Rhein und an den Straßen, etwa der wichtigen Rheintalstraße, die Mogontiacum mit der Colonia Claudia Ara Agrippinensium (Köln) verbindet, sondern neben Alzey (Altiaia) und Worms (Borbetomagus oder Civitas Vangionum) auch Bingen (Bingium). Denn hier, in Bingen, hat Drusus im ersten Jahrzehnt vor unserer Zeitrechnung am rechten Ufer der Nahe, unmittelbar vor deren Mündung in den Rhein, ein für das römische Militär strategisch überaus wichtiges Kastell bauen lassen, um das Mittelrheintal, die auslaufenden Ebenen der Ingelheimer Rheinebene und das untere Nahetal abzusichern. In der ersten Hälfte des 1. Jahrhunderts n. Chr. sind in Bingen Auxiliartruppen (*auxilium* = Hilfe) von Infanteristen der Cohors IV Delmatarum, der Cohors I Pannoniorum sowie der Cohors I Sagittariorum stationiert.

In Mogontiacum muss schon früh Platz für weitere Militäreinheiten geschaffen werden. Fünf Legionen sind am Rhein stationiert, als im Schicksalsjahr 9 n. Chr. die drei niederrheinischen Legionen in der „Schlacht im Teutoburger Wald" fast vollständig aufgerieben werden. Nur die beiden Legionen auf dem Kästrich bleiben zunächst, um das von den Römern beherrschte Gebiet zu verteidigen. Zu wenig – und so wird noch im selben Jahr wieder aufgestockt. Diesmal auf insgesamt acht Legionen. Zwei von ihnen kommen nach Mogontiacum, wo jetzt für vier Legionen Raum geschaffen werden muss. In Weisenau, davon geht die

Forschung aus, entsteht ein zweites Lager für zwei Legionen, die etwa im Jahre 17 n. Chr. wieder abgezogen und verlegt werden. Das erste Lager ist bis heute noch nicht entdeckt und archäologisch erforscht worden.

Ganz anders sieht es 22 Jahre später aus, als nach einem Eindringen von Chatten in das römisch besetzte Gebiet als römisches „Echo" ein Feldzug startet, für den auf dem Weisenauer Gebiet zwei zusätzliche Legionen stationiert werden. Im Weisenauer Steinbruch werden u. a. bei archäologischen Grabungen im Jahre 1957 Spuren eines etwa 3,5 ha großen Erdlagers mit zwei Spitzgräben vor den Erdwällen gefunden. Als eine Legion vom Kästrich mit Kaiser Claudius wohl im Jahre 43 n. Chr. auf den Britannienfeldzug geht, rückt eine der Weisenauer Legionen ins eigentliche Militärlager auf. Schon zwei, drei Jahre später wird die Weisenauer Legion in das Legionslager Vetera Castra bei Xanten verlegt. Damit ist das Weisenauer Lager aber durchaus nicht leer, denn hier sind, so kann man annehmen, weiterhin Hilfstruppen vor

Der Säulensockel mit der Darstellung zweier kämpfender Legionäre stammt aus der zweiten Hälfte des 1. Jahrhunderts n. Chr. und war wohl Teil einer Säulenhalle. Gefunden wurde er auf dem Kästrich in der römischen Stadtmauer. Im Landesmuseum Mainz befinden sich weitere Säulensockel, die vermutlich zum gleichen Gebäude im Legionslager gehörten.

Ort. Und ein letztes Mal rückt vermutlich eine Legion ins Lager Weisenau ein, als Domitian im Jahre 85 n. Chr. gegen die Chatten zu Felde zieht.

Und während im Bereich des heutigen Steinbruchs militärisches Lagerleben vorherrscht, entwickelt sich an dessen Nordseite eine pulsierende Zivilsiedlung. Vom 1. bis zum 4. Jahrhundert n. Chr. wird hier im Schatten der Römer und ihrer Hilfstruppen gelebt und gearbeitet, wie Häusergruben, Mauern und Reste von Töpfereien den Archäologen signalisieren.

Das Lager auf dem Kästrich

Doch zurück zum Mainzer Doppellager, das, wie in der frühen Kaiserzeit üblich, nahezu in einem Länge-Breite-Verhältnis von 3:2 angelegt ist. Nachgewiesen ist an sechs Fundstellen die erste Absicherung: Hinter einem rund 7 m breiten und bis zu 4 m tiefen Spitzgraben wurde eine etwa 3 m breite Holz-Erde-Mauer angelegt. Weithin zu sehen als deutliches Zeichen machtvoller Militärpräsenz. Und dafür mussten Unmengen an Bäumen gefällt werden, bspw. im Odenwald, wohin Fällkommandos der Legio XXII ausrückten. Zieht man zum Vergleich des Holzbedarfs das augusteische Legionslager von Oberraden heran, wo 56 ha zu umfassen waren, mussten 25.000 Bäume geschlagen werden. Das entspricht einem Wald von etwa 9,3 km^2.

Hinter dieser Umwallung gibt es eine klare Aufteilung. Zwischen dem Wall und dem eigentlichen Lager ist ein breiter Streifen frei gelassen, das Intervallum. Es bietet den Soldaten Aktionsraum, sollten sie sich verteidigen müssen. Das Lager selbst wird durch die Hauptstraße (Via principalis) und die parallel angelegte Via Quintana in drei Bereiche geteilt. Senkrecht dazu: die Hauptausfallstraße (Via praetoria) und die Via Decumana. So werden die beiden Legionen voneinander getrennt. An der Kreuzung Via principalis/Via praetoria, also im Zentrum, steht das Stabsgebäude (*principia*) mit dem Sitz des Befehlshabers des Lagers (Legionslegat), dem Fahnenheiligtum mit Adler und Standarten der Legionen und einer Büste des Kaisers. Eigene Unterkünfte hat auch der Führungsstab mit den erfahrensten Veteranen der 1. Kohorte, den Legaten sowie den Tribunen und Präfekten. In Mannschaftsbaracken sind Reiterei und Fußsoldaten untergebracht. Es gibt im Lager Werkstätten (*fabrica*), einen Platz zum Exerzieren und eine (allerdings erst in späterer Zeit gebaute) Therme. Sie kann im Mainzer Grüngürtel in der Oberstadt in den Jahren 1901/08 als einziges Gebäude des Lagers mit vielen Details und einer Größe von 69 x 50 m nachgewiesen werden.

In Lagerschuppen (*horrea*) wurden Vorräte gelagert, die für etwa ein Jahr reichen mussten: von den Einheiten selbst angebautes oder von Bauern des Umlands gekauftes Getreide. Dazu je nach Jahreszeit Obst, Nüsse, Hülsenfrüchte, aber auch Speck, Fleisch (oftmals das von Opfertieren) und Käse. Eine Zentralküche gab es nicht. Die einfachen Soldaten bereiteten sich ihre Mahlzeiten selbst in ihren Stuben zu, in denen sie in der Regel bis zu acht Mann untergebracht waren. Das *contubernium* (Zeltgemeinschaft) war zugleich die kleinste organisatorische Einheit der Armee. Die übliche Verpflegung war „Puls", ein aus gemahlenem Weizen bestehender Getreidebrei. Zu trinken gab es Wasser pur oder mit Essig „verfeinert". Offiziere ließen sich ihre Mahlzeiten, die luxuriöser ausfielen, von dazu abgeordneten Soldaten oder ihren persönlichen Trossknechten oder Sklaven zubereiten und servieren. Da kamen durchaus auch aus größerer Entfernung angelieferte Lebensmittel und Spezialitäten, wie etwa Austern, auf den Tisch. Und natürlich auch Wein, der je nach Geschmack mit Wasser verdünnt wurde. Luxus pur schließlich war angesagt, wenn wieder einmal ein leibhaftiger Kaiser zu Gast im Lager war,

Stadtplan vom 1. bis zum 5. Jahrhundert n. Chr. Die schematische Darstellung des römischen Mainz zeigt die Vielzahl der Gräberfelder und -straßen, von denen Mogontiacum umgeben war. Das Lager auf dem Kästrich und das Auxiliarlager in Weisenau sind ebenso hervorgehoben, wie der „Dimesser Ort“ in der Nähe des Zollhafens. Spätestens nach dem ersten Stadtmauerbau Mitte des 3. Jahrhunderts n. Chr. entstand zwischen Legionslager und Rheinbrücke eine städtisch geprägte Zivilsiedlung.

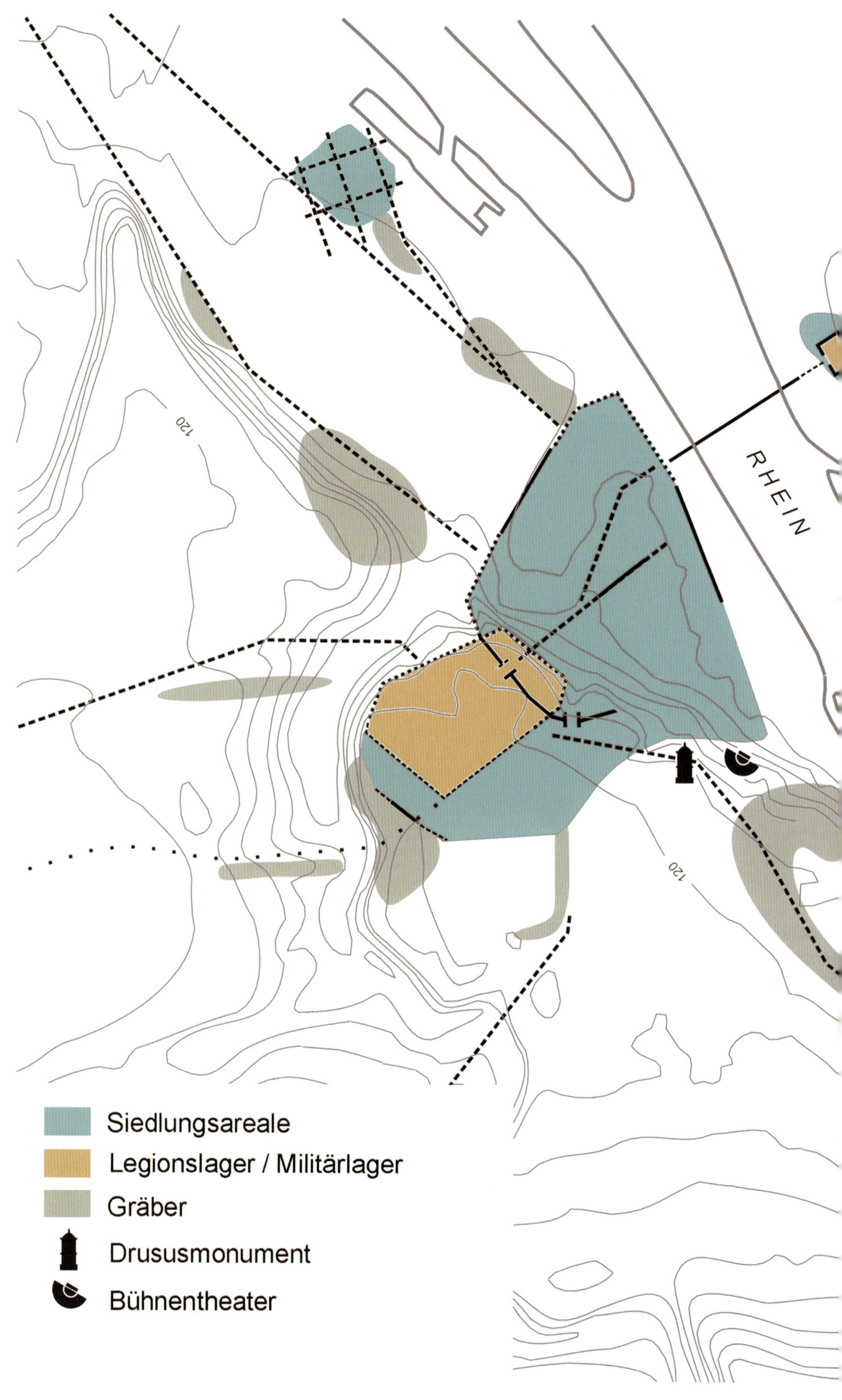

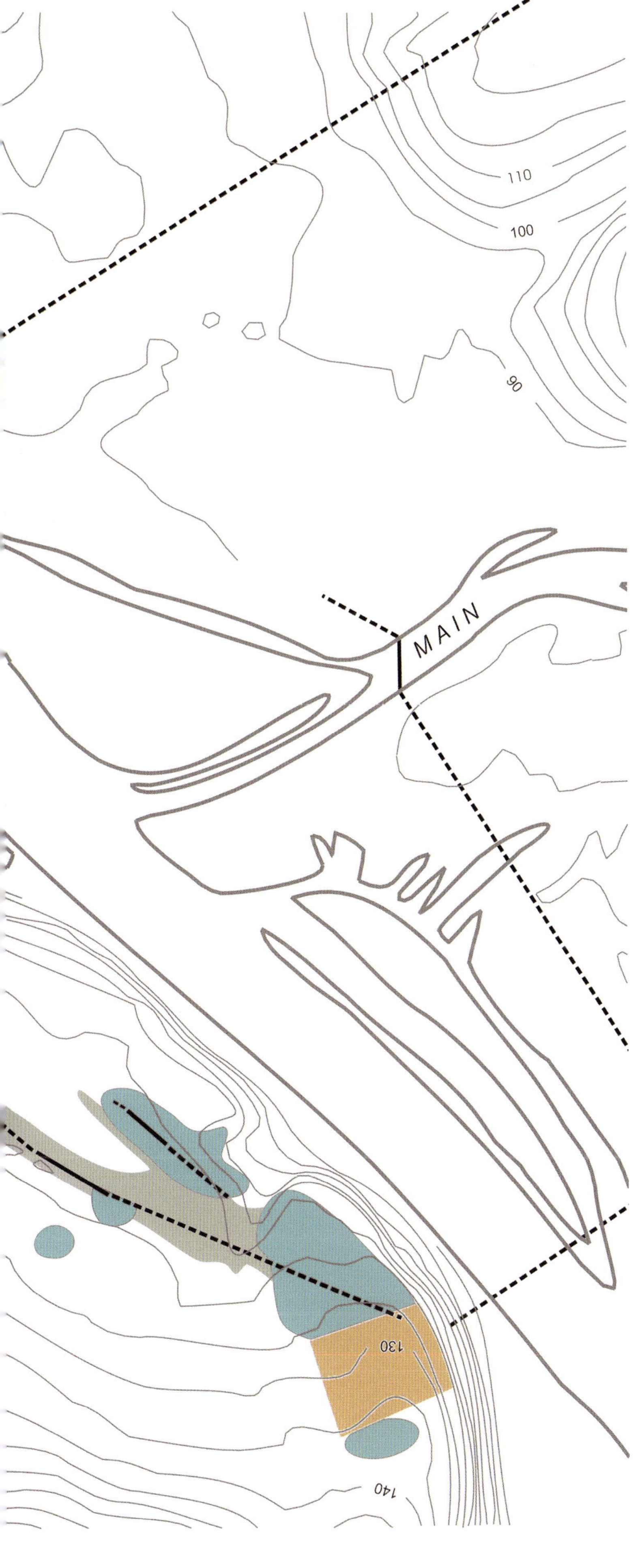

bspw. Domitian, für den Mogontiacum die Operationsbasis für seinen Feldzug gegen die Chatten in der Wetterau und im Taunus war. Im Tross des Domitianus Caesar Augustus Germanicus war selbstverständlich auch der Vorsteher seiner Vorkoster, Tiberius Claudius Zosimus. Ob Zosimus, der wohl in der zweiten Hälfte des Jahres 83 n. Chr. starb, quasi „im Dienst" vom Tod ereilt wurde, ist nicht überliefert. Auch sein Grabstein, der im Mainzer Landesmuseum aufbewahrt wird, gibt keinen Hinweis...

Standen im Lager zunächst Holzbauten, so änderte sich das spätestens ab 92 n. Chr., als nur noch eine Legion untergebracht war. Jetzt hatte man Platz und konnte großzügiger bauen. Zudem galt es, der Tatsache Rechnung zu tragen, dass der Mainzer Legat und Statthalter zum Legatus Augusti pro praetore provinciae Germania superior ernannt wurde und die Provinzverwaltung nach Mogontiacum kam. Die Epoche der großen Repräsentationsbauten, also etwa des Praetoriums, begann. Wie sie aussahen und wo genau sie im Lager standen, ist nicht bekannt. Aber es gab sie. Große Quader mit teilweise aufwendiger Verzierung, die später im Fundament der Stadtmauer gefunden wurden (vgl. S. 106–107), werden als Beweis gewertet.

Größere Baumaßnahmen sind in der ersten Hälfte des 2. Jahrhundert nicht bekannt, mit Ausnahme einer neuen Steinmauer im Bereich des Legionslagers, das seine ursprünglich für zwei Legionen angelegte Ausdehnung auf dem Kästrich nicht veränderte. Fraglich ist nach wie vor die Vermutung, dass sich der Palast des Statthalters im großflächigen Lager befunden habe. Ein anderer, wohl weitaus repräsentativerer Standort mit Prunkfassade zum Rhein hin könnte durchaus im Bereich der heutigen Altenauer Gasse/Algesheimer Hof angenommen werden. Als sicher hingegen gilt eine rege Bautätigkeit mit Um- und Anbauten sowie die Anlage eines größeren Kastellbades mit einer Ausdehnung von 69 x 50 m. Ziegelstempel weisen nach, dass die Badeanlage in frühhadrianischer Zeit, also im frühen 2. Jahrhundert n. Chr., umgebaut und so erweitert wurde, dass sie dem Typ anderer Badegebäude aus dem Bereich des Limes entsprach. Wahrscheinlich wurde das Bad bis zur Aufgabe des Lagers im 4. Jahrhundert n. Chr. genutzt und immer wieder repariert.

Baden in Mogontiacum

Ein Vollbad in einer Wanne gehörte wohl eher zu den Seltenheiten in der Frühzeit des alten Roms. Regelmäßig gewaschen wurden lediglich Arme und Beine, aber der Drang nach der vermutlich nicht sehr warmen Wanne war nicht sonderlich stark – schon eher aber der Wunsch nach einer komfortableren Badevariante. Den ersten Schritt in diese Richtung der Hygiene machte man etwa 150 v. Chr. in Pompeji, wo die ersten öffentlichen Bäder nachgewiesen sind. Es sollte gemäß dem römischen Architekten, Ingenieur und Architekturtheoretiker Vitruv (1. Jahrhundert v. Chr.) nur noch fünf Jahrzehnte dauern, bis der Römer Caius Sergius Orata, ein erfolgreicher Kaufmann, Erfinder des Austernanbaus und Wasserbauingenieur, die wohl schon im antiken Griechenland bekannte Hypokaust-Methode zur Beheizung eines Gebäudes zumindest weiterentwickelte. Orata könnte damit, um es salopp zu sagen, der Erfinder der Zentralheizung (*hypocaustum*), die aus einem mit Holz oder Holzkohle betriebenen Ofen bestand. Der im Ofen entstehende Dampf wurde mit Rohren unter den Fußboden geleitet. Außerdem wurden die Wände mit Hohlziegel gemauert, so konnte der warme Dampf auch in den Wänden nach oben steigen: das „Ei des Columbus" für das römische Bad. In den Thermen wurden so die Becken geheizt. Je weiter die Becken vom Ofen entfernt waren, desto kühler wurden sie, weil sich der Dampf mit der Entfernung abkühlte.

Und so lief ein Badetag ab: Im Apodyterium entledigte man sich seiner Kleider, die Vorreinigung erfolgte im Frigidarium. Danach begab man sich in das Tepidarium, ein warmer (ca. 28 °C) Raum, in dem der Körper auf das Bad vorbereitet werden sollte. Im Tepidarium konnte er eine Massage genießen oder sich mit anderen Badegästen unterhalten. Danach folgte der Wechsel in das Caldarium, dem Warmbaderaum. Hier herrschte eine Luftfeuchtigkeit von fast 100 % ähnlich der heute üblichen Sauna bei einer Temperatur von etwa 35 bis 50 °C. Nun konnte man zwischen Caldarium (schwitzen) und Tepidarium (abkühlen) oder Frigidarium, einem Kaltbaderaum mit Kaltwasserbecken, oder zwischen Sudatorium, einem Heißluftraum mit einer Temperatur von rund

Als der 1876 bis 1884 gebaute Eisenbahntunnel im Bereich Eisgrub 1932 zur Oberfläche hin geöffnet wurde und aus dem etwa 1,2 km langen Tunnel zwei wurden, trat „Römisches" zutage. In der 29 m tiefen Baugrube (der Aushub wurde zum Rodelberg in der Berliner Siedlung) wurden die Reste eines römischen Militärbads aus der Zeit von etwa 70 n. Chr. entdeckt. Sie sind heute recht unspektakulär und vernachlässigt vor der Brücke zur Zitadelle (Windmühlenberg/ Am 87er Denkmal) aufgestellt.

40 bis 60 °C, und dem Frigidarium wechseln. Und es war durchaus nicht unüblich, den ganzen Tag im Badehaus zu verbringen. Hier konnte man sich sportlich betätigen und schließlich wurden hier auch in entspannter Atmosphäre Geschäftsbeziehungen geknüpft oder gepflegt.

Ein Wort noch zur Technik: Werden in der heute üblichen klassischen Sauna Steine auf einem Ofen erhitzt, so unterscheidet sich ein römisches Bad hiervon dahingehend, dass über die beheizten Wände Strahlungswärme abgegeben wird, durch die sich die Luft im Raum aufheizt. Was zur Folge hat, dass es etwa in der großen öffentlichen Therme am Tritonplatz/Staatstheater in Mogontiacum auch keinen Aufguss gab, der heute für viele Saunagänger der besondere „Kick“ ist.

Man kann davon ausgehen, dass in den Badeanlagen Mogontiacums die in Rom seit Mitte des 2. Jahrhunderts v. Chr. entwickelte Tradition fortgeführt wurde. Das gilt für die großen, am Fort Josef zwischen Gautor und Binger Tor schon 1833 entdeckten, aber erst 1901 umfangreich ausgegrabenen Lagerthermen ebenso wie etwa für die unter dem heutigen Staatstheater liegende öffentliche Badeanlage. Die Beheizung mit Hypokausten, wie sie in den öffentlichen Badeanlagen üblich war, wurde auch in Privathäusern wohlhabender Römer genutzt. Ein Nachbau findet sich neben dem Proviantmagazin in der Schillerstraße.

Was heute wieder in Mode ist, war nach dem Untergang des Römischen Reiches verpönt. Die christliche Kirche lief Sturm gegen das „sündige“ öffentliche Baden und versetzte der antiken Kultur zunächst den Todesstoß. Nur ein „Römerfan“ ließ sich vom klerikalen Bannstrahl nicht beeindrucken: Karl der Große. Er ließ seine Aachener Kaiserpfalz mit einer Badeanlage nach römischem Vorbild ausstatten. Ansonsten sind erst aus dem 12. Jahrhundert wieder öffentliche „Badestuben“ bekannt, die an den Luxus der römischen Thermen allerdings nicht anknüpfen konnten. Heute greifen Wellness-Anlagen wieder auf die Errungenschaften der Römer zurück. Und was die geniale, von den Griechen schon etwa 200 v. Chr. erfundene Fußbodenheizung betrifft, so wurde sie und ihr Nutzen erst im 20. Jahrhundert wiederentdeckt, bis sie sich seit den 1970er Jahren schließlich immer mehr durchsetzen konnte.

In den spätantiken Lagerthermen am späteren Fort Josef zwischen Binger Tor und Gautor, die zwar schon 1833 entdeckt, aber erst 1901 umfangreich ausgegrabenen wurden, wurden im Juli 1901 in „Raum 11“ diese Ziegel mit Legionsstempeln gefunden.

Wer hat das Sagen?

Eine Legion bestand aus 5.500 Männern mit römischem Bürgerrecht, die 20 bis 25 Jahre dienten. Die Legion war in zehn Kohorten unterteilt, die aus sechs Zenturien zu je 80 Mann bestanden. Ausnahme war die 1. Kohorte mit 160 Soldaten. Zusätzlich wurden 120 Reiter als Kuriere und Kundschafter eingesetzt. Jeder Legion waren Hilfstruppen mit annähernd gleicher Stärke angegliedert. Bei ihnen gehörten Reiter zur kämpfenden Truppe.

Über Allen und Allem stand der Feldherr der Legion, der Legat. Sein Stellvertreter war der Tribuns Laticlavius, unter dem fünf Militärtribunen standen. Den Tribunen waren 60 Zenturionen mit Befehlsgewalt über ihre Truppenteile untergeordnet. Der nächste in der Hierarchie war der Lagerpräfekt als Chef der Verwaltung und der Organisation des Lagers. Weitere Präfekte befehligten vom Kästrich aus die Reiter und die Kohorten der Hilfstruppen, die in einem Auxiliarlager untergebracht waren, z. B. in Weisenau oder nach der Eroberung rechtsrheinischer Gebiete in Kastel. Besondere Positionen waren die des Aquilifers, der den Legionsadler trug, und des Signifers, der das Feldzeichen der Legion trug.

Lang ist die Liste der Oberbefehlshaber über die Legionen am Rhein. Nach dem Tod des Drusus übernahm sein Bruder Tiberius bis 7 v. Chr. das Kommando über die Mainzer Legionen. Von seinen Nachfolgern L. Domitius Ahenobarbus und M. Vinicius ist kaum etwas bekannt. Von 4 bis 6 n. Chr. übernahm Tiberius erneut das Kommando in Mogontiacum und führte von hier aus erfolgreich militärische Aktionen durch. Sein Legat auf dem Kästrich war C. Sentius Saturninus, der im Jahre 6 n. Chr. die beiden Mainzer Legionen zum Kampf gegen den im Maingebiet ansässigen Stamm der Markomannen führte. Tiberius kam aus dem Süden dazu, musste aber wegen eines Aufstands in Westungarn (Pannonien) und im Westen der Balkanhalbinsel (Illyrien) umkehren. Oberbefehlshaber über die Rheinlegionen wurde der ehemalige Statthalter in Syrien und Mitkonsul des Tiberius, P. Quinctilius Varus. Die zwei Mainzer Legionen XIIII Gemina und XVI Gallica wurden dem Varus-Neffen L. Nonius Asprenas unterstellt und entgingen so dem blutigen Desaster in der „Schlacht am Teutoburger Wald", in der die drei Legionen seines Onkels im Jahre 9 n. Chr. vernichtend geschlagen wurden. Nach dieser Katastrophe übernahm Tiberius nochmals (bis 12 n. Chr.) das Oberkommando. Entlang des Rheins entstanden unter seiner Führung zahlreiche Kastelle. Möglicherweise auch gegenüber des Mainzer Legionslagers ein Brückenkopf als Vorläufer des späteren Castellum Mattiacorum (Mainz-Kastel). Durch die Teilung der Rheinarmeen in eine untere und eine obere mit jeweils vier Legionen hatte Tiberius quasi die Teilung Germaniens in die Wege geleitet. Als C. Silius Caecina von 14 bis 21 n. Chr. als Befehlshaber des obergermanischen Heeres auftrat, war Mainz sein offizieller Sitz. Neun Jahre (30–39 n. Chr.) war Cn. Cornelius Lentulus Gaetulicus in Amt und Würden – dann ließ ihn Caligula töten.

Der Nachfolger des Gaetulicus wurde Sulpicius Galba, der spätere Kaiser. Er ließ u. a. das Erdkastell Hofheim anlegen. Auf Galba folgte C. Vibius Rufinus (42–45 n. Chr.), der erstmals das Militär umorganisierte. Die Legio XVI Gallica versetzte er ins Castrum Novaesium (Neuss am Rhein), die Legio XIIII Gemina schickte er in den Britannienfeldzug des Claudius. Auf den Kästrich verlegte Rufinus die Legio IIII Macedonica und die Legio XXII Primigenia, die wahrscheinlich schon vorher in Weisenau stationiert waren. Kurzfristig war auch die Legio XV Primigenia in Weisenau ansässig, bevor sie nach Castra Vetera, in der Nähe des heutigen Xanten, verlegt wurde. Nachfolger des Rufinus wurde Curtius Rufus, der im Gebiet der Mattiaker, die in der Wetterau, im Taunus und auf dem Gebiet des heutigen Wiesbaden siedelten, Silberbergwerke anlegen ließ. Pomponius Secundus ist aus der Zeit des Kaisers Claudius (41 –54 n. Chr.) als weiterer Legat des obergermanischen Heeres bekannt. Er schlug räuberische Chatten zurück, die den Rhein überquert hatten und plündernd in das „römische" Gebiet eingefallen waren. Aus der Zeit des Kaisers Nero (54–68 n. Chr.) sind der Wissenschaft vier Oberbefehlshaber in Mogontiacum bekannt: L. Antistius Vetus (55/56 n. Chr.), T. Curtilius Mancia (56–58 n. Chr.), Publius Sulpicius Scribonius Proculus (ca. 63 bis 67 n. Chr.), in dessen Zeit als Statthalter die Große Jupitersäule errichtet wurde (vgl. S. 146–151), und Lucius Verginius Rufus (67/68 n. Chr.). Er beendete mit den Mainzer Truppen im Jahre 69 n. Chr. den Aufstand des Gaius Julius Vindex bei Vesontio, dem heutigen Besançon, und wurde im Sommer 68 n. Chr. durch Marcus Hordeonius Flaccus abge-

Germania superior

Mogontiacum war Statthaltersitz der von etwa 90 n. Chr. bis zum Ende des 3. Jahrhunderts n. Chr. bestehenden Provinz Obergermanien (Germania superior). Zur Provinz gehörten Teile Frankreichs, Südwestdeutschlands und der Schweiz. Nach Norden schloss sich die Provinz Niedergermanien (Germania inferior) an, im Westen Gallia Belgica und Gallia Lugdunensis, weiter südlich Gallia Narbonensis und Raetia. Die von Römern nicht besetzten Gebiete im Osten wurden Germania magna (Großes Germanien) genannt.

löst. Der als „alter, gebrechlicher und wenig charakterfester Mann“ beschriebene Oberbefehlshaber wurde im Januar des Jahres 70 n. Chr. von eigenen, betrunkenen Soldaten umgebracht. Während des Aufstands germanischer Bataver sowie weiterer keltischer und germanischer Stämme (Bataveraufstand ab August 69 n. Chr.) soll Flaccus, so die Begründung des Mordes, der etwas verworrenen Situation wohl nicht gewachsen gewesen sein. Als er starb, war er noch keine 30 Jahre alt. Sein Nachfolger war für kurze Zeit der Legat der Legio XII Primigenia, Gaius Dillius Vocula, der Anfang des Jahres 70 n. Chr. einem Mordanschlag zum Opfer fiel, welcher durch einen Treverer in römischen Diensten angezettelt worden war.

Legat des obergermanischen Heeres wurde, nachdem der Bataveraufstand niedergeschlagen worden war, Annius Gallus, der etwa 69/70 n. Chr. mit der Legio XIIII

Das Nativitätsgestirn des Kaisers Augustus, der Steinbock, ist im 1. und 2. Jahrhundert n. Chr. in seiner mythologischen Gestalt (halb Steinbock, halb Fisch) als Legionsemblem mehrerer Legionen bekannt, bspw. auch der Legio XXII Primigenia, der Mainzer „Hauslegion“. Ihr Emblem mit dem Capricorn und dem Zusatz „Primigenia Pia Fidelis“ (die ursprüngliche, pflichtbewusste, treue) ist als historisierendes Bodenmosaik auf dem Kästrich zu finden.

Gemina Martia Victrix nach Mogontiacum kam. Die Legio XXII Primigenia wurde nach Vetera (bei Xanten) verlegt, die Legio IIII Macedonica aufgelöst. Dafür rückte die Legio I Adiutrix ins Mainzer Legionslager ein. Nachfolger von Annius Gallus wurde als Oberbefehlshaber des vier Legionen starken obergermanischen Heeres der Konsularlegat Cn. Cornelius Pinarius Clemens, in dessen Amtszeit die Anlage von Straßen und Kastellen auf der rechten Rheinseite fiel. Völlig überraschend für die Römer, die im Mogontiacum des Jahres 82 n. Chr. unter dem Befehl des Quintus Corellius Rufus standen, war der Ausbruch des Chattenkrieges im Frühjahr 83 n. Chr., als sich Kaiser Domitian gerade in Mogontiacum aufhielt. Den Kaiser zog es nach Rom, wo ihm im Sommer der Ehrentitel „Germanicus" verliehen wurde. Währenddessen gingen die militärischen Operationen von Mainz aus wohl noch zwei Jahr weiter, denn erst 85 n. Chr. wurde auf Münzen der Sieg „über Germanien" gefeiert.

Gar nicht so leicht

Auto, Bahn oder Flugzeug: Wer sich über weite Strecken von A nach B bewegen will oder muss, hat heute die Wahl. Anders in römischer Zeit, als die in Mogontiacum stationierten Legionen *per pedes*, oder um es salopp auszudrücken auf Schusters Rappen (in diesem Fall auf mit Eisennägeln beschlagenen Sandalen) unterwegs waren. Auf Feldzügen waren mindestens 25 km am Tag die Norm. Und das mit rund 47 kg am Körper! Neben der wollenen Tunika, Brustpanzer, Schienbeinschutz und Helm war noch das Marschgepäck (*sarcina*) an einer kreuzförmigen Stange (*furca*) zu tragen. Ein Fell zum Schlafen im Mantelsack (*mantica*), eine einen Liter fassende Metallflasche (*ampulla*), zum Wasserholen ein Bronzeeimer (*situla*), der auch als Kochtopf genutzt werden konnte, eine Kasserolle (*patera*) aus Bronze zum Trinken, die *pera* (eine Ledertasche für persönliche Gegenstände und Geld) sowie ein Netz (*reticulum*), in dem jeder Legionär seine für einige Tage reichende Getreideration mit sich führen musste. Allein das Marschgepäck, und dabei sind die Waffen noch nicht eingerechnet, wog um die 18 bis 20 kg.

„Das Lager ist der besondere Stolz der Soldaten.
Es ist ihr Vaterland, das seine Soldaten beheimatet."

Publius Cornelius Tacitus (* um 58, † um 120)
römischer Geschichtsschreiber, Politiker und Senator.

Das ist auch der Zeitpunkt, zu dem der Bereich des Obergermanischen Heeres in die Provinz Germania superior umgewandelt wurde. Mogontiacum wurde Provinzhauptstadt und der Oberbefehlshaber zum Statthalter befördert. Die Legio I Adiutrix verließ Mainz und machte Platz für die Legio XXI Rapax. Dann, im Januar 89. n. Chr., wurde der Aufstand des Lucius Antonius Saturninus von seinen Truppen, Legio XIIII Gemina und Legio XXI Rapax, zum Imperator ausgerufen. Das blieb selbstverständlich nicht ohne militärisches Echo: Kaiser Domitian selbst rückte mit der Prätorianergarde gegen Saturninus vor, und auch der Legat der Legio VII Gemina, der spätere Kaiser Trajan, marschierte in Richtung Mainz. Dem domitiantreuen Legaten Appius Norbanus Maximus gelang schließlich der Sieg über Saturninus, dessen abgeschlagener Kopf in Rom zur Schau gestellt wurde. Die kaisertreuen Legionen aber erhielten den Ehrentitel „pia fidelis Domitiana".

Und wieder einmal gab es als Folge des Aufstands einen „Personalwechsel": Die Legionen XIIII Gemina und XXI Rapax wurden nach Pannonien (West-Ungarn) versetzt. Dafür kam die Legio XXII Primigenia Pia Fidelis zurück nach Mogontiacum, wo sie bis zum Beginn des 4. Jahrhunderts n. Chr. als Mainzer „Hauslegion" bleiben sollte. Um die Verwaltung der neuen Provinz Germania superior in Mogontiacum ordentlich zu organisieren, schickte Domitian den damals populären Rechtsgelehrten Octavius Tossianus Javolenus Priscus, der zwischen 89 und 96 n. Chr. auch für das Militär zuständig war. Mit Chattenkrieg und Saturninus-Aufstand endeten für fast 100 Jahre die großen militärischen Auseinandersetzungen. Aber prägend für Mogontiacum blieb das Militär, dessen Befehlshaber der Statthalter war, z. B. der spätere Kaiser Trajan in den Jahren 96 und 97 n. Chr. Trajans Nachfolger wurde der Schwager des späteren Kaisers Hadrian, Julius Ursus Servianus, der zur selben Zeit als Militärtribun der Legio XXII Primigenia P. F. eingesetzt wurde. Schon ein Jahr später allerdings wurde Servianus nach Pannonien versetzt, als Folge einer Auseinandersetzung mit Hadrian.

In Mogontiacum wurde es ruhiger. Die Angst vor Germaneneinfällen war nicht mehr so präsent, sodass die Truppen in

Obergermanien verringert werden konnten. Namen von Statthaltern sind für diese Zeit allerdings nur spärlich bekannt. So wird für das Jahr 115 n. Chr. ein Bassus oder Crassus genannt, für 116 n. Chr. ein Kanus. Die Mainzer Legion konnte die Waffen beiseitelegen und sich anderen, völlig unmilitärischen Aufgaben widmen. Dokumentiert sind dabei Straßenbau, Arbeiten im Steinbruch oder der Betrieb von Ziegeleien, wie etwa der Zentralziegelei im heutigen Frankfurt-Nied. Von hier aus wurde die gesamte Wetterau und der Limes versorgt. Nur wenige Nachrichten aus der Zeit Kaiser Hadrians (117–138 n. Chr.) sind aus Mogontiacum überliefert, u. a. der Name des Statthalters Tiberius Claudius Quartinus, der kurz nach 130 n. Chr. im Amt gewesen sein muss. Es wird angenommen, dass Hadrian selbst, als er auf Inspektionsreisen war, in Mogontiacum Station gemacht hat, denn er ordnete dort im militärischen Einflussbereich eine Verstärkung des obergermanisch-raetischen Limes an.

In dieser überaus friedlichen Zeit begann überall im römischen Einflussbereich die Verschmelzung des Militärs mit der einheimischen Bevölkerung. Die Mainzer „Hauslegion", die Legio XXII Primigenia P. F., machte da keine Ausnahme. So wurden bspw. neue Soldaten fast ausschließlich in der Mainzer Zivilsiedlung angeworben. Die Hauptstadt der Provinz Germania superior blühte auf und so blieb es auch in der Herrschaftszeit des 15. Kaisers des Römischen Reichs, Antoninus Pius, so friedlich, dass nur die Namen von drei Statthaltern in Mogontiacum erwähnt werden: Casernius Statius Quintius Statianus Memmius (um 150 n. Chr.), Popilius Carus Pedo (um 152 n. Chr.) und Dasumius Tullius Tuscus (169/161 n. Chr.). Aber so friedlich sollte es nicht bleiben am Ufer des Fluvius Rhenus, des Rheins, denn mit dem Tod des Antoninus Pius (7. März 161 n. Chr.) endete die letzte längere Friedensperiode im Römischen Reich.

Kaum war Marc Aurel als Nachfolder des Antoninus Pius römischer Kaiser (161–180 n. Chr.) geworden, kam es wahrscheinlich in Obergermanien zu einem weiteren Einfall der Chatten, den der neue Konsularlegat Gaius Aufidius Victorinus allerdings von Mogontiacum aus abwehren konnte. Auch der spätere 66 Tage-Kaiser Didius Julianus kämpfte als Kommandeur in Mogontiacum gegen die Chatten. Nahezu keine Informationen sind überliefert von der Mainzer Tätigkeit des Cornelius Anulinus als Konsularlegat. Um 187 n. Chr. versetzte Marc Aurels Sohn und Nachfolger Commodus (180–192 n. Chr.) den Helvius Clemens Dextrianus aus der Alpenregion Raetien nach Mogontiacum. Blutige Kämpfe wurden um die Nachfolge des 192 n. Chr. ermordeten Kaisers Commodus ausgetragen. Die Mainzer Legio XXII machte sich für den späteren Kaiser Septimius Severus (193–211 n. Chr.) stark und ging mit ihm siegreich aus der Schlacht bei Lugdunum (Lyon), hervor, die mit 300.000 Soldaten eine der größten Schlachten der römischen Geschichte war. Aus der Regierungszeit des Septimius Severus sind zwar drei Konsularlegaten mit Sitz in Mogontiacum bekannt, aber weder deren Amtszeit noch irgendeine ihrer Aktivitäten.

Zwei obergermanische Statthalter sind für das Jahr 213 n. Chr. bekannt als Caracalla (211–217 n. Chr.) Kaiser war: ein Mann namens Avitus und Junius Quintianus. An dem im selben Jahr unternommenen Feldzug gegen die Alamannen nahmen auch Truppen aus Mogontiacum teil. Weiterer Statthalter unter Caracalla war Gaius Julius Egnatianus, ohne dass dessen Amtszeit zu ermitteln ist. Zwischen 218 und 222 n. Chr. (inzwischen hieß der Kaiser Elagabal) war Claudius Aelius Pollio Statthalter in Mogontiacum; als Severus Alexander Kaiser war (222–235 n. Chr), hießen die Befehlshaber in Mogontiacum Maximianus Attianus und Catius Clementinus Priscillianus. Im März 235 n. Chr. rebellierten die Mainzer Truppen gegen Severus Alexander (vgl. S. 44–46), ermordeten ihn und seine Mutter Julia Mamaea und riefen den bei den Soldaten beliebten Ausbilder Maximinus Thrax zum neuen Kaiser aus. Thrax gilt als erster „Soldatenkaiser". Unter seinem Nachfolger Marcus Antonius Gordianus (Gordian III.), der von 238 bis 244 römischer Kaiser war, ist als Mainzer Statthalter Pontius Proculus Pontianus bekannt. In die Zeit des Kaisers Philippus Arabs (244–249 n. Chr.) fällt übrigens nicht nur die Statthalterschaft des Caecilius Pudens in Mogontiacum, sondern auch die im Jahre 248 n. Chr. begangene Tausendjahrfeier der Stadt Rom. Es begannen unruhige Jahre und eine bei Jagsthausen gefundene Bauinschrift für das dortige Kastellbad, auf der Caecilius Pudens erwähnt ist, und Ziegel der Legio XXII Primigenia P. F. lassen darauf schließen, dass sich der Statthalter mit seinen Truppen wohl zu dieser Zeit am „vorderen Limes" im heutigen Baden-Württemberg, dem „Dekumatenland", aufgehalten hat.

Gemeinsam waren Publius Licinius Egnatius Gallienus (um 218–268 n. Chr.) und sein Vater Valerian ab 253 n. Chr. Kaiser. Während der Vater sich um den östlichen Teil des Reiches kümmern sollte, war Gallienus (260–268 n. Chr. alleiniger Herrscher) in Obergermanien gefordert. Denn: Die Alamannen drangen im Oberrheingebiet immer wieder vor und überschritten nicht selten sogar die Grenze. Wahrscheinlich waren auch Truppen aus Mogontiacum an den kriegerischen Handlungen beteiligt, in die auch Markomannen, Sarmaten und Goten eingebunden waren. Die Limes-Grenze war in ernster Gefahr. Gallienus kam im Jahre 257 n. Chr. zurück an den Rhein. Allerdings wählte er nicht Mainz, sondern Köln als Hauptquartier. Das kann der Grund dafür sein, dass aus der Zeit keine Nachrichten aus Mogontiacum übermittelt sind. Nicht einmal die Namen von Legaten oder Kommandeuren sind bekannt. Überhaupt: Es gibt so gut wie keine Schriftquellen aus der Zeit des späten 3. Jahrhunderts n. Chr., sieht man einmal ab von der Chronik des christlichen Theologen und Geschichtsschreibers Eusebius von Caesarea (260/264–339/340 n. Chr.), in der er über die Germaneneinfälle der Jahre 262/263 n. Chr. schreibt: „...Nachdem Alamannen die gallischen Gebiete verwüstet hatten, zogen sie nach Italien weiter...". Dass Gallienus den Legaten Postumus zum Oberbefehlshaber der Rheinarmee ernannte und seinen Sohn Salonius in Köln zurückließ, während er selbst nach Mailand ging, sollte sich als fataler Fehler erweisen, der nicht nur Salonius das Leben kostete (vgl. S. 46–47). Den Aufbruch nach Mailand löste das Gerücht aus, dass es dort einen Aufstand gegeben habe. Als Gallienus dort eintraf, wurde er von seinen Offizieren erschlagen. Möglicherweise machte Postumus Mogontiacum zu seinem Hauptquartier, gründete nach dem Fall der Stadt Köln und dem Tod des jungen Saloninus das Gallische Sonderreich, kämpfte erfolgreich gegen die Alamannen, ließ Mainz befestigen, die Lagermauer und die Rheinbrücke sanieren – und wurde schließlich im Jahre 269 n. Chr. von seinen eigenen Soldaten ermordet.

Auch aus den folgenden Jahren ist kaum etwas über Mogontiacum zu erfahren. Erst eine Inschrift aus der Zeit zwischen 293 und 305 n. Chr., die im 1853 begründeten „Corpus Inscriptionum Latinarum" (CIL), der maßgeblichen Dokumentation des epigraphischen Erbes der römischen Antike, aufgeführt ist, erwähnt eine „civitas Mogontiacensium". Und d. h., dass sich der Schwerpunkt des Mainzer Lebens vom Legionslager in die zivile Stadt verlagert hat. Die mehr als dürftige Informationslage ändert sich auch nicht in der Zeit des Kaisers Konstantin. Allerdings weist ein Ziegelstempel der Legio XXII Primigenia P. F. mit dem Zusatz C(onstantiniana) V(idrix) darauf hin, dass die Mainzer „Hauslegion" nach wie vor auf dem Kästrich stationiert war. Und 355 n. Chr. ist bei dem römischen Historiker Ammianus Marcellinus (etwa 330–395 n. Chr.) ein „municipium Mogontiacum" die Rede, also einer Gemeinde, die sich Rom unterworfen hatte.

Mit Flavius Claudius Iulianus (331/332–363 n. Chr.) war ein Neffe Kaiser Konstantins an die Macht gekommen. Von 361 bis 363 n. Chr. herrschte er als Kaiser Julian, bereits im Jahre 355 war er von seinem Vetter, Constantius II., zum Caesar ernannt und mit dem Schutz der Rheingrenze beauftragt worden. In dieser Funktion eines „Juniorkaisers" siegte Julian zwei Jahre später bei Straßburg über die Alamannen.

Im Rahmen der von Julian angeordneten Neuordnung am Rhein wurde das Legionslager auf dem Kästrich aufgegeben. Eine mehr als 350 Jahre währende Legionsgeschichte war beendet. Die verbliebenen Legionäre zogen herunter in die Stadt. Möglicherweise wurden ihnen noch nicht besiedelte Bezirke zugewiesen. Decker/Selzer vermuten, dass das heutige Bleichenviertel im Norden von Mainz zu diesen neuen „Soldatenviertel" gezählt haben könnte. Nach Überlieferung des spätrömischen Staatshandbuchs „Notitia dignitatum" (entstanden zwischen 425 und 433 n. Chr.) ist nicht auszuschließen, dass die Soldaten im zivilen Mogontiacum als „Armigeri" (vermutlich „Die Gepanzerten"), eine Art Stadtmiliz bildeten und mit ihren Familien lebten.

Auf den bei einer Schlacht des Jahres 363 n. Chr. tödlich verletzten Kaisers Julian, der übrigens erfolglos versucht hatte, das von Konstantin dem Großen privilegierte Christentum wieder durch griechische, römische Gottheiten und Mysterienkulte abzulösen, folgte der christliche Offizier Flavius Jovianus, kurz Jovian. Der regierte nur einen Winter lang, nutzte aber seine Regentschaft, um die christenfeindlichen Anordnungen seines Vorgängers rückgängig zu machen. Ob Valentinian I., der von 364 bis 375 n. Chr. Kaiser im Westen des Reiches war, sich anders als sein Nachfolger Gratian jemals in Mogontiacum aufgehalten hat, ist unklar. Sicher aber ist, dass er die Grenze in seiner Regierungszeit befestigen ließ – allerdings nicht so nachhaltig, als dass Alamannenfürst Rando nicht Mogontiacum im Jahre 368 n. Chr. hätte überfallen und plündern können. Die Christen der Stadt feierten gerade eines ihrer Feste (vermutlich Ostern oder Pfingsten) und der Kaiser befand sich mit seinen Truppen in Trier. Mit zahlreichen verschleppten Menschen und großer Beute konnte Rando fliehen, wurde später aber bei einem Rachefeldzug Valentinians am Neckar besiegt.

Mainz hatte spätestens zur Zeit des Kaisers Honorius (395–423 n. Chr.) seinen Charakter als Festungsstadt aufgeben müssen. Dann, im Winter des Jahres 406, kam es zum Desaster für die Römer. Und speziell für Mainz. Am „Tag vor den Kalenden des Januars", also in der Silvesternacht, überschritten Vandalen, Alanen und Sueben bei Mogontiacum den Rhein, wahrscheinlich über die noch intakte Brücke. Die schlafende Stadt wurde völlig überrumpelt. Mogontiacum, dessen Straßen mit Toten gepflastert waren, ging in Flammen auf. Was von Wert schien, wurde weggeschleppt. Im fernen Bethlehem schrieb der Kirchenvater und Theologe drei Jahre später, nachdem er zumindest aus zweiter Hand vom Untergang Mogontiacums erfahren hatte, an eine Gallorömerin namens Ageruchia. In dem Brief beklagt er:

> „Mogontiacus, einst eine hochberühmte Stadt, wurde erobert und liegt zerstört, viele Tausende wurden in der Kirche hingeschlachtet ..."

Mehr als eine Nummer

Die Legionen, die auf dem Mainzer Kästrich stationiert waren, wurden mit Beinamen „geadelt", die teilweise auf ihre Herkunft, teilweise auf ihr besonderes Verhalten schließen lassen.

LEGIO I ADIVTRIX

(Feldzeichen: Capricorn)
Der Beiname Adiutrix [die Unterstützerin] der Legio I bezieht sich auf die Gründung in den Bürgerkriegswirren des Vierkaiserjahres 68 n. Chr., als die Legion aus ehemaligen Flottensoldaten rekrutiert wurde und den Kaiser (höchstwahrscheinlich Nero) hilfreich unterstützte.

LEGIO IIII MACEDONICA

(Feldzeichen: Stier und Capricorn)
Der Legionsbeiname Macedonica [die Makedonische] bezieht sich auf die in Makedonien vollzogene Gründung der Einheit durch Vereinigung alter caesarischer Verbände mit dem Bürgerkriegsheer des Antonius im Jahre 44 v. Chr. Die Legio IIII behält diesen alten Traditionsnamen dann im kaiserzeitlichen Heer bei.

LEGIO VII GEMINA

(Feldzeichen: Löwe)
Die Legio VII war von Galba in den Wirren des Vierkaiserjahres 68 n. Chr. in Spanien neu ausgehoben worden und hatte in der Bürgerkriegsschlacht von Cremona schwere Verluste erlitten. Die Wiedererrichtung der Legion aus anderen verlorenen Einheiten bedingte den Legionsbeinamen Gemina [die Doppelte, die aus mehreren Teilen Zusammengefügte].

LEGIO II AVGVSTA

(Feldzeichen: Steinbock, Pegasus und Mars)

Der Legionsbeiname Augusta [die Erhabene, besser: die Augustische] nimmt Bezug auf den Gründer, den Kaiser Augustus, der die Legio II im Zusammenhang der Heeresreorganisation von 27 v. Chr. neu aufgestellt hat.

LEGIO XIIII GEMINA MARTIA VICTRIX

(Feldzeichen: Capricorn)

Der Legionsbeiname Gemina [die Doppelte, aus mehreren Teilen Zusammengefügte] nimmt Bezug auf die Gründung der Einheit durch Zusammenlegung zweier ältere Einheiten oder Reste von solchen durch Augustus. Martia Victrix [die zum Kriegsgott Mars Gehörige und Siegreiche] beziehen sich auf die erfolgreiche Niederschlagung aufständischer Britannier unter Boudicca von 60/61 n. Chr., worüber Tacitus berichtet.

LEGIO XXI RAPAX

(Feldzeichen: Capricorn)

Der Legionsbeiname der Legio XXI Rapax [die Unwiderstehliche/Reißende] beschreibt die Tapferkeit ihrer Soldaten, der Rapaces, wie es bei Tacitus erwähnt ist.

LEGIO XXII PRIMIGENIA PIA FIDELIS

(Feldzeichen: Capricorn und Herkules)

Der Legionsbeiname Primigenia [die Erstgeborene] bezieht sich auf die Göttin Fortuna, die erstgeborene Tochter Jupiters, die der Gründer der Legion Kaiser Gaius (Caligula) besonders verehrte und diesen Göttinnen-Beinamen auch zwei neugegründeten Legionen verlieh. Den zusätzlichen Beinamen Pia Fidelis

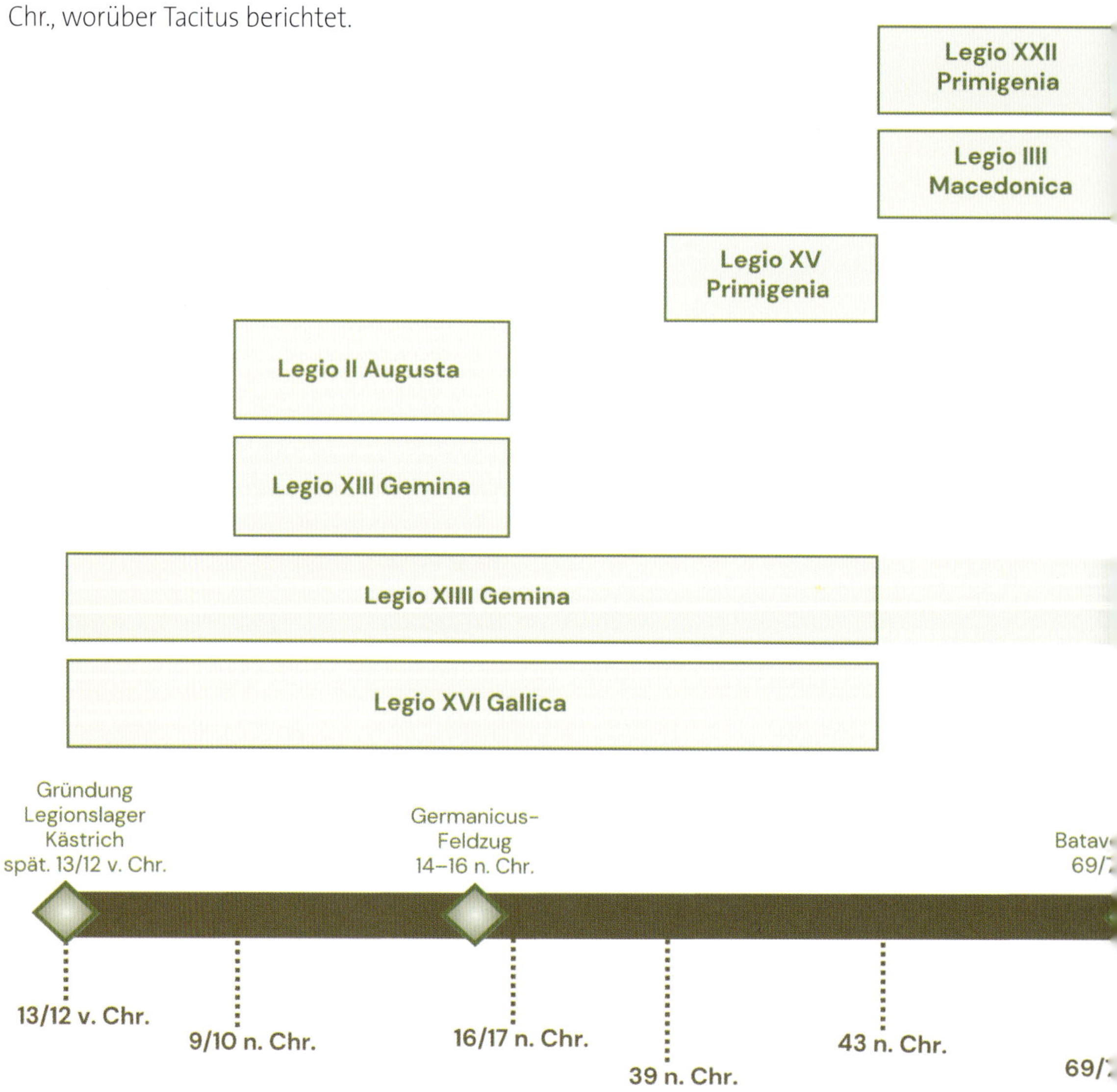

Legio XXII Primigenia

Legio IIII Macedonica

Legio XV Primigenia

Legio II Augusta

Legio XIII Gemina

Legio XIIII Gemina

Legio XVI Gallica

Gründung Legionslager Kästrich spät. 13/12 v. Chr.

Germanicus-Feldzug 14–16 n. Chr.

Batav… 69/…

13/12 v. Chr.

9/10 n. Chr.

16/17 n. Chr.

39 n. Chr.

43 n. Chr.

69/…

Zeitleiste der Stationierung der Legionen in Mogontiacum. Die angegebenen zeitlichen Abschnitte sind keine definitive Einordnung, sondern dienen lediglich einer besseren Übersicht. Denn durch archäologische Forschungen ergeben sich mitunter neue Erkenntnisse.

[die Tugendhafte/Pflichtgetreue und die vom Glück Begünstigte] hat sich die Legio XXII während ihrer Stationierung in Niedergermanien verdient, als sie beim Putschversuch des Kommandeurs der Truppen des obergermanischen Heeresbezirkes Lucius Antonius Saturninus im Jahre 89 n. Chr. dem Kaiser Domitian die Treue hielt. Alle Inschriften der Legion mit diesen neuerworbenen Beinamen datieren nach 89 n. Chr. Die Legion wurde 96/97 n. Chr. wieder nach Mainz zurückverlegt. Aus dem Fehlen der zusätzlichen Beinamen kann jedoch nicht auf eine frühere Datierung geschlossen werden, so konsequent wurden die Truppenbeinamen nicht genannt.

COHORS IIII VINDELICORVM und COHORS XXIIII VOLVNTARIORVM CIVIVM ROMANORVM

Die Beinamen der spezialisierten Hilfstruppen der Mainzer Legionen überliefern die Rekrutierung der Auxiliarsoldaten aus dem zwischen Bodensee und Inn siedelndem keltischen Stamm der Vindeliker bzw. aus freiwilligen römischen Bürgern (*Voluntariorum civium Romanorum*). Die Cohors IIII war vom 1. bis möglicherweise zum 3. Jahrhundert n. Chr. in Germania superior stationiert. Die Cohors XXIIII wurde wahrscheinlich schon zur Zeit der Feldzüge des Drusus aufgestellt. In Mainz wurde der Grabstein des zur Cohors XXIIII gehörenden Soldaten Lucundus gefunden.

Legio XXI Rapax

Legio I Adiutrix

Legio XXII Primigenia P. F.

Legio XIIII Gemina M. V.

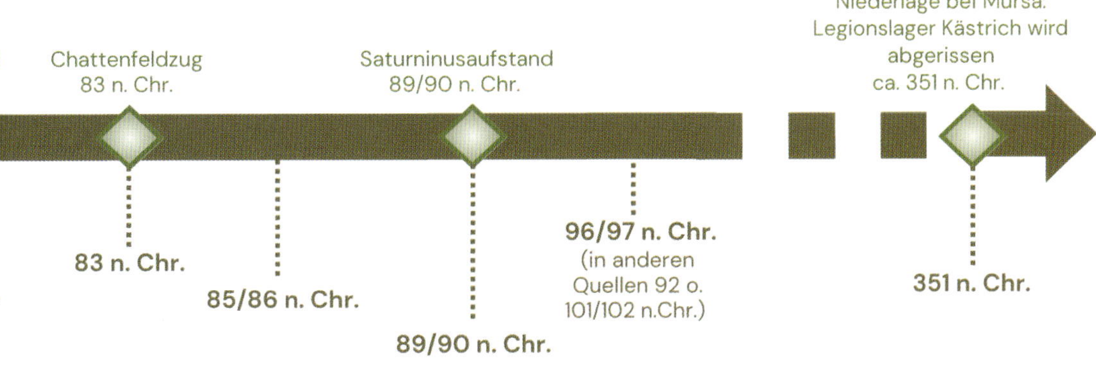

Heil dem Kaiser, Tod dem Kaiser

Wer heute voller Stolz berichtet, dass Mainz als Landeshauptstadt einen besonderen Rang im bundesrepublikanischen Reigen der Länder hat, sollte auch um den noch höheren Stellenwert wissen, den Mogontiacum als militärisches und administratives Zentrum Obergermaniens einst hatte. Und so verwundert es nicht, dass im „Gästebuch" Mogontiacums etliche Kaisernamen auftauchen, die von Besuchen in der Provinz zeugen. Hier galt es in erster Linie, die Truppen, denen die Kaiser ihre Macht verdankten, zu besuchen. Immerhin war hier im Legionslager der Sitz des kommandierenden Generals, der zudem über die Truppen in den Auxiliarkastellen Weisenau, Bingen und Worms sowie über den Brückenkopf Castellum befehligte, die Schaltstelle militärischer Macht angesiedelt.

In den ersten drei Jahrhunderten haben sich viele Kaiser nach Mogontiacum aufgemacht oder ließen sich durch kaiserliche Prinzen vertreten. Es waren keine Freundschaftsbesuche, vielmehr wollte der Kaiser einen Feldzug gegen die Germanen selbst leiten, oder einen germanischen Angriff abwehren. Eine dritte Möglichkeit: Es sollten Unruhen in den Legionen vermieden werden, denn die kaiserlichen Feldherren waren sich durchaus ihrer Macht bewusst, die sie leicht zum Putsch oder Übernahme der kaiserlichen Gewalt verleiten konnte. Zu den Kaisern, die nie in Mainz waren, gehört Augustus. Dafür aber seine Stiefsöhne Drusus und Tiberius, letzterer allerdings mit dem wenig schönen Ziel, von Mogontiacum aus in Begleitung eines Ortskundigen aus der kaiserlichen Leibwache zum Sterbelager seines Bruders zu eilen und den Toten über Mainz letztlich nach Rom zu bringen. Der Sohn des Tiberius, Gaius Caesar Augustus Germanicus, posthum sehr harmlos Caligula („Soldatenstiefelchen") genannt nach den genagelten Soldatenstiefeln der Legionäre, kam im Jahre 39 n. Chr. nach Mogontiacum, um seinen Germanenfeldzug vorzubereiten. Ein Anschlag auf ihn, den der Mainzer Legat Cornelius Lentulus Gaetulicus vorbereitet hatte, wurde vereitelt und endete mit der sofortigen Hinrichtung des Gaetulicus. Das „Soldatenstiefelchen" stand und steht für ein nur 29-jähriges Leben zwischen Eitel- und Grausamkeit, dem die Prätorianergarde in Rom am 24. Januar 41 n. Chr. ein Ende setzte. Caligula wurde geächtet, verflucht und sein Name getilgt (*damnatio memoriae*). Als Nachfolger des Legaten hatte Caligula den Lucius Livius Ocella Servius Sulpicius Galba ernannt, der von Juni 68 bis Januar 69 Kaiser war. Das Datum seines Mainz-Besuchs lässt sich, belegt von Sueton, auf den 26. oder 27. Oktober des Jahres 39 n. Chr. festmachen. Mit Galba kamen die beiden neuen Rekruten-Legionen, die XV und die XXII Primigeniae, nach Mogontiacum. Die Legio XV bezog das vermutliche Auxiliarlager in Weisenau, die Legio XII, die später als Mainzer „Hauslegion" in die Geschichte einging, marschierte nach Niedergermanien weiter.

Die Flavische Dynastie ist in Mogontiacum lediglich durch Domitian vertreten. Titus Flavius Domitianus war nach seinem Bruder Titus der dritte und letzte Herrscher der von seinem Vater Vespasian begründeten Dynastie. Zur Vorbereitung des von 83 bis 85 n. Chr. geführten Kriegs gegen die Chatten war Domitian im Frühjahr 83 in Rom aufgebrochen, um angeblich durch einen Zensus das Bürgerverzeichnis der drei Provinzen, Gallia Aquitania, Gallia Lugdunensis und Gallia Belgica zu aktualisieren. Zum Hauptquartier der von ihm tatsächlich geplanten militärischen Operationen wählte Domitian die Stadt Mogontiacum. Noch während Domitian in Mainz weilte, verlieh ihm der römische Senat den Siegerbeinamen „Germanicus". Und ehrte damit einen Kaiser, der durch den Abschluss eines Friedensvertrags mit den Chatten für mehr als 100 Jahre die Rheingrenze gesichert hatte. Im Januar 89 n. Chr. allerdings rumorte es im Doppellager auf dem Kästrich. Die von Lucius Antonius Saturninus befehligten Legionen XIIII Gemina und XXI Rapax riefen Saturninus zum neuen Imperator aus. Aber schon nach 42 Tagen war der Spuk beendet. Domitian hatte sich schon mit starken Truppen auf den Weg gen Norden gemacht, und von Spanien aus rückte

Marcus Ulpius Traianus, der spätere Kaiser Trajan, mit der Legio VII Gemina nach Obergermanien vor. Aber auch Aulus Bucius Lappius Maximus, seines Zeichens Statthalter der Provinz Germania inferior, hatte sich aus der Colonia Claudia Ara Agrippinensium, dem heutigen Köln, nach Mogontiacum aufgemacht und schlug den Aufstand in offener Feldschlacht bei Remagen nieder. Die meisten Offiziere der Aufständischen wurden hingerichtet und der Kopf des kurzzeitigen Imperators Saturninus wurde nach Rom gebracht und dort auf dem Forum ausgestellt. Kaiser Domitian verlieh den Truppeneinheiten, die ihm die Treue gehalten hatten, den Beinamen „pia fidelis Domitiana (pfd)" (pflichtbewusst und treu dem Domitian) und traf die für Mogontiacum einschneidende Entscheidung, dass künftig nicht mehr als zwei Legionen in einem Lager untergebracht werden durften. Und formal wurden etwa im Jahre 85 n. Chr. die Provinzen Ober- und Untergermanien eingerichtet. Vier Jahre später wurde die Legio XXI Rapax von Mainz an die Donaufront verlegt, wo sie im Kampf gegen die Sarmaten unterging. Auch die Legio XIV Gemina wurde verlegt und durch die Legio XXII Primigenia ersetzt, die bis in die Mitte des 4. Jahrhunderts n. Chr., die Zeit Konstantins, Mainzer „Hauslegion" blieb.

Am 18. September 96 wurde Domitian in seinem Palast in Rom ermordet. Nachfolger wurde der zu diesem Zeitpunkt schon 66-jährige angesehene Senator Marcus Cocceius Nerva. Nerva adoptierte den Spanier Marcus Ulpius Traianus und machte ihn zum Legaten von Obergermanien. Die Glückwünsche und Loyalitätsbekundungen der niedermösischen Legionen (Moesia Inferior war eine Provinz auf der östlichen Balkanhalbinsel) überbrachte Trajans Verwandter, der Tribun Publius Aelius Hadrianus, der später der 14. römische Kaiser werden sollte, nach Mainz. Trajan versetzte Hadrian zur Mainzer Legion XXII Primigenia, er selbst begab sich nach Köln. Nach dem Tod Trajans wurde Hadrian, den Trajan noch kurz vor seinem Tod adoptiert hatte, 117 n. Chr. Kaiser. Hadrian unternahm zunächst einige Inspektionsreisen zu den Truppen, bei denen sich eine gewisse Disziplinlosigkeit eingeschlichen hatte. Eine dieser Reisen ließ den Kaiser auch in Mainz Station machen, denn hier war das Standquartier der Legio XXII Primigenia, deren Militärtribun er ja gewesen war. Nur eine Stippvisite dürfte es gewesen sein, die Kaiser Lucius Septimius Severus Pertinax (193–211 n. Chr.) im Mai des Jahres 197 n. Chr. nach Mainz führte. Ebenso unsicher sind Aufenthalte des Kaisers Marcus Aurelius Severus Antoninus, heute besser bekannt als Caracalla, in den Jahren 212 und 213 n. Chr. in Mainz.

Das war im wahrsten Sinne Vetternwirtschaft, als der 17-jährige Kaiser Elagabal im Juni 221 n. Chr. seinen vier Jahre jüngeren Vetter Bassianus Alexianus zum Caesar erhob und ihn damit zu seinem Nachfolger machte. Wie schnell Bassianus Alexianus neuer Kaiser werden würde, konnte noch niemand ahnen. Im Jahre 222 n. Chr. wurde Elagabal am 11. März ermordet und Bassianus Alexianus, der sich jetzt Marcus Aurelius Severus Alexander nannte, wurde Kaiser. Zum selbständigen Regieren viel zu jung. Und so nahm seine Mutter Julia Mamaea die Zügel in die Hand. Eine Situation, die weder bei den Prätorianern in Rom noch beim Heer Beifall auslöste. Respektiert wurden weder Mutter noch Sohn. Der verlustreiche Krieg gegen die Perser hatte die Truppenkonzentration im Osten erfordert und damit den Germanen in den Jahren 232/233 n. Chr. die Möglichkeit gegeben, römische Befestigungsanlagen zu zerstören und Beute zu machen. Also mussten der Kaiser und seine Mutter, da sie niemandem das Oberkommando anvertrauen konnten, selbst dafür sorgen, dass die Germaneneinfälle zurückgeschlagen wurden. Ende 234 n. Chr. zogen sie zum Hauptquartier in Mogontiacum. Severus Alexander war inzwischen zwar 26 Jahre alt, aber das Sagen hatte immer noch seine Mutter. Die Vorbereitungen für einen Angriff auf die Germanen waren fast abgeschlossen, als ein Teil der Truppen, v. a. die von Maximinus Thrax ausgebildeten Rekruten, offen gegen den Kaiser rebellierten. Als Grund werden bei Geschichtsschreibern zum einen sein Versuch genannt, den Konflikt mit den Germanen diplomatisch zu lösen (und damit die Streitkräfte um Kriegsbeute zu bringen), zum anderen, dass die Staatskasse so leer war, dass die unter

Caracalla finanziell bestens bedienten Soldaten auf seitdem gewohnte großzügige Geldzuwendungen verzichten sollten. Die Truppen riefen Maximinus Thrax zum Kaiser aus (er nannte sich Gaius Iulius Verus Maximinus oder Maximinus I.), denn der versprach nicht nur eine Verdopplung des Soldes und den Erlass aller Disziplinarstrafen, sondern auch noch weitere Sonderzuwendungen. Das war das Todesurteil für Severus Alexander und seine Mutter. Im März 235 n. Chr. erledigten ein Tribun und mehrere Zenturionen den blutigen Auftrag des Maximinus Thrax im Kaiserzelt des Feldlagers wohl in der Nähe des heutigen Mainzer Stadtteils Bretzenheim.

Kaiser Publius Licinius Valerianus, besser bekannt als Valerian (253–260 n. Chr.) machte im Spätsommer 253 n. Chr. seinen Sohn Publius Licinius Egnatius Gallienus zum Mitregenten. Im Frühjahr 254 n. Chr. wurde Gallienus Oberbefehlshaber der westlichen Provinzen, während sich Valerianus um den Osten des Reiches kümmerte und gegen das persische Sassanidenreich kämpfte. Zwar ist nicht belegt, dass Gallienus in Mainz war, aber es liegt nahe, dass er, der 260 n. Chr. nach der Gefangennahme seines Vaters Kaiser wurde, auch im Hauptquartier auf dem Kästrich war, weil er die militärischen Operationen in Obergermanien führte und die Rheinübergänge sicherte. Während Gallienus in Pannonien (Westungarn) für Ordnung sorgen musste, ließ er seinen etwa 18-jährigen Sohn Saloninus als Unterkaiser in Colonia Claudia Ara Agrippinensium, dem heutigen Köln, zurück. Dass er Postumus, einen seiner bewährten Kommandeure, zum Berater seines Sohnes machte, sollte sich als fataler Fehler erweisen, wie der nachfolgende Beitrag unterstreicht.

Todesmutig: Postumus rettet Mainz

Er wollte Mogontiacum vor Plünderung und Zerstörung bewahren und bezahlte dafür mit seinem Leben: Marcus Cassianius Latinius Postumus, der von 260 bis 269 n. Chr. regierende Kaiser des Gallischen Sonderreiches (Imperum Galliarum). Zur Geschichte: Der im Jahre 260 in Rom regierende rechtmäßige Kaiser Gallienus war nach Osten gegen die Perser gezogen, die seinen Vater Valerianus gefangengenommen hatten. Zum Schutz der Rheingrenze machte Gallienus seinen Sohn Saloninus zum Mitregenten und schickte den gerade mal 18-Jährigen nach Köln (Colonia Agrippina). Allerdings nicht allein, sondern mit erfahrenen Kommandeuren, die dem jungen Mann als Berater zur Seite stehen sollten. Einer von ihnen: Postumus. Der General musste gleich handeln, denn Alamannen und Franken waren auf römisches Gebiet eingefallen und hatten reiche Beute gemacht. Postumus setzte ihnen nach und brachte die Beute der Plünderer wieder an sich. Wie üblich wollte er sie unter seinen Soldaten aufteilen. Der junge Kaiser Saloninus allerdings wollte den Schatz der Staatskasse einverleiben – und das sollte sein Verhängnis werden. Postumus zögerte nicht lange, belagerte mit seinen Truppen die Colonia Agrippina und stürmte die Stadt. Saloninus wurde ermordet und die an ihren Beuteanteil denkenden Soldaten riefen ihren General Postumus zum „Augustus“ (der Erhabene) und Imperator aus. Als Kaiser herrschte Postumus von Köln aus über das „Gallische Sonderreich“ (Imperium galliarum), das Gallien, Spanien, Germanien und Britannien umfasste.

Postumus ließ sich als Retter Galliens feiern, sich einen Triumphbogen errichten und sein Porträt auf Münzen prägen. Trebellius Pollio schreibt in der um das Jahr 300 n. Chr. verfassten „Historia Augusta“, dass die Gallier eine geradezu grenzenlose Verehrung für Postumus hatten, „weil er alle germanischen Stämme vertrieben und dadurch das Römerreich in den Zustand seiner alten Sicherheit versetzt hatte.“ Doch der posthum so gerühmte Kaiser Galliens machte einen entscheidenden Fehler, wie sich später herausstellen sollte: Er schickte seinen Offizier Ulpius Cornelianus Laelianus als Befehlshaber der Truppen nach Mogontiacum, das ebenfalls bis zum Jahr 274 n. Chr. zum „Gallischen Sonderreich" gehörte.

Man schreibt das Jahr 269 n. Chr. In Mogontiacum, der Hauptstadt der Provinz Germania superior, befehligt Ulpius Cornelianus Laelianus die Legio XXII Primigenia P. F. und hat sich in der Stadt, die nicht nur Verwaltungsmetropole ist, sondern auch die obersten militärischen Behörden beherbergt, einen klingenden Namen gemacht. Längst ist die Legion dem in Rom herrschenden Kaiser Gallienus untreu geworden und hat sich mit drei anderen Legionen dem Gegenkaiser Postumus angeschlossen. Aber nicht lange, denn Laelianus tut es seinem Gönner Postumus gleich – und lässt sich im September 269 n. Chr. von seinen Soldaten zum Kaiser ausrufen.

Die Nachricht erreicht Postumus in Köln. Nach Eilmärschen erreicht er im November 269 n. Chr. mit seinen Truppen Mainz und belagert die Stadt, um seinen Konkurrenten zum Handeln zu zwingen. Der Putschist Laelianus wird zwar besiegt, aber nicht etwa durch Postumus getötet, sondern von seinen eigenen Soldaten erschlagen. Will man Trebellius Pollio und der „Historia Augusta" Glauben schenken, weil er ihnen „zu große Anstrengungen zugemutet" hat. Postumus hat gesiegt – und es wäre eine übliche Vorgehensweise, dass sich seine Soldaten nunmehr plündernd über Mogontiacum hermachen. Fatal für Postumus, dass er Plünderung und Zerstörung der Stadt untersagt, die sich danach (der Limes ist schon gefallen) möglicherweise nie mehr erholt hätte. Denn: Die beutegierigen Truppen rebellieren und töten ihren Kaiser, dessen Rettung der Stadt einem Selbstmord gleichkam, noch in Mogontiacum, dem Ort der Kaisermacher und Kaisermorde.

Antonian des Marcus Cassianius Latinius Postumus. Im Westen des Römischen Reichs war er Usurpator gegen Kaiser Gallienus und gründete das Gallische Sonderreich, dessen erster Kaiser er von 260 bis 269 n. Chr. war. In Mogontiacum wurde Postumus von seinen eigenen Truppen 269 n. Chr. getötet.

Zivilleben

Das Detail eines Reliefbruchstücks zeigt den liegenden Ganymed (vgl. S. 122).

Luxus im Schatten des Legionslagers

Dort, wo heute die Kirche St. Johannis (der Alte Dom) steht, befand sich in Mogontiacum ein imposantes, sicherlich luxuriöses Gebäude. Das beweist nach Ansicht von Mainzer Archäologen diese mächtige Mauer mit Ziegeldurchschuss, einem Merkmal römischer Mauertechnik, bei dem Ausgleichslagen aus Ziegeln in das Gussmauerwerk (opus caementicium) eingefügt wurden, um größere Stabilität zu erlangen.

Zur selben Zeit, als auf dem Kästrich das Legionslager entstand, siedelten sich auch Handwerker und Kaufleute auf der Hochebene vor dem Lager an. Die zunächst getrennten, halbmilitärisch geprägten und damit sich von den zivilen Siedlungsbereichen (*vici*) unterscheidenden Siedlungen (*canabae*) wuchsen nach und nach zusammen. Zunächst wohl in Holzbauweise, später, in flavischer Zeit (69–96 n. Chr.), überwiegend in Stein. Auch im darauffolgenden Jahrhundert wuchsen die *canabae* und verschmolzen zum großen Teil. Erst als das Legionslager aufgegeben war, wurde nach den Zerstörungen durch Chatten und Alamannen die *canabae*, von der heute noch ein rechtwinkliges Straßensystem, Kellergruben und Begräbnisstätten zu finden sind, von den Bewohnern verlassen.

Noch aus augusteischer Zeit, also bis etwa 14 n. Chr., stammen die ersten Beweise für eine zivile Besiedlung vor dem Haupttor des Legionslagers, der Porta praetoria (heute Emmerich-Josef-Straße). Von hier aus führte die gerade verlaufene Straße zur heutigen Emmeransstraße zum Rheinübergang. Dieser *vicus*, in dem später auch das Heiligtum für Isis und Magna Mater (vgl. S. 128–133) entstand, vergrößerte sich in Richtung Flachsmarkt, wo die Straße vom angenommenen Lager Weisenau auf die vom Lager kommende Straße stieß. Auch in Richtung des heutigen Schillerplatzes vergrößerte sich dieser *vicus*. Zentren waren am Flachsmarkt (wo einige Forscher das Forum vermuten), am Schillerplatz (der Schutz vor Hochwasser bot und auch deshalb von anderen Forschern als Ort des Forums angesehen wird) und im Dombezirk (in dem Kultbezirke vermutet werden). Auch vor dem Militärlager in Weisenau und am „Dimesser Ort" entstanden schon schnell nach der Etablierung der Legionen auf dem Kästrich zivile Siedlungen. Beachtlich ist v. a. der *vicus* am „Dimesser Ort", in dem vermutlich wohlhabende *canabarii* lebten und der von nicht wenigen Forschern als Mittelpunkt des Lebens im Mogontiacum des 1. Jahrhunderts n. Chr. angesehen wird. Man strebte nach rechtlicher Anerkennung, und so wird die Stiftung der Großen Mainzer Jupitersäule gelegentlich auch als Versuch gedeutet, diese rechtliche Anerkennung ein wenig zu beschleunigen.

Dem teilweise morastigen Untergrund in Mogontiacum wurde getrotzt, indem man sich einer aus dem Mittelmeerraum bekannten Methode bediente. Ausgediente Amphoren, die Einwegverpackungen der Antike, wurden als festigende Schicht bspw. im Straßenbau verwendet und garantierten den Bewohnern Mogontiacums trockene Füße. Die dargestellte Amphorenlage stammt aus der Mainzer Neustadt („Dimesser Ort") und ist im Originalbefund vor der Landesbank Baden-Württemberg (LBBW), Rheinallee 86, ausgestellt.

Eine geplant angelegte Siedlung (*colonia*) war Mogontiacum übrigens im Gegensatz zu Köln oder Trier nie. Allerdings wuchsen im 2. und 3. Jahrhundert n. Chr. die sich rheinabwärts ausbreitenden Zivilsiedlungen (*vici*) im Schatten des Legionslagers auf dem Kästrich recht schnell. Einige dieser Zivilsiedlungen sind sogar namentlich bekannt: Vicus Apollinensis, Vicus Vobergensis, Vicus Salutaris und Vicus Novus. Aber wo sie lagen, ist noch unerforscht. Beim Vicus Navaliorum könnte es sich um die Zivilsiedlung am südlichen Hafen des Rheinufers gehandelt haben, beim Vicus Vic(toriae) um die Zivilsiedlung in Mainz-Weisenau. Spätestens in der Mitte des 3. Jahrhunderts n. Chr., als Mogontiacum von der ersten Stadtmauer umgeben war, entwickelte sich auch eine Infrastruktur, bei der man an eine Stadt denken konnte. Mit Großbauten und einer vom Jahre 90 n. Chr. an nicht zu unterschätzenden Funktion als Provinzhauptstadt mit dem Status einer *canabae legionis* (Lagervorstadt), die der Gerichtsbarkeit des Legionslegaten bzw. des Statthalters unterstanden. Das wird bspw. durch die Stifterinschrift auf der Großen Jupitersäule (vgl. S. 146–151) unterstrichen, die zwischen 65 und 67 n. Chr. durch Quintus Julius Priscus und Quintus Julius Auctus für die Canabarii errichtet wurde. Als *metropolis* (Provinzhauptstadt) in der 93.500 km² messenden Provinz Germania prima wird Mogontiacum in der Zeit des Diokletian (284–305 n. Chr.) genannt. Am Status der Zivilsiedlung ändert sich aber nichts, obwohl Mogontiacum, das Mitte des 4. Jahrhunderts n. Chr. eine Fläche von 98,5 ha einnahm, Sitz des Statthalters wurde und auch blieb, obwohl Diokletian die römischen Provinzen neu strukturierte und aus Germania superior die viel kleinere Provinz Germania prima wurde. Mogontiacum hatte auch keine Chance, offiziell als Stadt bezeichnet zu werden, als der *dux Mogontiacensis* (Heerführer der Mainzer Region) sich und seine Truppen dort ansiedelte. Erst im Jahre 355 n. Chr. bezeichnete der römische Historiker Ammianus Marcellinus (330–395 n. Chr.) Mogontiacum als eine von Rom unabhängige Stadt, deren Bürger gegenüber Rom die gleichen Pflichten übernehmen mussten wie die römischen Bürger (*municipium Mogontiacum*). Wie viele Bewohner das waren, ist nicht überliefert. Geschätzt wird eine Einwohnerzahl „im unteren fünfstelligen Bereich".

Wer seine reguläre Dienstzeit in den Legionen beendet hatte, wurde in der Regel mit einem Stück Land belohnt. Und so siedelten sich Militärveteranen nicht nur im Stadtgebiet, sondern auch im Umland an und führten nicht selten ihre schon in der Legion verrichteten Arbeiten fort. In einem Landgut (*villa rustica*) etwa oder in einem Handwerksbetrieb. In den *vici* von Mogontiacum entstanden so Handwerksquartiere wie das der Schuster entlang der Lagerstraße, das der Töpfer im Bereich des heutigen Regierungsviertels

oder in Weisenau, wo auch eine Lampenfabrik bestand; außerdem gab es Metallwerkstätten oder Waffenschmieden.

Die überragende Bedeutung als legionenbewehrte Garnisonsstadt und Bollwerk an der Grenze des römischen Imperiums würde den Schluss zulassen, dass Mogontiacum als reine Militärstadt anzusehen ist. Das wäre allerdings ein Trugschluss, wie die neuen Grabungsergebnisse untermauern. Kleines Beispiel: Nach dem Abbruch eines ersten Teils des ehemaligen Hertie/Kaufhof-Kaufhauses an der Ludwigsstraße wurde im März 2023 ein zunächst unspektakulärer Keller aus römischer Zeit gefunden. Ein den Kaiser Trajan (98–117 n. Chr.) zeigender Sesterz lässt die zeitliche Einordnung des Kellers auf das späte 1. oder frühe 2. Jahrhundert n. Chr. zu. Zu einem pompösen Bau gehörte dieser Keller mit Sicherheit nicht. Aber in der zivilen Stadt herrschte zumindest bei einem Teil der Bevölkerung ein gewisser Luxus. Wie anders wäre der Fund zu erklären, der von Arbeitern im August des Jahres 1886 bei Ausschachtungsarbeiten in der zur Mainzer Neustadt zählenden Erthalstraße gemacht wurde? In der Tiefe stießen die Männer auf einen Tontopf, der rund 3.220 römische Silbermünzen aus der Zeit des Antoninus Pius (138–163 n. Chr.) bis Postumus (260–268 n. Chr.) enthielt. Bevor die Polizei den Fund allerdings beschlagnahmen konnte, war die Hälfte des Schatzes bereits an Anitiquariate und Privatsammler verkauft worden.

Zur Luxusausstattung eines Wohnhauses der begüterten Bevölkerung Mogontiacums gehörte auch eine Fußboden- und Wandheizung. Auf einer kleinen Grünanlage neben dem Proviant-Magazin ist die Technik eines solchen Hypokaustums nachgebaut worden. Im Original war es in einem hochherrschaftlichen Gebäude integriert, das dort gefunden wurde, wo sich heute die Tiefgarage „Schillerplatz" befindet.

Auf den Tischen der Wohlhabenden war ein solch verziertes Geschirr aus Terra Sigillata zu finden. Das Tafelgeschirr wurde gegen Ende des 1. Jahrhunderts n. Chr. in italischen Werkstätten entwickelt, in großen Mengen hergestellt und im gesamten Römischen Reich genutzt. Wie die Römer selbst das Tafelgeschirr nannten, ist unbekannt. Der Begriff Terra Sigillata entstand erst im 18. Jahrhundert. Das hier gezeigte Geschirr wurde bei Grabungen am Mainzer Zollhafen („Dimesser Ort") gefunden und ist in einer Vitrine in der Kantine der Landesbank Baden-Württemberg (LBBW), Rheinallee 86, ausgestellt.

Davon etwa 300 nach Weisenau und von dort aus nach Koblenz. Schließlich waren noch 1.676 Münzen greifbar, die dem städtischen Münzkabinett vorgelegt wurden. Und von denen gibt es tatsächlich nur noch zwei in der Sammlung des Stadtarchivs. Warum der Münzschatz frühestens im Jahre 262 n. Chr. im Tontopf versteckt wurde, ist heute nicht mehr nachvollziehbar. Angst vor einem Einfall der Franken, wie Ende des 19. Jahrhunderts vermutet wurde, konnte es nicht sein, denn zumindest für das Jahr 262 n. Chr. ist kein Angriff auf Mogontiacum bekannt.

Man denke beim Thema „Luxus" auch an Funde, die in den 1990er Jahren gemacht wurden. Einer dieser Funde, eine hervorragend erhaltene gemauerte Kellerwand eines römischen Hauses, ist in das Entrée des Kleinkunsttheaters „Unterhaus" (Münsterstraße 7) integriert, das 1994 eröffnet wurde. Oder an jene Funde, die Anfang der 1990er Jahre in der bis zu 20 m tiefen Baustelle für das Kleine Haus des Staatstheaters und des integrierten Parkhauses gemacht wurden: Grundmauern von auf Holzpfosten-Fundamenten stehenden Gebäuden oder ein zum Teil unter dem zwischen 1829 und 1833 gebauten Staatstheater („Mollerbau") liegendes Wasserbecken mit anschließendem dreiräumigem Gebäude auf Eichenpfählen, das mit einer Fußbodenheizung (*hypocaustum*) ausgestattet war. Neue Erkenntnisse brachten den Archäologen auch zwei bis dahin unbekannte Straßenfluchten Mogontiacums. Eine eindrucksvolle Platte des antiken Straßenbelags ist heute an der Betzelsstraße an der Rückseite des Kleinen Hauses in die Pflasterung integriert. Ebenso die Kopie eines ebenfalls in der Baugrube gefundenen Meilensteins aus rötlichem Sandstein, der ursprünglich auch über den Stifter oder Erbauer eines Straßenabschnitts informierte. Datiert ist der Meilenstein auf das Ende des 3. Jahrhunderts n. Chr. Die Inschrift ist leider nur fragmentarisch erhalten. Sie lautet in der Übersetzung:

> „...dem frommen, glücklichen, unbesiegten Kaiser, dem Pontifex Maximus, (im ... Jahr der) tribunzinischen Amtsgewalt, Vater des Vaterlands, Konsul...".

Eindeutig eine Kaisertitulatur, aber um welchen Kaiser es sich handelt, kann nur vermutet werden. Experten gehen davon aus, dass entweder Kaiser Postumus oder Kaiser Diokletian ursprünglich genannt worden ist. Beide hielten sich Ende des 3. Jahrhunderts n. Chr. in Mogontiacum auf. 2022 stifteten dem Mainzer Automobilclub (MAC) und der Initiative Römisches Mainz (IRM) eine Informationsstele, auf die der Meilenstein und seine antike Funktion erklärt werden.

Der Luxus, mit dem sich überall im Römischen Reich die Wohlhabenden umgaben, ist auch in Mainz nachweisbar. Marmorvertäfelte Badeanlagen wie etwa im Bereich des heutigen Staatstheaters (erste Hälfte des 1. Jahrhunderts), mit kunstvollen Wand- und Deckenmalereien ausgestattete Wohnhäuser jenseits des Legionslagers oder prächtige Villen wohlhabender Bewohner mit sprudelnden Brunnen und kostbaren Mosaikfußböden, den „Perserteppichen der Antike", sprechen eine deutliche Sprache. Bereits im 19. Jahrhundert lieferten entsprechende Funde den Beweis. So wurde 1829 zwischen Johanniskirche und Ludwigstraße von der Entdeckung eines „geometrisch und polychrom gehaltenen" Mosaiks berichtet. Unter der 1833 abgerissenen Franziskanerkirche (im Umfeld der Alten Universität) fand man 1834 Mosaiksteinchen, 1863 ein Mosaik im Garten des Schönborner Hofs (Schillerstraße), weitere in der Bauerngasse und in der Großen Langgasse.

Der kleine Delfin aus Bronze war wahrscheinlich die Verzierung eines hölzernen Gefäßes. Gefunden wurde das wunderschön verzierte Exemplar bei einer Grabung am Zollhafen.

Römische Sagen und Legenden berichten von Jungen, die auf Delfinen reiten. Im frühen Christentum war der Delfin der „Fisch des Lebens" und schmückte als Zeichen der Auferstehung auch Grabmäler.

Das Orpheus-Mosaik

Verborgen vor den Blicken Neugieriger wird das spektakuläre Mosaik freigelegt. Schon

Jahre zuvor waren Mosaikteile in diesem Bereich der Altstadt zutage gekommen.

Das (bisherige) Highlight allerdings wurde am 22. März 1995 in der Badergasse/ Ecke Schönbornstraße im Herzen der Altstadt bei Ausschachtungsarbeiten für den Bau eines Wohnhauses entdeckt. Und damit erfüllte sich die Hoffnung der Archäologen, mehr Überreste eines „Stadtpalastes" zu finden, der sich nach dem Ersten Weltkrieg durch Reste römischer Mosaiken auf Nachbargrundstücken angedeutet hatte. Fundorte waren damals die Anwesen Badergasse 1 (heute Weinhaus Bluhm) und Schönbornstraße 9a (heute Altstadtcafé). Entdeckt wurden die Reste eines ursprünglich 5,76 x 5,35 m messenden römischen Mosaikbodens aus dem 3. Jahrhundert n. Chr. durch die Mitarbeiter der Landesarchäologie. Nach aufwendiger Reinigung und Bergung wurde das Mosaik in transportfähige Teile zerschnitten und zur Restaurierung ins Landesmuseum Trier gebracht. Um den gesamten Fußboden rekonstruieren und transportfähig machen zu können, bediente man sich Aluminium-Wabenplatten aus der Luftfahrtindustrie.

Dargestellt ist Orpheus bei seinem Trauergesang um Eurydike. Ein nachgerade sensationeller Fund, wenngleich das zentrale Medaillon des Bodens mit der Darstellung des Orpheus nur in Fragmenten erhalten geblieben war. Aber die Reste ließen eindeutig darauf schließen, dass es sich um eben jenen Orpheus handeln musste. In einem kreisrunden Ornament befindet sich die Darstellung des musizierenden Thrakers, dem zwei Vögel und ein kleiner Hund lauschen. Nach außen wird das Mosaik durch Halbkreise mit Tierdarstellungen (u. a. eine im Original erhaltene Hirschkuh) vervollständigt. Den Rahmen bildet ein einfaches Schwarz-Weiß-Muster aus sich überschneidenden Kreisen und vervollständigt den Eindruck eines bunten Teppichs auf schwarz-weiß ornamentiertem Fußboden. Um nicht nur zu konservieren, sondern auch vollständig rekonstruieren zu können, wurde der Mainzer Fund mit ähnlichen Orpheus-Mosaiken und -Darstellungen verglichen. Als besonders hilfreich erwies sich das Mosaik aus dem französischen Vienne, dem römischen Vienna, in der Kaiserzeit die zweite Hauptstadt Südgalliens. Von hier stammen die Tierornamente mit Darstellungen von Löwe, Panther und Wildschwein. Vom „Mainzer Orpheus" selbst waren im Originalfundzustand nur Teile der phrygischen Mütze und der linken Hand zu erkennen. Hier diente ein in Pompeji gefundenes Wandgemälde aus dem 1. Jahrhundert n. Chr. als Vorlage für die Vervollständigung des Sängers. Dazu wurden die mit Mörtel verfüllten Wabenplatten aus Trier zurück nach Mainz gebracht. Die Ergänzungsarbeiten dauerten bis zum Frühjahr 2001, dann wurde das aus rund 320.000 Steinchen (*opus tessellatum*) bestehende Orpheus-Mosaik erstmals der Öffentlichkeit vorgestellt.

Warum der Besitzer des Palastes gerade das Orpheus-Motiv für die Gestaltung seines Wohnraums gewählt hat, bleibt ein Rätsel. Handelte es sich um einen kunstsinnigen Bürger, der sich von der räumlichen Nähe zum Bühnentheater inspirieren ließ? Oder wollte er seiner Gemahlin vor Augen führen, dass seine

Liebe alles überwinde und auch, wie bei Orpheus, nach dem Tod bestehen bleibe? Da nicht davon ausgegangen werden kann, dass in Mogontiacum die Werkstatt eines Mosaiklegers (*tesselarius*) bestand, wird der wohlhabende Römer wohl einen reisenden Mosaikkünstler, der ihm ein „Musterbuch" aus bemaltem Papyrus oder dünnen Holzplättchen vorlegte, mit der Ausführung beauftragt haben. Dass es solche Musterbücher gegeben haben muss, belegt der Umstand, dass im römischen England und in Neapel zwei völlig identische Mosaike gefunden wurden.

Nach seiner ersten Präsentation im Jahre 2001 war das Mainzer Orpheus-Mosaik übrigens erst 2013 wieder in Mainz (und zwei Jahre später in Paderborn) zu sehen, um dann im Depot „eingemottet" zu werden. Gegen diese Deponierung machte sich im Juli 2022 die Initiative Römisches Mainz (IRM) stark, auf Betreiben des Autors und Vorstandsmitglieds selbst (vgl. S. 155). Auf ihr Drängen hin wurde das Mosaik von Juli bis Oktober 2022 im Anschluss an die ersten „Mainzer Römertage" in der Römerpassage, gezeigt. Die IRM setzte sich seitdem mit der Beharrlichkeit ihres Vorsitzenden Christian Vahl für eine dauerhafte Präsentation des Orpheus-Mosaiks in Mainz ein. Im April 2023 wurde das Ansinnen der IRM von Erfolg gekrönt: In der Steinhalle des Landesmuseums wurde dem Orpheus-Mosaik ein dauerhafter Platz eingeräumt. Ein (spielbarer) Nachbau einer Kithara (ein Saiteninstrument ähnlich der Leier), wie sie auf dem Mosaik (vgl. S. 58–59) dargestellt ist, wurde im Auftrag des ehemaligen Landesarchäologen Gerd Rupprecht hergestellt, dem Vorsitzenden der IRM geschenkt von ihm der IRM als Dauerleihgabe zur Ausstellung im Isis- und Magna Mater-Heiligtum zur Verfügung gestellt.

Ein weiterer Nachweis für die Finanzkraft zumindest eines Teils der Bevölkerung Mogontiacums wurde in der Großen Langgasse, nahe der wichtigsten römischen Hauptstraße, die von der Porta praetoria des Legionslagers zur Rheinbrücke führte, gefunden. Auf dem Gelände der ehemaligen „Residenzpassage" brachte eine Stadtkerngrabung im Jahre 2019 nicht nur die Grundmauern eines Wohngebäudes aus dem 2. Jahrhundert n. Chr. und Reste einer Fußbodenheizung (*hypocaustum*) zutage, sondern auch die offensichtlich ursprünglich zu einem größeren Relief gehörende Darstellung eines nicht, wie üblich, stehend, sondern liegend dargestellten Ganymed (vgl. S. 122).

Ein größerer, repräsentativer Bau stand vermutlich im Bereich des heutigen Städtischen Altenheims (Hintere Christofsgasse/Altenauergasse). Möglicherweise handelte es sich dabei um den Statthalterpalast, der am Rheinufer gestanden haben könnte, so wie es in Köln der Fall war. In den 1970er Jahren gefundene Spolien und (Hypokausten-)Ziegel mit den Stempeln von Mainzer Legionen könnten darauf hindeuten. Ebenso ein repräsentativer Marmorbrunnen mit einem als Fischfigur ausgearbeiteten Wasserspeier. Durchaus möglich ist aber auch, dass es sich um eine größere öffentliche Badeanlage handelte, die als Ersatz für die Ende des 1. Jahrhunderts n. Chr. während des Bataveraufstands (69–70 n. Chr.) zerstörte Badeanlage vom heutigen Staatstheater gebaut wurde. Diese Fundstelle wartet noch auf ihre eingehende Erforschung.

In Handarbeit wird gesäubert, u. a. vom damaligen Mitarbeiter der Archäologischen Denkmalpflege Dieter Scholz (vorne links), dessen „Spürnase" den Mainzer Archäologen schon manchen spektakulären Fund bescherte.

Wandbemalung (u. a. mit einer Theatermaske) und Heizungsanlage (*hypocaustum*) eines einst herrschaftlichen Hauses wurden bereits rund 40 Jahre zuvor in unmittelbarer Nähe des Fundorts Große Langgasse entdeckt, nachdem im Mai 1979 mit dem Bau der Tiefgarage Schillerplatz neben dem Proviantmagazin begonnen worden war. Der Aufbau eines römischen Hypokaustums ist samt erläuterndem Stelen-Text an der Schillerstraße in der kleinen Grünanlage zwischen dem Institut Français Mainz (Schönborner Hof 1668/70) und dem Proviantmagazin aus der Zeit des Deutschen Bundes (1814–1918) zu sehen.

Viele Jahre wurde das ergänzte Orpheus-Mosaik nach seiner Auffindung im Depot „versteckt". Gegen anfänglichen Widerstand der Archäologen konnten Besucher der Mainzer „Römertage" das Mosaik 2022 erstmals bewundern. Die Idee einer zunächst erwogenen dauerhaften Präsentation im Mainzer Stadthaus wurde schließlich aufgegeben. Seit Juli 2023 ist das antike Kleinod im Landesmuseum Mainz zu sehen.

Zentrales und dem Mosaik namengebendes Bildmotiv: Orpheus bezaubert die Tiere mit seinem Gesang und Lyraspiel.

Ein Brückenschlag

Sie stand etwa 30 m fast parallel oberhalb der heutigen, 1950 eröffneten Theodor-Heuss-Brücke. Dass die Römerbrücke nur deshalb erbaut worden sei, damit die in Mogontiacum lebenden Menschen einfacher zu den heilenden Quellen in Aquae Mattiacorum (Wiesbaden) gelangen konnten, ist selbstredend als purer Unfug zu bewerten. Denn erst im 2. und 3. Jahrhundert n. Chr. erlebte der Ort einen Aufschwung, der auf die Heilquellen zurückzuführen ist. Funde aus augusteischer Zeit stammen wahrscheinlich von einer Zivilsiedlung der Mattiaker. Ein steinernes Kastell entstand wohl erst um das Jahr 80 n. Chr. – etwa ein halbes Jahrhundert nach dem Bau der Rheinbrücke.

Eigentümlich anmutende Geschichten wurden immer wieder (auch von Wissenschaftlern) verbreitet. So etwa die, dass es wohl nie eine Römerbrücke mit steinernen Pfeilern gegeben habe. Vielmehr habe „mit großer Mühe und unendlichem Fleisse“ Karl der Große zwischen 803 und 813 eine hölzerne Brücke auf Steinpfeilern errichten lassen. Der Haken an dieser hanebüchenen „Experten“-Expertise: Zu dieser Zeit gab es in ganz Europa nicht einen Menschen, der dazu in der Lage gewesen wäre. Für die genialen römischen Ingenieure indes war der Brückenbau eine solche Normalität, dass auch die Geschichtsschreiber es nicht für notwendig erachteten, überhaupt über eine neue Brücke zu berichten. Selbst die Moselbrücke bei Koblenz noch die steinerne Brücke bei Trier wurden mit auch nur einem Satz gewürdigt. Eine Ausnahme macht da Trajans berühmte 1.135 m lange Donaubrücke in Dakien (bei Dobreta, Rumänien), die Trajans Biograf Cassius Dio erwähnt und die bildlich dargestellt auf der Trajanssäule in Rom zum posthumen Personenkult um Trajan beitrug. Über 1.000 Jahre war sie die längste Brücke der Welt.

Nach dem Abzug der Römer verging so viel Zeit, dass letztendlich niemand mehr verbindlich sagen konnte, wer die Pfeiler

Wie die Rheinbrücke ausgesehen haben könnte, wird in einer Bronze nachempfunden, die an einem Gedenkstein auf der rechten Rheinseite in unmittelbarer Nähe der alten Reduit-Kaserne angebracht worden ist.

hatte erbauen lassen. Der Fantasie waren Tür und Tor geöffnet. Kein Wunder, dass im 19. Jahrhundert auch Karl der Große als Erbauer ins Gespräch kam. Heute ist sich die Forschung sicher, dass Karls Baumeister lediglich einen hölzernen Überbau auf die römischen Pfeiler setzte, von denen sie den ein oder anderen möglicherweise vorher saniert hatten. Viel Spaß hatte der große Karl mit der Brücke allerdings nicht. Im Mai 813, kurz vor oder gerade nach der Fertigstellung des Überbaus, stand der in hellen Flammen und brannte in drei Stunden bis auf die Wasserlinie ab. Die schon zu Karls Zeiten geäußerte Meinung, dass es sich dabei um Brandstiftung, um einen Sabotageakt der durch den Brückenbau um ihre berufliche Existenz fürchtenden Schiffer und Fährleute gehandelt haben könnte, ist nicht von der Hand zu weisen. Zumindest gibt es für das massive Vorgehen von Fährleuten gegen Brückenprojekte einige Beispiele.

Doch zurück zur Römerbrücke (*pons ingeniosa*). Spekulierten Decker und Selzer noch: „Der erste Bau der Brücke dürfte wohl noch vor dem Chattenfeldzug des Jahres 83 n. Chr. errichtet worden sein", so weiß man heute dank dendrochronologischer Untersuchung von Eichenpfeilern, die zwischen 25 und 28 n. Chr. gefällt wurden, dass der Brückenbau ungefähr auf das Jahr 27 n. Chr. zu datieren ist, errichtet von den Bauleuten der auf dem Kästrich stationierten Legio XIIII Gemina. Vorgängerin dieser Brücke mit mindestens 21 Steinpfeilern war zunächst wohl eine Schiffsbrücke aus ankernden und mit einer hölzernen „Laufbahn" verbundenen Booten, über die eine Überquerung auf Feindesland der damals viel breiteren, aber dafür nicht so tiefe und gemächlicher fließende Rhein etwas umständlich war. Ihr folgte eine hölzerne Pfahljochbrücke wohl um das Jahr 11 v. Chr., zeitgleich mit der Anlage des rechtsrheinischen Brückenkopfs. Durch die Anlage dieses Kastells war man in der Lage, schnelle Militäraktionen im feindlichen Gebiet durchzuführen. Die hölzerne Pfahljochbrücke war, so werden die römischen Besatzer schnell festgestellt haben, allerdings nicht der Weisheit letzter Schluss. Jahr für Jahr musste sie repariert werden, denn wenn der Rhein

Die Brücken

Verbindung zwischen Mogontiacum und Castellum Mattiacorum über den Rhein

Konstruktion: Hölzerne Segmentbogen-Brücke mit Steinpfeilern
Bauzeit: 27 n. Chr.
Gesamtlänge: ca. 835 m
Breite: 12 m
Anzahl der Öffnungen: 22
Größte Spannweite: 29 m
Erbauer: Legio XIIII Gemina

Vorgängerbau

Typ: Schiffsbrücke aus einer Reihe nebeneinander angeordneter Schwimmkörper, die verbunden werden.

Betrieb: wohl um 11 v. Chr. durch Drusus. Einrichtung des linksrheinischen Brückenkopfes.

Beleg: Fund eines Ankers mit dem Zeichen der Legio XVI einem Löwen. Die Legio XVI Gallica war im Jahre 13 v. Chr. zusammen mit der Legio XIIII Gemina in das neu errichtete Lager Mogontiacum verlegt worden.

Eis führte, setzte es den Balken heftig zu. Zudem bestand die Gefahr, dass die Germanen von der rechten Rheinseite die Holzkonstruktion anzünden und zerstören könnten. Die Überlegungen zum Bau einer steinernen Brücke reiften über Jahre. Wäre sie völlig aus Stein hergestellt worden, hätten einfallende Germanen sie auch benutzen können. Die Alternative: Steinpfeiler mit einer „Fahrbahn" aus Holz. Zumindest die Pfeiler wären durch die Germanen kaum zu zerstören gewesen. Und die „Holzfahrbahn" wäre auch leicht abzubrechen gewesen, sollten die Legionäre einmal in die missliche Lage kommen, sich schnell nach Mogontiacum zurückziehen zu müssen. Eine optimale Lösung, die ab 27 n. Chr. umgesetzt wurde. Die Gesamtlänge der Brücke über den damals viel breiteren Rhein wird auf etwa 835 m geschätzt (Im Vergleich: Die heutige Theodor-Heuss-Brücke ist 475 m lang). Übrigens: Interpretiert man die Geschichtsschreibung so, dass es bei einigen kriegerischen Aktionen wohl keine Brücke gab, so bedeutet das lediglich, dass Germanen oder sogar die Römer selbst aus strategischen Gründen die Brücke mal wieder unbrauchbar gemacht oder gar abgebrannt hatten. Doch war die Verbindung auf die linke Rheinseite notwendig, und deshalb wurde die „Fahrbahn" aus Holz immer wieder repariert. Dass auch die Steinpfeiler selbst erneuert wurden, wie einige Wissenschaftler vermuteten, ließ sich bei Fundamentuntersuchungen im 19. Jahrhundert ausschließen. Bis auf einen Pfeiler in der Nähe des Kasteler Ufers. Der war vermutlich durch Eisgang so stark beschädigt worden, dass er einschließlich des Pfahlrostes erneuert werden musste. Ein noch überzeugenderes Argument für eine römische Pfeilersanierung ist ein dort gefundener Brandstempel der Mainzer „Hauslegion", der Legio XXII, die wahrscheinlich die Arbeiten zwischen 211 und 217 n. Chr., also in der Regierungszeit Caracallas, ausgeführt hat. Doch auch die Reparatur hielt offenbar nicht lange. Als nämlich Kaiser Maximinus um 237 n. Chr. den Rhein überqueren wollte, musste er auf eine schwankende Schiffsbrücke zurückgreifen. Auch mehr als 100 Jahre später, im Jahre 357 n. Chr., war die Rheinbrücke mal wieder oder immer noch „außer Betrieb". Und so musste Kaiser Julian, als er die Alamannen auf der rechten Rheinseite verfolgen wollte, mit seinem Heer eine Behelfsbrücke (wahrscheinlich wiederum eine Schiffsbrücke) benutzen. Es sollte nur noch knapp 50 Jahre dauern, bis mehrere germanische Stämme ins römisch besetzte Gebiet eindrangen und den verbliebenen Legionen (große Truppenteile waren zum Kampf gegen die Westgoten abgezogen worden) empfindliche Niederlagen beibrachten. Und rund ein halbes Jahrhundert später endete die römische Herrschaft am Rhein. Spätestens mit dem Abzug der Legionen wurde mit der Beseitigung der Brückenpfeiler begonnen.

Zeitsprung. Nach der Vernichtung der hölzernen Brückenteile Karls des Großen durch Sabotage im Mai 813 sollte es

Im Museum Castellum wird ein großes Modell gezeigt, das erahnen lässt, wie die Brücke in römischer Zeit ausgesehen haben und genutzt worden sein könnte.

für mehr als 1.000 Jahre keine Brücke mehr in Mainz geben. Niemand hatte ganz offenbar Interesse an den Römerrelikten. Bis auf Napoleon. Der ließ sie im Jahre 1800 von seinen Ingenieuren untersuchen. Allerdings lieferten sie einen, wie man heute weiß, höchst flüchtigen und teilweise fehlerhaften Untersuchungsbericht ab. Auf einem Gemälde von Mainz aus dem Jahre 1840 ist eine Schiffsbrücke zu sehen, die fröhliche Urständ feierte, und an den Pfeilerstümpfen der alten römischen Brücke liegen Schiffsmühlen, die von der Strömung des Rheins angetrieben werden, vor Anker. Schon mehr als 200 Jahre zuvor, am 12. Mai 1661, war durch den Mainzer Kurfürst Johann Philipp von Schönborn eine hölzerne Schiffsbrücke in Betrieb genommen worden, nachdem schon nach dem Brand der Brücke Karls des Großen der Fährbetrieb wieder aufgenommen worden war.

Man schrieb das Jahr 1817, als der badische Ingenieur Johann Gottfried Tulla begann, den ungezähmten Rhein zu begradigen. Auf dem Mittelrhein florierte die Dampfschifffahrt. Die größer gewordenen Schiffe hatten auch mehr Tiefgang, und so wurden die im Laufe der Jahrhunderte geschrumpften römischen Brückenpfeiler zu einem ernst zu nehmenden Hindernis für den wirtschaftlichen Aufschwung. Auf eine 1882 erlassene Anordnung der Großherzoglich Hessischen Staatsregierung hin und unter Aufsicht des Kreisbauamtes Mainz sollten die noch verbliebenen Reste der Brücke beseitigt werden, um eine ungehinderte Durchfahrt v. a. bei der Talfahrt zu gewährleisten. Noch im selben Jahr, am 24. August, wurde mit den Arbeiten begonnen, mithilfe eines dampfbetriebenen Bagger aber auch von Tauchern mit Caissons (Druckluftsenkkästen). Sie sollten sich bis zum 27. September 1882 hinziehen. Die Sicherung der historischen Bausubstanz war zweitrangig. Aber die Räumung des Rheinbettes hatte dennoch einen Vorteil für die Archäologie: Baukonstruktion und Materialaufwand an Holz, Steinen und Eisen konnten untersucht werden. Dazu zählten ein Brandeisen der Legio XXII Primigenia zur Kennzeichnung von Bauteilen, ein Bronzeschwert in noch gutem Zustand, ein Gerät zum Heben von Steinen, ein mit „L.VALE.EG. XIIII" beschrifteter Holzhammer sowie mit Inschriften und Ornamenten verzierte Steinplatten (zum Teil heute im Landesmuseum Mainz). Aufgefundene Quadersteine gehörten ursprünglich zu den Pfeilern. Im Innenhof des Kurfürstlichen Schlosses wurde nach der Befundaufnahme im Frühjahr 1882 anhand des Pfahlrosts in Originalgröße eine Brückenpfeiler-Gründung aufgebaut. Das ging nicht ohne Verluste: Einige Pfähle waren beim Ausziehen

Achtung – Bildmontage:

Der Mittelteil der heutigen Theodor-Heuss-Brücke ist durch die Darstellung aus der Bronzetafel ersetzt worden, um einen Eindruck zu vermitteln, wie eng die heutigen Brückenkonstruktionen noch auf die Bauweise der Römer zurückzuführen sind.

aus dem Flussgrund abgebrochen und mehrere eiserne Pfahlschuhe waren im Schlamm steckengeblieben. Um alles fotogerecht aufzuhübschen, wurden die Pfähle auf eine Länge von etwa 1 m gekürzt, fehlende Pfähle wurden durch Ergänzungen ersetzt. Aber die eigentliche archäologische Fundstelle war zerstört, sieht man einmal von der Bergung weiterer Brückenhölzer nach dem Zweiten Weltkrieg ab. Modernste Forschungs- und Untersuchungsmethoden haben inzwischen auch mit der naturwissenschaftlichen Methode der Dendrochronologie Licht ins Dunkel gebracht, auf welche Weise die Rheinbrücke zu datieren ist. Das älteste Pfahlholz, das geborgen wurde, stammt aus dem Jahr 27 n. Chr. und kann ohne Weiteres als Beweis für den Beginn des Baus der Römerbrücke gelten.

Zu einer Kontroverse unter Wissenschaftlern führte eine Grabung aus dem Jahr 2004, als in einer Mainzer Baugrube eine etwa 30 m lange „Uferbefestigung, die aus Bohlen und kurzen Pfählen bestand" (Sybille Bauer) gefunden wurde. Das Holz sei wiederverwendet worden, habe die Expertise von Historikern und Dendrochonologen ergeben. Bauer weiter:

> „Aufgrund der Struktur des Materials, der vorgefundenen Bearbeitungsspuren und der dendrochronologischen Datierung, waren sich die Wissenschaftler sicher, dass diese Hölzer vorher in den Pfahlrosten der römischen Rheinbrücke verbaut gewesen sein müssen."

Jens Dolata allerdings ist der Ansicht, dass „die Identifizierung spezieller Holzverbände als Spundbohlen der Mainzer Brücke samt frührömischer Datierung keine allgemeine Zustimmung" finde.

Das Ende der Römerbrücke heißt nicht, dass der Weg auf die „ebsch Seit" nicht wiederhergestellt wurde. Nur ein Jahr, nachdem die „wiederauferstandene" Schiffsbrücke aus Holzkähnen durch eiserne Kähne „modernisiert" worden war, wurde am 30. Mai 1885 nach dreijähriger Arbeit die Straßenbrücke durch Großherzog Ernst Ludwig IV. von Hessen und bei Rhein eingeweiht. Bis weit in die 1920er Jahre war die nach Mühlheim verkaufte Mainzer Schiffsbrücke dort noch in Betrieb. Deutsche Truppen sprengten die Straßenbrücke am 17. März 1945, als US-Soldaten anrückten. Die von den Amerikanern gebaute „Alexander M. Patch-Brücke" war von 1946 bis 1950 in der Verlängerung der Kaiserstraße die Verbindung auf die andere Rheinseite, bevor am 15. Mai 1950 der damalige und erste Bundespräsident Theodor Heuss die nach ihm benannte Brücke in Betrieb nahm.

Dendrochronologie

Die Dendrochronologie (Holzaltersbestimmung) ist die einzige naturwissenschaftliche Methode, die eine jahrgenaue Altersbestimmung der Fälljahre von historischen Hölzern ermöglicht. Unter der Voraussetzung, dass alle Jahrringe bis zur Rinde erhalten sind, kann der Zeitraum der Fällung noch präziser in Frühjahrs- bzw. Sommerfällung (etwa März bis Juni/Juli) und Winterfällung unterschieden werden. Die Datierung erfolgt über den Vergleich der Jahrring-Serie des zu datierenden Holzobjektes.

Aus Brückenholz gemacht

So ganz profan endete die Römerbrücke: Der Mainzer Dreher August Schad formte aus „Holz v. d. Römerbrücke Mainz-Castel" diesen Weinkelch, der vor einigen Jahren im Internet zum Kauf angeboten wurde.

Man schreibt das Jahr 1885. In den Mainzer Adressbüchern wirbt der Mainzer Dreher und Holzwarenhändler August Schad, dessen Werkstatt sich in dem von ihm gekauften „Haus zum Stein" (Weintorstraße 1) befindet, mit einer ungewöhnlichen Ware: Zier- und Rauchgegenstände, gefertigt aus dem Holz der römischen Rheinbrücke, die einst Mogontiacum mit dem Castellum Mattiacorum verbunden hat. Ganze zehn Jahre macht Schad gutes Geld aus den römischen Relikten. Andere tun es ihm gleich, fabrizieren aus eben jenem Holz u. a. Pfeifenköpfe, Schnupftabakdosen oder Spazierstöcke. Allesamt, wie z.B. ein gedrechselter Holzkelch, sind mit Stempelung oder Gravur aus der Schadschen Werkstatt versehen, mit denen die Außergewöhnlichkeit des verarbeitenden Materials hervorgehoben wird. Angeboten werden indes nicht nur kleinere Arbeiten. Möbeltischler kauften das schwarz-gelbe Eichenholz, wie etwa ein Schrank der Mainzer Firma Kimbel zeigt, der heute im Wiesbadener Museum steht. Oder Prinz Alexander von Hessen, der ließ sich aus dem Holz der Römerbrücke gleich eine ganze Salongarnitur anfertigen. Ein Mainzer Weinhändler stattet gar seine ganze Wohnung mit dem Jahrtausende alten Holz aus. Und einem Gerücht zufolge soll ein Weinlokal in der Mainzer Altstadt noch heute „römerholzgetäfelt" sein.

Vor der Eingangstür zum Museum Castellum befindet sich dieser Rest der römischen Brücke, allerdings nur als Kopie. Im Museum selbst ist ein originales Stück vom Brückenholz ausgestellt.

Das für Ende des 19. Jahrhunderts in Mainz 1962 durch Karl Schramm benannte und von Hubertus Mikler zitierte „Brückenfieber" ist allerdings nahezu völlig „geheilt". Das Holz der römischen Rheinbrücke scheint so uninteressant geworden zu sein, dass es, wie auch die Brücke selbst, dem Mainzer Landesmuseum keine Präsentation wert ist. Das war nicht immer so. Im städtischen Museum waren, so vermeldete der Mainzer Altertumsverein 1847, Werksteine und Inschriften „nebst einigen der ausgezogenen Pfähle" zu bestaunen. Das Fehlen des Themas „Römerbrücke" im heutigen Landesmuseum bedauert Jens Dolata, stellt aber fest:

> „Es ist gut, dass sie (die Brücke) im Museum Castellum und im Deutschen Museum in München noch zwei Vermittlungsorte hat."

Blick über den Rhein

Auch auf der anderen Rheinseite kehrte aus strategischen Gründen auf Expansionsbestrebungen des Augustus durch Drusus römisches Militärleben ein. Man schrieb etwa das Jahr 11 v. Chr., als die in Mogontiacum stationierten Truppen mithilfe einer Schiffsbrücke (*pons navalis*) auf das Gebiet der Mattiaker, einem Teilstamm der germanischen Chatten, übersetzten. Hier, auf der rechten Seite des Flusses, der die östliche Außengrenze des Imperiums war, lebten die „barbarischen" Germanenstämme. Die in Mogontiacum stationierten Eroberer wollten jederzeit in der Lage sein, sie durch entsprechende Militäraktionen stoppen zu können. Und dazu bedurfte es eines Brückenkopfes. Das erste Kastell im Bereich der heutigen katholischen Kirche St. Georg war wohl ebenso wie das erste Lager auf dem Mainzer Kästrich in der üblichen Holz-Erde-Konstruktion errichtet worden. Archäologisch nachgewiesen werden konnte das bislang allerdings nicht.

Man geht davon aus, dass dieser Brückenkopf, das erste Kastell, das durch mehrere Inschriften belegte „Castellum Mattiacorum" (Mainz-Kastel) im Jahre 69 n. Chr. während des knapp ein Jahr dauernden Bataveraufstands zerstört, aber schon 71 v. Chr. durch ein Steinkastell ersetzt wurde. Dessen Maße: 71 x 98 m (andere Quellen sprechen von 94 x 67 m). Durch die geringe Größe bedingt, können nicht viel mehr als 400 Legionäre hier Platz gefunden haben. Allerdings boten die etwa 7 m hohen und bis zu 2,50 m starken Außenmauern im Ernstfall so viel Schutz, dass Zeit genug blieb, bis Verstärkung aus Mogontiacum eingetroffen war. Es spricht vieles dafür, dass um 11 v. Chr. eine hölzerne Pfahljochbrücke errichtet wurde, um im Notfall den Rückzug auf die andere Rheinseite antreten zu können und die Brücke hinter sich abzureißen oder abzubrennen. Wie lange das Kastell genutzt wurde, ist unbekannt. Es ist nicht auszuschließen, dass es schon zu Beginn des 2. Jahrhunderts n. Chr. zunächst aufgegeben wurde. Als für die römischen Besatzer unruhige Zeiten anbrachen, wurde der Brückenkopf um das Jahr 300 n. Chr. allerdings nochmals befestigt. Auf der ältesten Darstellung der Stadt Mainz, dem Lyoner Bleimedaillon (vgl. S. 108–109), ist neben Mogontiacum auch das mit symbolischen Wehrtürmen dargestellte rechtsrheinische Kastell auszumachen.

Weitere römische Befestigungsanlagen wurden durch Luftbildaufnahmen entdeckt. Allerdings waren das lediglich Marschlager aus dem 1. und 2. Jahrhundert n. Chr. Im Sommer 2009 wurde eines von ihnen, rund 1,5 km vom Standort des Kastells entfernt, auf einer Fläche von 75 x 60 m archäologisch erforscht. Vier Tore konnten an diesem Marschlager aus der zweiten Hälfte des 2. Jahrhunderts n. Chr.,

Auf dem Pflaster der Großen Kirchenstraße in Mainz-Kastel ist die Lage des 1985 gefundenen Ehrenbogens nachempfunden.

bei dem es sich möglicherweise um ein Übungskastell handelte, nachgewiesen werden. Sicherlich ein nicht so spektakulärer Fund wie der des Jahres 1986, als im September bei Kanalbauarbeiten in der Großen Kirchenstraße in Mainz-Kastel das Fundament eines römischen Ehrenbogens entdeckt und freigelegt wurde. Genau auf der Achse vom Legionslager von Mogontiacum über die römische Brücke in Richtung Hofheim. Dort befand sich auf dem „Hochfeld" eine schon 1841 entdeckte mehrphasige, für Auxiliareinheiten errichtete Kastell-Anlage, die etwa von 40, als Caligula einen Feldzug in Germanien unternahm, bis 110 n. Chr. in Funktion war. Dann wurde es geräumt, denn der obergermanische Limes versprach für mehr als 100 Jahre genügend Schutz.

Doch zurück zum römischen Ehrenbogen, der bis heute Rätsel aufgibt. Er wäre wohl, das kann man mit Gewissheit sagen, von den Bauarbeitern „entsorgt"

Mächtige Quader lassen erahnen, welche Ausmaße der Ehrenbogen hatte, der von Teilen der Wissenschaft dem Germanicus zugesprochen wird.

Ehrenbogen Kastel

Das 20 × 12 m messende Fundament eines römischen Ehrenbogens mit vermutlich drei Durchgängen wurde 1985 nahe der katholischen Pfarrkirche St. Georg in Mainz-Kastel gefunden. Bauweise und Baudekoration lassen auf einen nach 19 n. Chr. gebauten Ehrenbogen für Germanicus schließen. Allerdings war das rechtsrheinische Gebiet unsicher und wurde erst 83 n. Chr. durch die Chattenfeldzüge Domitians gesichert. Deshalb ist auch nicht ausgeschlossen, dass der Ehrenbogen für Domitian errichtet wurde, der eine Schwäche für derlei Ehrenbezeugungen hatte, wie Sueton 13,3 berichtet.

Von der aufwendigen Gestaltung des Ehrenbogens blieben nur wenige Reste erhalten.

worden, hätte sich nicht die überaus rührige Kasteler Gesellschaft für Heimatgeschichte eingeschaltet. Die spricht heute auf ihrer Homepage von „einer der wichtigsten Entdeckungen im Bereich der römischen Archäologie“ vom „epochalsten Bauwerk nördlich der Alpen“, wenn vom „Germanicus-Bogen“ die Rede ist, in dessen unmittelbarer Umgebung an einer Straßenkreuzung aus römischer Zeit zwei Leugensteine (Meilensteine) gefunden wurden. Diese geben die Entfernung nach Aquae Mattiacorum (Wiesbaden) in der gallisch/keltischen Längenangabe „Leuge“ (etwa 2,2 km) an. Südöstlich der bis in die Wetterau führenden Straße nach Hofheim errichteten die Römer im 2. Jahrhundert n. Chr. eine große Thermenanlage. Ob der Ehrenbogen tatsächlich auf Senatsbeschluss für Nero Claudius Germanicus (15 v. Chr.–19 n. Chr.), den Sohn des Drusus, nach dessen Tod, wie von Tatitus erwähnt, am Ufer des Rheins („apud ripam Rheni“) errichtet wurde, oder erst zur Zeit des Domitian (51–96 n. Chr.), wird kontrovers in der Fachwelt diskutiert. Falls dies der Fall wäre, hätte der Bogen eine große politische Bedeutung gehabt. Denn er sollte Germanicus nach der schrecklichen Niederlage des Varus bei Kalkriese, bei der auch die Legionsfeldzeichen in die Hand des Feindes gerieten, als siegreichen Feldherrn ehren, der die Feldzeichen zurückerhält. Die Archäologin Marion Witteyer schließt aber auch nicht aus, dass der „Germanicus-Bogen“ in der Nähe des Mainzer Bühnentheaters gestanden haben könnte. Quasi mit ihm in einem „Kaiserkult-Ensemble“. Sicher hingegen ist, dass es sich bei dem Fund aus der Kasteler Großen Kirchenstraße um Reste des nördlichst gelegenen römischen Ehrenbogens handelt, der

bislang gefunden wurde. Baumarken der in Mogontiacum stationierten Legio XIIII lassen beide Deutungen zu. Die Legio XIIII Gemina war nämlich sowohl von 13 v. bis 43 n. Chr. (das unterstützt die „Germanicus-These“) auf dem Kästrich als auch von 70 bis 92 n. Chr., was auf den flavischen Kaiser Domitian schließen lassen könnte, der erst mit den Chattenfeldzügen 83 n. Chr. das bis dahin höchst unsichere rechtsrheinische Gebiet sicherte. Den Triumph könnte sich Domitian, der nachweisbar eine Schwäche für Ehrenbögen hatte, durchaus auch in Kastel mit einem solchen als „Tor nach Germanien“ anzusehenden „vergoldet“ haben.

„Vergoldet“ hat das Landesmuseum Mainz durch Leihgaben die Sammlung römischer Funde der Gesellschaft für Heimatgeschichte Kastell e. V. in dessen Museum Castellum in Räumen der ehrwürdigen, 1830 erbauten Reduit-Kaserne der damaligen Bundesfestung Mainz am Rheinufer. Ein Teil dieser Funde aus Mainz und Kastel geht auf den Mainzer Altertumsverein zurück, der die von ihm erworbenen Stücke dem Vorläufer des Landesmuseums, dem Altertumsmuseum der Stadt Mainz, geschenkt hatte. Aus dem Bereich des heutigen Wiesbadener Stadtteils Mainz-Kastel befindet sich dort v. a. eine Ehreninschrift, die ebenso wie die Reste des Ehrenbogens 1896 bei den schon erwähnten Kanalbauarbeiten in der Großen Kirchenstraße gefunden wurde. Die damalige Bürgermeisterei Kastel hatte sie dem Mainzer Altertumsmuseum übereignet. Die Weihschrift kann auf etwa 100 n. Chr. datiert werden und gilt dem von 98 bis 117 n. Chr. regierenden Kaiser Trajan, der vor seinem Aufstieg zum Thronfolger des nur zwei Jahre (96–98 n. Chr.) regierenden Kaisers Nerva in Mogontiacum als Statthalter der Provinz Germania superior residierte. Eine weitere Weihinschrift (1901 ebenfalls in der Großen Kirchenstraße entdeckt) gilt dem Verwalter eines Heiligtums (*aedituus templi*). Der Name des „Tempelhüters" ist nicht mehr zu entziffern, dafür aber durch die Nennung von zwei Konsuln das Stiftungsjahr der Inschrift: 200 n. Chr.

Weihdenkmäler für die Staatsgötter Jupiter und Juno sowie ein Bruckstück einer Jupiter-Gigantensäule, die von einem Priester des Kaiserkults der *seviri Augustales* im 3. Jahrhundert n. Chr. augestellt wurde (gefunden 1808 und 1809 bei Festungsbauarbeiten) gehören heute zu den besonders interessanten Ausstellungsstücken im Museum Castellum. Ebenso ein römischer Altar für Jupiter und Juno, der zwischen anderen Altartrümmern aus einem Brunnen geborgen wurde, ist ein spannender Fund. Gestiftet wurde dieser entweder 208, 248 oder 255 n. Chr. von einem gewissen Aquilinius Paternus, seines Zeichens decurio civitatis Mattiacorum, also eine Art Ratsherr der im heutigen Wiesbaden (Aquae Mattiacorum) ansässigen Gemeinde der Mattiaker. Ein anderer Altar, der von einem gewissen Dubitatius Primitius für die beiden Gottheiten gestiftet wurde und einst auf seinem eigenen Grundstück (*in suo*) aufgestellt war, gehört heute zu den beachtenswerten Exponaten aus römischer Zeit im Museum Castellum.

Baudekoration des Bogens mit vermutlich drei Durchgängen lassen aufgrund stilistischer Kriterien auf einen nach 19 n. Chr. gebauten Ehrenbogen für Germanicus schließen.

Getreide und Pferde aus Gonsenheim

Ein Siedlungsgebiet ist im heutigen Mainzer Stadtteil Gonsenheim nicht nachweisbar, aber hier standen immerhin mehrere Gutshöfe (*villae rusticae*). Dort wurde bspw. Getreide für die Verpflegung der im nahen Mogontiacum stationierten Legionen angebaut. Reste derartiger Besiedlung wurden an der Dreispitz, gegenüber des Bahnhofs Gonsenheim und am „Europakreisel" (Saarstraße) gefunden. Der größte dieser Versorgungsbetriebe befand sich etwa an der heutigen Kreuzung Mühlweg/Mainzer Straße am Südhang des Gleisbergs. Kein Geringerer als der als erster ernstzunehmender Mainzer Archäologe gehandelte Benediktinerpater Joseph Fuchs (1732–1782), von Kurfürst Emmerich Joseph von Breidbach zu Bürresheim zum Mainzer Hofarchäologen berufen, erwähnt diese Villa rustica, deren Ruinen mit einem Umfang von rund 800 m damals noch zu sehen waren, in seinem 1771/72 erschienenen Werk „Alte Geschichte von Mainz". Es muss ein sehr wohlhabender Gutsbesitzer gewesen sein, denn er konnte sein Wohnhaus mit farbigen Mosaikböden aus wertvollem Marmor und Alabaster ausstatten. Und fast schon selbstverständlich verfügte dieser Gutsherr auch über ein eigenes Bad, dessen Überreste 1805 entdeckt wurden. Bei einer weiteren Grabung im Jahre 1960 kamen noch Reste von Mauern, Estrich und einer Wasserleitung sowie gut datierbare Keramik ans Tageslicht.

Südlich der Saarstraße verlief das Aquädukt, das Mogontiacum von Finthen aus mit Wasser versorgte. Im Draiser Quellgebiet Kemperich, an der äußersten Südwestecke der Gonsenheimer Gemarkung, wurde im November 1880 das Bruchstück eines Inschriftensteins gefunden, das darauf schließen lassen könnte, dass auch Draiser Wasser der Versorgung der Legionen diente. Eine Diskussion übrigens, die noch im 21. Jahrhundert geführt wurde. Die 14 cm starke und 43 x 49 cm große Platte des Inschriftensteins muss wohl in eine Mauer integriert gewesen sein. Seine übersetzte und ergänzte Inschrift lautet:

> „Zum Heil des erhabenen, frommen und glücklichen Kaisers Marcus Aurelius Severus Alexander hat Sextus Catius Clementinus, Statthalter des Kaisers, den Laurentischen Quellgottheiten…".

Die Vogelperspektive gibt Aufschluss: links die Reste des Longierplatzes (gyrus) der Kavallerie der römischen Legionen in Mogontiacum, in der Mitte wohl Pferdeställe. Dunkel von rechts ins Bild verlaufend zu erkennen ist der Gonsbach.

Weiter könnte es geheißen haben: „dieses Heiligtum gestiftet". Der im Text genannte, im heutigen Libanon geborene Severus Alexander wurde mit 27 Jahren im 13. Jahr seiner Regentschaft, im Frühjahr 235 n. Chr., zusammen mit seiner Mutter, wahrscheinlich auf dem Gebiet des heutigen Stadtteils Bretzenheim von seinen Truppen ermordet. Sein Frevel in den Augen der Legion: Statt gegen die Germanen zu kämpfen, hatte er versucht, Frieden zu erkaufen. Der Stifter des Quellheiligtums, das durchaus eine Brunnenstube gewesen sein kann, Sextus Catius Clementinus, war um das Jahr 231 n. Chr. unter Severus Alexander Statthalter von Obergermanien. Diese Jahreszahl macht auch die zumindest ungefähre Datierung der Stifterinschrift und damit auch des Heiligtums möglich.

Das Relief eines gefangenen und gefesselten Barbaren. Heute ist es auf dem inzwischen wieder von der Natur überwucherten Fundareal in Kopie zu sehen.

Im November 2013 war Gonsenheim einmal mehr in aller (Archäologen-)Munde. Auslöser waren Renaturierungsarbeiten am Gonsbach. Am Angelrechweg seitlich der Mainzer Straße stieß ein Baggerfahrer auf ein Steinmonument mit dem hervorragend ausgearbeiteten Relief eines knienden, gefangenen Barbaren. Im Verlauf der weiteren Arbeiten traten großflächig etwa in der Größe eines Fußballfeldes nahe der Oberfläche römische Besiedlungsspuren in Form von Gebäudemauern auf. Mehr als 300 Ziegelstempel geben der Forschung Zeugnis davon, dass die Anlage, deren Ausmaße schließlich aufgrund von Mauerzügen in Richtung Gleisberg und Münchfeld auf rund 9 ha geschätzt wurde, mehr als drei Jahrhunderte militärisch genutzt wurde. Von besonderem Interesse für die Forschung sind 254 spätantike Ziegel, die in der Heeresziegelei in Worms durch die Legio XXII Primigenia hergestellt wurden. Unter den Ziegelstempeln befand sich auch ein bislang völlig unbekannter Typus. Er lautet „L XXII OF CN" und ist inzwischen als „Typ Gonsbach" der Legio XXII Primigenia in die archäologische und althistorische Fachliteratur eingeführt.

Besonders augenfällig waren, neben der freigelegten Teilkanalisierung des antiken Gonsbachs, gemusterten Marmorböden, geschliffenen Wänden, feinen Steinmetzarbeiten und Gebäuderesten die Mauern eines rechteckigen Baus von 39 m Länge und 5,5 m Breite. Am auffallendsten aber war, da in der Forschungsarbeit der Archäologen erstmals aufgetreten, ein Rund von etwa 40 m Durchmesser. Zuschauerränge gab es bei diesem Bautypus nicht, den die Römer *gyrus* nannten. Der Vergleich mit einem aus dem Pferdesport bekannten Longierplatz drängte sich auf. Und so konnte der langgestreckte Bau auch leicht als Pferdestall eingeordnet werden. Letztendlich identifizierte die Archäologie 2015 den Fundort als Einrichtung mit Dressur- und Übungsplatz für die Kavallerie der in Mogontiacum stationierten Legionen und der Provinzverwaltung. Einige der Reiterformationen (*alae*) sind durch Grab- und Weihinschriften nachweisbar. Wahrscheinlich hat im vermuteten Auxiliarlager in Weisenau, das für kurze Zeit auch als Legionslager genutzt wurde, eine Reitereinheit gelegen. Das staatlich betriebene Gestüt in Gonsenheim jedenfalls hatte, das wurde bei der archäologischen Grabung deutlich, mit dem Lauf des Gonsbachs und der damals fruchtbaren Auenlandschaft am Angelrechweg, geradezu ideale Bedingungen. Inzwischen sind die Renaturierungsarbeiten abgeschlossen und die 2013 und 2014 ergrabenen Funde längst nicht mehr sichtbar, denn die Natur hat das Gelände wieder in Besitz genommen. Nur eine Kopie des Reliefs mit dem gefangenen und gefesselten Barbaren weist noch auf den spektakulären Fundort hin.

Der sich in römischer Zeit durch eine Auenlandschaft schlängelnde Gonsbach wurde von Steinquadern eingefasst.

Für die Forschung von besonderem Interesse sind die Stempel der gefundenen Ziegel, unter ihnen der bislang unbekannte Typus „L XXII OF CN" (unten). Dieser findet sich inzwischen in der archäologischen und althistorischen Fachliteratur als „Typ Gonsbach" der Legio XXII Primigenia wieder.

Besonders gut zu erkennen ist die Anordnung der ausgegrabenen Substruktionspfeiler des Bühnentheaters aus der Vogelperspektive.

Die Wiederentdeckung des römischen Bühnentheaters von Mogontiacum ist verknüpft mit der Entwicklung der Eisenbahn in Mainz. Man schreibt das Jahr 1844. Die „Taunus-Bahn" auf der linken Rheinseite hat schon seit 1840 den für Mainz lukrativen Warenverkehr per Schiff nahezu zum Erliegen gebracht. Dies war der Anlass für die Handelshäuser Lauteren, Humann, Heidelberger und Korn sowie den Juristen Dr. Theodor Friedrich Knyn, die „Mainz-Ludwigshafener-Eisenbahngesellschaft" zu gründen, die sich 1845 den Namen „Hessische Ludwigs-Eisenbahn-Gesellschaft" gab. Die Ludwigs-Bahn sollte die positive Wende

bringen. Der Kopfbahnhof befand sich ab 1871 am Holzturm. Steigende Fahrgastzahlen und die Unmöglichkeit, die Eisenbahnanlagen zwischen Stadt und Rhein zu erweitern, ließen Stadtbaumeister Eduard Kreyßig 1873 planen, den Bahnhof auf die andere Seite der Stadt, also die Westseite, zu verlegen. Um die neue Streckenführung realisieren zu können, war der Bau eines 1.196 m langen Tunnels unter der Zitadelle notwendig. Der Mainzer Christian Ludwig Lauteren machte es durch Grundstückskäufe möglich, 1876 mit dem Bau des Tunnels zwischen dem schließlich 1884 eingeweihten „Centralbahnhof", dem heutigen Hauptbahnhof, und dem im selben Jahr eröffneten Bahnhof „Mainz-Neuthor" (1904: „Mainz Süd" und seit 2006 „Mainz – Römisches Theater") zu beginnen. Und hier begann die eigentliche Wiederentdeckungsgeschichte des römischen Theaters.

Erst 30 Jahre später, man schreibt das Jahr 1914, wurden bei der Ausschachtung eines Kanalgrabens oberhalb der Eisenbahn durch den Archäologen und Leiter des Mainzer Altertumsmuseums, Ernst Neeb, Mauerreste untersucht, eingeordnet und in Zusammenhang mit den Zufallsfunden von 1884 gebracht. In der „Mainzer Zeitschrift" von 1915 schreibt Neeb:

„Bei der Anlegung des heutigen Bahnhofs Mainz-Süd, des ehemaligen Neutorbahnhofs, wurden im Jahre 1884 mächtige Mauerwerke eines Baues von über 100 m Breitenausdehnung freigelegt, mußten aber, da sie zum größten Teil in das neue Bahnhofsgebiet fielen, gleich abgetragen werden."

Hier trennt noch eine Mauer den Bahnsteig 4 des damaligen Bahnhofs „Mainz Süd" von den ergrabenen Substruktionspfeilern des römischen Bühnentheaters. Die Mauer wurde später durch eine gläserne Wand ersetzt.

Neeb bezieht sich auf Aufzeichnungen und Skizzen, die ein Bezirksingenieur namens Peisker angefertigt hatte, und zitiert Peiskers handschriftlichen Bericht über Freilegung und Untersuchung der aufgefundenen Mauern:

„Bei den Arbeiten zur Verlegung der Bahnen wurden am Neuthor, zuerst bei Herstellen eines Richtstollens unter Bastion Salvator die Reste römischen Mauerwerks aufgefunden, welche sich bei Fortschritt der Erdarbeiten als eine größere Anlage ergaben. Durch Herrn Geh. Baurath Kramer wurde ich damals beauftragt, die sich ergebenden Mauerteile genau aufzunehmen und in folge dessen ergaben sich die in den vorliegenden Scizzen aufgezeichneten Mauerreste, welche auf ein umfangreiches Bauwerk schließen lassen. Die zahlreichen Trümmer und Mauerreste erstreckten sich noch weiter aufwärts gegen die Bastion Albani, welche jedoch von den Arbeiten weiter nicht berührt wurden und demnach leider eine Completirung des Bauwerks unmöglich machten. Welche Bestimmungen dasselbe gehabt haben mag, darauf will ich nicht weiter eingehen, sondern in Kürze jene Beobachtungen angeben, welche während des Baues gemacht wurden. Das Mauerwerk war zum großen Theil sehr sorgfältig ausgeführt. Auf je 70–80 cm Höhe in dem Bruchsteinmauerwerk folgte durchweg eine Ausgleichung von 2 Schichten jener rothen großen gebrannten Platten von ungefähr 40 auf 40 cm Geviert."

Und weiter notierte Bezirksingenieur Peisker:

„Eine minder sorgfältige Ausführung hatte nur das Mauerwerk, welches auf der Höhe des jetzigen Bahnplanums lag...".

Diese Feststellung versuchte Neeb einzuordnen, indem er die alten Stadtpläne von Gottfried Maskopp (1575) und den von Person 1699 kopierten sogenannten Schweden- oder Waldenburg-Plan von 1625/26 zurate zog:

„Es soll hier einstweilen bemerkt werden, daß (...) der ehemalige Wilhelmiterturm und das Wilhelmiterkloster im Gebiete unseres Baues gelegen haben."

Vom Kloster des ursprünglichen Eremitenordens der Wilhelmiter ist allerdings nur so viel bekannt: Es lag vor der Dietpforte unterhalb des Jakobsbergs in der Nähe der Wilhelmiterpforte und war möglicherweise tatsächlich in die Ruinen des römischen Bühnentheaters eingebaut. Nachgewiesen werden kann das Kloster erstmals 1364. Im Zusammenhang mit dem Bau der Zitadelle und der Schönbornschen Befestigungsanlage um 1660 wurden Kloster und Wilhelmiterturm abgerissen.

Aber zurück zu den Aufzeichnungen des Bezirksingenieurs Peisker. Er verwies auf Funde wie „eine Anzahl Steine mit Inschriften" oder „eine in der Prägung noch sehr wohl erhaltene kleine Münze des Kaisers Constantin" und dass nach „einer Platte mit Stempel oder Inschrift" gesucht worden sei. Für deren Auffindung sei sogar eine Prämie ausgesetzt gewesen, doch „fand sich bei der großen Anzahl dieser vermauerten Platten keine einzige vor". Eine Feststellung, die übrigens auch Neeb bei seinen Grabungen 1914 machen musste. Aber auch er erkannte, dass „der Bau frühestens in die konstantinische Zeit" zu datieren sei. Denn: „Auf eine ziemlich späte Entstehungszeit verweist auch die Verwendung römischer Inschriften als Baustoff." Wenngleich der Erste Weltkrieg tobte, versuchte Neeb noch im Sommer 1916 durch Grabungen herauszufinden, wie die Mauerreste letztlich zu interpretieren seien. V. a. suchte er nach der Orchestra-Mauer, denn die Vermutung, dass es sich um ein römisches Theater handeln könnte, war schon mehrfach geäußert worden. Ein 9 m langer Versuchsgraben wurde angelegt – und in fast 4 m Tiefe kam unter mittelalterlichem Bauschutt tatsächlich das Teilstück einer Keilmauer zum Vorschein. Die alten Peiskerschen Pläne von 1884 erwiesen sich bei fast jedem Spatenstich als nahezu exakt. Die Orchestra-Mauer kam schließlich zutage, auch die Stelle, an der sie mit dem östlichen Zugang zusammenstieß. Dann das Ende der Grabungen. Alles wurde, dem Weltkrieg geschuldet, wieder zugeschüttet und das römische Bühnentheater von Mogontiacum fiel in einen tiefen Dornröschenschlaf. Was bleibt, ist die Vision des Ernst Neeb:

> „...dann soll ein Teil des Zuschauerraums für dauernd freigelegt und so für Mainz eine neue Sehenswürdigkeit geschaffen werden".

Doch noch erinnert nichts daran, dass dort, wo die Bahnsteige 2 und 4 des heutigen Bahnhofs „Mainz – Römisches Theater" verlaufen, zu römischen Zeiten das imposante Bühnenhaus in den Himmel Mogontiacums ragte. 1995 veröffentlichte der Europarat in Straßburg eine „Europakarte der antiken Schauspielbauten". Selbstredend ohne das Theater von Mogontiacum zu erwähnen.

Anfang der 2000er Jahre war noch nicht abzusehen, wie sehr sich die Ausgrabungen am römischen Theater ausdehnen würden.

Vom Landesarchäologen Gerd Rupprecht allerdings war es nicht vergessen. Und deshalb schrillten bei ihm im Oktober 1995 die Alarmglocken, als er von Plänen erfuhr, quer durch den mit unspektakulärem Grün bewachsenen Abhang zwischen Zitadelle und Bahnhof Mainz-Süd eine Baustraße anzulegen. Der 1985 verabschiedete Bundesverkehrswegeplan hatte die Bahnstrecke Mainz-Mannheim als Ausbaustrecke festgelegt. Mit einem weiteren Tunnel zwischen Hauptbahnhof und Bahnhof Mainz-Süd. Rupprecht warnte vor der Baustraße, denn er wusste, dass unter dem Bewuchs des Abhangs die Reste des römischen Bühnentheaters liegen. Weitere Zerstörungen des archäologischen Erbes, wie sie 1884 beim Bau des Bahnhofs Mainz-Süd (damals „Neuthorbahnhof") unumgänglich erschienen, wollte Rupprecht verhindern. Am 7. Juli 1998 wurde mit dem Bau des Tunnels begonnen, am 25. Mai 2000 war Durchstich. Auf die von Rupprecht befürchtete Baustraße hatte man verzichten können.

Gerd Rupprecht wandelte weiter gedanklich auf Neebschen Spuren und wollte ebenfalls einen Teil des Zuschauerraums freilegen und das römische Theater als Mainzer Sehenswürdigkeit wieder zum Leben erwecken. Gemeinsam mit Zivildienstleistenden aus seinem Amt begann der Landesarchäologe, im September 1997 unterhalb des Zitadellenwegs (zu Neebs Zeiten noch Straße 23) zu graben. Schriftliche Unterlagen sind weitestgehend verloren gegangen, aber dennoch: In 2,50 m Tiefe zeigte sich Rupprecht, der höchstselbst zu den eifrigsten „Maulwürfen" zählt, und seinen Helfern der „Neebsche Pfeiler". Ein zweites Pfeilerfragment, das von Neeb noch nicht erforscht wurde, war andeutungsweise erkennbar, ein drittes wurde von einer Starkstromleitung überdeckt. Vorsichtig dachte Rupprecht zunächst an die Freilegung nur eines „Tortenstücks" des Theater-Halbrunds. Dank unzähliger Helfer und Sponsoren konnte die Freilegung des Theaters indes bis 2008 zum *status quo* erweitert werden. Man kann davon ausgehen, dass in diesem Theater einst mehr als 10.000 Besucher Platz fanden. Nur knapp ein Zehntel von ihnen fasst das heutige „Große Haus" des Mainzer Staatstheaters.

Rupprechts Nachfolgerin im Amt, Marion Witteyer, stellte 2022 fest:

> „Das römische Theater in Mainz ist ohne Zweifel ein außerordentliches Monument. Mit einem Durchmesser von 116,25 m der Cavea (Sitzränge Zuschauerhalbrund), 41,25 m der Orchestra (Halbrund vor der Bühne) und einer ebenso breiten Bühne gehört der Bau zu den ganz großen Anlagen im Römischen Reich."

Und in der Tat: Das Bühnentheater von Mogontiacum war größer als das bekannte und sicher besterhaltene von Orange in der Provence (102 m), das von Arles (103,5 m) und das von Lyon (108,5 m). Im Vergleich: Die Bühne im „Großen Haus" des Mainzer Staatstheaters misst in der Breite 23 m.

Hatten der Prähistoriker Karl-Viktor Decker (1934–2019) und der Archäologe Wolfgang Selzer (1926–2003) im Jahre 1976 noch publiziert: „Die Datierung ist nicht ganz sicher, doch dürfte das Theater nicht vor dem Ende des 2. Jahrhunderts n. Chr. gebaut worden sein. Ein Münzfund konstantinischer Zeit weist sicher nur einen späteren Umbau nach", so kommen die jüngsten Forschungen zu einem präziseren Ergebnis. Keramikfragmente und eine Münze Kaiser Konstantins, die im Mörtel des Fundamentmauerwerks der Substruktion entdeckt wurden, lassen ebenso wie zwei Ziegelstempel der Legio XXII Primigenia eine Datierung der Theaterreste in die Spätantike zu. Witteyer präzisiert anhand der Ziegelstempel:

> „Typologisch sind sie einer Stempelgruppe konstantinischer oder julianischer Zeit zuzuordnen, genauer den Jahren 308–310 n. Chr. bzw. 355–360 n. Chr. Das Theater kann somit frühestens nach 310 n. Chr. entstanden sein.

Deutlich zu erfassen ist die Anordnung der Substruktionspfeiler beim Blick auf die Orchestra. Eine gläserne Wand ermöglicht Zugreisenden den Blick auf das römische Theater.

> Aus diesem Zeitansatz ergibt sich eine ganz unerwartete Perspektive für die Bedeutung von Mainz in der Spätantike."

Wenn es um römische Ziegelstempel geht, ist Jens Dolata unbestrittener Experte. „Nach den jüngsten Ausgrabungen liegen heute Hunderte von dokumentierten Fundmünzen und auch zwei typgleiche Ziegelstempel aus dem Konstruktionsverband der Stützpfeiler 3 und 76 der Zuschauerränge des Theaterhalbrundes vor", stellt er fest. 2018 wurde eine Ziegelplatte aus intaktem Konstruktionsverband einer Ziegel-Durchschusslage eines Substruktionspfeilers der östlichen Cavea gelöst. Dolata:

> „Es handelt sich gesichert um eine primäre Baukonstruktion und keineswegs um eine Reparaturstelle. Die Ziegelplatte trägt einen späten Ziegelstempel der 22. Legion Primigenia. Die wissenschaftliche Bestimmung des Stempels lautet Flörsheimer Gruppe, Boppard Typ 1. Hergestellt wurde der Ziegel in der spätantiken Heeresziegelei in Worms."

Von einer Verwendung der Ziegel mit diesen Stempelmarken im 4. Jahrhundert n. Chr. könne aus wissenschaftlicher Sicht ausgegangen werden. Dolata:

> „Ein derart später Zeitansatz ist von erheblicher archäologisch-historischer Brisanz, da die Errichtung eines großen zivilen Repräsentationsbauwerkes in Mainz zu dieser Spätzeit am Rhein nicht erwartet wurde."

Für den Bau des 4. Jahrhunderts n. Chr. müssen andere Gründe ausschlaggebend gewesen sein. Dieser späte Theaterbau wurde nach einer Phase der Umnutzung als eine Art befestigtes Bauwerk vermutlich erst zu Beginn des 5. Jahrhunderts aufgegeben.

Allerdings geht die Forschung von einem (hölzernen?) Vorgängerbau aus, den es spätestens im Jahre 39 n. Chr. gegeben haben muss, da er literarisch durch den römischen Schriftsteller und Verwaltungsbeamten Sueton in der Kaiservita über Galba überliefert ist. Ein eindeutiger archäologischer Nachweis allerdings wurde zumindest bis 2023 nicht gefunden. Im ebenfalls groß dimensionierten Vorgängerbau müssten die in der Literatur beschriebenen Feierlichkeiten für Drusus und seinen Sohn Germanicus stattgefunden haben, zu dem auch Vertreter der 60 gallischen Gebietskörperschaften anreisten. Witteyer:

> „Der noch beste Hinweis ist ein zum späteren Orchestrarand versetzt liegendes, im Verlauf rundes Mauerstück,

Für den Laien ein „Buch mit sieben Siegeln", für die Experten verschiedenster Disziplinen ein reiches Forschungsfeld sind die Mauerreste aus dem 4. Jahrhundert n. Chr. Die wesentliche Frage ist jetzt, auf welche Weise das steinerne römische Erbe Mogontiacums dauerhaft geschützt und erhalten werden kann.

das sich als Begrenzung einer älteren Orchestra deuten lässt. Sonstige Spuren steinerner Mauerkonstruktionen sind jedoch nicht in gleicher Qualität vorhanden bzw. müssten durch die nachfolgenden Baumaßnahmen völlig zerstört worden und nicht mehr erkennbar sein, was unwahrscheinlich erscheint. Ein weiteres Indiz für ein Vorgängertheater könnte ein Konsolengesims sein, das im Scheitel der Orchestra des Theaters des 4. Jahrhunderts n. Chr. verbaut war und vermutlich als Fundamentplatte für einen darüber aufgestellten Altar diente. Das Konsolengesims wird in architektonischem Zusammenhang als oberer Abschluss der Schauspielerbühne interpretiert. Falls der Mauerbogen zu einer Orchestra gehört und das Konsolengesims für die Datierung herangezogen werden kann, wäre der erste Theaterbau in augusteische Zeit zu setzen. In der zweiten Hälfte des 3. Jahrhunderts n. Chr. existierte dann diese Anlage sicherlich nicht mehr; der Hang wurde mit Häusern bebaut. Zwischen dem mutmaßlichen ersten Theater und dem spätantiken Neubau klafft eine zeitliche Lücke ohne bestehende Spielstätte."

Als im 4. Jahrhundert n. Chr. die Stadtmauer verkürzt wurde, lag das Theater quasi „vor den Toren der Stadt". Gerd Rupprecht erklärt:

> „Wie andere öffentliche Bauten und so manches Gräberfeld mit seinen Grabsteinen wurde es zum Abbruch freigegeben, um schnell die zum Stadtmauerbau erforderliche Baustoffmenge zu erhalten. Zunächst wurden wohl die monolithischen Sitzreihen und andere Partien geometrisch zugehauener Steine abgetragen. Die Gußmauerwerkgewölbe scheinen dagegen erst nach Jahrhunderten dem Steinraub zum Opfer gefallen zu sein, da ab dem 6. Jahrhundert die überwölbten Räume wie Katakomben für Bestattungen aus umliegenden Klöstern, v. a. wohl von St. Nikomedes, genutzt wurden."

So könnte das Theater ausgesehen haben: Das weiße Gebäude links in der Mitte deutet die Lutherkirche an und ermöglicht einen Größenvergleich. Die 2018 vom ehemaligen Landesarchäologen Gerd Rupprecht in Auftrag gegebene Architekturstudie wurde von der Berliner Gruppe „Klessing Hoffschildt Architekten" angefertigt.

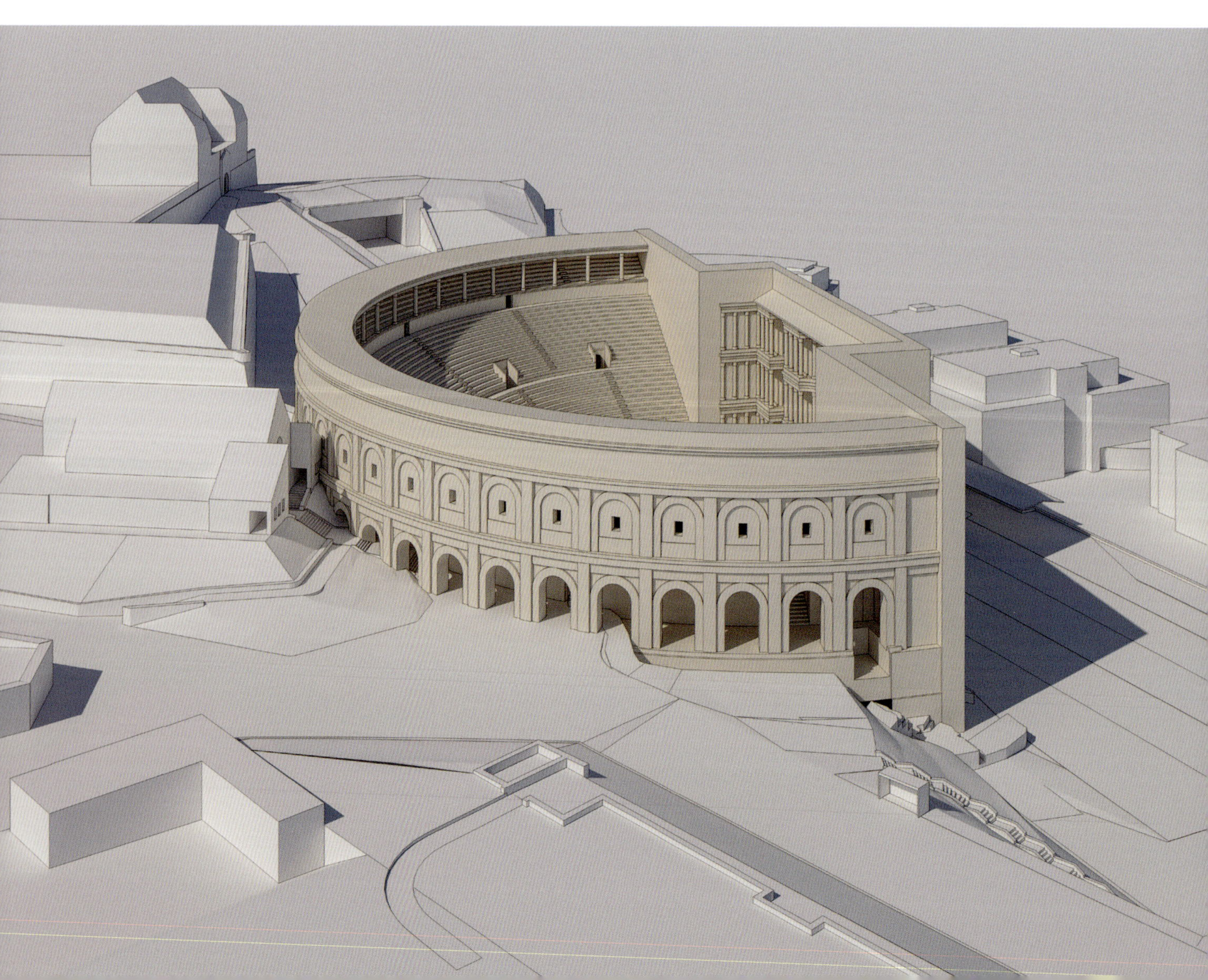

Die spätesten Nachrichten, in denen ein Theater in Mainz genannt wird, stammen aus dem 6. und 11. Jahrhundert. Im 6. Jahrhundert erwähnt der gallorömischer Schriftsteller und christliche Kirchenvater Salvian von Marseille (400–475 n. Chr.) in seinem Hauptwerk „De gubernatione Dei“ (Von der Herrschaft Gottes), der Hauptquelle für die Sozial- und Kulturgeschichte des Weströmischen Reiches, ausdrücklich das Ende der Spiele im Mainzer Theater:

> „Man kann freilich entgegnen, dass es keine Spiele in den römischen Städten mehr gibt, auch nicht dort, wo sie früher immer stattfanden. Man spielt nicht in der Stadt Mainz, weil sie verwüstet und zerstört ist...“.

Aus dem 11. Jahrhundert ist die „Passio sancti Albani Martyris Moguntini“ bekannt. Ihr Verfasser: Gozwin oder Gozechin (um 1000 – zwischen 1075 und 1080). Er war Domscholaster in Lüttich und Kanoniker an der Mainzer Stiftskirche Maria auf dem Felde, die bei Mainz-Weisenau lag und 1793 zerstört wurde. Etwa 1060/62 schrieb Gozwin die „Passio sancti Albani Martyris Moguntini“ (Leiden des hl. Märtyrers Alban von Mainz) und widmete sie dem Abt Bardo des Klosters St. Alban und

Das Theater in Zahlen

Bauzeit:	nach 310 n. Chr.
Durchmesser der Cavea:	116 m
Bühnenbreite:	41 m
Fassungsvermögen:	ca. 10.000 Besucher
Steigungswinkel:	ca. 33°

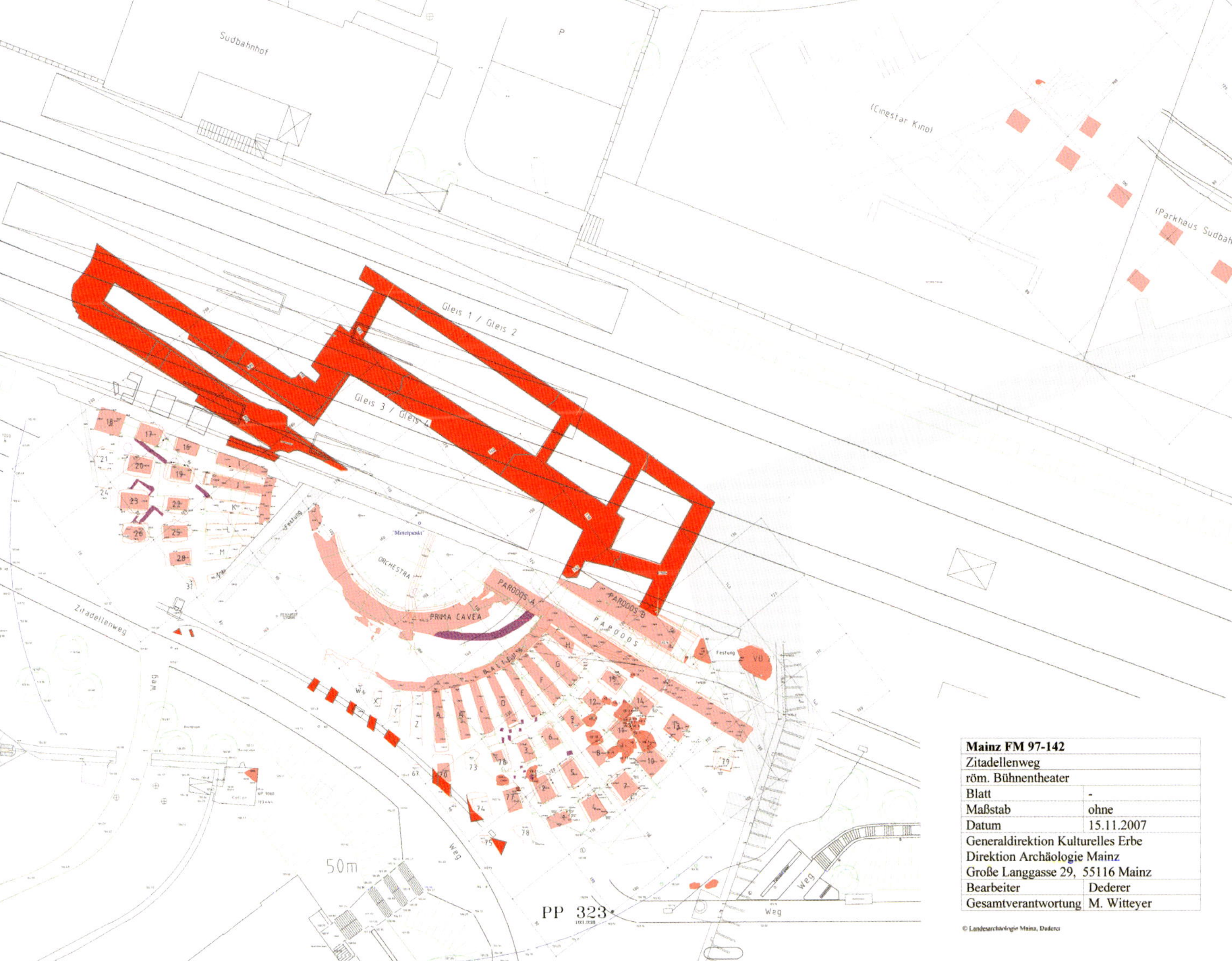

Dargestellt ist der Gesamtplan des Theaters mit älteren und jüngeren Phasen. Der Mauerbogen (violett) gehörte wahrscheinlich zu einer älteren Orchestra. Siedlungsreste vor dem Bau des Theaters sind braun dargestellt, die mittelalterliche Nutzung grün und Festungsmauern grau. Die angedeuteten Pfeiler rechts oben gehören zu einem Kultbezirk mit Hafen. Hier steht heute ein Parkhaus.

Erzbischof Siegfried. In ihr erwähnt er das römische Theater: „Davon zeugen auch die noch erhaltenen Ruinen des Theaters, das im römischen Stil für Zirkusspiele und Theateraufführungen erbaut wurde." Danach verliert sich die Spur des Theaters bis zu seiner Wiederentdeckung im Jahre 1884.

Inzwischen ist durch die Grabungen der frühen 2000er Jahre eine mittelalterliche Nutzung nachgewiesen. Zum einem deuten eingezogene Mauern auf Wohnzwecke hin, zum anderen wurden in den halb verfüllten Substruktionen der Cavea auch Gräber angelegt. Dass, wie Ernst Neeb allen Ernstes vermutete, ein merowingischer König namens Dagobert hier seinen Palast gehabt habe, kann inzwischen mit Fug und Recht als nettes Märchen abgetan werden. Selbst, wenn bei Neeb zu lesen ist:

> „Dafür könnte sprechen 1. die Tatsache, daß die Gegend, in der unser Bau lag, im Mittelalter den Namen Dagobertswig (Dagobertis viguas) führte, 2. der Umstand, daß in geringer Entfernung von unserem Bau die Reste einer Brüstung gefunden wurden, die Lindenschmitt in spätrömische oder merowingische Zeit setzt."

Dagobert I. geistert übrigens auch an anderen Stellen durch die Literatur. Er war, so viel weiß man, Sohn von König Chlothar II., seit 629 König der Franken, und gilt als letzter bedeutender König aus dem Geschlecht der Merowinger. Gestorben ist Dagobert am 19. Januar 639. An seinem literarischen Denkmal wurde eifrig gewerkelt. Spätestens seit der aus einer einflussreichen Ratsfamilie stammende, um 1380 in Mainz geborene Kaufmann und Chronist Eberhard Windeck (†1440/41), zur Feder griff. 1428/29 machte er sich als Baumeister der Pfarrkirche St. Quintin einen Namen und schrieb 1438/39 „Kaiser Sigismunds Buch". In dieser Chronik vom „Ursprung der Stadt Mainz" wird Dagobert als der „zweite Erbauer" der Stadt Mainz bezeichnet. Pure Fantasie! Die hatte im 11. Jahrhundert bereits ein gewisser Gozwin, Lehrer am Mainzer Dom, im Übermaß. In seiner „Passio Alberti", über die im 5. Jahrhundert gemeuchelten Mainzer Märtyrer, fabuliert Gozwin, dass die Stadt Mainz, nachdem sie von Hunnenkönig Attila zerstört worden sei, v. a. von Dagobert wiederaufgebaut wurde. Eine hübsche, wenngleich nicht einmal im Ansatz wahre Geschichte. Denn zwei Urkunden, die angeblich im Jahre 628/634 in Dagoberts „Mainzer Königspfalz" ausgestellt worden seien, wurden schon im 19. Jahrhundert als absolute Fälschung entlarvt. Das etwa 1060 zur Zeit Gozwins offenbar noch sichtbare und als Rest eines römischen Theaters wahrnehmbare Mauerwerk ist

In diesen Durchgängen herrschte reges Theaterleben. Hier eilten einst Bühnenpersonal, Schauspieler, Handwerker und Hilfskräfte herum, um die Vorstellung am Laufen zu halten.

im Gegensatz zum Drususstein übrigens selbst auf den ältesten Plänen zur Stadt Mainz nicht mehr eingetragen oder auch nur angedeutet. Was aber Historiker und Archäologen nicht davon abhielt, an die Existenz einer solchen Pfalz zu glauben, sie zumindest (wie bspw. der Historiker Karl Anton Schaab 1840 oder Ernst Neeb nach 1916) in Erwägung zu ziehen und nach ihr zu suchen. Tatsache ist: Dagobert hat sich nur ein einziges Mal, wahrscheinlich im Jahre 630, in Mainz aufgehalten. Und da war er lediglich auf der Durchreise zu einem für ihn schlecht ausgehenden Kriegszug gegen die Wenden. Nur die Stadt Mainz scheint noch von Herzen an Dagobert und seine Burg zu glauben, denn noch gibt es zwischen Rheinstraße und Holzhofstraße die im Jahre 1890 so getaufte Dagobertstraße.

Mit dem Bau der Zitadelle um 1660 waren tiefgreifende Eingriffe in die römischen Befunde verbunden. Das Gelände wurde massiv überformt und teilweise bis unter römisches Gründungsniveau abgegraben. Im Zusammenhang mit diesen Festungsbaumaßnahmen wurden die Reste des Theaters weiter dezimiert und verschwanden in dem überformten Gelände. Der Bau war demnach wohl schon im Erdreich verschwunden, sodass er schließlich in Vergessenheit geriet.

In Vergessenheit geraten, da nicht dokumentiert, ist auch eine durchaus übliche monumentale Inschrift am Theaterbau. Und zwar regten Bronzebuchstaben, die 1872 in der Umgebung des Fürstenberger Hofs in der Mainzer Altstadt (also einen Steinwurf vom Bühnentheater entfernt) gefunden wurden, die Fantasie an. Zumindest wagte diese Hypothese Gustav Behrens (1884–1955), ab 1927 Erster Direktor des Römisch-Germanischen Zentralmuseums Mainz (RGZM). Bestätigt wurde sie allerdings bis heute nicht. Ebenso wenig kann mit Fug und Recht behauptet werden, dass eine 1858 bei einem Pfeiler der alten Rheinbrücke gefundene Spolie etwas mit dem Theater zu tun hätte. Denn die stark fragmentierte Bauinschrift mit einem Hinweis auf den Wiederaufbau eines „The…“ könnte sich sowohl auf eine Thermenanlage als auch auf das Theater beziehen. Und dann gibt es den Rest einer bronzenen Tür, die 1845 in der Albansschanze, also im Bereich der Klosterkirche St. Alban, gefunden wurde. Gustav Behrens sah die Porta aurea (goldene Pforte) genannte frührömische Tür, die sich im Wiesbadener Museum befindet, als imposantes Eingangstor des Mainzer Theaters. Ganz anderer Ansicht war Mechthild Schulze-Dörrlamm, Oberkonservatorin an der Frühmittelalter-Abteilung des RGZM:

Ein Zeitzeugnis der besonderen Art liefert diese Mauer, die die unteren Zuschauerränge vom Theaterbetrieb abgrenzte. Bemerkenswert ist der tiefe Riss, der von einem Erdbeben herrührt. Der horizontale Bruch der hell hervorgehobenen Ziegelreihe vorne ist dabei 0,5 m tief abgesackt.

„Als Zubehör eines öffentlichen Bauwerks im römischen Mogontiacum wäre sie spätestens zur Völkerwanderungszeit wegen ihres hohen Materialwertes eingeschmolzen worden."

Schulze-Dörrlamm vermutet, „dass diese in der Gegend von Brescia gegossene, dekorative Bronzetür zu jenen Antiquitäten gehörte, die Karl der Große aus Italien herbeischaffen ließ, um damit seine Neubauten zu schmücken." Und dann kam doch alles anders. In Vorbereitung der rheinland-pfälzischen Landesausstellung „Die Kaiser und die Säulen ihrer Macht" im Jahre 2020 führte das Mannheimer Curt-Engelhorn-Zentrum Archäometrie (CEZA) naturwissenschaftliche Untersuchungen an der aus Wiesbaden geliehenen, für Deutschland einzigartigen Tür durch. Wichtigste Erkenntnis: Die Porta aurea stammt nicht aus Italien. Die Bronze besteht aus einer Legierung aus Kupfer, Zinn und Blei. Und das Blei stammt aus dem Rheinischen Schiefergebirge, aus Mechernich in der Eifel, wo bereits die Römer Blei abbauten und es in Germanien verarbeiteten. Das Schmuckelement der Tür, ein „Herzkymation", war bei den Römern zwischen 40 und 70 n. Chr. besonders beliebt. Ein letzter Beweis, dass der 2,40 x 0,95 m große linke Türflügel zur Eingangstür des Theaters gehörte? Beileibe nicht, denn die Analysen am CEZA haben ergeben, dass der hohe Anteil an damals sehr teurem Zinn sehr ungewöhnlich für die römische Zeit ist. Sollte die „goldene Pforte" also doch erst unter Karl dem Großen gegossen worden sein? Es bleiben Geheimnisse, die noch zu entschlüsseln sind...

Mehr als zwei Jahrzehnte nach Beginn der Freilegung der Theaterreste stellt sich dringend die Frage, wie mit dem antiken Mauerwerk umgegangen werden muss, um es vor dem endgültigen Verfall zu bewahren. Zwischen Überdachung und Einhausung, Konservierung und Zuschüttung („reburial") kreisen Gedankenspiele und Diskussionen. Wobei das international im Bereich der Denkmalpflege erfolgreich arbeitende Berliner Architekturbüro Klessing und Hoffschildt bereits seit dem Jahr 2004 durch bemerkenswerte Konzeptstudien und die Verdichtung des wissenschaftlichen Forschungsstandes in einer theoretischen Rekonstruktion des Theaters zur Entscheidungsfindung beigetragen hat.

Die Stadt Mainz hat inzwischen einen Info-Container aufgestellt. Zusätzlich bietet die IRM nicht nur Führungen durch die antiken Substruktionen an, sondern initiiert auch Nutzungen des Theaterrunds für unterschiedliche Veranstaltungen musikalischer oder literarischer Art.

Diese 2018 gefundene, in die primäre Baukonstruktion integrierte Ziegelplatte (mit Hundepfoten-Abdruck) dient zur Datierung des Theaterbaus. Der Ziegelstempel der Legio XXII Primigenia (Flörsheimer Gruppe, Boppard Typ 1) stammt aus konstantinischer oder julianischer Zeit (308–310 oder 355–360 n. Chr.).

Gladiatoren in Mogontiacum?

Neben dem Bühnentheater, das nicht nur für Feierlichkeiten für Drusus und Germanicus sowie das Kaiserhaus genutzt wurde sondern auch für Theateraufführungen, wird es in Mogontiacum aufgrund der Bedeutung der Stadt ganz sicher auch ein Amphitheater gegeben haben. Völlig unklar allerdings ist, wo es gelegen haben könnte. Zwei Standorte sind in der Diskussion: das Wildgrabental und das Zahlbachtal. Pater Joseph Fuchs glaubte in seinem ab 1771 erschienenen Werk „Alte Geschichte von Mainz", archäologische Beweise, den Fund „starker Pfeiler" auf dem Grund eines großen Halbkreises, dafür gefunden zu haben, dass ein Amphitheater im Wildgrabental zwischen Innenstadt und Hechtsheimer Berg zu lokalisieren sei. Allerdings vermutete Fuchs hier das ja inzwischen unterhalb des Jakobsbergs ergrabene Theater. Da Mogontiacum allerdings wohl kaum über ein zweites Theater verfügte, dürfte Fuchs über die Reste eines Amphitheaters geschrieben haben.

Wahrscheinlicher allerdings scheint die Annahme, dass sich das Amphitheater im Zahlbachtal, also in unmittelbarer Nähe von Legionslager und Aquädukt, befunden haben dürfte. So schreibt Sigehard, ein Mönch des Mainzer Klosters St. Alban, in seiner Passionsgeschichte des heiligen Aureus und seiner Schwester Justina, schon um das Jahr 1300 von „Gladiatorenspielen". In der Übersetzung spricht Sigehard von „auf dieser Ebene noch erhaltenen Mauerresten und Grundmauern unter dem Boden, die man ringsumher fand und die noch erhaltenen Ruinen eines Theaters, das nach römischer Sitte für Zirkus- oder Gladiatorenspiele und öffentliche Schauspiele außerhalb der Stadt erbaut gewesen". Die Mauerreste habe er in der Nähe der Klosterkirche St. Maria im Heiligen Tal (*sacra vallis*), also im Bereich des spätestens 1145 stehenden und in den Kriegswirren von 1773 zerstörten Dalheimer Klosters entdeckt. Auch Ernst Neeb ging von diesem Standort eines Amphitheaters oberhalb des heutigen Sportplatzes in der Nähe der Wohnbebauung der Görtz-Stiftung aus. Neebs Argumentation neben der Beobachtung von römischen Mauern: Hier konnte die Hanglage für die Anlage von Zuschauerrängen genutzt werden. Dass dort in der Tat „monumentales Mauerwerk" im Boden liegt, konnte in jüngster Zeit auch Landesarchäologe Gerd Rupprecht feststellen.

Amphitheater waren im Römischen Reich u. a. Austragungsort von Wettkämpfen, aber (man kennt das Szenarium aus Hollywood-Streifen) auch zwischen 264 v. Chr. bis zu Beginn des 5. Jahrhundert n. Chr. von Gladiatorenkämpfen. Gladiatorenkämpfe in Mogontiacum? Das ist nicht auszuschließen, denn die Berufskämpfer waren in der Regel im Umfeld der Legionen zu finden. Einer der zahlreichen Beweise findet sich auf einem Weihstein aus Niedergermanien an den siegreichen Mars durch die Gladiatoren der Flotte der germanischen Provinzen. Auch der auf einem Gladiatorenhelm gefundene Hinweis darauf, dass die Waffen der Gladiatoren Eigentum der Armee waren, bestätigt, dass die Gladiatoren selbst der Armee zugehörig waren. Und dann die Schilderung des römischen Senators, Konsuls und Geschichtsschreibers Cassius Dio, der den halbherzigen Feldzug Caligulas im Jahre 39 n. Chr. gegen die Germanen beschrieb. Übersetzt heißt es da:

> „Er ließ jedoch seinen Feldzug nicht sogleich bekannt werden, sondern ging erst nach einem Anwesen im weiteren Umland, und brach dann plötzlich mit einem großen Gefolge von Tänzern, Gladiatoren, Rossen, Weibern und dem übrigen Pomp der Üppigkeit auf. Als er aber dorthin (und damit ist Mogontiacum gemeint) gekommen war, tat er keinem Feind etwas zu Leide. Nachdem er eine kurze Strecke über den Rhein vorgestoßen war, trat er sogleich den Rückzug an …"

Vergessenes Mithräum

Als ebenso bedauernswertes wie folgenschweres Versäumnis der Archäologischen Denkmalpflege Mainz muss angesehen werden, dass das Mithräum, eines der frühesten Zeugnisse des Mithras-Kults im Norden des Römischen Reiches, nahezu unerforscht Bauarbeiten zum Opfer fallen konnte. Tatort: der Mainzer Ballplatz, auf dem im August 1976 die Vorarbeiten für den Bau eines Wohn- und Geschäftshauses begannen. Ein Tummelfeld für „Raubgräber", wie sich ein Vierteljahrhundert später herausstellen sollte. Zwei bedeutende Funde allerdings blieben erhalten: Weihsteine, gewidmet dem orientalischen Gott Mithras, die aus der Baugrube geborgen werden konnten. Sie stehen heute im überdachten Durchgang von der Weißliliengasse zum Ballplatz und sind einziger öffentlich sichtbarer Hinweis auf eines der frühesten (gefundenen) Mithräen des Römischen Reiches. Die Inschriften auf den Weihsteinen lassen das Mithräum in die 70er Jahre des 1. Jahrhunderts, also in die Regierungszeit des Kaisers Vespasian, datieren. Die Funde deuten außerdem auf eine Nutzung des Mithräums bis ins 4. Jahrhundert n. Chr. hin.

Auf dem linken, 91 cm hohen und 47,5 cm breiten, recht gut erhaltenen Weihstein aus Odenwälder Marmor ist in der Übersetzung zu lesen:

„Dem unbesieglichen Gott Mithras und dem Mars hat Secundinius Amantius, Adjutant des Präfekten der XXII Legion, mit Erlaubnis des Paters (Mit ‚Pater' könnte der Vorsteher der Kultgemeinde gemeint sein) Primulus nach einem Gelübde dies gern, froh und nach Verdienst aufgestellt."

Der rechte Weihstein aus Flonheimer Sandstein (Höhe 50 cm, Breite 45 cm) ist weitaus weniger gut erhalten. „Zu Ehren des Tempels, für den unbesiegten Gott, den Konservator, Marcus Satrius Saturninus tat dies auf Befehl" könnte dessen Inschrift in der (ergänzten) Übersetzung gelautet haben.

Es ist der provinzialrömischen Archäologin Ingeborg Huld-Zetsche (1934–2013), deren Forschungsschwerpunkt der Mithras-Kult war, zu verdanken, dass heute trotz aller Widrigkeiten dennoch Vieles über das Mithras-Heiligtum in Mogontiacum bekannt ist. Im Jahre 2000 wurden von ihr „private Finder", die sich in der Baugrube am Ballplatz bedient hatten, um Zusammenarbeit gebeten, um eine Publikation („Ein Mithraeum in Mainz" in Archäologie in Rheinland-Pfalz 2002) erstellen zu können. Etwa 600 Fundstücke wurden mit der Zusicherung der Rückgabe der Archäologin ausgehändigt. Eine große Hilfe für die Datierung des Mithräums. Unter den Fundgegenständen, die von Huld-Zetsche wissenschaftlich bearbeitet wurden: ein Knochentinten„fass", Tonlampen, Weihrauchkelche und zwei doppelhenklige Gefäße, von denen eines, 55 cm hoch, als Weinrührschüssel diente und als „Schlangenkrater" mit Darstellungen der Kulthandlungen in die Literatur einging. Datiert werden konnte der „Schlangenkrater" auf die Zeit zwischen 120 und 150 n. Chr. Auch ließen sich 1976 gefundene Mauerreste als Außen- und Podienmauern des Mithräums rekonstruieren. So war der Mittelgang rund 3 m breit und etwa 22 m lang, in Vorräumen und Kultnische ca. 30 m. Mit diesen Maßen wäre das Mainzer Mithräum eines der größten im Römischen Reich gewesen.

Mithras

Die ursprünglich in Persien verehrte römische Gottheit Mithras gilt als Personifizierung der Sonne und war gleichrangig mit dem Sonnengott Sol oder galt sogar als dessen Besieger, was ihn zum Beherrscher des Kosmos (Kosmokrator) machte. Der orientalische Mithras-Kult wurde von römischen Legionären im 1. Jahrhundert n. Chr. nach Mainz gebracht. Er war in einigen Punkten dem Christentum ähnlich. Die unterirdischen Versammlungsräume (Mithräen, sing. Mithräum) waren langgestreckte Gewölbe mit einem Mithras-Altar an der Stirnseite. Der Mithras-Kult war eine Mysterienreligion. Ihren Anhängern war verboten, über Glaubensinhalte oder Rituale zu sprechen. Ein vom christlichen Kaiser Theodosius I. im Jahre 391 n. Chr. erlassenes Gesetz verbot zwar alle heidnischen Tempel und machte das Christentum zur Staatsreligion, doch bestand der Mithras-Kult wohl noch weiter.

Altäre des Mithras im Durchgang zum Ballplatz. Im 2. Jahrhundert n. Chr. brachten römische Legionäre den Mithras-Kult in Konkurrenz zum aufkommenden Christentum nach Mogontiacum. Die Tempel (Mithräen) waren langgestreckte Gebäude unter der Erde mit einem als Sternenhimmel bemalten Gewölbe. Die Anhänger des Mithras-Kults versammelten sich somit scheinbar unter dem Himmelszelt. Auf dem heutigen Ballplatz befand sich ein derartiger Kultplatz, der allerdings 1976 nahezu unbeachtet weggebaggert wurde.

Von Apollo bis Rosmerta

Nirgendwo im römischen Mogontiacum wird en bloc so vielen Mitgliedern des Götterhimmels gehuldigt, wie auf der 1906 gefundenen Jupitersäule (vgl. S. 146–151). Jupiter-, Juno- und Minerva-Darstellungen werden auf ihr zum Wohle Neros zusammen mit vielen anderen, dem Kaiserhaus nahestehenden Gottheiten genannt. Und wer zur Verehrung des Kaiserhauses auf die Anhöhe südöstlich des Legionslagers stieg, der konnte Caracalla und seiner Mutter Julia Domna huldigen, die als Deus Invictus Sol und Dea Caelestis zu göttlichen Ehren aufgestiegen waren. Den Staatsgöttern geweiht waren heilige Bezirke und Tempel. Doch wo genau sie heute zu lokalisieren wären, ist Mutmaßungen überlassen. So vermutet die Archäologin Marion Witteyer ein Heiligtum für Jupiter und Juno und eventuell für Apollo „wahrscheinlich am mutmaßlichen Forum im Dombereich“. Gemeinsam mit Apollo könnte eine unbekannte Gottheit in der Nähe der Rheinbrücke verehrt worden sein. Im 3. Jahrhundert n. Chr. muss es, das lässt

Die keltische Göttin Rosmerta, Begleiterin des römischen Gottes Merkur. Der 32 cm hohe Bronzekopf mit Spuren von Vergoldung, heute im Landesmuseum Mainz, wurde 1844 in einem Brunnen in Finthen entdeckt. Wahrscheinlich handelt es sich um eine südgallische Arbeit. Weitere Funde lassen auf ein Merkur-Heiligtum in Finthen schließen, das für die Zeit vom 1. bis ins 3. Jahrhundert n. Chr. dort anzunehmen ist.

sich aus von Legionslegaten gesetzten Weihsteinen lesen, eine besonders für Militärangehörige wichtige Kultstätte gegeben haben. In der Häufigkeit der Nennung rangierten hinter Göttervater Jupiter, dem Jupiter Optimus Maximus (auf Weihsteinen mit IOM bezeichnet), und Juno, seiner Schwester und Frau, Jupiters göttliche Söhne Merkur und Mars sowie seine Tochter Minerva. Auch Fortuna und Victoria galt die Verehrung besonders häufig.

Luna ist die Mondgöttin der römischen Mythologie, ihr Bruder ist der Sonnengott Sol. Auf dem Palatin, einem der Hügel Roms, war Luna als Luna Noctiluca (Leuchterin der Nacht) ein Tempel geweiht, der nachts erleuchtet wurde. Er wurde vermutliche beim großen Brand von Rom (64 n. Chr.) zerstört. Der römische Tag der Mondgöttin (lunae dies) wurde als Montag (Mond-Tag) ins Deutsche übernommen. Die kleine bronzene Luna wurde bei Grabungen in der Nähe des Zollhafens gefunden.

Im griechischen und römischen Kulturkreis war Serapis der Partner der Isis. Als Gott der Fruchtbarkeit trägt er einen von Ähren umwundenen Kalathos, einen griechischen Erntekorb, auf dem Kopf. Die Lotosblüte am unteren Ende des Gewandes steht nach ägyptischer Mythologie für die Wiedergeburt. Spätestens seit dem 1. Jahrhundert n. Chr. wurde Serapis auch in Rom verehrt. Mit den römischen Legionen kam er wie Isis nach Mogontiacum. Die kleine Büste wurde im römischen Bühnentheater Mainz gefunden.

Nicht selten wurde eine römische Gottheit mit einem einheimischen Gott durch Beinamen gleichgesetzt. So wurde Kriegsgott Mars bspw. auch als Camulus oder Leucetius verehrt. Als Leucetius taucht er im heutigen Klein-Winternheim in einem großen Tempelbezirk auf. Zusammen mit der keltischen Göttin Nemetona („die zum Heiligtum Gehörige"), die besonders von den Treverern verehrt wurde, zu deren Volksstamm auch die Mainzer „Urbevölkerung", die Aresaken, gehörten. In einem Heiligtum in Mainz-Finthen wurde der keltischen Wohlstandsgöttin Rosmerta zusammen mit Merkur gehuldigt, dem römischen Gott des Handels, des Gewerbes, des Reichtums und des Gewinns. Rosmerta, genauer gesagt ein Bronzekopf der Göttin, wurde 1844 in einem Brunnen bei Steinbrucharbeiten in Finthen gefunden. In einem weiteren Brunnen stieß man auf neun Votivsteine, die dem Merkur gewidmet sind. Dass Merkur und Rosmerta gemeinsam geehrt wurden, liegt an dem Umstand, dass die altitalische Göttin Maia, Mutter des Merkur, mit der keltischen Rosmerta gleichgesetzt wurde. Und somit ist auch nicht verwunderlich, dass die Finther Rosmerta wohl gleich Merkur einen Flügelhut getragen haben muss – wie auf ihrer Darstellung auf der Großen Mainzer Jupitersäule. Auf einer der Votivtafeln ist in der Übersetzung zu lesen:

> „Zu Ehren des göttlichen Kaiserhauses. Dem Gott Merkur hat Lucius Senilius Decmanus, Steuereinnehmer und Vorsteher der römischen Bürger von Mainz, Mainzer Kaufmann und Bürger der Civitas Taunensis, sein Gelübde gern und freudig nach Gebühr eingelöst, als Saturninus und Gallus Konsuln waren."

Ein Leichtes für Experten, durch die aufgeführten Namen der beiden Konsuln herauszufinden, dass der Mainzer Kauf-

Eine weitere Serapis-Darstellung ist im Landesmuseum Mainz zu finden. Sie stammt von einem römischen Brückenpfeiler Ende des 2./Anfang des 3. Jahrhunderts n. Chr. und zeigt ein Brustbild des Jupiter Serapis.

mann und Vorsteher der römischen Bürger von Mogontiacum den Weihstein im Jahre 198 n. Chr. gestiftet hat. Lucius Senilius Decmanus, ein spendabler Bürger der Civitas Taunensium, die das Rhein-Main-Gebiet, die Wetterau und den Taunus umfasste. Hauptort der Civitas war übrigens Nida, das heutige Frankfurt-Heddernheim.

Passend zum Isis-Kult, dessen Zeugnisse im Isis- und Magna Mater-Heiligtum in der Römerpassage nachzuvollziehen sind, wurde 2006 im römischen Bühnentheater eine kleine, nur knapp 7 cm hohe Bronze-Büste des griechisch-ägyptischen Gottes Serapis gefunden. Serapis, der als Gott der Fruchtbarkeit einen griechischen Erntekorb (Kalathos) auf dem Kopf trägt, wurde spätestens seit dem 1. Jahrhundert v. Chr. bereits in Rom verehrt, oft zusammen mit Isis. Und mit deren

Dieser Viergötterstein diente in der ersten Hälfte des 3. Jahrhunderts n. Chr. als Basis für eine Jupitersäule. Gewidmet war der Stein „Jupiter, dem besten und größten". Neben Merkur (Bild) sind auf der 75 cm hohen Basis Herkules im Kampf mit einem Giganten sowie Minerva dargestellt. Gefunden wurde der Viergötterstein zwischen Neutor und Zitadelle und gehört heute zum Inventar des Landesmuseums Mainz.

Kult wird Serapis wohl im 2. Jahrhundert n. Chr. auch durch das Militär nach Mogontiacum gekommen sein. Der Mainzer „Götterhimmel" war für viele offen. Und dabei ist die Vielzahl von Hausgöttern, die die eigenen vier Wände vor Unheil schützen sollten, noch nicht mitgerechnet. Laren (*lares*) und Penaten (*penus* = Vorratskammer) waren die ganz persönlichen Schutzgeister der Familien. Während *Lares familiares* und *Lares loci* Familien und Haus behüten sollten, waren die *Lares publici* Schutzgötter für Orte, Plätze und Wege. Der Schutz der Penaten galt v. a. der ungezieferfreien Vorratshaltung und der nicht erlöschenden Glut in den Herden. Im Lararium, dem „Hausaltar", wurden Speiseopfer deponiert und Götterfiguren aufgestellt. Wohl auch solche, wie sie Ende der 1990er Jahre in Mainz gefunden wurden (vgl. S. 96–97). Die Verehrung galt auch dem persönlichen Schutzgeist (*genius*) des Hausherrn und dem der Hausfrau (Juno, Göttin der Geburt, der Ehe und der Fürsorge).

Als „spektakulärster Fund seit dem der Jupitersäule" wird eine 1,49 m messende kopf- und armlose Statue der Salus, der Göttin der Gesundheit, des Wohlergehens und der Heilung aus weiß-rötlichem Nahesandstein von Experten genannt. Gestiftet wurde die Statue im Jahre 231 n. Chr. von Senecianius Moderatus und Respectus Constans den Bewohnern der Lagervorstadt, die sich durch die heutige Neustadt bis zum Zollhafen zog. Hinweise auf einen Salus-Kult in Mainz gibt es bereits aus dem 1. Jahrhundert n. Chr., wie z. B. der noch nicht lokalisierte Siedlungsbezirk namens Vicus Salutaris belegt.

Im Oktober 2020 wurde die Figur der Göttin Salus von Mitarbeitern der Landesarchäologie Mainz der Generaldirektion Kulturelles Erbe Rheinland-Pfalz (GDKE) am Mainzer Zollhafen entdeckt. Nach ihrer wissenschaftlichen Untersuchung und Restaurierung ist die Salus-Statue seit Januar 2023 im Landesmuseum Mainz zu sehen.

Fundstücke

Keramik am Bettelpfad im Mainzer Stadtteil Weisenau, der damaligen Via Sepulcrum.

Götter aus Ton

Unter den Handwerksbetrieben, die sich im heutigen Bleichenviertel befanden, waren auch Töpfereien. Der Fehlbrand von Terrakotta-Figuren, die für Hausaltäre oder Opferhandlungen bestimmt waren, blieb erhalten. Beim Bau des Abgeordnetenhauses und der Ministerien wurden die „missratenen Götter" gefunden und gingen als solche in die Fachliteratur ein.

Handwerker und Händler waren schon bald an den Hauptstraßen der Zivilsiedlung unterhalb des gerade gegründeten Legionslagers zu finden. Wer allerdings einen feuergefährlichen Beruf ausübte, oder wessen Gewerbe störenden Gestank verursachte, der musste sich jenseits der Wohnviertel niederlassen. Damals wie heute war allerdings eine gute Verkehrsanbindung notwendig, um die Anlieferung von Rohstoffen oder den Handel mit hergestellten Waren zu ermöglichen. Was bot sich also bereits im 1. Jahrhundert n. Chr. besser an, als im Nordwesten der Zivilsiedlung die Nähe zur Fernstraße am Rhein, die nach Colonia Claudia Ara Agrippinensium (Köln) führte, zu suchen? Hier entstand ein größeres Gewerbegebiet mit überwiegend als Fachwerkbauten ausgeführten Gebäuden, die im Laufe der kommenden drei Jahrhunderte immer wieder abgerissen, planiert und in neuer Form erneut errichtet wurden. So die bei der Grabung Ende der 1990er Jahre gemachte Feststellung der Archäologen, die im Baugrund für das 1999 fertiggestellte Abgeordnetenhaus und zwei Ministerien entsprechende Spuren sichern konnten. Sie konnten auch rekonstruieren, dass sich in den zur Straße (heute etwa schräg zur Große Bleiche) orientierenden vorderen Teilen der Gebäude vermutlich die Geschäftsräume befanden, während die Gewerbe samt Brunnen und Latrinen in den Hinterhöfen untergebracht waren.

Blütezeit der Handwerksbetriebe war die Zeit vom 2. bis zum 4. Jahrhundert n. Chr. Abfälle oder Halbfertigprodukte wie Mosaiksteine aus buntem Glas weisen auf eine Glashütte aus dem späten 3. Jahrhundert n. Chr. hin, Teile einer gepanzerten Pferdedecke aus dem 3. Jahrhundert n. Chr. auf einen metallverarbeitenden und einen lederverarbeitenden Betrieb, und entsprechender Werkabfall aus dem späten 3. Jahrhundert n. Chr. auf eine Knochenschnitzerei hin. Die Lage dieser Betriebe allerdings blieb verborgen. Eindeutig räumlich zugeordnet werden konnten indessen mehrere kleine Töpfereien durch den Fund einiger Brennöfen zur Keramikherstellung. Deren Inhalt ließ aufhorchen: Fehlgebrannte Terrakotta-Figürchen wie Götterbildnisse und andere Kultobjekte, die nicht einfach entsorgt werden durften. Hergestellt wurden sie mithilfe von Modeln in großer Auflage v. a. für die Mittel- und Unterschicht, der für größere Bildnisse die finanziellen Mittel fehlten. Im Mainzer „Gewerbegebiet" kamen kleine rechteckige Öfen des „stehenden Typs" zum Einsatz, in denen jeweils mehrere hundert Figuren gebrannt werden konnten. Bei dem Brennversuch, der völlig misslang, weil der „Koroplast" wohl nicht die schlechten Trocknungseigenschaften des Mainzer Tons einkalkuliert hatte, musste er mindestens 172 Figuren abschreiben. „Missratene Götter“ nannten die Archäologen scherzhaft und doppelsinnig die gerissene, deformierte oder gar die vollkommen in Scherben aufgefundene Ausschussware und gaben damit schon einer Ausstellung der Funde in einer Mainzer Bank im Frühjahr 1999 den Titel. Einen weiteren und dann erfolgreicheren Versuch mit genau den Figurentypen hat der Töpfer wohl nicht unternommen, denn weder in Mainz selbst noch im Umland wurde eine der Statuetten gefunden.

Der anonyme Töpfer (auf keiner der Figuren gab es eine Signatur) produzierte nicht etwa Tierfiguren, wie bei seinen Berufskollegen häufig üblich, sondern ausschließlich kleine Nachbildungen von Tempeln (*aedicula*), Büsten und Statuetten mit der Darstellung von zumeist weiblichen Gottheiten und Menschen, wobei er einheimisch-keltische Göttinnen ausschloss. Wenn sich heute Frauen an Kleidung und Frisuren von „Promis“ orientieren, so war das in den ersten nachchristlichen Jahrhunderten in Mogontiacum nicht anders. Die Haartracht der weiblichen Figuren ist mit flavischen Toupetfrisuren oder dem voluminösen, bis über die Ohren reichenden Haar der Ehefrau des Septimius Severus, Julia Domna (170–217 n. Chr.), vergleichbar. Beide übrigens auch kombiniert mit den Dutts hadrianischer oder antoninischer Epoche.

Gedacht waren die Tonfigürchen, die in „Bonbonfarben“ bemalt wurden, für die Aufstellung in „Hausaltären“ in Heiligtümern oder in Gräbern als Abschiedsgeschenk. Für das Bestattungswesen in Mogontiacum allerdings hatten die Terrakotten wohl keine Bedeutung. Eine sitzende Muttergöttin, Venus sowie Amor mit Psyche, Juno, Minerva und Fortuna dominierten, Merkur und Eros mit Gans sollten nur in wenigen Exemplaren auf den Markt kommen. Ebenso ein Jüngling mit Weihgaben. Ein ansonsten sehr beliebtes Motiv, das eines Liebespaares, wurde nur einmal hergestellt.

Hergestellt wurden die Terrakotta-Figuren in einem solchen Töpferofen, wie er an der Grabungsstätte Via Sepulcrum am Bettelpfad in Mainz-Weisenau betrachtet werden kann. Dieser ist hervorragend erhalten und auch in seiner Funktion bestens beschrieben.

Der „Zwerg“

Unter den Weihgaben für die Göttinnen Isis und Magna Mater gibt es einen unbestrittenen „Star“ in deren Heiligtum – eine kleine Bronzefigur, umgangssprachlich respektlos als „der Zwerg“ tituliert. Als er den Göttinnen geopfert wurde, um deren Beistand zu erbitten, war er bereits eine Antiquität. Hergestellt wurde die hellenistisch-römische Figur, die von Experten als alexandrinische Arbeit des 1. Jahrhunderts v. Chr. angesehen wird, nach einem noch viel älteren Vorbild, das im 3. Jahrhundert v. Chr. geschaffen wurde. Im hellenistisch-römischen Ägypten (damit gäbe es eine Verbindung zur Isis-Verehrung) und seiner Metropole Alexandria mussten Zwerge und Krüppel schon in vorrömischer Zeit zur Belustigung der ptolemäischen Regenten herhalten. Dennoch gehen einige Experten davon aus, dass der Bronzeguss in Italien hergestellt wurde. Im süditalienischen Brundisium (Brindisi), das in der Antike zu Neugriechenland gehörte, befand sich ein Zentrum der Bronzeverarbeitung.

Gerade einmal 14,1 cm ist die Figur hoch, die durch ihre Herstellung als Vollguss in Bronze ein erstaunliches Gewicht hat. Mit Bronzefiguren kannte man sich in der Antike bereits gut aus, schließlich gilt diese Legierung aus Kupfer (mindestens 60 %) und Zinn als eine der ersten von Menschen geschaffenen Legierungen.

Der kleine Mann aus Bronze ist nackt – bis auf einen für ihn viel zu großen Umhang, der allerdings seine auffällig große „Männlichkeit“ freilässt. Was ursprünglich auf der linken Hand getragen wurde, ist noch ein Rätsel. Es könnte eine Art Tablett, aber auch ein Getränk im Becher gewesen sein, auf das sich sein Blick richtet. Mit der rechten Hand greift das Männchen zu seinen lockigen Haaren, in denen sich ein kräftiger Blütenkranz befindet. Dieser ist mit einem durch rötliches Kupfer betontem Tuch umwunden , das ihm teilweise in die Stirn hängt. Kupfer wurde vom antiken Künstler auch genutzt, um die Lippen zu betonen. Fuß- und Fingernägel wurden mit Silber angedeutet. Breitbeinig, fast federnd steht die Figur leicht lächelnd und mit halb geöffnetem Mund da. Manch ein Begutachter der Statuette liest aus dieser Haltung einen deutlichen Hinweis auf Trunkenheit und sieht den kleinen Mann als Teilnehmer eines Festes für Bacchus, den Gott des Weines, des Rausches, des Wahnsinns und der Ekstase.

Wie einmalig und höchst ungewöhnlich die Figur im Reigen der üblichen Weihgaben im Heiligtum war, zeigt deren Auflistung. Im Kultbezirk wurden nicht nur Darstellungen anderer Götter, allen voran Venus und Merkur, Liebespaare oder als preiswerterer Ersatz für Tieropfer niedergelegte Tierfiguren gefunden, sondern auch rund 300 Öllämpchen. Tonmodelle aus Massenproduktion, Haarnadeln aus Bein oder kleine Bronzen sollten die Göttinnen zudem gnädig stimmen. Mit welchem ausgefallenen Wunsch sie konfrontiert wurden, als ihnen der wertvolle bronzene „Zwerg“ geopfert wurde, blieb das Geheimnis von Isis und Magna Mater…

Der wohl unbestrittene „Star" unter den Weihgaben für Isis und Magna Mater dürfte dieser bronzene Zwerg sein, dessen Gestus nach wie vor nicht vollständig entschlüsselt ist.

Der „Augustuskopf“

Pünktlich zum erfundenen, aber von der Mainzer Stadtspitze so festgelegten „Jubiläum“ der Stadt Mainz war der sogenannte Augustuskopf am 12. Mai 1961 bei Ausschachtungsarbeiten in der Mainzer Neustadt aufgetaucht, als die Vorbereitungen für das „Stadtjubiläum“ schon in vollem Gange waren. Um diesen Fund, im Landesmuseum Mainz unter der Inventarnummer 61/92 katalogisiert, entbrannte schließlich ein Gelehrtenstreit. Unter einem verfüllten Bombentrichter aus dem Zweiten Weltkrieg war der lebensgroße Kopf bei Aushubarbeiten für den Bau eines Wohnhauses (Josefstraße 16) in rund 4 m Tiefe in dunklem Schlamm entdeckt worden. Für den Grundstücksbesitzer übrigens ein sich durchaus lohnender Fund, denn die Stadt kaufte den „Augustus“ für 16.500 Mark für das Landesmuseum (damals noch Altertumsmuseum). Hatte Museumsdirektor Karl Heinz Esser wenige Tage nach dem Fund noch in der Allgemeinen Zeitung Mainz ein Fragezeichen hinter den „original römischen Marmorkopf“ gesetzt, so war er sich in einem nächsten Zeitungsartikel im Dezember 1961 schon ganz sicher, vom antiken „Augustuskopf aus Mogontiacum“ sprechen zu können. Archäologen der Mainzer Universität widersprachen vehement und stuften das marmorne Konterfei als moderne Arbeit ein. Ein werkstoffkundliches Gutachten, das am Institut für Technologie der Malerei an der Staatlichen Akademie der bildenden Künste in Stuttgart im Auftrag des Landesmuseums erstellt wurde, bestätigte schließlich, dass der Kopf aus griechischem Inselmarmor tatsächlich antik und in das 1. Jahrhundert n. Chr. zu datieren sei. Allerdings zeige er nicht etwa Augustus selbst, sondern, so eine bis heute gültige Interpretation, wahrscheinlich dessen Enkel Gaius Caesar (20 v. – 4 n. Chr.), der von Augustus als Thronfolger vorgesehen war. 1967 noch hatte das Römisch-Germanische Museum Köln den Mainzer Fund in der Ausstellung „Römer am Rhein“ noch als „Porträtkopf des jugendlichen Augustus“ vorgestellt. Der 26,7 cm hohe Kopf aus griechischem „Inselmarmor“ gilt inzwischen als ein Beispiel hochentwickelter römischer Bildhauerkunst des 1. Jahrhunderts n. Chr. Zum 2.000. Todestag des Kaisers Augustus im Jahre 2014 erarbeiteten Studierende des Bachelorstudiengangs Archäologie der Johannes Gutenberg-Universität Mainz unter dem Motto „Der Kaiser ist tot – Es lebe der Kaiser!“ eine Themenpräsentation in der Steinhalle des Landesmuseums, in der auch der „Mainzer Augustuskopf“ gezeigt wurde. Die Diskussion um das tatsächliche Alter des Marmorkopfes ist bis heute nicht befriedigend abgeschlossen. Immerhin gibt es inzwischen Studienergebnisse, die den Kopf als Nachschöpfung aus dem 19. Jahrhundert nach einem ebenfalls nicht mit abschließender Sicherheit als „echt antik“ zu bezeichnenden Kopf im Vatikanischen Museum ansehen. Auszuschließen ist demnach nicht, dass der „Augustuskopf“ ursprünglich nicht etwa ein Monument in Mogontiacum, sondern vielmehr die Wohnung eines Mainzer „Römerfans“ schmückte.

Echt oder nicht echt? Der „Kopf des Augustus" hat seit seinem Fund im Jahre 1961 die Wissenschaft gespalten. Heute geht man davon aus, dass einer der beiden julisch-claudischen Prinzen Gaius Caesar oder Lucius Caesar dargestellt ist. Der lebensgroße Marmorkopf wird im Landesmuseum Mainz ausgestellt.

Das Tiberius-Schwert

1866,0806.1 – wer unter dieser Museumsnummer des British Museum in der Great Russell Street in London sucht, wird auf einen der wichtigsten Bodenfunde aus Mogontiacum stoßen, das sogenannte Tiberius-Schwert, einen römischen Gladius, einen Schwerttyp, der vom späten 3. Jahrhundert v. Chr. bis ins 3. Jahrhundert n. Chr. Standardwaffe der römischen Infanterie war. Durch Form und Abmessungen gehört der Gladius zum sogenannten Mainz-Typ, der charakteristisch für die erste Hälfte des 1. Jahrhunderts n. Chr. ist und seine Typ-Bezeichnung deshalb trägt, weil zahlreiche gleichartige Funde aus dieser Zeit in Mainz gemacht wurden. Geschenkt wurde die Prunkwaffe dem Londoner Museum im Jahre 1866 von einem gewissen Charles Felix Slade (1790–1868). Der Rechtsanwalt und Sammler vermachte dem Museum insgesamt mehr als 9.800 Stücke seiner Sammlung: Glas, Druckgrafiken, Keramik, japanisches Elfenbein – und eben den Mainzer Fund. Als die Hessische Ludwigsbahn von Mainz nach Worms gebaut wurde, mussten die Gleise durch die Festungsanlagen und über einen Graben am Neutor geführt werden. Dabei entdeckten Bauarbeiter am 10. August 1848 das Schwert. Es steckte in Sand und Schlamm mit dem Griff nach unten „im Graben der Filzbache, da wo jetzt die Eisenbahn eine neue Brücke notwendig mache". Das abgebrochene Griffende blieb im Boden, vom Mainzer Altertumsverein geplante Nachgrabungen wurden durch Hochwasser verhindert.

Daneben wurden auf der Baustelle auch noch „weitere Alterthümer entdeckt, z. B. eine Münze der Agrippina von goldähnlicher Bronze". Sie wurden von dem den Bau beaufsichtigenden Architekten namens Roos an den Mainzer Altertumsverein übergeben. Der Fund des Gladius entging Roos und wurde von den Bauarbeitern zunächst verschwiegen, dann aber an den Mainzer Kunsthändler Josef Gold verkauft. Größtes Interesse an dem Gladius hatte verständlicherweise der Mainzer Altertumsverein. Aber Josef Gold verlangte stattliche 12.000 Gulden für das „Tiberius-Schwert", nach heutiger Rechnung rund 120.000 Euro. Viel zu viel für den erst vier Jahre bestehenden Altertumsverein, der von einem städtischen Zuschuss von jährlich 200 Gulden und einem jährlichen Beitrag seiner Mitglieder in Höhe von 2 Gulden lebte. Zwar erschien schon 1850 eine erste wissenschaftliche Arbeit über das Schwert, doch es selbst blieb unauffindbar. Erst Jahre später wusste man, warum: Charles Felix Slade, der eifrige Antiquitätensammler von der Insel, hatte wohl die 12.000 Gulden gezahlt und den Mainzer Sensationsfund seiner Sammlung einverleibt. Erst 1866 tauchte das „Schwert des Tiberius" offiziell wieder auf, als Charles Felix Slade es zwei Jahre vor seinem Tod dem Britischen Museum in seiner Heimatstadt London schenkte.

Der erste Beschenkte war wohl ein römischer Offizier, möglicherweise ein Zenturio namens Aurelius, der sich wohl besondere Verdienste beim Alpenfeldzug des Tiberius und seines Bruders Drusus im Jahre 15 v. Chr. erworben hatte. Vermutlich war dieser Aurelius nach dem Sieg in Mogontiacum stationiert. Auf den Alpenfeldzug lässt die Verkörperung des bei Augsburg lebenden keltischen Vindeliker-Stammes, die Vindelica mit Doppelaxt, schließen. Der Sippenname (Gentiliz) des Offiziers ist abgekürzt mit „Aureli" auf der Rückseite des Scheidenmundblechs eingeritzt. Auf der Scheide häuft sich die Triumphal-Symbolik der frühen Kaiserzeit, wie sie schon unter Augustus bekannt ist. Bis in die 1980er Jahre interpretierte die Wissenschaft die abgebildeten Männer als Kaiser Augustus und seinen Feldherrn Tiberius. Heute scheint sicher zu sein, dass es sich um Tiberius und Germanicus handelt. Der in Jupiter-Pose halbnackt auf einem Schemel sitzende Tiberius erhält in der dargestellten Szene von Germanicus, der in Feldherren-Rüstung gekleidet ist, eine als Zeichen des Triumphes geltende Victoria-Statue. Auf Schildern ist „Felicitas Tiberi“ zu lesen und „Vic(toria) Aug(usti)“. Das soll unterstreichen, dass der erfolgreiche Ausgang der Germanenfeldzüge v. a. und eigentlich ausschließlich Kaiser Tiberius zu verdanken sei. Einen wichtigen Hinweis auf den Herstellungsort des Schwertes gibt die Abbildung eines Lagerheiligtums. Die wie Lyren wirkende Ornamentik seines Daches ist ein Kennzeichen der Mainzer Provinzialkunst in augusteischer Zeit. Somit ist anzunehmen, dass der Gladius in Mogontiacum oder zumindest im Mainzer Umland hergestellt wurde.

Ein Medaillon in der Mitte der Scheide zeigt eine umkränzte Büste des Augustus. Hergestellt worden sein muss der Gladius (Mainz-Typ) zwischen 14 und 17 v. Chr., wie die Interpretation der Bildnisse auf der Scheide zulässt. Die noch recht gut erhaltene Klinge aus Eisen ist 53 cm lang und 7 cm breit. Die Scheide bestand aus Bronze. Erhalten sind die teilweise vergoldeten oder verzinnten Beschläge aus Messing. Das Römisch-Germanischen Zentralmuseum Mainz (seit 1. Januar 2023 LEIZA = Leibniz-Zentrum für Archäologie) ist zwar im Besitz einer Kopie, doch im Original war der Gladius bislang nicht in Mainz, der Stadt seines Fundes, zu sehen. Dafür aber im LWL Römermuseum Haltern am See (2009 „Imperium, Konflikt, Mythos“), im Kulturhistorischen Museum Magdeburg (2012 „Otto der Große und das Römische Reich“) sowie im Museum und Park Kalkriese (2015 „Germanicus!“). Wer jetzt das originale „Tiberius-Schwert aus dem Vilzbach-Schlamm“ im Britischen Museum in London sehen will, hat dazu täglich Gelegenheit.

In den weltweit bekannten und anerkannten Werkstätten des Römisch-Germanischen Zentralmuseums (RGZM) wurde die Kopie des Mainzer „Tiberius-Schwerts“ angefertigt“, dessen Original sich im Britischen Museum London befindet.

Typ Weisenau – hollywoodreif

Muss Hollywood für die Produktion eines „antiken“ Streifens Darsteller von römischen Legionären vor die Kamera holen, so werden diese von der Requisite mit Helmen ausgestattet, die den Namen des heutigen Mainzer Stadtteils Weisenau tragen. Was für Hollywood gilt, gilt auch für heutige Reenactment-Gruppen, für die der Helm „Typ Weisenau“ als der Römerhelm schlechthin gilt. Und in der Tat: Der kaiserlich-gallische Helmtypus, der sich allerdings im Laufe der Zeit weiterentwickelt hat, ist die bekannteste römische Helmbauart. Gefunden wurde das erste Exemplar, das dem bis dahin unbekannten Typus seinen Namen gab, in den frühen 1880er Jahren bei Baggerarbeiten im Rhein in Höhe der römischen Fährverbindung zwischen dem angenommenen Auxiliarlager Weisenau und der rechtsrheinischen Bleiaue. Die Archäologin Isabel Kappesser geht übrigens davon aus, dass ein Großteil der Funde nicht etwa beim Fährübergang verloren ging, sondern im Rahmen ritueller Handlungen im Rhein versenkt worden ist. Möglicherweise, um dem Flussgott Rhenus zu besänftigen, der dem damals noch wilden, ungezähmten Fluss seinen Namen gab. Zu Römerzeiten war der Rhein breiter, aber nicht so tief wie heute, änderte immer wieder seinen Lauf und fror in fast jedem Winter zu. Die Frühjahrshochwasser waren gefährlicher als heute und bedrohten die Menschen. Grund genug also, dem Flussgott zu opfern.

Sandablagerungen behinderten im ausgehenden 19. Jahrhundert die Schifffahrt und so musste die Flusstiefe immer wieder mithilfe von Eimerkettenbaggern wiederhergestellt werden. Gefunden wurden hier römische Waffen und Werkzeuge, Bronzegefäße und Schmuck – und eben auch der bronzene Helm. Er wurde 1896 vom Mainzer Altertumsverein vom Sammler Franz Ludwig Broo erworben, der seine wertvolle Sammlung römischer Funde später dem Mainzer Altertumsmuseum testamentarisch vermachte.

Der zunächst von gallischen Handwerkern „erfundene“ und durch die Römer verbesserte „Typ Weisenau“ (auch als Galea oder Cassis bekannt) wurde, wie Funde von Helmresten beweisen, schon im Jahre 9 n. Chr. bei der legendären „Schlacht im Teutoburger Wald“ auf dem Schlachtfeld bei Kalkriese getragen. Nach und nach verdrängte er während der claudisch-neronischen Herrschaft seine Vorgänger, wie den über Jahrhunderte getragenen Montefortino-Helm. „Typ Weisenau“, dessen Erkennungsmerkmal der links und rechts auf der Kalotte festgenietete Stirnbügel ist (mit dem frontale Schwerthiebe abgemildert werden sollten) gehörte schließlich wahrscheinlich zur Standardausrüstung der Legionäre und in einfacherer Form auch der Auxiliartruppen. Getragen wurde er bis etwa 260 n. Chr., als er durch Spangenhelme vom Typ Deir-el-Medina ersetzt wurde. Zu besonderen Anlässen wurde der „Typ Weisenau“ (eine besondere Vorrichtung auf der Kalotte machte es möglich) mit einem Helmbusch (*crista*) „aufgehübscht“. Der Helmbusch wurde von den Mannschaften längs, von Zenturionen quer getragen. Er bestand aus gefärbtem Rosshaar.

Selbstverständlich besitzt auch das Mainzer Landesmuseum den „Typ Weisenau“, aber ein ganz besonderes Exemplar ist im Germanischen Nationalmuseum in Nürnberg mit der Inventarnummer „R 387“ zu sehen. Gekauft im Jahre 1885 in Mainz und versehen mit dem Hinweis „aus dem Rhein bei Mainz“. Das Besondere an diesem Helm ist, dass der damalige Träger ihn nicht nur mit seinem Namen Lucius Lucretius Celer „signiert“ hat, sondern der Nachwelt auch einen Hinweis darauf hinterlassen hat, dass er in der Legio I Adiutrix in der Zenturie des Caius Mumius Lolianus diente. Die Legio I Adiutrix gehörte in den Jahren 71 bis 86 n. Chr. zur Garnison von Mogontiacum, nachdem sie nach dem Ende des Bataveraufstands (70 n. Chr.) gemeinsam mit der Legio XIIII Gemina hierher versetzt worden war.

Ob private Reenactment-Gruppen oder Hollywood-Filmausstatter: Wer „echte" römische Legionäre darstellen will, greift in der Regel auf ein spezielles Helmmodell zurück, den „Typ Weisenau". Benannt nach seinem Auffindungsort im Rhein. Allerdings ist dieses Fundobjekt, das sich in der Sammlung des Landesmuseums Mainz befindet, nicht so „fabrikfrisch" wie dieser Nachbau.

Die Stadtmauer

Nach dem Überfall der Alamannen im Jahre 368 n. Chr. ließ Kaiser Valentinian I. eine neue Stadtmauer bauen. Die Steine wurden durch den Abriss von zivilen Gebäuden gewonnen.

Die (Wissens-)Lücken schließen sich nach und nach, aber nach wie vor ist nicht völlig geklärt, wie und wo genau die römische Stadtmauer verlaufen ist. Zu diesem Schluss kommt Alexander Heising, der noch als „Zivi" bei vielen Grabungen der Mainzer Archäologen half und heute Professor für Provinzialrömische Archäologie ist. Es ist wohl eher einem Zufall zu verdanken, dass 1898 bei Baumpflanzungsarbeiten am alten Gautor nicht nur Steine des Dativius-Victor-Bogens (vgl. S. 114–116) zum Vorschein kamen, sondern auch weitere Reliefsockel mit Soldatendarstellungen, die aneinandergereiht zu einem fast 3 m breiten Fundament wurden. Die erste Annahme, dass es sich um das Fundament der mittelalterlichen Stadtmauer handele, erwies sich allerdings als falsch. Spätestens als sich die Fundsituation in den folgenden Jahren auf dem Kästrich wiederholte, wurde die geordnete Ansammlung von Spolien korrekt als spätrömische Stadtmauer eingeordnet. Genauer: um zwei Phasen der Mauer, zwischen deren Bau rund 100 Jahre liegen. Mitte des 3. Jahrhunderts n. Chr., als das römische Imperium von inneren und äußeren Krisen geschüttelt war, wurde die zivile Siedlung mit einer Mauer umgeben. Die Zivilbevölkerung fühlte sich in Mogontiacum nicht mehr sicher. Der Limes, jenes Grenzsicherungs-, Zoll- und Frühwarnsystem, von dem so viel erwartet worden

war, war gefallen. Germanen stießen immer wieder plündernd bis tief ins Innere des Römischen Reiches vor. Die römische Armee war größtenteils von der Grenze abgezogen worden, und so konnten sich die Germanen im Landesinneren nahezu ungestört bewegen. Und sie machten Beute. Nicht nur, dass es ihnen um materielle Werte ging, sie machten auch Gefangene, die sie mit sich führten. Für längere Zeit wurden auch keine Vergeltungs- oder Abschreckungsfeldzüge der Römer mehr durchgeführt. Die Angst ging um in der Stadt Mogontiacum, die sich durch das Militär auf dem Kästrich nicht mehr genügend beschützt fühlte.

Wenn das Stichwort „Stadtmauer" fällt, so ist, wie schon erwähnt, festzustellen, dass es nicht nur eine, sondern auf jeden Fall zwei Phasen einer solchen Mauer gab. Die erste Phase datiert in die Mitte des 3. Jahrhunderts n. Chr., als sie zum Schutz der *canabae*, der zivilen Siedlungen, angelegt wurde. Die Mauer um das Legionslager stand zu dieser Zeit noch. Eingeschlossen wurden die höher gelegenen Viertel im Südwesten, aber auch der Siedlungskern in der Nähe des Rheins. Möglicherweise wurde das im Südosten liegende Bühnentheater in den Mauerverlauf integriert. Grabsteine und Weihaltäre wurden für die Fundamentierung beim Mauerbau benutzt. Ja, es wurden sogar ganze Gebäude geopfert, um auf einfachste Art an bereits bearbeitete und somit schneller zu integrierende Werksteine zu kommen. Je näher die Mauer allerdings dem Rhein und damit seinem morastigen Vorland kam, desto mehr wandelte sich die Technik des Mauerbaus. Hier, etwa im Bleichenviertel oder parallel zum Rhein, musste zu anderen Mitteln gegriffen werden. Ein glücklicher Umstand für heutige Archäologen und Dendrochronologen. Der feuchte Baugrund wurde mit Pfahlrosten befestigt. Viele der verwendeten Eichenholzpfähle haben sich erhalten und konnten dendrochronologisch auf die Jahre 251 bis 253 n. Chr. datiert werden. Aber auch hier wurden Spolien verbaut. Schon Decker und Selzer stellten 1976 fest, dass sich „auch in diesem Mauerabschnitt mindestens drei Weihsteine befinden, die sicher erst einige Jahre nach Caracallas *damnatio memoriae* (Verdammung des Andenkens) in dieser Weise wiederverwendet wurden". V. a. in den beiden anderen Mauerabschnitten vom Rhein zum Lager — im Norden vom Schloss über Hintere Bleiche zum Alexanderturm und im Süden vom Holzturm zum Gautor über Eisgrubweg — seien zahlreiche Weihsteine aus der Zeit des mittleren 2. Jahrhunderts n. Chr. bis zu einem spätesten Datum 240 n. Chr. gefunden worden. Deshalb dürfe aus wissenschaftlicher Sicht der Schluss gezogen werden, „dass der gesamte Mauerabschnitt vom Alexanderturm über Hintere Bleiche, Rheinfront, Eisgrubweg bis zum Gautor in einem Zuge wohl um die Mitte des 3. Jahrhunderts n. Chr. oder nur wenig später errichtet worden ist." In die Zeit des ersten Mauerbaus gehört

auch das Lyoner Bleimedaillon von 289 n. Chr. (s. u.).

Auch der zweite Mauerbau kann als Reaktion auf Krisenzeiten gewertet werden. Als am 28. September des Jahres 351 n. Chr. bei Mursa in Pannonien (Osijek in Kroatien) das 36.000 Mann starke weströmische Heer unter dem römischen Usurpators General Magnus Magnentius und die etwa 60.000 Mann zählenden Truppen von Kaiser Constantius II. aufeinanderstießen, ließen mehr als 50.000 Legionäre ihr Leben. Unter den Toten, nach Ansicht einiger Archäologen, auch Soldaten der als Mainzer „Hauslegion" geltenden Legio XXII Primigenia P. F. Das schließen sie aus der Beobachtung, dass die Legion nach der Schlacht von Mursa nicht mehr erwähnt worden sei. Im Mainzer Legionslager waren wohl nur einige Einheiten geblieben. Und die waren mit Kaiser Valentinian I. gerade auf einem Feldzug und hielten sich in Trier auf, als im Jahre 368 n. Chr. in Mogontiacum ein christliches Fest (unklar ist, ob es sich um Ostern oder Pfingsten handelte) gefeiert werden sollte. Der alamannische Gau-König Rando nutzte die Gelegenheit, ohne dass ihm nennenswerter Widerstand entgegengesetzt werden konnte, überfiel die wehrlose Stadt und raubte Menschen und Hausrat. Grund genug für Kaiser Valentinian I., der sich eh um den Schutz der Rheingrenze kümmern wollte, das Legionslager und die auf der Hochebene des heutigen Kästrich gelegenen Teile der zivilen Stadt völlig aufzugeben. Gebäude wurden eingerissen und dem Erdboden gleichgemacht. Die dabei gewonnenen Steine nutzte man zum Bau der neuen Stadtmauer. Um eine durch diese Maßnahme entstehende Lücke in der Befestigung der *canabae* zu schließen, wurde quer durch das ehemalige Lager ein neues Stück Stadtmauer gebaut. Auf etwa 120 m Höhe zur Verteidigung günstig gelegen. Heute steht dort die Wohnanlage „Kästrich". Heising: „Von der spätantiken Phase sind rund 700 m Mauer vom heutigen Alexanderturm über den Kästrich und das Gautor bis zum Eisgrubweg bekannt."

Geschichte in Blei

Denkt man an historische Mainzer Stadtansichten, so mag zunächst der Name Matthäus Merian in den Sinn kommen. Aber schon lange zuvor wurde Mainz, das zu jener Zeit das römische Mogontiacum war, bildlich dargestellt. Der Beweis ist im Cabinet des Médailles der Pariser Bibliothèque nationale de France zu finden: das sogenannte Lyoner Bleimedaillon, gefunden 1862 in der Saône bei Lyon beim Abtragen einer Steinbank an der Nemours-Brücke. Etwa 15 v. Chr. hatte Kaiser Augustus in Lugdunum (Lyon) eine Münzstätte eröffnen lassen, die bis zum Jahr 423 n. Chr. Gold-, Silber- und Bronzemünzen für das Römische Reich prägte. Das als älteste Darstellung der Stadt geltende Bleimedaillon, bei dem es sich wohl um einen Probeabschlag für ein Multiplum handelt, zeigt eine stilisierte Darstellung Mogontiacums, der Brücke über den Rhein und des rechtsrheinischen Kastells. Multipla, Münzprägungen im größeren Format aus Gold oder Silber und damit von hohem Wert, wurden seit der Zeit des Augustus als besondere Geschenke vergeben. Großmünzen aus unedlen Metallen dienten eher zeremoniellen Zwecken oder wurden einfachen Bürgern verliehen. Aus welchem Material das Multiplum, dessen Rückseite der Probeabschlag zur Prüfung des Prägestempels zeigt, letztlich hergestellt wurde, ist nicht bekannt. Vermutlich war es aber aus Gold. Mit einem Durchmesser von 8 bis 8,7 cm ist es aber das größte bislang bekannte Multiplum. Nach Heising ist es die „Rückseite für eine 50-fache Goldmünze". Das nächstgroße Exemplar stammt aus dem Schatzfund von Szilágysomlyó, dem heutigen Șimleu Silvaniei (Schomlenmarkt) in Rumänien, und hat ein eindrucksvolles Goldgewicht von rund 180 g.

Das Bleimedaillon ist horizontal in zwei Bildfelder aufgeteilt. Im oberen Teil sind unter der Umschrift „SAECVLI FELICITAS" („Fruchtbarkeit des Zeitalters") zwei vor ihrer Leibwache sitzende römische Kaiser zu sehen. Der „Heiligenschein" (Nimbus, Gloriole) um ihre Köpfe lässt die Personen als Kaiser erkennen. Eine solche Darstellung wurde v. a. auf Erinnerungsmünzen angewendet, die wie Orden vom Kaiser verliehen wurden. Rechts von den Kaisern ist eine Gruppe von Frauen, Männern und Kindern zu sehen. Es sieht so aus, als würden diese Menschen etwas von einem der Kaiser empfangen und sich dann wieder entfernen. Im unteren Teil des Medaillons kommen Menschen aus dem rechtsrheinischen Brückenkopf, der mit „CASTEL" (Castellum Mattiacorum = Kastel) bezeichnet ist, und überqueren auf einer Brücke den „FL" (Flumen, Fluvius) „RENUS" (Fluss Rhein) in Richtung MOGONTI(acum). Die dargestellten Mauern und Türme sollen lediglich für die Befestigung von Mogontiacum und Castellum Mattiacorum stehen und nicht für reale Architektur. Eine Darstellungsform, der sich übrigens noch Hartmann Schedel 1493 in seiner „Weltchronik" bediente.

Der ehemalige Mainzer Landesarchäologe Gerd Rupprecht interpretiert anhand der Szenen auf dem Medaillon, dass „höchstwahrscheinlich...die Kaiser Maximinianus Herculius (286–305 n. Chr.) und Constantius Chlorus (293–305 n. Chr.) zu sehen" seien. Eine Interpretation, der sich auch die provinzialrömische Archäologin und Numismatikerin Maria Radnoti-Alföldi (1926–2022) anschloss. Sie sieht die Darstellung als Ergebnis einer 297 n. Chr. gegebenen Erlaubnis des Kaisers Constantius I., dass sich besiegte Germanen auf römischem Gebiet ansiedeln durften. Möglicherweise sei der Beschluss in Mogontiacum verkündet worden. Eine ganz andere Auffassung hatte noch 1919 der prähistorische Archäologe Wilhelm Unverzagt, der in den beiden Kaiser Valentinian und Gratian sah, weil sie im 4. Jahrhundert n. Chr. die beiden einzigen Kaiser waren, die gemeinsam in Mogontiacum waren und der Grenzbevölkerung Geschenke übergaben. Unverzagts Interpretation allerdings wurde letztlich durch die sachliche Argumentation von Radnoti-Alföldi widerlegt.

Lange schwelte ein Gelehrtenstreit darum, welche Szene auf dem „Lyoner Bleimedaillon" dargestellt ist. Inzwischen ist man sich einig, dass die Kaiser Maximinianus Herculius und Constantius Chlorus zu sehen sind. Sicher aber war von Beginn der Forschung an, dass Mainz und das rechtsrheinische Mainz-Kastel samt Brücke über den Rhein abgebildet sind.

Zu besichtigen

Ansicht auf das opus caementicium-Mauerwerk des Stadttors auf dem Kästrich.

Stadttor auf dem Kästrich

Mehr als 100 Jahre wurde auf dem ehemaligen Castrum der Römer Bier gebraut und vertrieben. Erst von der Bry'schen, dann von der Mainzer Actien-Bierbrauerei. Dem großen Brauereisterben der 1980er Jahre fiel schließlich auch das Unternehmen zum Opfer, das einmal die größte westdeutsche Brauerei war.

Das Foto zeigt die Fundsituation des Stadttors auf dem Kästrich.

Bei den Bauarbeiten für eine Wohnanlage auf dem ehemaligen Brauereigelände wurden in rund 3 m Tiefe römische Mauerreste in Sockelhöhe entdeckt, die, so wurde recht schnell klar, aus dem spätantiken Mogontiacum stammen. Es handelt sich um die Reste eines Stadttores mit einer Durchfahrt von mehr als 4 m, das zu den spätesten römischen Stadttoren in Deutschland zählt. Auch Teile der spätantiken zweischaligen Stadtmauer und hervorragend erhaltenes Pflaster der Via praetoria, der wichtigsten Ausfallstraße des Lagers, die zum Haupttor (Porta praetoria) führte, blieben erhalten. Deutlich sichtbare Fahrspuren von fast 2 m Breite in den Sandsteinplatten stimmen mit dem üblichen Radstand römischer Wagen überein. Die Vertiefungen in den diagonal verlegten etwa 1 m² großen Platten deutet auf eine rege Nutzung der Straße auch nach der Aufgabe des Militärlagers hin. Das Tor konnte, das lassen sowohl eine Schwelle in der Durchfahrt als auch Löcher im Bodenbelag vermuten, die wohl für die Aufnahme von Türangeln dienten, mit zwei gewaltigen Flügeltüren verschlossen werden.

Dieses wurde errichtet, nachdem das Legionslager aufgegeben worden war, und schloss damit eine entstandene Lücke in der Stadtummauerung.

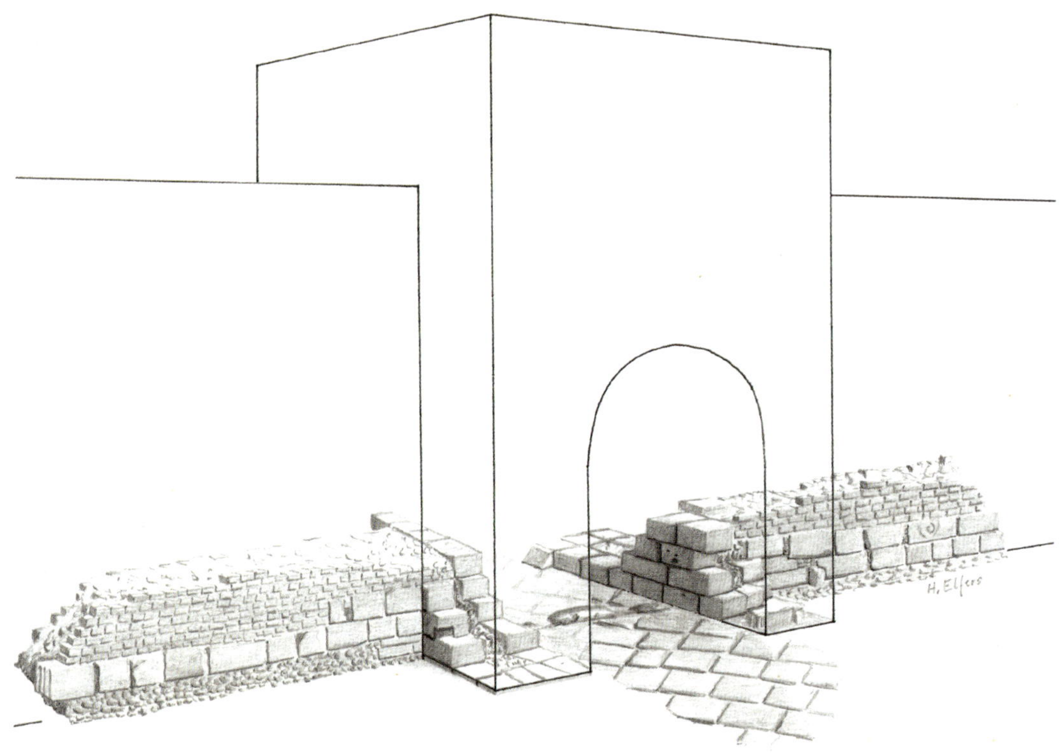

So in etwa kann man sich das spätrömische Stadttor vorstellen. Die Höhe der Mauer dürfte bei ungefähr 10 m gelegen haben.

Auch über die Bauzeit von Tor und Mauer kann Konkretes ausgesagt werden, denn der Zusammenbruch des Limes in den Jahren 259/260 n. Chr. hatte aus der eher ruhigen und deshalb unbefestigten Provinzhauptstadt Mogontiacum im Schatten des Legionslagers wieder eine Frontstadt gemacht. Für den Schutz der Bewohner wurde die erste Stadtmauer gebaut, denn die alleinige Präsenz der römischen Truppen schien nicht mehr ausreichend zu sein. Rund 100 Jahre später musste die Verteidigung der Stadt neu überdacht werden. Nach 350 n. Chr. war das Legionslager aufgegeben worden. Die deutlich verkürzte Stadtmauer schloss es ebenso wie etwa das Bühnentheater nicht mehr ein, aber da die alte Ummauerung an die Mauer des Legionslagers anschloss, tat sich eine Lücke von mehr als 4 m auf. Die galt es etwa 370 n. Chr. zu schließen. Baumaterial aus dem Legionslager stand ja nun zur Verfügung, wie Spolien in der „neuen", ursprünglich wohl 8 m hohen Mauer belegen, die durch ein etwa 10 m hohes Tor unterbrochen wurde. Die alte Lagerstraße konnte so weiter genutzt werden. Die Mauer führte, um den Verlauf mit heutigen Verhältnissen anschaulich zu machen, über den auf dem Gelände der Kupferbergkellerei stehenden Alexanderturm, dessen sichtbares Fundament aus römischer Zeit stammt, hinunter in die Innenstadt, entlang der Hauptpost durch die Hintere Bleiche zum Rhein. Auf der anderen Seite kann man sich den Mauerverlauf vorstellen über Kästrich, Eisgrubweg, entlang des römischen Theaters bis zum Winterhafen.

Die konservierten Reste des spätrömischen Stadttors sind in eine Wohnanlage integriert, die stilistisch an römische Architektur erinnern soll. Das sicht- und über zwei Treppen auch begehbare Zeugnis aus dem 4. Jahrhundert n. Chr. befindet sich gegenüber dem Haus Kästrich 61.

Auf den diagonal verlegten Bodenplatten in der Tordurchfahrt sind die eingegrabenen Spuren von Wagenrädern zu erkennen.

Dativius Victor bedankt sich

Völlig unmotiviert steht am Ernst-Ludwig-Platz nahe des Kurfürstlichen Schlosses die Nachbildung eines römischen Ehrenbogens mit einfachem Mitteldurchgang, der nach seinem Erbauer Dativius Victor benannt wurde, aber in römischen Zeiten weit entfernt stand. Im Rahmen der ebenso unmotivierten 2.000-Jahr-Feier der Stadt Mainz im Jahre 1962 (vgl. S. 9–10) wurde der Abguss hier platziert. Und wie das Jubiläum selbst, so sind auch einige Teile des Bogens „frei gestaltet". Im oberen Teil des Bogens, dessen originale Teile sich im Mainzer Landesmuseum befinden, verrät eine Inschrift, die von Amoretten flankiert wird, den Stifter und den Grund seiner Stiftung. Der allerdings erlebte die Fertigstellung nicht mehr. Das blieb seinen Söhnen Victorius Ursus und Victorius Lupus zuteil. Zu entziffern ist:

> „In h(onorem) d(omus) d(ivinae) I(ovi) O(ptimo) M(aximo) Conservatori arcum et porticus quos Dativius Victor dec (urio) civit(atis) Taun(ensi um) sacerdotalis Mo gontiacensibus fpjromisit, Victorii Ursus frum(enta rius) et Lupus fili et heredes consummaverunt",

in der Übersetzung:

> „Zu Ehren des göttlichen Kaiserhauses haben dem Jupiter Optimus Maximus Conservator den Bogen und die Säulenhalle, die Dativius Victor, Ratsherr der Gemeinde der Taunenser und ehemaliger Provinzialpriester des Kaiserkultes, den Mainzern versprochen hatte, seine Söhne und Erben, Victorius Ursus, Feldgendarm (?), und Victorius Lupus vollendet".

Neben dem Augsburger Siegesaltar aus dem Jahre 260 n. Chr., der der Siegesgöttin Victoria nach einem Sieg über die Juthungen geweiht war, sieht die Fachwelt den Dativius-Victor-Bogen aus grobkörnigem (Flonheimer?) Sandstein als wichtigstes Steindenkmal aus der Zeit des Limesfalls im 3. Jahrhundert n. Chr.

Relief, Rankenwerk und eine klare Architekturgliederung schmücken die Schauseite des etwa 6,50 m hohen, 4,55 m breiten und 0,70 m tiefen Bogens, dessen Durchgang 2,40 m breit und 3,90 m hoch ist. Die Rückseite blieb nahezu schmucklos. An den glatten Schmalseiten sind wohl Ansätze der in der Inschrift genannten Säulenhalle (*porticus*) zu erkennen. Den ursprünglich in antiker Werksteinarchitektur ohne Mörtel gebauten Ehrenbogen schmückte ein aus den Tierkreiszeichen zusammengesetzter Fries, über dem Göttervater Jupiter, dessen Kopf beschädigt ist, und seine Gemahlin Juno thronen. Im rechten Arm trägt Jupiter ein Zepter und in der linken Hand vermutlich ein Blitzbündel. Jupiters rechter Fuß steht auf einem Globus, Juno trägt eine Fackel. Vier Gottheiten umrahmen das oberste Götterpaar, doch ist nicht bekannt, um wen es sich dabei handeln soll. Von den Genien der Jahreszeiten flankierte Opferszenen sind zudem auszumachen. Breite Schuppenmuster und eine Weinranke komplettieren die reiche bildliche Ausstattung des Bogens, der, so zeigen Farbreste, ursprünglich bemalt war. Wahrscheinlich ist auch dessen Stifter, Dativius Victor selbst, als mit einer Toga bekleideter Priester dargestellt. Denn, wie die oben erwähnte Inschrift verrät, war er nicht nur Ratsherr (*decurio*) der Gebietskörperschaft der Taunenser in Nida (Frankfurt-Heddernheim), sondern auch Priester des Kaiserkults in Mogontiacum. Schon diese Darstellung macht, den Dativius-Victor-Bogen zu einem Unikat in den germanischen Provinzen, da es unüblich war, einen lokalen Beamten bei der Ausübung seines Priesteramts zu zeigen.

Die zeitliche Einordnung der Entstehung des Bogens in das zweite Viertel des 3. Jahrhunderts n. Chr. basiert zum einen auf der kunsthistorischen Einordnung der Reliefszenen, zum anderen auf epigrafischen Gesichtspunkten. Letztere datieren das Aufkommen der im Widmungstext verwendeten Formel „IN H D D" („in H(onorem) D(omus) D(ivinae)"), also „dem göttlichen Kaiserhaus" auf die Mitte des 2. Jahrhunderts n. Chr. Auch die Bezeichnung Jupiters als Bewahrer des Reiches (*conservator*), die in Mainz bislang nur noch auf drei weiteren Inschriften

Weit entfernt von seinem ursprünglichen Aufstellungsort wurde diese teilweise frei gestaltete Kopie des Dativius-Victor-Bogens 1962 zum erfundenen Stadtjubiläum am Ernst-Ludwig-Platz aufgestellt. Das Original befindet sich im Landesmuseum Mainz.

Die Inschrift über dem Boden verweist u. a. auf den Stifter: „Dativius Victor, Ratsherr der Gemeinde der Taunenser und ehemaliger Provinzialpriester des Kaiserkultes.“

zu finden ist, von denen zwei in die erste Hälfte des 3. Jahrhunderts n. Chr. datiert werden, lässt eine zeitliche Einordnung des Bogens zu. War es in der Zeit, als die Reichsgrenze durch plündernde Alamannen bedroht wurde, eine Bitte um Hilfe durch die oberste Gottheit? Auf jeden Fall ist die Stiftung mehr als ungewöhnlich, weil ein Ratsherr aus dem Rechtsrheinischen, der sich ja eigentlich mehr in seiner Heimatgemeinde hätte engagieren müssen, in Mogontiacum ein öffentliches Gebäude finanzierte. Eine Deutung geht davon aus, dass Dativius Victor aus der civitas Taunensium mit seiner Familie vor den Alamannen nach Mogontiacum geflüchtet war, das noch als sicher galt und sich mit der Stiftung für die freundliche Aufnahme bedanken wollte. Aber diese Deutung ist nicht nachweisbar, denn als Priester des Kaiserkults war Dativius Victor mehrfach im Jahre bei den zahlreichen Feierlichkeiten für das Kaiserhaus in Mogontiacum anwesend und könnte Bogen und Säulenhalle gestiftet haben, um der Nachwelt etwas Prestigeträchtiges zu hinterlassen. Für erstere These spricht ein weiteres Denkmal eines Ratsherrn aus der civitas Taunensium. Auf seinem Grundstück in Mainz-Kastel ließ der Inhaber mehrerer öffentlicher Ämter (*duumvir*) Licinius Tugnatius Publius zu Ehren des Jupiter Conservator im Jahre 242 n. Chr. eine Jupitersäule wieder aufrichten.

Dass der Dativius-Victor-Bogen heute überhaupt zu sehen ist, ist einem reinen Zufall zu verdanken. Denn eigentlich ging es im November 1898 nur darum, am Gautor die Reste der mittelalterlichen Stadtmauer, die auf den Fundamenten der römischen Stadtmauer errichtet worden war, zu beseitigen. Zwischen Gautor und Martinstraße stießen die Arbeiter auf zahlreiche Spolien. Dabei handelte es sich nicht nur um Abbruchmaterial aus dem Mitte des 4. Jahrhunderts n. Chr. aufgegebenen Legionslager, sondern auch um Teile des Dativius-Victor-Bogens, der ebenfalls in dieser Zeit abgerissen wurde und als Baumaterial für die notwendig gewordene Stadtmauer diente. Bis 1911 wurden insgesamt 43 zum Teil hervorragend erhaltene Architekturteile gefunden, die aus dem Bogen stammten und möglich machten, dass die ursprünglich wohl aus 75 Bauelementen bestandene Stiftung des Ratsherrn und Priesters rekonstruiert werden konnte. Aufgrund der Funde u. a. von Säulenfragmenten östlich vom Fichteplatz wird inzwischen angenommen, dass der ursprüngliche Standort von Dativius-Victor-Bogen und Säulenhalle im Bereich der Kreuzung der heutigen Straßen Am Fort Elisabeth/Pariser Straße zu sehen ist, also nur einen Steinwurf vom Legionslager entfernt. Dort, wo 1897 eine Radrennbahn nach dem Vorbild des Berliner Velodroms in Friedenau (mit einem als Fußballplatz genutzten Innenraum) gebaut wurde. Der Pachtvertrag endete 1928 und das bedeutete das Ende der Radrennbahn und freie Bahn für den Mainzer Gartenbaudirektor Ottokar Wagler, dessen Entwurf für das Grünensemble „Plantschbecken“ samt Pergola-Architektur umgesetzt wurde.

Ehre den Toten – Gräberstrassen

In den Städten waren Beisetzungen in Gräbern oder Grabanlagen nicht gestattet. Bestattungen im römischen Mogontiacum findet man deshalb ausschließlich entlang der Ausfallstraßen am Rand eines Kreises mit dem Radius von einer Leuge (etwa 2,22 km), dessen Mittelpunkt im römischen Forum liegt. Das allerdings ist noch nicht gefunden, wird aber in etwa am heutigen Schillerplatz vermutet. Eine dieser Straßen, die vom Legionslager auf dem Kästrich in Richtung Süden zum vermuteten Auxiliarlager in Weisenau (etwa dorthin, wo sich heute der Steinbruch befindet) führte, ist eine solche Gräberstraße (Via Sepulcrum): 6 m breit, teilweise gepflastert, teilweise mit Steinen locker belegt; daneben eine ebenfalls 6 m breite Piste für Fußgänger, Reiter oder die marschierende Truppe. Wie Straße und Piste ausgesehen haben könnten, hat Ursula Weichert von der Generaldirektion kulturelles Erbe (GDKE) eindrucksvoll als Wandmalerei am Pater-Fuchs-Platz am Bettelpfad im Stadtteil Weisenau dargestellt.

Auf Luftaufnahmen, die 1978 gemacht wurden, ist ein Teilstück dieser Straße zu sehen, die mit einem Graben von den Bestattungen getrennt war. Auf dem Gelände des Gymnasiums Theresianum (Einfriedung eines Grabgartens), auf dem ehemaligen Werksgelände der IBM (heute Neubaugebiet „Heiligkreuz-Viertel") ist es auszumachen, am Bettelpfad, auf dem Hof der Weisenauer Schillerschule bis hin zum Radweg. Hier hatte Kunsthistoriker Ernst Neeb 1911 römische Gräber entdeckt. Es sollte für lange Jahre die einzige systematische Erforschung eines Mainzer Gräberfeldes bleiben. Aber Neeb war durchaus nicht der erste Forscher, der sich mit römischen Bestattungen befasste. Bereits 1771 hatte Benediktinerpater Joseph Fuchs zwei Grabsteine an der alten, teilweise in der Pflasterung noch erhaltenen Fernstraße der Römer „ober Weisenau" entdeckt und den Fund in seine „Alte Geschichte von Mainz" (1772) aufgenommen. 17 Jahre nach Neeb fand man ein überaus reich ausgestattetes Brandgrab auf dem Hof der Schillerschule. Ebenfalls 1928 wurde beim Kanalbau in der heutigen Erich-Ollenhauer-Straße (damals Eleonorenstraße) ein Grabmal entdeckt, das dem Andenken an ein römisches Ehepaar gewidmet ist.

Die Wandmalereien (vgl. auch S. 119) am Bettelpfad in Weisenau zeigen Szenen aus dem Alltag der Römer und geben ein Bild davon, wie es im römischen Mainz zugegangen sein könnte.

Bis in die 1970er Jahre beschränkte sich die Forschung auf zufällig bei Bauarbeiten gefundene Gräber. Dann hatten die Archäologen zehn Jahre lang, von 1982 bis 1992, die Gelegenheit, zumindest ein Teilstück der Via Sepulcrum zu erforschen und die Totenehrung in einem römischen Zentralort nördlich der Alpen zu dokumentieren. Die Deutsche Anlagen-Leasing GmbH (DAL) unterstützte die archäologische Forschung und die anschließende Präsentation im Gelände mit großem finanziellem Engagement. Der weitaus größere Teil der mit Sicherheit überaus eindrucksvollen Gräberstraße nach italischem Vorbild blieb den Archäologen durch Überbauung vorenthalten.

Der in Mainz-Zahlbach gefundene Grabstein des Gaius Romanius Capito (1. Jahrhundert n. Chr.) gehört zu den besten Stücken aus der weitverbreiteten Gruppe der „Reiter-Grabsteine". Romanius war Reiter des norischen Reitergeschwaders und stammte aus dem heutigen Slowenien. Nach 19 Dienstjahren starb er im Alter von 40 Jahren.

Allerdings barg die vergleichsweise kleine Grabungsfläche von 250 m Länge und 60 m Breite nicht nur 270 Beisetzungen, die bis zur Mitte des 2. Jahrhunderts n. Chr. datiert werden konnten, aber vorwiegend aus dem 1. Jahrhundert n. Chr. stammen. Gefunden wurden auch deutliche Hinweise auf einen Töpferbezirk, der sich noch vor der ersten Bestattung an dieser Stelle befand. „Vicus Göttelmann" nennen ihn die Mainzer Archäologen. Der am Bettelpfad zu sehende und in seiner Funktion ausführlich beschriebene Töpferofen sei, so Alexander Heising (Universität Freiburg), der am besten erhaltene nördlich der Alpen. Die Töpfereien wurden durch die Bestattungen mehr und mehr zurückgedrängt und verschwanden um 268 n. Chr. aus Weisenau. Schon kurze Zeit später, so verraten entsprechende Funde („Missratene Götter") vom Bau des Abgeordnetenhauses

Das Ritual

Der Verstorbene wurde gesalbt, bekleidet und aufgebahrt. Nach zwei bis drei Tagen formierte sich der Leichenzug zum Begräbnisplatz, der nach römischem Recht außerhalb der Stadt liegen musste. Verwandte trugen die Bahre, der angemietete Klageweiber und Musikanten vorangingen. Am Verbrennungsplatz stellte man das Totenbett auf einen geschmückten Scheiterhaufen. Nachdem das Feuer heruntergebrannt war, bargen die Verwandten die sterblichen Überreste aus der gelöschten Glut. Die Knochen wurden mit Milch und Wein begossen und mit Wohlgerüchen besprengt. Die Urne fand zusammen mit den Parfümfläschchen und einer brennenden Öllampe in einer Nische des Familiengrabmals oder direkt im Grab Platz. Von einzelnen persönlichen Erinnerungsstücken abgesehen, verzichtete man auf weitere Grabausstattung. Nach einem Reinigungszeremoniell versammelte sich die Familie am Grab zu einem Totenmahl. Am Todestag und anderen Festtagen trafen sich die Hinterbliebenen am Grab, entzündeten ein Licht, legten Blumen ab und opferten Wein, Öl und Milch.

Aus „*Des Lichtes beraubt*"

an der Ecke Bauhofstraße/Große Bleiche, waren Töpfereien in einem Handwerkerviertel nahe des Rheins wieder aktiv.

In einem gläsernen Schutzbau ist römische Bestattungskultur am Fundort (*in situ*) zu sehen. Etwa ab 40 n. Chr. war Brandbestattung die übliche Form der Bestattung, eine bis Ende des 2. Jahrhunderts n. Chr. praktizierte Sitte. Erst im 3. Jahrhundert n. Chr. änderte sich der Umgang mit den Toten. An die Stelle der Brandbestattung trat die Ganzkörperbestattung, wie zahlreiche Sarkophagfunde im Stadtgebiet untermauern. Nur wenige Ganzkörperbestattungen wurden an der Via Sepulcrum gefunden. Unverbrannt beigesetzt wurden nur Neugeborene bis zum Durchbruch der ersten Zähne und Angehörige sozialer Randgruppen, die zum Teil einfach lieb- und respektlos verscharrt wurden.

Am Weisenauer Bettelpfad sind die im Schutzbau zu sehenden Urnen, Ziegelplattengräber, Steinkisten und Beigaben selbstredend nicht die Originale, sondern exakte Nachbildungen. Hier ist auch ablesbar, wie sich Bestattungsriten geändert, wie sich Sitten der keltischen Urbevölkerung mit denen der römischen Besatzer vermischt haben. Zu den typischen römischen Grabbeigaben wie Öllampen, Salbölfläschchen (*balsamarium*) und Münzen kamen mehr und mehr Einhenkler und anderes Gebrauchsgeschirr, wie es die Kelten ihren Toten mit auf den letzten Weg gaben.

Selbstverständlich ist die Via Sepulcrum nicht die einzige Begräbnisstätte im römischen Mainz gewesen. Mindestens 20 weitere sind aus der gesamten römischen Zeit in Mogontiacum bekannt. Sie umschließen fast wie ein nicht geschlossener Ring den militärischen und zivilen Bereich, war doch, wie bereits erwähnt, eine Bestattung *intra leugam* nicht gestattet. Eine von Konrad Weidemann zusammengestellte Bestandsaufnahme und Bearbeitung der einzelnen Begräbnisplätze von 1968 wird zwar von Decker und Selzer noch 1976 als „sehr gründlich" bezeichnet, doch haben sich seitdem v. a. im Bereich der Mainzer Neustadt, aber auch bspw. im Bereich der Göttelmannstraße weitere Begräbnisplätze aufgetan. Auch vor der Porta sinistra, also an der Nordseite des Lagers (am heutigen Linsenberg), war am recht steilen Hang ein kleiner Begräbnisplatz für Soldaten. Er wurde von der Gründungszeit des Lagers etwa bis in die Mitte des 1. Jahrhunderts n. Chr. wohl im Zusammenhang mit der Verbindung des Lagers zu der Höhenstraße nach Bingen genutzt. Einige frühkaiserzeitliche Gräber lagen an der heutigen Oberen Zahlbacher Straße vor der Südecke des

Die Einfriedung eines Grabbaus. V. a. in der provinzialrömischen Archäologie sind derartige Einfriedungen bekannt, so auch an der Via Sepulcrum in Mainz-Weisenau.

Legionslagers und ein großer Militärfriedhof aus augusteischer Zeit an der Zahlbacher Steig. Er zog sich an der Südseite des Aquädukts südlich bis in den Bereich der Oderstraße – eine der ergiebigsten Fundstellen militärischer Grabsteine. Noch im 2. und 3. Jahrhundert n. Chr. wurde im Bereich des „Schlesischen Viertels" bestattet. Hier fand auch die Zivilbevölkerung sogar bis in das 4. Jahrhundert n. Chr. ihren letzten Ruheplatz. Neben Zivilgräbern aus der zweiten Hälfte des 1. Jahrhunderts n. Chr. fanden sich im Gebiet Forsterstraße/Wallaustraße auch einige Bestattungen von

Am Bettelpfad im Mainzer Stadtteil Weisenau wurde ein Stück der Via Sepulcrum ergraben und erforscht, die von Gräbern gesäumt wurde und hoch bis zum Legionslager auf dem Kästrich und zum Auxiliarlager Weisenau führte. Unter einer Glaskonstruktion sind rekonstruierte Bestattungen zu sehen.

Die im Schutzbau gezeigten Brandbestattungen dokumentieren, auf welch unterschiedliche Weise die Toten Mogontiacums ins Jenseits verabschiedet wurden.

Legionären. Weiterhin belegt wurde der Begräbnisplatz bis in die christliche Zeit v. a. rund um die Kirche Alt St. Peter an der alten Römerstraße im Bereich des Raimunditors. Zu ihrem Bau wurde zahlreiche römische Grabsteine benutzt. Schon aus der ersten Hälfte des 1. Jahrhunderts n. Chr. sind Bestattungen auf einem Begräbnisplatz im Umfeld des heutigen Gartenfeldplatzes bekannt. Bis ins späte 3. Jahrhundert n. Chr. wurde hier bestattet. Nordwestlich des Zweilegionenlagers gab es im Bereich der Gonsenheimer Hohl und der Wallstraße einen Begräbnisplatz. Die Funde reichen hier von Brandgräbern aus der Mitte des 1. Jahrhunderts n. Chr. bis hin zu reich ausgestatteten Sarkophag-Bestattungen des späten 4. Jahrhunderts n. Chr. an der oberen Gonsenheimer Hohl mit bemerkenswerten Glasbeigaben. Römische Bestattungen aus dem ersten Drittel des 1. Jahrhunderts n. Chr. bis aus dem 4. Jahrhundert n. Chr. fanden sich auch auf dem heutigen Hauptfriedhof, im Bereich der Universität und der „Dreispitz“, wobei diese Grabbezirke keinen einheitlichen Begräbnisplatz bilden. Brandgräber aus der ersten Hälfte des 1. Jahrhunderts n. Chr. wurden auch vor dem Nordtor des Weisenauer Auxiliar-Lagers im Bereich des heutigen Steinbruchs gefunden. Decker und Selzer vermuten, dass diese Gräber zu einem ersten kleinen Militärfriedhof gehörten. Nahezu gleichzeitig wurde in Weisenau im Bereich Radweg/Bleichstraße/Erich Ollenhauer-Straße sowohl zivil als auch mi-

Auf dem Universitätsgelände gefunden: Die 81 cm hohe, qualitätvolle Plastik aus gelblichem Sandstein entstand in der Zeit vom 2. bis 3. Jahrhundert n. Chr. und zeigt Ganymed, der von Zeus in Adlergestalt entführt wird. Die Skulptur gehörte zur Bekrönung eines Grabdenkmals. Heute ist sie im Landesmuseum Mainz ausgestellt.

Die ursprünglich wohl zu einem größeren Relief gehörende Darstellung zeigt einen liegenden Ganymed. Gefunden wurde die Reliefplatte 2019 beim Abbruch der Residenzpassage an der Großen Langgasse in Mainz. Dem griechischen Mythos nach war Ganymed ein bildschöner Knabe und Mundschenk des Göttervaters Zeus, welcher ein Auge auf ihn geworfen hatte. In Mainz hatte er allerdings (anders als bei den Griechen) keine erotische Bedeutung, sondern stand für die Überwindung des Todes – ein Motiv, das nicht selten auch auf römischen Grabmonumenten zu finden ist. Das Relief befindet sich heute im Landesmuseum Mainz.

litärisch bestattet. Bestattungen der Legio XXII Primigenia P. F. fanden sich, recht weit vom Legionslager entfernt, auf dem Albansberg und im heutigen Stadtparkbereich. Etwa in den Jahren 92 n. Chr. entwickelte sich dieser Begräbnisplatz immer mehr zum Zivilfriedhof und wurde auch noch weiter genutzt bis in die fränkische und karolingische Periode von Mainz und das gesamte 5. Jahrhundert.

Aus der ersten Hälfte des 1. Jahrhunderts n. Chr. stammt der Grabstein des Bogenschützen Monimus. Er war Soldat der 1. Ituräer-Kohorte, die aus Mitgliedern aus dem Norden Palästinas stammend, zusammengesetzt war. Die Römer kannten die Ituräer zwar laut Cicero als räuberisches Volk, schätzten aber ihr besonderes Geschick als Bogenschützen. Monimus starb nach 16 Dienstjahren im Alter von 50 Jahren. Sein Grabstein wurde in Mainz-Zahlbach beim Kloster Dalheim 1802 zutage gebracht. Zu sehen ist der Grabstein im Landesmuseum Mainz.

Julius Ingenius

Der Grabstein des Julius Ingenius wurde in der Kurfürstenstraße 56 gefunden. Der 2,16 m hohe und 79 cm breite Stein wurde in der zweiten Hälfte des 1. Jahrhunderts n. Chr. aufgestellt. Die Inschrift besagt: „Julius Ingenius, Sohn des Massa, helvetischer Bürger, verabschiedeter Soldat der 1. flavischen Ala, ruht hier. Der Erbe ließ den Grabstein setzen." Über der Inschrift ist in einer Nische eine Totenmahlszene dargestellt. Der Verstorbene ruht auf einer Kline und wird von einem Sklaven bedient. Auf einem kleinen Tisch sind Wein- und Wasserkrug, Mischkrug und eine Trinkschale zu erkennen. Der Grabstein steht heute im Landesmuseum Mainz.

Genialis

In der Weisenauer Friedhofstraße wurde der Grabstein des Genialis aus der zweiten Hälfte des 1. Jahrhunderts n. Chr. entdeckt. Der Stein ist 1,14 m hoch und 62 cm breit. Die Inschrift lautet: „Genialis, Sohn des Clusiodus, Träger des Kaiserbildes der 7. Räter-Kohorte, 35 Jahre alt, 13 Dienstjahre, ruht hier. Der Erbe ließ den Grabstein setzen.“ Über dieser Inschrift ist Genialis dargestellt. In der rechten Hand trägt er das Kaiserbildnis, in der linken Hand eine Schreibrolle. Bekleidet ist Genialis mit einem Lederpanzer (lorica). Bewaffnet ist der Kaiserbildträger mit Schwert (gladius) und Dolch (pugio). Der Grabstein kann im Landesmuseum Mainz besichtigt werden.

Asellio

An seinem ursprünglichen Standort neben der Straße, die von der Porta praetoria des Lagers auf dem Kästrich über die heutige Emmerich-Joseph-Straße geradewegs zum Rhein führte, wurde dieser reich verzierte Grabstein gefunden. Er war noch mit einem Bleidübel mit dem Sockel verbunden. Der Stein, 1,99 m hoch und 100 cm breit, wurde in der ersten Hälfte des 1. Jahrhunderts n. Chr. zum Gedächtnis des Gnaeus Petronius Asellio aufgestellt. Die Inschrift lautet: „Gnaeus Petronius Asellio, Sohn des Gnaeus, von der Tribus Pomptina, Kriegstribun, Präfekt der Reiterei und Präfekt Pioniereinheiten unter Tiberius Caesar, ruht hier." Heute wird der Grabstein im Landesmuseum Mainz verwahrt.

Fortuna Augusta

Der Fortuna Augusta wurde dieser Weihaltar gewidmet, der in der Ludwigsstraße im Bereich des heutigen Café Extrablatt gefunden wurde. Der 1 m hohe und 65 cm breite Altar zu Ehren der Göttin des Glücks, des Zufalls, des Erfolgs und des Schicksals wird Ende des 1./Anfang des 2. Jahrhunderts n. Chr. aufgestellt worden sein. Er trägt die Stifter-Inschrift: „Der Fortuna Augusta. Diesen Altar haben Nemonius Senecio, Vorsteher des Stadtviertels, Tertius Titus Felix, städtischer Steuereinnehmer und Gaius Atius Vericundus, öffentlicher Sachverwalter, aus eigenen Mitteln aufstellen lassen." Ausgestellt ist der Weihaltar heute im Landesmuseum Mainz.

Orient in Mogontiacum

Die Lotharpassage war von den 1950er bis Ende der 1990er Jahre die Mainzer Einkaufspassage schlechthin. Mit Gaststätte und Fotofachgeschäft am einen, einem Fischrestaurant und einem Lederwarengeschäft am anderen Ende. Dazwischen eine Vielzahl kleinerer Geschäfte und die Filiale einer 1879 in den USA gegründeten und seit 1926 in Deutschland tätigen Einzelhandelskette. Die Entscheidung der Stadt Mainz, die in die Jahre gekommene Passage städtebaulich aufzuwerten, sollte 1999 nicht ohne Folgen auch für das antike Mainz bleiben. Eng begleitet durch das Amt Mainz des damaligen Landesamts für Denkmalpflege Rheinland-Pfalz verliefen der Abriss bestehender Gebäude und der Aushub einer gigantischen Baugrube. Die Archäologen wussten, was sie finden würden: einen Abschnitt der Straße vom Legionslager zur Rheinbrücke. Und sie ahnten, dass diese Straße von der normalen römischen Streifenhausbebauung und von kleineren Handwerkerbetrieben gesäumt gewesen sein müsste. Zu „normal" gedacht: Das Jahr 1999 neigte sich seinem Ende zu, als in rund 5 m Tiefe die Reste eines Heiligtums zum Vorschein kamen. Mehr noch: Ein hallstattzeitliches Frauengrab (680–650 v. Chr.) dokumentierte, dass schon lange vor Drusus hier am Rhein gelebt und gestorben wurde. Die Tote lag auf einem gut erhaltenen Totenbett, das der älteste Holzfund aus archäologischen Grabungen in Rheinland-Pfalz werden sollte. Wäre es nach dem Willen der Bauherrin und des amtierenden Oberbürgermeisters gegangen, hätten, nachdem etwa 49 km² aufschlussreiches Fundmaterial von den Archäologen und ihren Helfern geborgen worden waren, Bagger alles, was archäologischen und damit stadtgeschichtlichen Wert hatte, zerstört. So wie es in den 1970er Jahren am Ballplatz mit einem aus dem 1. Jahrhundert n. Chr. stammenden Mithrasheiligtum geschehen war (vgl. S. 88–89).

Nur ein Teil der ergrabenen Mauern des Isis- und Magna Mater-Heiligtums wurde erhalten. Andere wurden von den Archäologen aber sorgsam dokumentiert.

Doch dieses Mal scheiterte das Vorhaben, schnell alles wegzubaggern und weiter zu bauen, an der Mainzer Bevölkerung. Auch die überörtliche Presse nahm Anteil an der Besonderheit der Funde. Informationsstände wurden in der Innenstadt aufgebaut, Plakate („Gebt den Archäologen Zeit", „Mainzer mögen Mogontiacum") geklebt. Am Bauzaun wurde das originale „Fundstück der Woche" präsentiert, Geschichtsvereine machten Protestmärsche, Schulklassen führten ein selbstverfasstes Theaterstück über die Römer in Mainz auf. Schließlich gelang es auch mithilfe der gerade gegründeten IRM (vgl. S. 155) und mehreren 10.000 Unterschriften, dem Archäologenteam um Gerd Rupprecht und Marion Witteyer 17 Monate für ihre Ausgrabungsarbeiten zu erkämpfen. Anfang 2001 wurden 15 t Erdreich geborgen, die archäobotanisch und archäozoologisch ausgewertet werden konnten. Außer Frage war schließlich, dass die baulichen Reste des Heiligtums in der neu entstehenden Einkaufspassage präsentiert werden sollten. Aufwendig wurden Mauern des Heiligtums, das der geplanten Tiefgarage weichen musste, zerlegt, aus der Baugrube gehoben, zwischengelagert und dann einige Meter vom ursprünglichen Fundort entfernt wieder eingebracht (transloziert). Knapp 3,5

Millionen Euro kostete die von der Stadt Mainz und vom Land Rheinland-Pfalz finanzierte Rettungsaktion. Am 30. August 2003 konnte mit etwa 25.000 Gästen gefeiert werden: Das Heiligtum der Isis und der Magna Mater befindet sich nun, in originaler Ausrichtung zur römischen Straße, im Kellergeschoss der Römerpassage Mainz auf 5 m Tiefe, der Fundtiefe. Betreut wird die Anlage von der IRM, die sich eines nicht enden wollenden Interesses von Menschen aller Altersstufen aus allen Erdteilen erfreut.

Ehrenamtlich tätige Mitglieder der IRM führen gegen eine Spende für die Erhaltung des Heiligtums durch die Präsentation, welche die wichtigsten Funde der Ausgrabung zeigt. Bei der Einrichtung wurden die damals im Jahre 2003 mo-

Über Monate waren die auf Stahlpaletten gelagerten und verpackten Segmente des Heiligtums in der Kolpingstraße zwischengelagert worden. Per Kran wurden sie schließlich in den heutigen Präsentationsraum des Heiligtums gehoben und dort, wenige Meter vom Fundort entfernt, wieder zusammengesetzt.

dernsten Methoden von multimedialer Technik umgesetzt. Das Heiligtum selbst kann auf Glasstegen umrundet werden. Isis und Magna Mater erscheinen durch Projektionen, ein Film zeigt eine Ritualszene mit einem Isis-Priester und einer Römerin, Bilder der Ausgrabung sind zu sehen, Kinder können per Computerspiel selbst zum Archäologen werden – und in zehn Schaukästen sind Originalfunde zum hier einstmals praktizierten Kult präsentiert. Unter den Hunderten von bunten Putz- und Stuckstücken, die von den Wänden des Heiligtums stammen, wurde ein größeres Fragment für die Ausstellung ausgewählt. Es gibt auf ro-

tem Untergrund einen Hinweis auf den ägyptischen Gott des Jenseits, Anubis, mit Heroldstab und Palme. Eine Besonderheit sind die Fluchtäfelchen, von denen weltweit nur rund 600 bekannt sind. 34 von ihnen wurden bei der Ausgrabung in Mainz gefunden. Im Geheimen wurden sie gegen Honorierung von Priestern mit Verwünschungen wegen Unterschlagung oder, wie in einem Fall, mit der Verwünschung einer Nebenbuhlerin beschriftet (vgl. S. 155). Große Verdienste um die Entschlüsselung und Übersetzung der 3 x 5 bis 10 x 20 cm großen Bleitafeln erwarb sich der Altphilologe Jürgen Blänsdorf. Ungewöhnlich erscheint

In geradezu magischer Beleuchtung präsentiert sich heute das Isis- und Magna Mater-Heiligtum, das als einziges der Isis geweihte Bauwerk dieser Art in Deutschland gilt. Ein LED-Sternenhimmel spiegelt den des 21. Dezember des Vierkaiserjahres 69 n. Chr. wider, als Vespasian erster Kaiser aus der flavischen Dynastie wurde. Er hatte einen engen Bezug zum Isis-Kult.

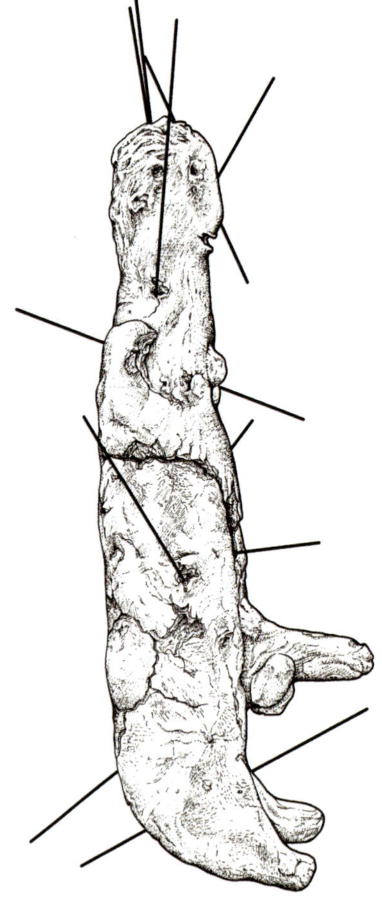

Wie eine Voodoo-Puppe erscheint die Männerfigur aus Lehm mit rituellen Einstichen. Der Zauber, der damit verbunden war, galt dem Trutmo Flores.

eine ausgestellte magische „Zauberpuppe“, eine aus Lehm geformte Männerfigur mit zahlreichen rituellen Einstichen, die einen bestimmten Zauber auslösen sollten. Sogar der auf einem Bleitäfelchen festgehaltene Name des Verwunschenen ist bekannt: Trutmo Florus, Sohn des Clitmo. Zu den ganz besonders augenfälligen und wertvollsten Exponaten der Ausstellung gehört ein wohl im 1. Jahrhundert v. Chr. hergestellter nur knapp bekleideter Zwerg (vgl. S. 98–99). Daneben werden aber auch weitere Weihgaben gezeigt: Abbildungen anderer Götter (hier dominieren Merkur und Venus), Tonmodelle von Liebespaaren, Tierfiguren, Geld, Tonfiguren in antiker Rüstung und rund 300 benutzte Öllämpchen, die zum Abschluss des rituellen Opfers auf Brandopferstellen niedergelegt wurden. Hier wurden überaus viele Knochen von Singvögeln und ausgewachsenen Hähnen gefunden. Ein Novum für die Forschung, denn der waren eher Hennen als Opfertiere für die orientalischen Gottheiten bekannt, Singvögel überhaupt nicht. Zu sehen sind in den Schaukästen auch verkohlte Backwaren, Obstkerne, Nüsse, Getreide, Datteln, Pinienzapfen, Eier und Muschelschalen, die neben Kult- und Profangeschirr (das wohl für Kultmahlzeiten genutzt wurde) in Brand- und Abfallgruben gefunden wurden.

Das Heiligtum entstand im letzten Drittel des 1. Jahrhunderts n. Chr. und wurde mit Umbauten wohl bis ins 3. Jahrhundert n. Chr. genutzt. Weihinschriften in der Präsentation, die auf etwa 16 x 16 m den Zustand im 2. Jahrhundert n. Chr. zeigt, unterstreichen eine enge Verbindung des flavischen Kaiserhauses mit dem Bau des Heiligtums. So wird auf einer fragmentarisch erhaltenen Tabula der Kaiser Vespasian genannt. Während seiner Regentschaft (1. Juli 69 – 23. Juni 79 n. Chr.) etablierte er engen Kontakt zu orientalischen Kulten. Der Standort war genau ausgewählt, galt er doch wegen der noch sichtbaren Grabhügel aus der Hallstattzeit bereits als „Heiliger Bezirk“. Wer allerdings davon ausgeht, dass es sich bei dem Heiligtum um einen säulenbestückten, rechteckigen Tempel handelte, wie etwa aus Rom bekannt, muss umdenken. Das kleinteilige Heiligtum, ein Sakralbezirk mit Umfassungsmauer, war, wie weitere kleinere zum Sakralbezirk gehörende Gebäude, ein Fachwerkbau mit gemauertem Sockel. Die Wände bestanden aus Flechtwerk, das durch bemalten Verputz verziert war. Der Boden bestand aus gestampftem Lehm, die Dächer aus Holzschindeln und Dachziegeln. Viele der in Rheinzabern hergestellten Ziegel sind mit den Stempeln von in Mogontiacum stationierten Legionen versehen, bspw. der Legio XXII Primigenia, der Legio I Adiutrix oder der Legio IIII Macedonica, was als Nachweis dafür gelten kann, dass das Heiligtum

Verwünschung

„Was immer Prima Aemilia, Geliebte des Narcissus, versuchen wird, was immer sie tun wird, verkehrt sein soll ihr alles. So soll sie nimmer irgendetwas erblühen lassen, um den Verstand gebracht, soll sie lügnerisch ihre Dinge verrichten. Was ihr widerfährt, das soll ihr alles verkehrt ausgehen. Der Prima des Narcissus soll es so ergehen, indem diese Tafel niemals erblühen wird.“

Text eines Fluchtäfelchens aus dem Isis- und Magna Mater-Heiligtum

In Schaukästen sind u. a. Opfergaben an die Göttinnen Isis und Magna Mater ausgestellt. Die kleinen Terrakotta-Figuren wurden symbolischen Tieropfern beigegeben und zeigen unterschiedliche Gestaltungsformen. Besonders ist hier die Terrakotta-Statuette in Form eines engumschlungenen Paares, die wahrscheinlich das Bitten um den Fortbestand oder das Aufflammen einer Liebesbeziehung unterstreichen sollte.

staatlich gefördert wurde. Immer wieder wurde das Gebäude, das sich um 250 n. Chr. innerhalb der ersten Stadtmauer befand, umgebaut. Gegen Ende des 3. Jahrhunderts n. Chr. wurde der Isis-Kult nicht mehr praktiziert. Die Gebäude verfielen nach und nach.

Bis dahin aber wurden, so belegen gefundene Inschriften, die ursprünglich aus Ägypten stammende Isis Panthea („Allgöttin") oder Isis Regina („Königin") und die auf die kleinasiatische Göttin Kybele zurückzuführende Muttergottheit Magna Mater im Heiligtum verehrt. Ein Kult, der wohl von Legionären nach Mogontiacum gebracht wurde, die aus allen Teilen des römischen Imperiums stammten.

Noch ist die archäologische Auswertung und wissenschaftliche Interpretation der Funde und Befunde vom ersten Heiligtum, das außerhalb Italiens beiden orientalischen Gottheiten geweiht war, nicht abgeschlossen. Auch wartet man bislang auf eine angekündigte Reproduktion des Kopfes der Keltin, deren Grablege in der Präsentation des Heiligtums nachvollzogen werden kann. Auf dieses Detail und die umfassende wissenschaftliche Publikation aller Erkenntnisse darf man weiterhin gespannt sein.

Tabulae ansatae aus lothringischem Kalkstein mit Inschriften belegen, dass das Heiligtum den Göttinnen Isis und Magna Mater geweiht war.

Ahoi: Mainzer Römerschiffe

Das 1994 eröffnete Museum für Antike Schifffahrt des Römisch-Germanischen Zentralmuseums (RGZM) befindet sich in einer denkmalgeschützten Lokhalle aus dem späten 19. Jahrhundert, unweit des römischen Theaters in der Mainzer Südstadt. Dort kann man die Vielfalt antiker Wasserfahrzeuge kennenlernen: von einfachen Booten und Kanus über Handelsschiffe bis hin zu militärischen Patrouillen- und Schlachtschiffen.

> „Das Museum für Antike Schifffahrt bleibt vom 1. Juli 2022 bis voraussichtlich 2024 aufgrund von Umbauarbeiten geschlossen. Wir freuen uns, Sie dann mit einer modernisierten und neu konzipierten Dauerausstellung wieder begrüßen zu dürfen."

So wirbt die Stadt Mainz auf ihrer Homepage für die mittlerweile als Einrichtung des Leibniz-Zentrums für Archäologie (LEIZA) geführte museale Attraktion, die mit Mitteln von Bund und Land Rheinland-Pfalz auf den neuesten Stand gebracht wird. Bei Drucklegung dieses Buches waren die Arbeiten noch nicht abgeschlossen, sodass der Weg der „Römerschiffe" von der Entdeckung des ersten Schiffes 1981 bis zur Präsentation in der ehemaligen Großmarkthalle am heutigen Bahnhof „Mainz – Römisches Theater", dokumentiert werden soll. Ein besonderes Augenmerk werden im neugestalteten Museum aber auf jeden Fall wieder zwei „Römerschiffe" auf sich ziehen, die original- und maßstabsgetreu nachgebaut wurden: ein *navis lusoria*, ein schlankes, schnelles Patrouillenbot, das von 20 bis 30 Ruderern bewegt wurde und zusätzlich einen Segelmast besaß, und ein breiteres Last- und Transportboot (*navis actuaria*) mit flachem Kiel und geringem Tiefgang, das ebenfalls gesegelt werden konnte.

Doch vor der musealen Präsentation von Originalen und Nachbauten im Jahre 1994 standen Fund und Bergung. 8. November 1981, ein Sonntag. Er habe, so informiert ein Mainzer am Abend

In mühsamer Handarbeit werden die Überreste der in der Hilton-Baugrube gefundenen Schiffe freigelegt. Bauherrin, Bauunternehmen und Witterung drängen zur Eile.

Auch durch die zahllosen Schaulustigen und Interessierten, die durch Mitarbeiter des Landesamts für Archäologische Denkmalpflege informiert werden, lässt sich das Bergungsteam von der Arbeit im morastigen Untergrund nicht abhalten.

Die „Meenzalina", wie mit einem Augenzwinkern das erste im aufwendigen Verfahren geborgene Schiff genannt wird, hängt am Haken und wird aus der Hilton-Baugrube gehoben. Für den Landesarchäologen Gerd Rupprecht ein besonderer Glücksmoment, war er doch anfangs sogar in eine Baggerschaufel gesprungen, um die mutwillige Zerstörung des Schiffsfundes zu verhindern.

den Landesarchäologen Gerd Rupprecht, „miteinander vernagelte Holzteile" in der riesigen, 141 x 27,5 m großen Baugrube für den Erweiterungsbau des Hilton-Hotels zwischen Rheinstraße und Löhrstraße entdeckt. Hier hatten die Mainzer Archäologen bereits eine große Menge an Funden erwartet. Immerhin lag die Baustelle etwa 30 m vor dem angenommenen Verlauf der römischen Stadtmauer Mogontiacums. Mittelalterliches war bereits geborgen worden. Jetzt die „miteinander vernagelten Holzteile" in mehreren Metern Tiefe. Im Schein einer Taschenlampe analysierte Rupprecht den Fund – und gab damit den Startschuss für die am 9. November 1981 beginnende Freilegung und Dokumentation des ersten Schiffes. Eine Sensation nicht nur für Mainz. An eine Bergung wagte zu diesem Zeitpunkt noch niemand zu denken. Erst recht nicht, als in den folgenden Wochen und Monaten, bis Januar 1982, immer mehr Wracks und Wrackteile von insgesamt acht Schiffen und ein Floßbalken gefunden wurden.

Dafür stellte man sich aber vor, wie denn wohl das Rheinufer hier in römischer Zeit ausgesehen haben könnte. Die Uferzone war zumindest in der Baugrube immer mehr aus dem Bereich des schnellfließenden Rheins herausgerückt. Bauschutt, Handwerker-Abfall und Hausmüll waren abgelagert worden. Eine Müllkippe mit Schlachtabfällen von Schwein, Rind, Schaf und Ziege, sowie verendete Pferde und Hunde – ein für

Im Museum für Antike Schifffahrt finden die geborgenen Schiffsteile (hier Wrack 3) nach entsprechender Restaurierung eine dauerhafte Bleibe.

Der Lastkahn (navis actuaria) *konnte anhand der gefundenen Wrackteile originalgetreu rekonstruiert werden.*

Ein besonderes Schmuckstück im neu konzipierten Museum für Antike Schifffahrt wird das restaurierte Patrouillenboot (navis lusoria) *der römischen Rheinflotte* (Classis Germanica) *sein.*

Menschen nicht gerade attraktiver Ort. Auf dem sogenannten Maskopp-Plan von 1575, der ältesten das Rheinufer detailliert zeigenden Stadtansicht, ist im Bereich der Grabung eine Sandbank zu sehen, eine weitere etwas oberhalb. Und zwischen beiden Müll ohne Ende... Und der lag, als unter gewaltigen Zuschauermengen die „Römerschiffe" freigelegt wurden, nicht nur in, sondern auch unterhalb der Wracks und in deren Umgebung. Entsorgt von Bewohnern Mogontiacums im 3. und 4. Jahrhundert n. Chr.

Aber nicht nur Abfall wurde von den Archäologen und ihren Helfern geborgen: Fischer und Schiffer hatten offensichtlich Teile ihrer Arbeitsausrüstung, wie etwa Bootshaken, eine hölzerne Bilgeschaufel (Schaufel, um das Leckwasser aus dem Kielraum des Schiffes zu beseitigen) und Fischspeer verloren. Und bei einem Boot war wohl eine ganze Ladung keramischer Gefäße, sogenannte rauwandige Urmitzer Ware, von Bord gefallen. Auch wird wohl ein Barbier sein Arbeitswerkzeug verloren haben, bestehend aus einem Rasiermesser mit einem als Pferdekopf gestalteten Griff aus Bronze. An der Klinge waren sogar noch Reste eines Tuchs auszumachen, wie es den zu Rasierenden umgebunden wurde.

Aber es gab hier und an anderen Stellen des Rheinufers auch militärische Hafenanlagen, bspw. in der Nähe des heutigen Zollhafens am „Dimesser Ort". Hier wurden schon Mitte des 19. Jahrhunderts entsprechende Funde während der Rheinufererweiterung gemacht. Und etwas weiter rheinab fand man eine Mole aus Gussbeton (*opus caementicium*) und Mauerreste, die durchaus zu einem kleineren, turmartigen Kastell (*burgus* bzw. *turris*) gehört haben könnten. Auch am heutigen Einkaufszentrum Brand dürfte sich ein Militärhafen befunden haben, denn der Fund eines Schiffes vom Typ *navis lusoria* deutet darauf hin, dass sich hier in der zweiten Hälfte des 3. und im 4. Jahrhundert n. Chr., als Mogontiacum nach dem Fall des Limes wieder Grenzstadt war, der Kriegshafen befand. Von hier aus patroulierten Schiffe der Römer auf dem Rhein, bis die Geschichte der Rheinflotte (*Classis Germanica*) mit dem Germaneneinfall von 406/407 n. Chr. ihr Ende fand. Die Rheinflotte wird, anders als in Köln, in Mainz übrigens nie auf Inschriften genannt. Es gab allerdings zwei 1688 gefundene Weihinschriften aus den Jahren 185 und 198 n. Chr., die von Feldzeichenträgern (*signiferi*) der in Mogontiacum stationierten Legio XXII Primigenia gestiftet wurden. Beide bekleideten das Amt eines *optio navaliorum*, also eines Aufsehers über die Werften oder Docks. Die Steine sind zwar nicht mehr aufzufinden, aber ihr Fundort soll in der Nähe des Rheinufers, etwa an der heutigen Kreuzung Dagobertstraße/Rheinstraße, gewesen sein. Weiteres Indiz könnte ein in der römischen Stadtmauer verbautes Stück eines Weihaltars für Neptun, dem Gott der See- und Flussschifffahrt, sein. Und dann gibt es noch einen weiteren Verweis auf Schiffbau in Mogontiacum: Auf einem Grabstein wird ein Veteran der Legio XXII Primigenia als *naupegus*, also Schiffsbauer, bezeichnet. Wer allerdings die einzige Darstellung aus dem römischen Mainz sehen will, auf dem ein Schiff abgebildet ist, der kann sich den Grabstein des Blussus ansehen, entweder als Original im Landesmuseum Mainz oder aber als Kopie auf dem Tanzplatz in Mainz-Weisenau.

Doch zurück zu den Schiffen aus der Hilton-Baugrube, die in einer bis dahin noch nie angewandten Technik einer Blockbergung aus der Grube gehoben wurden. Dendrochronologische Untersuchungen legen nahe, dass die Schiffe (Schiff 1 und 2) etwa gleichzeitig um 375 n. Chr. gebaut wurden. Schiff 1 habe nur, so das Untersuchungsergebnis, 19 Jahre existiert, und sei kurz nach dem letzten Umbau untergegangen oder aufgegeben worden. Ein einmaliger Fund, eine Notbergung, ein nicht nur für den Landesarchäologen „einmaliges Glück", das durch die finanzielle Hilfsbereitschaft von Stadt, Land, namhaften Firmen und Spendern sowie durch technisches Know-how und Unterstützung möglich wurde. Dieser Annahme könnte man glauben, hätte es nicht den 22. April 1982 gegeben. Die Baugrube der Kolpingfamilie am Kappelhof, 600 m flussauf von der Fundstelle an der Löhrstraße und 300 m (!) vom heutigen Rheinufer entfernt, barg die nächste Sensation. Das Gebiet gehörte im 1. und im frühen 2. Jahrhundert n. Chr. noch zum Rheinuferbereich. Fast parallel zum

Rhein, quer durch die Baustelle waren angespitzte Eichenstämme so in den Boden gerammt worden, dass sie eine Art Kaimauer bildeten. Unmittelbar davor lagen Hölzer, die auf der untersten Baugrubensohle entdeckt wurden, waren sogleich als Schiffsteile identifiziert worden. Noch in der Nacht wurde das erste Schiff, tags darauf ein zweites Schiff freigelegt. Das erste Schiff wurde per Hand teilgeborgen. Die prahmartigen (*praemis* = Fähre) Schiffe waren nahezu baugleich. 3,70 m breit und mehr als 11 m lang. Sie wurden als reine Binnenschiffe wohl zum Schwerlastverkehr eingesetzt.

Einen neuen „Ankerplatz" haben die aufsehenerregenden Schiffsfunde im Museum für antike Schifffahrt gefunden. Durch seine neue Ausstellungskonzeption will das LEIZA-Museum künftig Fragen wie diese beantworten: Warum bauen Menschen eigentlich Schiffe? Wie knüpfen sie mit ihnen Netzwerke? Welche Infrastrukturen brauchen sie dafür? Welche Folgen hat die aus der Schifffahrt entstehende Mobilität – für die Welt und für die Menschen? Und v. a.: Welche Spuren hinterlässt all das Damals und Heute in unseren Köpfen und in der Welt? Die Wracks und Nachbauten der

Mainzer Römerschiffe, Modelle antiker Wasserfahrzeuge, Handelswaren, Steindenkmäler und viele andere Objekte sollen nach der Wiedereröffnung des Museums, so die LEIZA-Website, „einen Blick auf die Menschen hinter den Dingen“ in einem „Erfahrungsraum Vergangenheit“ ermöglichen.

Wer indes *ad hoc* hautnah eines der Schiffswracks im (fast) musealen Zustand sehen und im doppelten Wortsinn begreifen möchte, dem sei geraten, zur Fundstelle der Schiffe hinter dem stadtseitigen Flügel des Hilton-Hotels zu gehen. Zwar fehlt dort auch nach mehr als vier Jahrzehnten noch eine den Fundort und den außergewöhnlichen Fund erläuternde Hinweistafel, doch ist ein Kunstwerk zu sehen, das Brücken schlägt. Das rund 10 m lange Objekt ist die Replik eines vorderen Teils eines der „Römerschiffe“, geschaffen 1982 durch den auch überregional vertretenen Mainzer Bildhauer Reinhold Petermann (1925–2016). Das Metallgerüst, verkleidet mit Kunstharz und Glasfasergewebe, wurde 2015 durch den Petermann-Schüler und Restaurator Thomas Flügen restauriert.

Hinter dem Hilton-Stadtflügel und der Spielbank, also am Fundort der spektakulären Mainzer Römerschiffe, hat der Restaurator, Maler und Bildhauer Reinhold Petermann (1925–2016) die Nachbildung eines der Schiffswracks hinterlassen.

> „Die Römersteine sind Überreste einer ehemaligen römischen Wasserleitung (Aquädukt) in der Nähe des zum Mainzer Stadtteil Bretzenheim gehörenden Zahlbach."

So nüchtern erklärt die Online-Enzyklopädie Wikipedia eines der ganz wichtigen Relikte der Zeit, als Mainz unter römischer Besatzung noch Mogontiacum hieß. Und dabei boten und bieten die Pfeilerstümpfe bis heute Anlass zu Spekulationen, wissenschaftlichen Disputen und gedanklichen Spielereien. Das bislang jüngste Gedankenspiel stammt aus dem Jahre 2022. Da machten die Mainzer Axel Efferth und Philipp Müller ihre Idee publik, den Verlauf der „Römersteine" über 700 m in 25 m Höhe mit einem Radschnellweg nachzuempfinden. Ein „Velodukt" als Pendant zum Aquädukt also. Oder, wie der damalige Mainzer Verkehrsdezernent Hans-Jörg von Berlepsch 1993 publizierte, das Zaybachtal mit einem Straßenbahnviadukt zu überspannen, einem „Strabadukt". Eine, wie er allerdings selbst einräumte, „spleenige Idee".

Als weniger „spleenig" ist die 2004 geäußerte Vorstellung des damaligen Landesarchäologen Gerd Rupprecht einzuordnen, „am Originalort, am Hang

Das heute sichtbare Innenleben der Aquäduktpfeiler besteht aus Gussmauerwerk (opus caementicium). Die ursprüngliche Verkleidung wurde, bis auf eine Ausnahme, ein Opfer des schon früh einsetzenden Steinraubs für Privat- und Kirchenbauten.

unterhalb von Fort Stahlberg gegenüber den erhaltenen Resten" Pfeiler und Bögen des Aquädukts zu rekonstruieren. Ein Modell wurde seinerzeit erstellt, selbst ein Sponsor für den Bau war gefunden – doch die erdachte Präsentation wurde nicht umgesetzt. Den letzten in Richtung Legionslager führenden Pfeilerstumpf vor der Straße Zahlbacher Steig, von Rupprecht freigelegt, schüttete er nicht wenig frustriert wieder zu. Zusammen mit der in Metall gravierten Hoffnung, dass sich spätere Generationen an seine Präsentationsidee erinnern und sie umsetzen mögen.

Viel unsinniger ist die Deutung der Römersteine durch den Schriftsteller und Gelehrten der Mainzer Jesuitenuniversität Nicolaus de la Serre, genannt Serarius (1555–1609). Er, der sich eigentlich eher der Kommentierung biblischer Bücher widmete, behauptete in seiner 1604 veröffentlichten „Geschichte der Mainzer Erzdiözese, Erzbischöfe und der Stadt Mainz", dass die „steinernen Massen" (*lipidae moles*) Teile der Stadtmauer Mogontiacums gewesen und unterirdisch miteinander verbunden seien. Dabei hätte Serarius es besser wissen können. Aber die ihm bekannte korrekte Deutung des Benediktinerpaters Engler, der um 1550 die Reste der Aquäduktpfeiler bereits als solche identifiziert hatte, interessierte den Jesuitenpater nicht. Genau 400 Jahre nach der haarsträubenden Deutung des Serarius mühte sich Gerd Rupprecht redlich, die bröckelnden Römersteine mithilfe von Sponsoren jedweder Art zu retten. Er ließ sich Namen und Wappen einer angeblich ausgestorbenen Ritterdynastie „von Ageduch" patentrechtlich schützen. Schließlich zeigt das Wappen das stilisierte Aquädukt und der Name lässt sich trefflich von „Aquaedukt" ableiten. Versehen mit derlei „Hohheitsbefugnissen" machte Rupprecht Menschen, die sich um die Römersteine in besonderer Weise verdient gemacht hatten, mit dem Titel „von Ageduch" aus – und war damit (wie übrigens auch Franz Stephan Pelgen in seinem Büchlein „Aquaedukt-Ansichten" von 2004 und der allseits geschätzte Mainzer Professor der schönen Wissenschaften Friedrich Lehne 1801 im „Historisch-statistischen Jahrbuch des Departements von Donnersberg") auf eine geschichtsfälschende Erfindung des Franz Joseph Bodmann vom Anfang des 19. Jahrhunderts hereingefallen. Kein Grund, sich zu grämen, denn selbst der hoch angesehene Mainzer Kunsthistoriker Fritz Viktor Arens hatte 1958 in seiner Publikation „Die Inschriften der Stadt Mainz von frühmittelalterlicher Zeit bis 1650" Bodmann erwähnt, ohne den geringsten Zweifel an ihm und seiner Aussage zu hegen. Erst 2007 wurde das Rittergeschlecht der Ageduchs samt Wappen durch den Historiker Josef Heinzelmann (1936–2010) als Fälschung des für derlei Humbug nicht unbekannten Bodmann entlarvt. Was aber die Rupprechtsche Würdigung der Römerstein-Förderer in keiner Weise schmälert.

Doch nach diesem kleinen Exkurs zu geschichtlichen Marginalien nun weiter zu den heute bekannten Fakten. Rückblick auf die unruhigen Jahre 68 und 69 n. Chr., in denen das Römische Reich nicht nur vom Bataveraufstand, sondern auch von innenpolitischen Machtkämpfen erschüttert war. Als das Jahr 69 endete, hatte Vespasian sich als Kaiser behaupten können. In seiner Regierungszeit erlebte auch der wichtige Militärstützpunkt Mogontiacum beachtliche Erneuerungen, etwa den Bau der steinernen

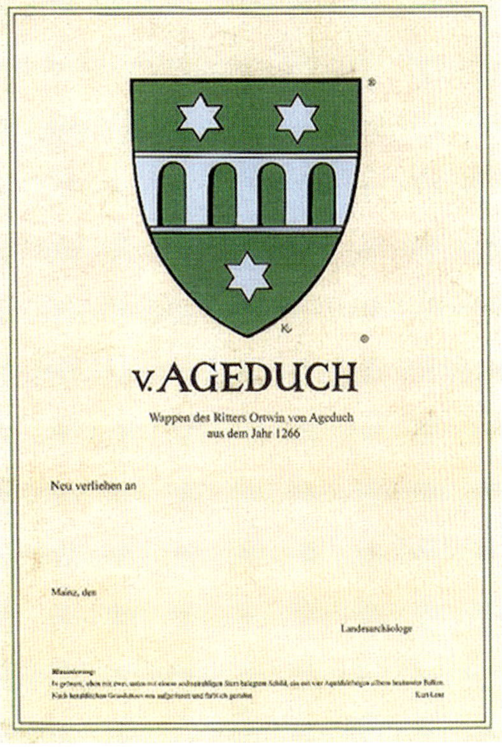
v. AGEDUCH

Wappen des Ritters Ortwin von Ageduch
aus dem Jahr 1266

Neu verliehen an

Mainz, den

Landesarchäologe

Mit der Verleihung des Wappens „des Ritters Ortwin von Ageduch aus dem Jahr 1266" wurden Unterstützer und Förderer der Römersteine ausgezeichnet, unterschrieben jeweils vom ehemaligen Landesarchäologen Gerd Rupprecht. Der Bretzenheimer Karl Lenz hatte das Wappen mit den Aquäduktbögen neu gestaltet. Beide ahnten zu diesem Zeitpunkt noch nicht, dass es das Ageduch-Geschlecht nie gegeben hat.

Umwallung des Legionslagers, das bis dahin lediglich durch eine Holz-Erde-Konstruktion geschützt war. Vermutlich wurde um das Jahr 70 n. Chr. mit dem Bau der steinernen Wasserleitung begonnen. Zum einen, um dem Legionslager, in dem mit zwei Legionen rund 12.000 Männer zu versorgen waren, zum anderen auch, um der Lagervorstadt Zugriff auf frisches Wasser zu ermöglichen. Ob es eine hölzerne Vorgängerkonstruktion der Wasserleitung gab, ist nach wie vor unklar, aber alles bislang Bekannte deutet darauf hin.

Ab Juli des Jahres 1769 war es kein Geringerer als Joseph Fuchs, der sich intensiv um die Reste des römischen Aquädukts kümmerte und sich bemühte, den Weg der Wasserleitung bis zu ihrem Ursprung zurückzuverfolgen. Erstmals beschrieb er in seinem Werk „Alte Geschichte von Mainz" im Jahre 1771 sowohl die Konstruktion der Wasserleitung, gab deren Länge mit 9 km und ihren Ursprung am Königsborn im heutigen Mainzer Ortsteil Finthen an. Scheinbar eherne Wahrheiten, denn Fuchsens Angaben wurden in späteren Werken auch anderer Autoren immer wieder völlig ungeprüft übernommen. Erst im 19. Jahrhundert kam als zusätzliche These auf, dass auch Wasser aus Quellen des heutigen Stadtteils Drais hoch auf den Kästrich geflossen sei. Der unterirdische Verlauf von den Quellen bis zum Übergang in den oberirdischen Bereich ist archäologisch zwar nicht gesichert, aber vieles spricht dafür, dass der Ausgangspunkt des Wassers für das römische Mainz in Finthen war. Schon der Ortsname, den Sprachwissenschaftler vom Lateinischen *fontanetum* („Gebiet der Quellen") ableiten, könnte darauf hinweisen, dass hier genügend Wasser „abzuzapfen war, um Legionslager und Zivilsiedlung zu versorgen." Pater Fuchs machte zwar nur relativ ungenaue Ortsangaben, legte sich als Quelle jedoch eindeutig auf den Finther Königsborn fest. Dort habe er eine hölzerne Einfassung der sprudelnden Quelle entdeckt und, viel wichtiger und überzeugender, Ziegel mit dem Stempel der Legio XIIII Gemina, wie sie auch entlang der Leitung gefunden wurden. Der Beiname „G.M.V.", d. h., „Gemina Martia Victrix" liefert damit nicht nur den Hinweis, dass die Legion zu dieser Zeit in Mogontiacum stationiert war, sondern auch, dass sie als Erbauerin der Wasserleitung gelten kann. Ein weiteres stichhaltiges Argument gegen die These, auch Draiser Wasser sei durch die Wasserleitung geflossen, lieferten im Jahre 2006 festgestellte archäologische Grabungsergebnisse, die in dem Gewann „Bettzieg" den Richtungsverlauf der ursprünglichen Leitung dokumentierten. Einen auch zu diesem Zeitpunkt noch nicht völlig ausgeschlossenen, aus Richtung Drais kommenden Seitenarm konnten die Archäologen nicht entdecken. Knapp 4 km der zu Römerzeiten oberirdisch verlaufenden Wasserleitung konnten bis 2008 nachgewiesen werden. Sie begann südlich des Draisberghofs im Flurstück Bettzieg und endete, nachdem das Zaybachtal mit einem bis zu 25 oder gar 30 m hohem Aquädukt (einige Wissenschaftler halten es für das höchste nördlich der Alpen) überwunden war, in der Nähe der heutigen Universitätsfrauenklinik in einem Wasserschloss. Der Begriff „Wasserschloss" hat seinen Ursprung übrigens in römischer Zeit, als am Ende der Aquädukte mit großem Prunk gestaltete Brunnenhäuser (Nymphäen) gebaut wurden. So prunkvoll, dass man sie auch „Castelli", also „Schlösser" nannte. Auf dem Finther Gelände Am Königsborn 1–5 hatte sich zunächst die „Stärkmühle", aus der die Brauerei Königsborn hervorging, dann eine Fabrik zur Herstellung von Leinentuch angesiedelt. Der Besitzer der Fabrik, ein Mainzer namens Hell, entdeckte schließlich im Jahre 1860 einen „unterirdischen Aquaedukt", als er auf seinem Betriebsgelände am Königsborn einen Teich anlegen wollte. Bis heute zwar noch immer kein konkreter archäologisch-wissenschaftlicher Beweis für die Richtigkeit der Finthen-Wasser-These von Fuchs, aber es kann ja noch geforscht werden... Auch darüber, ob denn der Bau des Aquädukts unbedingt notwendig gewesen ist. So schrieb doch ein gewisser Johann Adam Ignaz Hutter in seinem „Historischen Taschenbuch" im Jahre 1790 bereits, dass er vom Wasser aus der Quelle am Königsborn getrunken und es ebenso schmackhaft gefunden habe, „wie das Wasser aus dem Bronnen in der obern Gaugasse". Und in seiner „Geschichte der Bundesfestung Mainz" setzt Karl Anton Schaab 1835 nach. Er widerspricht Pater Fuchs, der meinte, dass die Belieferung aus Finthen notwendig gewesen sei, weil innerhalb der Mauern Mogontiacums keine guten, ausreichenden Wasserquellen gewesen seien. Dafür verweist er auf Brunnen „in der heutigen Citadelle, auf der Eisgrube und der obern Gaugasse" und lobt ihre mit der Finther Quelle durchaus vergleichbare Wasserqualität.

Den heute mit Luftaufnahmen sichtbar gemachten „Mickerwuchs" (niedriges Pflanzenwachstum) auf den Feldern, mit denen die Lage der unterirdisch liegenden Pfeilerfundamente angezeigt werden, hat Pater Fuchs, wie er in seinem Werk „Alte Geschichte von Mainz" berichtet, selbst erforscht. Franz-Stephan Pelgen zitiert Fuchs in seinen „Aquadukt-Ansichten":

> „In Untersuchung der alten Fundamenten hab ich allzeit die Zeit des Aufgangs oder Niedergangs der Sonne erwählet, weil man um diese Zeiten die Ausdünstungen auf dem Erdboden am genannten attacher Feld am besten und sichtbarlicher machen kann, da siehet man ober der Erde hin verschiedentlich dunkle Flecken, besonders, wenn es einen oder zwey Tage vorher geregnet hat, unter diesen Flecken sind allzeit alte Fundamenten verborgen; auf diese Weise hab ich 502 Fundamenten von den Pfeilern der alten römischen Wasserleitung in dem sogenannten attacher Feld zwischen Bretzenheim und der binger Straße entdecket, bis schier an den Fintenberg."

Besondere Beachtung erfuhren die „Römersteine" auch aus ganz anderen Gründen. Die wohl aus zugehauenen Natursteinen bestehende Verblendung des heute sichtbaren Gussmauerwerks aus „römischem Beton" (*opus caementicium*) wurde schon früh ein Opfer des Steinraubs und fand sich in Gebäuden der nahen Ortschaften Bretzenheim und Zahlbach, aber auch im nahen, erst 1802 aufgelösten Kloster Dalheim und in der Stadt Mainz wieder. An den Pfeilern hatte im 18. Jahrhundert niemand Interesse. Mehr noch: Pfeilerstümpfe und -fundamentierung wurden auf den umliegenden Äckern als störend empfunden. Aus Sorge um ihre Pflugscharen rodeten die Landwirte mit großem Elan die Hindernisse, die auch für „Mickerwuchs" des Getreides sorgten. Die oben erwähnten Luftaufnahmen bestätigen das heute. Und die steinernen Rinnen, in denen das Wasser gen Mainz geflossen war, ließen sich ganz hervorragend als Futtertrog verwenden. Zumindest auf dem Universitäts-Campus findet man noch ein Stück der römischen Wasserrinne. Was Bauern, Bauherrn oder dem „Zahn der Zeit" bis dahin nicht gelungen war, sollte das städtische Tiefbauamt vollenden, als es 1906 das Gebiet um die Römersteine als Stadterweiterungsgebiet auswies. Nur der vielköpfige Protest unter Führung des in Mainz hochverehrten Domkapitulars Friedrich Schneider verhinderte damals, die Römersteine „in die zweite Reihe" zu rücken. Gut 90 Jahre später: Der ehemalige Fluglotse Günter Dorn zieht mit einer 20-köpfigen Schafherde mit Duldung durch die Stadt Mainz auf die Wiese an den Römersteinen und knüpft damit an eine alte Tradition an. Die im 13. Jahrhundert dem Zisterzienserinnen-Kloster Dalheim gehörenden Flächen an den Römersteinen wurden landwirtschaftlich genutzt. Bretzenheimer und Zahlbacher wurden immer wieder von den Klosterknechten vertrieben, wenn sie ihre Ziegen und Schafe verbotenerweise auf den Klosterwiesen grasen ließen. Am 6. Oktober 1773, so fand der „Freundeskreis Lebendiges Denkmal Römersteine e.V." heraus, sei es zum Eklat gekommen, „als wieder einmal die Knechte die Hammel vertrieben hatten, worauf sich die ganze Gemeinde, mit Prügeln und Hacken bewaffnet, zum Kloster aufmachte und ihre gesamte Schafherde auf die Wiesen an den Römersteinen trieb. Als die Äbtissin mit einigen Nonnen an der Klosterpforte erschien, wurde sie von den wütenden Bürgern angegriffen und schwer verletzt." Wenngleich zur Zeit der Vereinsgründung zunächst zur Diskussion stand, einen Teil der Weidefläche anderweitig zu nutzen, ist alles beim Alten geblieben. Schäfer Günter Dorn, der seit

2011 dem Verein hilfreich zur Seite steht, und seine um Gänse und Hühner erweiterte Schafherde gehören längst zum Bild der Römersteine an der Unteren Zahlbacher Straße.

Heute sind vom Innenleben der Aquäduktpfeiler noch 69 erhalten. Sie sollen nach und nach restauriert werden. Einige zeigen sich sogar noch mit Resten der ehemaligen Ummantelung. Etwas weniger attraktiv als die Zahlbacher Steine sind die Reste am Sportgelände des Universitätssportclub (USC) an der Albert-Schweitzer-Straße oder an der Koblenzer Straße zwischen Bretzenheim und Gonsenheim. Auf dem Gelände der Universitätskliniken sind u. a. noch Teile des

„Wasserschlosses" zu sehen. Zwei Jahre Bauverzögerung hatte der Neubau der Zahn-, Mund- und Kieferklinik (ZMK) auf demselben Gelände, dem alten Castrum der Legionen, als Fundamente des römischen Aquädukts freigelegt wurden. Von einem „Betonsarg" geschützt, wurde der Fund in die Baumaßnahme schließlich integriert.

Die Konservierung des an anderen Stellen inzwischen (nach mehr als 2.000 Jahren!) bröckelnden Pfeiler-Betons bleibt Anliegen und (städtische) Aufgabe.

Die aufragenden Pfeiler der über weite Strecken oberirdisch verlaufenden Wasserleitung hatten ursprünglich eine Höhe von bis zu 30 m. Aufgrund der Witterungsverhältnisse sind sie leider stark restaurierungsbedürftig.

Bei Jupiter!

„Zehn Wagen Steine“ – so lautet die erste, wenngleich völlig unwissenschaftliche Beschreibung der Großen Jupitersäule. Gabriel Gerster, seines Zeichens Zimmermeister und Mainzer Stadtverordneter, schenkte 1905 dem Mainzer Altertumsmuseum die gut 2.000 Steinbrocken, die in der Mainzer Neustadt auf seinem Grundstück Sömmeringstraße 6 in einer Baugrube des Hinterhauses gefunden worden waren. Diese Entdeckung geht zurück auf die geradezu detektivischer Recherche von Ludwig Lindenschmit d. J., des zweiten Direktors des von seinem Vater mitgegründeten Römisch-Germanischen Zentralmuseums (RGZM) und ehrenamtlichen Leiters des Städtischen Altertumsmuseums Mainz. Dieser nämlich war Ende 1904 von einem Altwarenhändler informiert worden, dass ein Bauarbeiter ihm ein paar bronzevergoldete Statuetten-Teile zum Materialwert verkauft habe: einen in einer Sandale steckenden überlebensgroßen linken Fuß sowie Reste eines Torsos, einer Adlerklaue und eines Blitzbündels. Fragmente der „goldenen“ Jupiter-Statue, die ursprünglich die Säule bekrönte, aber wohl schon in Vorzeiten eingeschmolzen wurde. Lindenschmit kaufte dem Altwarenhändler mit Geldern des Altertumsvereins die Teile ab, ohne zu wissen, was genau er da eigentlich eingekauft hatte. Dann ging der Museumsleiter auf die Suche nach dem Fundort, den der Bauarbeiter wohlweislich verschwiegen hatte. Was blieb ihm übrig, außer alle infrage kommenden Baugruben in der Stadt abzuklappern?

Im Januar 1905 wurde der damals 54-Jährige auf dem Grundstück Gersters fündig, als er auf Kalksteinbruchstücke mit Blätterfries und Reste einer Inschrift stieß. Rund 60 solcher Steinbrocken hatten die unsensiblen Bauarbeiter genutzt, um den aufgeweichten Boden zu verfestigen. Zusammen mit dem Altertumsverein startete Lindenschmit eine dreiwöchige Ausgrabung in Gersters Hinterhof. Zunächst mussten sich die Männer bei knackigen Minusgraden durch die 2,20 m hohe Aufschüttung des 19. Jahrhunderts arbeiten, um zur römischen Oberfläche zu gelangen. Hier, nach weiteren 2,40 m, fand das Ausgräberteam schließlich auf einer Fläche von 2,5 x 7,5 m die Bruchstücke der zerschlagenen und wahrscheinlich rituell bestatteten Großen Jupitersäule, erschaffen zwischen 65 und 67 n. Chr.

Wie kleinteilig zerschlagen die Jupitersäule bei ihrem Auffinden gewesen ist, mögen schon die Darstellungen des Säulensockels dokumentieren.

zu Ehren des Jupiter Optimus Maximus und (so verrät es eine Inschrift) „für das Heil des Nero Claudius Caesar Augustus Imperator". Das 2.000-Teile-Puzzle der Säule mit dazugehörigem Altar wurde in Rekordzeit zusammengefügt und am 19. März 1906 im Kurfürstlichen Schloss enthüllt. Allerdings in drei Teilen, denn die Gesamthöhe von etwa 9,20 m ließ eine Komplettaufstellung nicht zu. Verwundern lässt der Preis der Restaurierung: ganze 1.000 Mark, das wären heute etwa 7.300 Euro. Die neuerlich hergestellte Kopie der Säule, die zweifellos zu den bedeutendsten Denkmälern des römischen Mainz gehört, wird 130.000 Euro kosten.

Wo die Jupitersäule ursprünglich stand, ist bis heute nicht geklärt. Man kann aber davon ausgehen, dass Stand- und Fundort nicht weit voneinander entfernt waren. Als repräsentativer Standort der rund 13 m hohen Säule mit goldblitzendem Jupiter ist heute die zivile Hafensiedlung am „Dimesser Ort" im Gespräch. Der Reichtum der hier in römischer Zeit lebenden Menschen ist durch die Grabungsergebnisse der vergangenen Jahre nachgewiesen. Höchst ungewöhnlich sei, so die Forschung, die starke Zerstörung der Säule. Ein christlicher „Bildersturm"? Dagegen spricht, dass die Gesichter der auf der Säule dargestellten „heidnischen" Gottheiten (bis auf wenige Ausnahmen) unbeschädigt blieben. Eine andere Theorie glaubt an mittelalterliche Metallräuber, die an Blei und Metall im Innern der Säule kommen wollten. Eine dritte Theorie, die Säule sei durch Naturgewalten zerstört worden, wird heute als völlig abwegig verworfen. Gegen die Natur als Täter spräche schon die Kleinteiligkeit der Zerstörung.

Hergestellt wurde die Säule, die aus zwei verschieden großen kubischen Sockeln und fünf Säulentrommeln mit einem korinthischen Kapitell als Abschluss besteht, aus Kalkstein, der aus der Umgebung von Verdun stammt (lothringischer Keuper). Das ist genau das Material, aus dem auch viele andere Denkmäler in Mogontiacum hergestellt wurden. Fast singulär hingegen ist, dass die wahrscheinlich keltischen einheimischen Bildhauer auf einem Mainzer Denkmal genannt sind. Am unteren Sockelquader ist zu lesen: „Samus et Severus Venicari f(ilii), also Samus und Severus, Söhne des Venicarus". Es handelt sich um einheimische Künstler, die auf diese Weise wohl Werbung für sich und ihre Arbeit machen wollten. Bei der jüngsten Restaurierung gefundene tiefe Löcher im Bereich der Inschrift deuten darauf hin, dass die

Steinmetz-Brüder den Werbeeffekt mit blitzenden Bronzebuchstaben noch verstärkt haben könnten.

Auf der Vorderseite des kleineren Zwischensockels gibt die Weihinschrift weitere Informationen. Hier heißt es:

> „I(ovi) O(ptimo) M(aximo) pro [sa] l(ute) [Nero -][nis] Clau[d]i Caesar is Au[g](usti) Imp(eratoris) Canabafrii] publice P(ublio) Sulpicio Scribonio Proculo leg[(ato)] Aug (usti) p[r(o) pr(aetore) cura et impensa Q(uinti) Iuli Prisci et Q(uinti) Iuli Aucti."

Also in der Übersetzung:

> „Dem Jupiter Optimus Maximus (haben geweiht) für das Heil des Nero Claudius Caesar Augustus Imperator die Bewohner der Canabae aufgrund eines öffentlich-rechtlichen Aktes (dieses Denkmal), als Publius Sulpicius Scribonius Proculus Oberbefehlshaber war. Diesen Auftrag durchgeführt und die Kosten hierfür übernommen haben Quintus Julius Priscus und Quintus Iulius Auctus."

Mit der Erwähnung des kaiserlichen Statthalters und Oberbefehlshabers sowie der Formel „pro salute Neronis" ist für den forschenden Archäologen klar, wann die Säule gebaut wurde, nämlich in den Jahren 59 oder 65 n. Chr. Auf jeden Fall aber vor 67 n. Chr., denn in diesem Jahr beorderte Nero den Sulpicius Scribonius Proculus und dessen Bruder, der den Posten eines Legaten in Niedergermanien hatte, zu sich nach Griechenland. Hier zwang er die Brüder, aus welchen Gründen auch immer, zum Selbstmord. Große Mühe scheint

Die Weihinschrift besagt, dass die Jupitersäule „für das Heil des Nero Claudius Caesar Augustus Imperator" von zwei zivilen Ortsvorstehern gestiftet wurde.

man sich aber nicht gemacht zu haben, den Namen des Kaisers Nero in der zweiten und dritten Zeile der Weihinschrift „auszuradieren“, nachdem er nach seinem Suizid im Jahre 68 n. Chr. der *damnatio memoriae* anheimgefallen war, denn der Name ist auch heute durchaus noch gut lesbar. Gut lesbar sind auch die Namen der Auftrag- und Geldgeber Quintus Julius Priscus und Quintus Iulius Auctus, bei denen es sich um die beiden zivilen Ortsvorsteher gehandelt haben dürfte, die auch den vor der Säule stehenden Altar in Auftrag gaben und bezahlten. Gehuldigt wurde mit der repräsentativen, wahrscheinlich bunt gefassten Säule nicht nur dem Göttervater und höchsten Gott Jupiter Optimus Maximus (bester und größter Jupiter), sondern insgesamt 28 Gottheiten römischen, aber auch keltischen Ursprungs. Noch ist die Forschung nicht in der Lage, einen Schlussstrich unter alle Deutungsansätze zu ziehen.

Schon 1937 fand die Große Jupitersäule einen Platz in der ehemaligen Golden-Ross-Kaserne, dem heutigen Landesmuseum. Fünf Jahre später, in den Nächten vom 11. auf den 12. und vom 12. auf den 13. August 1942, erschütterten Bombenangriffe die Stadt Mainz. Schwere Schäden waren auch am Landesmuseum zu vermelden. Bitumenspritzer an einigen Teilen der Säule, die bei der jüngsten Restaurierung festgestellt wurden, sind „Erinnerungsstücke“ an die Bombennächte, welche die Dachabdeckung des Museums schmelzen ließen. Daran, dass die Große Jupitersäule nochmals „verbuddelt“ werden würde, hatte mit Sicherheit niemand vor dem Krieg gedacht. Aber um sie zu schützen, wurde sie zusammen mit anderen Steindenkmälern im Hof des Museums zugeschüttet, eingegraben und unter Sandhügeln und meterdicker Schuttschicht verborgen. Womit niemand gerechnet hätte, geschah im April 1948: Ohne Absprache mit dem Museum rückte das Mainzer Tiefbauamt an, legte u. a. die Jupitersäule wieder frei – und verschwand. Bis August 1948 lag das einstige Prunkstück Mogontiacums ungeschützt im Museumshof. Erst kam ein Notdach, dann der Transport ins Kur-

Gipsmodell der Jupitersäule im Maßstab 1:20 mit vergoldeter Jupiterfigur.

Rekonstruktion der Großen Mainzer Jupitersäule vor dem Kurfürstlichen Schloss in Mainz.

fürstliche Schloss. Und wieder wurde die Säule beim Transport beschädigt. Ihr Zustand nach damaliger Expertenmeinung: „wesentlich zermürbt". Ein Jahr später oblag es dem Bildhauer Robert Schmitz, das Original und die ebenfalls im Krieg beschädigte, 1934 im Steinguss hergestellte Kopie der Jupitersäule vom Deutschhausplatz zu reparieren. Mit Gips! Wieviel Schmitz damals mit dem völlig unpassenden Material „ausbesserte", ist nicht bekannt. Als die „Steinhalle" des Landesmuseums, in der die Große Jupitersäule schließlich wegen der nicht ausreichenden Höhe der Halle in Einzelteilen untergebracht war, zum Interimsplenarsaal des rheinland-pfälzischen Landtags umgewidmet wurde, begannen Vorarbeiten und schließlich eine ausgefeilte Restaurierung der Säule, die im Buch „Die Große Mainzer Jupitersäule – Geschichte, Bedeutung und Rezeption" 2022 ausführlich dokumentiert und zur Lektüre ausdrücklich empfohlen wird.

Erstaunlich ist, dass wohl nirgendwo sonst so viele Jupitersäulen wie in Mogontiacum standen. Am Höfchen und am Gutenbergplatz, in der Mainzer Neustadt, in Mainz-Kastel und am Schiersteiner Hafen in Wiesbaden wurden Jupiter-Gigantensäulen gefunden. Und dass die Große Mainzer Jupitersäule durchaus auch in anderen Städten imponierte, beweisen Kopien, bspw. eine schon 1913 hergestellte Gipsreplik im Musée national archéologique in Saint-Germain-en-Laye in Paris. Die Bildhauermeister Jean Sauer und August Wiener, die 1934 auch die Kopie für den Deutschhausplatz hergestellt hatten, machten wohl im selben Jahr eine zweite Kopie für das Museo della Civiltà Romana in Rom. In den 1980er Jahren allerdings wurde diese Kopie aufgrund von Schäden abgebaut und ins Depot verbannt. Und dann ist da noch die Kopie auf der Saalburg, einem ehemaligen Kohortenkastell des römischen Limes nordwestlich von Bad Homburg, das seit 1897 auf Anweisung von Kaiser Wilhelm II. rekonstruiert wurde. Schon 1906 gab es dort den Wunsch nach einer Kopie, allerdings mit Jupiter-Figur. Aber: viel zu teuer. Da musste Louis Jacobi, der Direktor der Saalburg noch bis 1911/12 warten, bis der Londoner Anwalt und Kunstmäzen Albert M. Oppenheimer seiner Bitte um Unterstützung nachkam und 25.000 Mark von den mit 27.421 Mark angesetzten Kosten für Nachbildung und Aufstellung übernahm. Ein Traum, der dem Mainzer Landesarchäologen Gerd Rupprecht nicht erfüllt wurde, nachdem er 2015 auf eigene Kosten einen Offenbacher Bildhauer beauftragt hatte, eine zunächst nur 1,20 m große Jupiterfigur als Modell einer späteren über 2 m hohen Bekrönung der Säulenkopie auf dem Deutschhausplatz zu schaffen.

Anhang

Ansicht der Kopie des Dativius-Victor-Bogens.

Einen Besuch wert

Dativius-Victor-Bogen Errichtet mit Säulenhalle im 3. Jahrhundert n. Chr., gestiftet durch den Ratsherrn Dativius Victor aus Nida (Frankfurt-Heddernheim) als Dank für die Aufnahme in Mogontiacum. Original im Landesmuseum Mainz, Große Bleiche 49–51. Kopie auf dem Ernst-Ludwig-Platz. Frei zugänglich.

Drususstein Von römischen Legionären errichtetes Ehrenmal (Kenotaph) für den als Gründer der Stadt Mainz geltenden, 9 v. Chr. tödlich verunglückten Feldherrn Nero Claudius Drusus. Im Mittelalter umgebaut zum Wachturm. Zitadelle, nahe Stadthistorisches Museum (oberhalb des römischen Bühnentheaters). Frei zugänglich.

Ehrenbogen Kastel Reste eines römischen Ehrenbogens. Große Kirchenstraße 5–13, Mainz-Kastel. Weitere Informationen unter: http://www.museum-castellum.de/index.php/museen/museum-roemischer-ehrenbogen.

Große Jupitersäule Gestiftet zwischen 59 und 67 n. Chr. vermutlich aus Anlass der Errettung Kaiser Neros aus einer Verschwörung. Höhe: 9,14 m. Original im Landesmuseum Mainz, Große Bleiche 49–51. Kopie vor dem Landtag, Große Bleiche. Frei zugänglich. Sanierung der Kopie seit Mai 2017.

Isis- und Magna Mater-Heiligtum Überreste eines Heiligtums für die altägyptische Gottheit Isis und die orientalische Magna Mater. Dauerausstellung in der Taberna archaeologica, Römerpassage 1. Regelmäßige Führungen, für Schulklassen nur durch die Initiative Römisches Mainz (IRM). Weitere Informationen unter: https://roemisches-mainz.de/das-heiligtum/.

Landesmuseum Rheinland-Pfalz. Große Bleiche 49–51 Weitere Informationen unter: https://landesmuseum-mainz.de/de/start/.

Museum Castellum Heimatmuseum in umgebauter Festung aus dem 19. Jahrhundert. Ausstellungsstücke aus 2.000 Jahren Stadtgeschichte. Reduit, Kasteler Museumsufer. Weitere Informationen unter: http://www.museum-castellum.de/.

Museum für Antike Schifffahrt In denkmalgeschützter Lokhalle aus dem späten 19. Jahrhundert. Spätrömische Schiffswracks (gefunden 1981/82 in Mainz), Nachbauten und Modelle antiker Wasserfahrzeuge, Handelswaren, Steindenkmäler und andere Objekte. Neutorstraße 2b. Weitere Informationen unter: https://mainz.de/kultur-und-wissenschaft/museen/museum-fuer-antike-schifffahrt.php.

Römersteine Pfeilerkerne des um 70 n. Chr. errichteten bis zu 30 m hohen Aquädukts, über den das römische Mainz mit Wasser versorgt wurde. Untere Zahlbacher Straße. Frei zugänglich.

Römisches Bühnentheater mit Info-Box Reste des um 310 n. Chr. erbauten ehemals mit rund 10.000 Zuschauerplätzen größten römischen Theaters diesseits der Alpen. Oberhalb des Bahnhofs „Mainz – Römisches Theater". Frei zugänglich. Weitere Informationen unter: https://www.mainz.de/tourismus/sehenswertes/roemisches-buehnentheater.php.

Römisches Stadttor Errichtet um 360/370 n. Chr., zweischaliges Quadermauerwerk, deutliche Fahrspuren in den Rotsandstein-Straßenplatten. Wohnkomplex Kupferbergterrasse. Frei zugänglich.

Via Sepulcrum (Römische Gräberstraße) Römische Bestattungen vom 1. bis in das 2. Jahrhundert n. Chr., Erläuterungen zu Bestattungsriten. Römischer Töpferofen. Betelpfad Mainz-Weisenau. Frei zugänglich.

Weihaltäre Errichtet im 2./3. Jahrhundert n. Chr. zu Ehren des persischen Sonnengottes Mithras. Im Fundbereich befand sich ein nicht erhaltenes großes Mithras-Heiligtum. Im überdachten Durchgang zum Ballplatz. Frei zugänglich.

Einsatz für Mogontiacum

Die Initiative Römisches Mainz (IRM) wurde im Juni 2000 als Förderverein zur Unterstützung der Archäologischen Denkmalpflege gegründet. Erster Vorsitzender war Gerd Krämmer, dem 2008 der Landesarchäologe Gerd Rupprecht folgte. Krankheitsbedingt übergab dieser sein Amt 2018 an seinen langjährigen Stellvertreter Hans Marg, der traurigerweise überraschend im Dezember 2019 verstarb. Seit 2020 führt Christian Vahl die IRM, deren Ziel es ist, „die vorhandenen Zeugnisse des römischen Mainz zu bewahren und weitere Ausgrabungen zu initiieren." Vorstand und Mitglieder wollen ein stärkeres Bewusstsein der Mainzer Bevölkerung für ihre große Vergangenheit und für die Stadtgeschichte wecken.

Um das römische Mainz für die Öffentlichkeit sichtbar und erlebbar zu machen, organisiert die IRM unterschiedliche Kultur- und Besichtigungsprogramme, fördert neue Ausgrabungen und macht sie den Bürgern zugänglich. Erlebnistage oder Führungen durch das römische Bühnentheater oder das Isis-Heiligtum stehen deshalb im Programm. Dem Verein ist es wichtig, dass auch junge Menschen ein Bewusstsein für die römische Vergangenheit ihrer Stadt entwickeln. Daher arbeitet die IRM sehr eng mit Mainzer Schulen zusammen. Zudem unterstützt der Verein mit finanziellen Mitteln und personellem Engagement Ausgrabungen, Dokumentationen, Restaurierungen und Ausstellungen, die sich mit dem Römischen Mainz beschäftigen. Gefördert werden auch wissenschaftliche sowie populäre Publikationen zu diesem Thema. Im römischen Bühnentheater arrangiert die IRM u. a. Musikaufführungen (auch mit antiken Instrumenten).

Der Verein zählt inzwischen bereits mehr als 600 Mitglieder, die sich mindestens einmal im Jahre zu einer Mitgliederversammlung treffen. Der Vorstandsvorsitzende der IRM, Christian Vahl, hat zur Unterstützung der Arbeit der IRM eine „unsichtbare Römergarde" ins Leben gerufen, die bereits durch zahlreiche Veranstaltungen von sich reden machte, bis hin zur erstmaligen Teilnahme im Jahre 2022 am Mainzer Rosenmontagszug und zur fastnächtlich geprägten Feier der römischen Saturnalien oder der Carnalien zu Ehren der Gesundheitsschutzgöttin Carna mit einem großen Humoranteil.

Die Geschäftsstelle der IRM ist das Informationszentrum Taberna archaeologica in der innerstädtischen Einkaufsmeile Römerpassage. Die Taberna bildet gleichzeitig den Eingang zu den freigelegten und konservierten Überresten des ehemaligen Heiligtums der Göttinnen Isis und Mater Magna im Untergeschoss des Einkaufszentrums. Das Heiligtum ist eine der Hauptattraktionen der Stadt Mainz und veranschaulicht bei freiem Eintritt mit zahlreichen originalen Fundstücken und Multimedia-Elementen die Verehrung der beiden orientalischen Göttinnen im römischen Mogontiacum. Der Verein wird von der Stadt Mainz, von Mainzer Bürgern, von den Spenden zahlreicher Besucher des Heiligtums und von Sponsoren unterstützt, um die römischen Zeugnisse in Mainz erhalten und präsentieren zu können. Die IRM würdigt hervorragendes Engagement für das römische Mainz seit 2023 mit der Verleihung der sogenannten Drusus-Medaille.

Eine Platte des antiken Straßenbelags ist an der Betzelsstraße an der Rückseite des Kleinen Hauses ebenso in die Pflasterung integriert wie die Kopie eines Meilensteins (miliarium) aus rötlichem Sandstein. Er wird auf das Ende des 3. Jahrhunderts n. Chr. datiert, also zur Regierungszeit der Kaiser Postumus oder Diocletian. Die Inschrift ist nur fragmentarisch erhalten.

500 Jahre Stadtarchäologie in Mainz

Ausgrabungsbefunde und Fundauswertungen als ein spannendes Forschungsfeld

Ein Gastbeitrag von Jens Dolata

1517 hat Johann Huttich Vorwort und Widmung seiner „Collectanea antiquitatum in urbe atque agro Moguntino repertarum" abgeschlossen. 1520 erschien das Buch in einer ersten Auflage, gedruckt in Mainz bei Johann Schöffer. Bereits 1525 erfuhr diese Sammlung Mainzer Altertümer eine zweite Auflage und kann damit als hervorragender Bestseller zur Stadtarchäologie von Mainz bezeichnet werden. Mainz schloss mit diesem ersten gedruckten archäologischen Stadtbuch gleichauf mit der Römerstadt Augsburg und errang die Beachtung seiner Denkmäler in den aufstrebenden Altertumswissenschaften.

Eine große Zahl von Schriften zum römischen Mainz folgt seit den Zeiten der humanistischen Gelehrten und trägt, ein jeder Beitrag in seiner Art, zur Denkmalkenntnis und zum Verständnis der Stadtgeschichte von Mainz bei. Archäologisches Entdecken, Ausgraben, Finden und Forschen kann an jedem Ort und in der überörtlichen Wahrnehmung nur durch Veröffentlichungen Aufmerksamkeit und Wertschätzung erfahren. Inzwischen haben die medialen Formen dafür an Vielfalt gewonnen und die Interessierten können sich auf mannigfaltigen Wegen informieren. Das klassische Buch von Bernd Funke steht in der skizzierten Tradition der Wissensvermittlung. Der Autor hat über mehrere Jahrzehnte in Zeitungsartikeln den Neuigkeiten der Mainzer Landesarchäologie zu Bekanntheit verholfen und ist mit den facettenreichen Quellen zum römischen Mainz bestens vertraut.

Immer wieder bedarf es der Verknüpfung neuer Grabungserkenntnisse und neuen Fundmateriales mit dem bisherigen Wissensstand zum römischen Mainz. Vermeintlich sichere Gewissheiten und mühsam erreichte Einordnungen verlieren mit mancher neuen Entdeckung und mancher neuen Fundbearbeitung ihre Forschungsrelevanz. Bloße Fundbetrachtungen sind nur von eingeschränkter Aussagekraft, wenn dem konkreten Fundort, erkannten und dokumentierten Befunden und Fundvergesellschaftungen nicht die gebührende Aufmerksamkeit zuteilwird. Gründliche kombinierte Fund- und Befundbearbeitungen befördern unsere Kenntnis vom römischen Mainz. Der Wissensspeicher dafür befindet sich in den Ortsakten und Fundmagazinen der Denkmalfachbehörde für Landesarchäologie. Hier sammeln sich seit nunmehr 75 Jahren die Quellen für die archäologische Forschung zum römischen Mainz an. Dabei werden die für aktuelle Forschungsfragen nötigen Verknüpfungen zur Stadttopografie erarbeitet, bewahrt und gesichert. Ähnlich dem Stadtarchiv und der Stadtbibliothek werden die Primärquellen für die auf Mainz bezogenen historisch-archäologischen Forschungen angesammelt und erschlossen.

Neben neuen Funden und Befunden kommt auch der Weiterentwicklung von archäologischen Arbeitstechniken, der Einbindung natur- und ingenieurtechnischer Bearbeitungen, sowie der Verfügbarkeit der Quellenspeicher und insbesondere dem beharrlichen, mitunter überaus mühsamen Zusammentragen und Zusammenschauen von sehr vielen Einzelerkenntnissen und Einzelbelegen entscheidende Bedeutung für die Erarbeitung neuer Ausblicke auf das römische Mainz zu. Schlüsselfunde und -befunde sind sowohl vom Glück und Baustellengeschehen als auch von zielgerichteten Forschungsanstrengungen abhängig. Die Rahmenbedingungen aller nötigen Ressourcen bedürfen beständiger Verbesserung, um die Arbeitsfähigkeit der Archäologen als Forscher aufrecht zu erhalten. Offene Fragen zu erkennen und Perspektiven neuer Forschungsansätze als lohnend einzuschätzen, bedarf weitsichtiger Denkmalkenntnisse und der pflichtgemäßen Entscheidung mit Zielrichtung. Vernetzung und Zusammenarbeit mit spezialisierten

Altertumswissenschaftlern befördern die Durchdringung des Arbeitsgebietes. Außerdem müssen die Arbeitsergebnisse für die Fachwelt, wie auch für interessierte Bürger, Bauherren und politische Entscheider bekannt gemacht werden. Alleine die anspruchsvolle Vermittlung der archäologischen Arbeitsergebnisse ist Gewähr für die Akzeptanz künftiger Investitionen und Begeisterung für das archäologische Erbe der Stadt Mainz.

Im archäologischen Stadtplan des römischen Mainz ist die Stadtgliederung und Stadtentwicklung abzulesen. Entscheidende Grunderkenntnisse wurden bereits im ausgehenden 19. Jahrhundert beim Kanalbau erarbeitet. Die Notizen und Planeintragungen der Stadtingenieure, die in die bestehenden Straßen und Gassen von Mainz Ver- und Entsorgungsstraßen gruben und beim damals üblichen Handaushub noch beste Beobachtungsmöglichkeiten für Mauern und Estrichböden, römische Steine und mitunter auch anderes Fundmaterial hatten, sind in Kanalbautagebüchern und Kanalbauplänen überliefert. Neuerungen der Verkehrsinfrastruktur, wie die Rheinbegradigung, der Straßenbau und der Eisenbahnbau gaben Anlass für archäologische Beobachtungen. Dem Festungsbau ist ebenfalls manche archäologische Beobachtung geschuldet. Aber erst die Auflassung der über Jahrhunderte fortgeschriebenen Festung Mainz – mit Stadtmauern, Wällen und Gräben, Festungswerken, Kasernen, Magazinen, Bauhöfen und Truppenübungsplätzen – führte zu einer umfangreichen Stadtentwicklung zu Beginn des 20. Jahrhunderts. Neue Straßen und Siedlungsbereiche wurden seither auch archäologisch erschlossen. Der Krankenhausbau und die gewerbliche Nutzung des Kästrichs wie auch der Steinbruchbetrieb in Weisenau haben die römische Topografie von Stadt und Militärlagern sehr gefördert. Nach den Zerstörungen des Zweiten Weltkrieges konnten sehr viele Maßnahmen des Wiederaufbaus und der modernen Stadtentwicklung mitunter nicht hinreichend archäologisch begleitet werden. Bis heute gilt den archäologischen Baustellenerkundungen das Hauptaugenmerk der grabenden Archäologen des Landes. Nicht selten müssen außerordentliche Anstrengungen unternommen werden, um alle Chancen für archäologische Erkenntnisse zu nutzen. Die Kapazitäten der Stadtarchäologie optimal mit dem Baugeschehen zu verbinden, ist eine anhaltende Herausforderung. Bautechnik und Grabungstechnik entwickeln sich beständig fort. Dennoch gilt weiterhin: Archäologische Quellen wachsen nicht nach. An jeder Stelle kann nur einmal archäologisch untersucht werden, jeder Fund nur einmal gemacht werden; denn einmal abgegraben ist unwiederbringlich abgegraben.

Tag für Tag werden eine Vielzahl archäologischer Beobachtungen dokumentiert und viele Hunderte von Fundstücken geborgen. Das Wissen über das römische Mainz wächst somit beständig an. Der archäologische Stadtplan des römischen Mainz wird kontinuierlich verfeinert und gewinnt durch archäologische Deutung, Bewertung, Einordnung und Gewichtung der Einzelerkenntnisse an Kontur, an zeitlicher und funktionaler Differenzierung. Jeder Archäologe ist dabei den Herausforderungen seiner Zeit, dem eigenen Horizont, der Denkmalkenntnis und dem Sendungsbewusstsein, schlussendlich dem eigenen Anspruch an Amt und Forschungsauftrag verpflichtet und seine Arbeit daran zu messen. Nicht immer sind alle Interpretationen von Bestand. Manche Sensationen, Einmaligkeit und Superlative verlieren mit neuen Funden, neuen Grabungsaufschlüssen oder gründlicher Durchdringung an Bedeutung und Wert. Mancher Jubiläums-

Nachbauten von Kleinkastell und Limes-Wachtturm in Pohl im Rhein-Lahn-Kreis als Vermittlungsort für die von Mainz aus organisierte und gebaute früheste Ausbaustufe des obergermanischen Limes am Ende des 1. Jahrhunderts n. Chr.

fund und manche glückliche Erkenntnis zu runden Stadtgeburtstagen werden bald nach dem Feiern von den Wissenden belächelt. Prädikate, wie das Früheste am Rhein, das Älteste, das Erste und das Größte nördlich der Alpen, sind mit Bedacht zu äußern. Nicht selten sind diese Einschätzungen später zu revidieren, zu modifizieren und auch als falsch anzuerkennen. In Wahrnehmung und Erinnerung der Bürger aber bleiben diese spektakulären Geschichten bestehen und finden stetige Erneuerung.

Glaubhaft ist es, wenn stadtarchäologische Erkenntnisse als derzeitiger Forschungsstand, als wahrscheinliche Annahmen und begründete Arbeitsmodelle benannt und vermittelt werden. „Wir wissen es (noch) nicht", darf ruhig auch mal formuliert werden. Der Zuhörer und Leser kann so im besten Sinne am Ringen der Archäologen um die Rekonstruktion unserer römischen Stadtgeschichte teilhaben. Das Forschungsabenteuer Stadtarchäologie wird keineswegs uninteressant, wenn sich nicht alle Funde sogleich in ein bekanntes Wissen fügen. Rätsel und Ungewissheiten gehören zum archäologischen Alltag dazu. Die Bruchstückhaftigkeit unseres Wissens kann durch die kluge Bestimmung einzelner Fundstücke, gut beobachtete Vergesellschaftungen von Funden oder akkurate Analysen von Schichtenabfolgen entscheidende Verbesserungen erfahren. Dem Archäologen bei dieser Forschung über die Schulter zu schauen, ist eine interessante Erfahrung. Dies gelingt durch das Zusammenspiel von attraktiven und gepflegten Geländedenkmälern, musealen Erlebnisorten und inszenierten Fundstellen. Wie lange die Funde schon ausgegraben sind, ist dabei nur von untergeordneter Bedeutung. Neufunde wecken am ehesten das Interesse und sind manchmal auch tatsächlich alleinstehend und sehenswert. Neue Vermittlungsinhalte sind jedoch auch mit alt bekannten Funden zu präsentieren. Ein pfiffiges Zusammenschauen ausgewählter alter und neuer Funde kann am besten neue Einblicke befördern.

Ein paar Beispiele solcher Fundverknüpfungen sollen schlaglichtartig Perspektiven und aktuelle Forschungsansätze benennen, wohlgemerkt eher anreißend als systematisch erschöpfend: Die Uferverläufe des Rheins in römischer Zeit, Überflutungsbereiche und Auen, Rheinübergang und Brücken, Anlandung und Häfen, Schiffsfriedhöfe und Uferbefestigungen, Stapelplätze und Terrainbefestigungen zu untersuchen, öffnet den Blick für Siedlungsgunst und Überschwemmungsschutz. Die Hochwassergefahren von kleinen Bächen wie Zahlbach und Gonsbach sind in römischer Zeit baulich gebannt worden. Ein städtebauliches Lehrstück von Aktualität. Der „Dimesser Ort" in der heutigen Neustadt ist ein Fallbeispiel von geglückter Terrainerschließung. Die überaus prächtige Bürgersiedlung tritt uns durch den Fund des Jupitersäulenschuttes, der Salus-Statue und repräsentativen Grabarchitekturen und in Gebäuden mit reicher Bauausstattung in neuesten Grabungen besonders eindrücklich entgegen. Forum und Statthalterpalast sind im römischen Stadtbild noch immer schlüssig zu lokalisieren, wie auch Tempel, Heiligtümer und Weihbezirke. Das römische Bühnentheater gibt erst jetzt in laufenden Forschungen seine Bauentwicklung, Datierung und Nutzungsgeschichte preis. Die Identifizierung des Drusus-Monumentes wird durch Analysen der Baukonstruktion mit der Bewertung von Spolien und Bindersteinen sowie naturwissenschaftlichen Datierungsansätzen aktuell diskutiert. Hypothesen eines Kaiserkultbezirkes und Auswertungen mehrerer Kalkbrennofenfunde beeinflussen diese Fragen. Die Stadtmauerverläufe sind inzwischen weitgehend geklärt. Hunderte von Stadtmauerspolien und die Erkundung der darin bewahrten untergegangen Großbauwerke des römischen Mainz stehen vor einer Forschungsoffensive. Oktogon und Porta praetoria harren einer Revision, wie auch der Dativius-Viktor-Bogen seinen einstigen Baukontext als Portikus oder Campus noch nicht preisgegeben hat. Im Gonsbachtal ist jüngst ein großer Gebäudekomplex ausgegraben worden mit einem seltenen Rundbauwerk, das wohl als Reitschule zu deuten sein wird. Dieser seltene Befund eines *gyrus* ist durch eine große Zahl spätantiker Militärziegelstempel bislang unbekannten Typs und die Verwendung von Spolien repräsentativer Großarchitektur als Teil militärischer Anlagen einzuordnen. Eine römische Großarchitektur in der Johanniskirchengrabung zeigt sich in einer mächtigen Mauer mit Ziegeldurchschuss an der Schöfferstraße. Die baugeschichtlichen Untersuchungen scheinen hier eine unerwartet frühe Zeitstellung, nämlich vom Beginn des 2. Jahrhunderts n. Chr., anzuzeigen. Das Legionslager erfährt eine systematische Bearbeitung der Grabungserkenntnisse aus den rückliegenden Jahrzehnten. Den römischen Gräberfeldern gelten umfangreiche Aufarbeitungen.

Die Mainzer Stadtmauer datiert auch den sogenannten Limesfall, als die obergermanische Reichsgrenze zurückverlegt und der Rhein wieder Grenzzone wird. Die Neubearbeitung der Architekturquader aus den Stadtmauerfundamenten hat begonnen. Ein Hochregal im Innenhof des Landesmuseums gewährt einen ersten Einblick in diese Fundmassen, die eine Neuaufstellung im Regionaldepot Mainz der GDKE erfahren und damit für die Forschung zugänglich werden. Inschriften, Bildwerken und skulptierten Steinen gilt dabei ein besonderes Forscherinteresse. Die Erwartungen, in diesem Feld neue strukturelle Erkenntnisse für den Legionsstandort und die Provinzhauptstadt zu gewinnen, sind besonders groß und aussichtsreich. Gelingt hier das beabsichtigte Zusammenwirken spezialisierter Archäologen, so werden grundlegende neue Erkenntnisse über die Bauwerke des römischen Mainz bekannt werden.

Militär und Zivilgesellschaft sind ein Spannungsfeld von großer gesellschaftlicher Aktualität, heute wie einst. Das römische Mainz liefert Beispiele gelungener Integration und gemeinsamer Identität. Das mit beiden Bronzetafeln vollständig gefundene Militärdiplom aus dem Rhein bei Mainz aus domitianischer Zeit lässt diesen stadtgesellschaftlichen Prozess aufscheinen. Gemeinsam mit einer Auswahl Mainzer Römersteine werden diese Schaustücke zur Mainzer Römerzeit derzeit im Limeskastell Pohl im Rhein-Lahn-Kreis ausgestellt. Die Nachbauten eines Kleinkastells und eines Wachtturmes aus der frühen Zeit des obergermanischen Limes in Pohl thematisieren den historischen Dreisprung Rom, Mainz und Limes – trefflich und exemplarisch. Pohl ist als ein besonderer Vermittlungsort für die Zusammenhänge zwischen der Reichszentrale Rom als Residenzort des Kaisers, der Provinzhauptstadt Obergermaniens mit Legionsstandlager und Sitz des kaiserlichen Statthalters und dem zugehörigen Reichsgrenzabschnitt konzipiert. Mit besonderen Mainzer Fundstücken werden hier eindrückliche Personengeschichten aus dem römischen Mainz erzählt. Pohl kann dadurch im besten Sinne als Schaufenster in die Mainzer Stadtarchäologie verstanden und besucht werden.

Der aktuelle Forschungsstand zum römischen Mainz spiegelt das anhaltende Interesse der Bürgerschaft an der Stadtarchäologie wider, er ist identifikationsstiftend und prägt die Besonderheiten und Gemeinsamkeiten der Stadt. Die Entwicklung der Stadtgesellschaft nimmt Bezug auf Änderungen von Bevölkerung, Siedlungsentwicklung, Gewerbe, Verkehr, Energiebedarf und nicht zuletzt Umweltwahrnehmung und Klima. Daran hat die Stadtarchäologie Anteil. Zu allen Bereichen öffentlichen, privaten, politischen und religiösen Lebens gibt es auch Erkenntnisse aus der römischen Epoche der Stadt. Diese im gesellschaftlichen Diskurs von heute bekannt zu machen und wirksam werden zu lassen, ist ein Anliegen heutiger Archäologen.

Nehmen Sie gerne Anteil an der Erforschung des römischen Mainz.

Ein Hochregal mit römischen Architekturquadern im Innenhof der Golden-Roß-Kaserne vor dem Marstall gibt exemplarisch Einblick in die Fundmagazine der Landesarchäologie mit hunderten von Bausteinen aus dem römischen Mainz.

Chronologie Mogontiacums

1. Jahrhundert v. Chr.

3–12 v. Chr. Nero Claudius Drusus gründet das Militärlager auf dem Kästrich. Erste Legionen sind die Legio XIIII Gemina und die Legio XVI Gallica.

9 v. Chr. Drusus stirbt während eines Feldzugs gegen die Germanen. Feiern zur Totenehrung und Errichtung eines Kenotaphs (Leergrab). Drusus wird im Mausoleum seines Stiefvaters, Kaiser Augustus, in Rom beigesetzt.

1. Jahrhundert n. Chr.

3 n. Chr. Baumaßnahmen am Rhein.

4–9 n. Chr. Anlage des Brückenkopfs Castellum (Mainz-Kastel). Anlage des Auxiliarlagers in Mainz-Weisenau.

15 n. Chr. Nero Claudius Germanicus, der Sohn des Drusus, bereitet in Mogontiacum Feldzüge gegen Germanien vor.

17 n. Chr. Die römische Rheinarmee wird in ein ober- und ein untergermanisches Heer umstrukturiert. Der Befehlshaber des obergermanischen Heeres hat seinen Sitz in Mogontiacum.

19 n. Chr. Auf der Tabula Siarensis werden die Ehrungen für Drusus laut Senatsbeschluss erwähnt.

27–30 n. Chr. Bau der Steinpfeilerbrücke zwischen Mogontiacum und dem Brückenkopf Castellum.

33 n. Chr. Bau der großen öffentlichen Therme in der Zivilsiedlung (Tritonplatz und Großes Haus des Staatstheaters).

39 n. Chr. Der Anschlag des Mainzer Legaten Cornelius Lentulus Gaetulicus auf Kaiser Caligula, der in Mogontiacum seinen Germanenfeldzug vorbereitet, schlägt fehl. Sueton erwähnt ein Theater in Mogontiacum, bei dem es sich wahrscheinlich um ein Theater in Holzbauweise handelt.

59–66 n. Chr. Stiftung der Großen Jupitersäule.

69 n. Chr. Beim sogenannten Bataveraufstand wird die Zivilsiedlung zerstört. Das Legionslager wird erfolglos belagert.

Ca. 69–75 n. Chr. Beginn des Isis- und Magna Mater-Kults in Mainz.

69–92 n. Chr. Bau des Aquädukts.

83 n. Chr. Kaiser Domitian startet von Mogontiacum aus den Chattenfeldzug.

89/90 n. Chr. Der Aufstand des Statthalters Lucius Antonius Saturninus wird niedergeschlagen. Aus dem Militärterritorium wird die Provinz Germania superior mit Sitz in Mogontiacum.

90 n. Chr. Die Belegung des Legionslagers auf dem Kästrich wird auf eine Legion reduziert.

92 n. Chr. Die Legio XXII Primigenia Pia Fidelis zieht in das Legionslager und wird bis zur Mitte des 4. Jahrhunderts n. Chr. die Mainzer „Hauslegion".

96–98 n. Chr. Trajan ist Statthalter der Provinz Germania superior. Bau des Mithräums am heutigen Ballplatz.

2. Jahrhundert n. Chr.

122 n. Chr. Kaiser Hadrian besucht Mainz und die Provinz Germania superior.

162–169 n. Chr. Der Volksstamm der Chatten fällt in das Rhein-Main-Gebiet ein und überschreitet möglicherweise auch den Rhein.

3. Jahrhundert n. Chr.

März 235 n. Chr. Kaiser Severus Alexander und seine Mutter Julia Mamaea werden in Bretzenheim bei Mainz erschlagen. Mit der Ausrufung von Maximinus Thrax in Mogontiacum zum Kaiser beginnt die Zeit der Soldatenkaiser.

Um 250 n. Chr. Der Ratsherr Dativius Victor stiftet einen Ehrenbogen mit Säulenhalle. Mogontiacum wird von einer Stadtmauer umgeben.

258–260 n. Chr. Der obergermanisch-raetische Limes fällt, die rechtsrheinischen Gebiete gehen den Römern verloren. Mogontiacum wird wieder Grenzstadt und gehört bis 274 n. Chr. zum Gallischen Sonderreich.

268 n. Chr. Der Legat Ulpius Cornelius Laelianus rebelliert in Mogontiacum gegen den Kaiser des Gallischen Sonderreiches, Marcus Cassianius Latinius Postumus, und wird von seinen Truppen zum Gegenkaiser ausgerufen. Postumus erobert Mogontiacum, gibt die Stadt aber nicht zur Plünderung frei, weshalb er von seinen eigenen Soldaten getötet wird.

Ab 285 n. Chr. Durch die Reformen des Kaisers Diokletian wird die Provinz Germania superior aufgeteilt und verkleinert. Mogontiacum wird Provinzhauptstadt der neuen Provinz Germania prima und Sitz des Dux Germaniae Primae, der das Grenzheer befehligt.

292 n. Chr. Constantius I. Chlorus, der Vater von Konstantin I., dem Großen, startet von Mogontiacum aus einen Feldzug bis zur Donau.

4. Jahrhundert n. Chr.

Um 300 n. Chr. Herstellung des sogenannten Lyoner Bleimedaillons, mit der ältesten Ansicht von Mogontiacum.

Nach 350 n. Chr. Die Mainzer „Hauslegion", die Legio XXII Primigenia Pia Fidelis wird 351 n. Chr. bei Mursa im heutigen Kroatien in Bürgerkriegskämpfen nahezu vollkommen vernichtet. Das Legionslager auf dem Kästrich wird nicht mehr besetzt und abgerissen. Die dadurch entstehende Lücke in der Stadtmauer wird geschlossen. Die neue Stadtmauer reduziert Mogontiacum um etwa zwei Drittel der bisherigen Fläche.

352–355 n. Chr. Germaneneinfälle. Ansiedlungen rund um Mogontiacum, aber die Stadt wird nicht besetzt.

357 n. Chr. Der spätere Kaiser Julian, ein Neffe Konstantins des Großen, erobert die Gebiete am Rhein von den Germanen zurück.

368 n. Chr. Der alamannische Gaukönig Rando überfällt an einem Fest der christlichen Religion (Ostern oder Pfingsten) Mogontiacum und kann ungehindert Menschen rauben und die Stadt plündern.

5. Jahrhundert n. Chr.

406/407 n. Chr. In der Neujahrsnacht überschreiten Vandalen, Alanen und Sueben bei Mogontiacum den Rhein und zerstören die Stadt.

411 n. Chr. Der gallo-römische Senator Jovinus wird wahrscheinlich in Mogontiacum zum Kaiser ausgerufen.

451 n. Chr. Einfall der Hunnen in Mainz ohne größere Schäden. Ende des römischen Mainz. Die Franken übernehmen die Herrschaft und gliedern Mainz zum Ende des 5. Jahrhunderts ihrem Reich ein.

Die Autoren

Bernd Funke

(*1948) begleitete als Redakteur der Allgemeinen Zeitung Mainz publizistisch die Arbeit der Mainzer Archäologie über mehr als drei Jahrzehnte. Die Stadt Mainz ehrte Funke 2008 „in Würdigung seiner vielfältigen kulturellen Verdienste" mit der Gutenberg-Statuette. 2009 wurde ihm für seine Vermittlung archäologischen Wissens der an den ersten Mainzer Archäologen erinnernden Pater Fuchs-Preis von der Direktion Landesarchäologie Mainz der Generaldirektion Kulturelles Erbe Rheinland-Pfalz (GDKE) zur Würdigung hervorragender Leistungen bei Erforschung und Pflege des historischen Mainz verliehen. Wegen seines Engagements für die Erhaltung der Mainzer „Römersteine" wurde Funke in den Kreis der „Damen und Herren von Ageduch" (Ageduch = Aquädukt) aufgenommen. Funke gehört dem Vorstand der IRM seit ihrer Gründung im Jahre 2000 an. Zudem initiierte er die Gründung des Mainzer Denkmal-Netzwerks und die Benennung der Mainzer Einkaufsmeile Römerpassage. Aufsätze Funkes zu archäologischen Themen sind in mehreren Anthologien vertreten. Neben weiteren Publikationen (u. a. „Große Namen in Mainz – Wer wo lebte") ist Funke Autor des Buches „Das Mainzer Römische Theater. Theatrum quo vadis? Fund, Erforschung, Bewahrung".

Dr. Jens Dolata

(*1967) ist stellvertretender Leiter der Außenstelle Mainz der Direktion Landesarchäologie der Generaldirektion Kulturelles Erbe Rheinland-Pfalz (GDKE). Außerdem kuratierte er Ausstellungen wie z. B. „Lapidea Monumenta Narrant" am Limeskastell Pohl im August 2019. Seine Dissertation verfasste er über die römischen Ziegelstempel aus Mainz und dem nördlichen Obergermanien. Zahlreiche weitere Veröffentlichungen zu römischer Baukeramik, Ziegeln und Ziegelstempeln stammen ebenfalls aus seiner Feder. Über die Webseite http://www.ziegelforschung.de/ sind die Ergebnisse seines Forschungsprojekts „Römische Baukeramik und Ziegelstempel" nachzulesen.

Literaturverzeichnis

Monografien und Artikel

Bauer, Sibylle: Spundwände der Mainzer Römerbrücke und ihr Nachleben. In: Christoph Ohlig (Hrsg.): Von der cura aquarum bis zur EU – Wasserrahmenrichtlinie. Schriften der Deutschen Wasserhistorischen Gesellschaft e.V. Bd. 11. Siegburg 2007. S. 79–86.

Berbüsse, Constanze: Die Erforschung des römischen Heiligtums in Mainz-Finthen. Pfarrer und Lehrer auf den Spuren der Römer. In: Berichte zur Archäologie in Rheinhessen und Umgebung. Bd. 4. Mainz 2011. S. 13–18.

Bockius, Roland; Pelgen, Stephan und Witteyer, Marion: Streifzüge durch das römische Mainz. Mainz 2003.

Burger-Völlmecke, Daniel: Die Holz-Erde-Umwehrung des Legionslagers von Mogontiacum/Mainz. In: Suzana Matešic (Hrsg.): Interdisziplinäre Forschungen zum Limes. 8. Kolloquium der Deutschen Limeskommission. Welterbe Limes. Bd. 10. Darmstadt 2019. S. 78–91.

Decker, Karl-Viktor und Selzer, Wolfgang: Mogontiacum. Mainz von der Zeit des Augustus bis zum Ende der römischen Herrschaft. In: Hildegard Temporini und Wolfgang Haase (Hrsg.): Aufstieg und Niedergang der römischen Welt. Geschichte und Kultur Roms im Spiegel der neueren Forschung. Bd. II.5.1. Berlin/Boston 1976. S. 457–559.

Decker, Karl-Viktor: Die Anfänge der Mainzer Geschichte. In: Franz Dumont Scherf et al. (Hrsg.): Mainz. Die Geschichte der Stadt. 2. Aufl. Mainz 1999. S. 1–35.

Dobras, Wolfgang (Hrsg.): Eine Zeitreise in 175 Geschichten. Oppenheim 2019.

Dumont, Franz; Scherf, Ferdinand und Schütz, Friedrich (Hrsg.): Mainz. Die Geschichte der Stadt. 2. Aufl. Mainz 1999.

Dumont, Franz und Scherf, Ferdinand (Hrsg.): Mainz. Menschen, Bauten, Ereignisse. Mainz 2010.

Funke, Bernd: Das Mainzer Römische Theater. Theatrum quo vadis? Fund, Erforschung, Bewahrung. Herausgegeben von Stefan Schmitz. Bodenheim 2022.

Generaldirektion Kulturelles Erbe Rheinland-Pfalz (Hrsg.): Die große Mainzer Jupitersäule. Oppenheim 2022.

Gogräfe, Rüdiger: Die Wiedergeburt des Mainzer Orpheus. Mainz 2007.

Grall, Ulla: Römische Fundsachen. Stadtmagazin Sensor Wiesbaden. 09.10.2021.

Institut für geschichtliche Landeskunde an der Universität Mainz e.V. (Hrsg.): CD-ROM „2000 Jahre Mainz". Mainz 2001.

Junkelmann, Marcus: Die Legionen des Augustus. München 2015.

Klumbach, Hans: Altes und Neues zum „Schwert des Tiberius". In: Jahrbuch des römisch-germanischen Zentralmuseums Mainz. Bd. 17. Mainz 1972. S. 123–132.

Knöchlein, Ronald: Gonsenheim. Archäologische Ortsbetrachtungen. Bd. 4. Mainz 2004.

Knöchlein, Ronald: Finthen. Archäologische Ortsbetrachtungen. Bd. 8. Mainz 2006.

Panter, Andreas: Der Drususstein in Mainz und dessen Einordnung in die römische Grabarchitektur seiner Erbauungszeit. Mainzer Archäologische Schriften. Bd. 6. Mainz 2007.

Pelgen, Franz Stephan: Aquädukt-Ansichten. Archäologische Ortsbetrachtungen. Bd. 8. Mainz 2004.

Radnoti-Alföldi, Maria: Zum Lyoner Bleimedaillon. In: Schweizer Münzblätter. Bd. 8. Zürich 1958. S. 63–68.

Rupprecht, Gerd (Hrsg.): Die Mainzer Römerschiffe. Archäologische Berichte aus Rheinhessen und dem Kreis Bad Kreuznach. Bd. 1. Mainz 1982.

Schumacher, Leonhard: Römische Kaiser in Mainz im Zeitalter des Principats (27 v. Chr.–284 n. Chr). Bochum 1982.

Selzer, Wolfgang: Römische Steindenkmäler. Katalog zur Sammlung in der Steinhalle. Mainz 1988.

Stadt Mainz (Hrsg.): Römisches Mainz. Mainz Vierteljahreshefte Sonderausgabe. Bodenheim 2013.

Unverzagt, Wilhelm: Zum Lyoner Bleimedaillon der Pariser Nationalbibliothek. In: Germania. Bd. 3. Frankfurt 1919.

Witteyer, Marion und Fasold, Peter: Des Lichtes beraubt. Totenehrung in der römischen Gräberstraße von Mainz-Weisenau. Wiesbaden 1995.

Witteyer, Marion: Missratene Götter. Der Terrakottafund aus Mainz. Dokumentation für die Ausstellung in der Commerzbank Mainz (02.02. bis 26.03. 1999). Mainz 1999.

Witteyer, Marion: Mogontiacum – Militärbasis und Verwaltungszentrum. Der archäologische Befund. In: Franz Dumont Scherf et al. (Hrsg.): Mainz. Die Geschichte der Stadt. 2. Aufl. Mainz 1999. S. 1021–1059.

Internet-Quellen

Das Schwert des Tiberius. Objekt im British Museum, London. URL: https://www.britishmuseum.org/collection/object/G_1866-0806-1 (abgerufen am: 27.07.2023).

Dolata, Jens: Forschungsprojekt Römische Baukeramik und Ziegelstempel. Schaukasten. URL: https://www.ziegelforschung.de/ (abgerufen am: 26.07.2023).

Freundeskreis Lebendiges Denkmal Römersteine e.V.: Die Schafe und die Römersteine. URL: https://www.lebendiges-denkmal-roemersteine.de/?p=schafe (abgerufen am: 26.07.2023).

Fuhr, Eckhard: Staub und Asche auf den Grabsteinen der Legionäre. URL https://www.welt.de/geschichte/article117992733/Staub-und-Asche-auf-den-Grabsteinen-der-Legionaere.html (abgerufen am: 26.07.2023).

Hopson, Andreas: Der Mosaikleger. URL: https://www.forumtraiani.de/der-mosaikleger/ (abgerufen am: 26.07.2023).

Mosbach, Udo: Der römische Friedhof an der Via Sepulcrum in Weisenau. URL: https://www.regionalgeschichte.net/rheinhessen/mainz/kulturdenkmaeler/via-sepulcrum-weisenau.html (abgerufen am: 26.07.2023).

Nebel, Bernd: Römische Rheinbrücke in Mainz. URL: https://www.bernd-nebel.de/bruecken/ (abgerufen am: 26.07.2023).

Pearse, Roger: CIMRM Supplement – Mithraeum. Ballplatz, Mainz, Germany. URL: https://www.tertullian.org/rpearse/mithras/display.php?page=supp_Germany_Mainz_Ballplatz_Mithraeum (abgerufen am: 27.07.2023).

Ploen, Martin: Aus dem alltäglichen Leben eines römischen Legionärs in Mogontiacum. URL: https://www.regionalgeschichte.net/bibliothek/aufsaetze/ploen-martin/ploen-aus-dem-alltaeglichen-leben-eines-roemischen-legionaers-in-mogontiacum.html (abgerufen am: 26.07.2023).

Sauna Portal: Römisches Bad. Aufbau, Erklärung und Ablauf. URL: https://sauna-portal.com/blog/roemisches-bad/ (abgerufen am: 26.07.2023).

Stumme, Wolfgang: Mainz im Markgrafenkrieg, 1552. URL: https://www.regionalgeschichte.net/bibliothek/aufsaetze/stumme-mainz-markgrafenkrieg-1552.html (abgerufen am: 26.07.2023).

Bildnachweis

Trotz sorgfältiger und intensiver Recherche war es nicht in allen Fällen möglich, die Urheberrechte zu ermitteln. Wir danken für jeden Hinweis, sollten Fehler, Mängel enthalten sowie Rechtsansprüche Dritter unberücksichtigt geblieben sein.

Alfred Engler, arts + media, Mainz: S. 129 oben

Archiv-GHK: S. 62–63

Archiv Funke: S. 22–23

Jens Dolata: S. 157

Marie Frevert: S. 42–43

Bernd Funke: S. 8–10, 25, 93, 105, 109, 141, 155

GDKE, Landesarchäologie Mainz: S. 12–15, 24, 26, 32–33, 35, 50–51, 54–59, 66 links, 73–79, 83, 86, 90, 92, 96–97, 106–107, 112–113, 128, 129 unten, 130–131, 133–135

GDKE, Landesarchäologie Mainz, H. Gronauer: S. 99

GDKE, Landesarchäologie Mainz, E. Klingenberg: S. 132 rechts

GDKE, Landesarchäologie Mainz, U. Weichhart: S. 117, 119

GDKE, Landesarchäologie Mainz, P. Winkel: S. 132 links

GDKE, Landesmuseum Mainz: S. 18–19, 30, 89 unten, 91, 101, 118, 122 oben–127

GDKE, Landesmuseum Mainz, Steyer: S. 146–148

GDKE, Landesmuseum Mainz, U. Rudischer: S. 149

Klessing Hoffschildt Architekten: S. 82

LAIZA: S. 103, 136

Thomas Steffen: S. 157, 167

Hans Jürgen Wiehr: S. 17, 28 links, 34, 37, 48–49, 52–53, 60–61, 64–65, 66 rechts, 67–71, 72, 80–81, 84–85, 89 oben, 94–95, 110–111, 115–116, 120–121, 122 unten, 138–140, 144–145, 152–153

Wikipedia/Martin Bahmann/CC BY-SA 3.0: S. 28 rechts/mittig, 150

Wikipedia/Siren-Com/CC BY-SA 3.0: S. 20

Wikipedia/CC0 1.0: S. 47

Funktionstüchtige Rekonstruktion (darf angefasst und benutzt werden) der zweiflügeligen Mainzer Portaltür in der Basilika des Limeskastells Pohl, nach dem Bronzefund bei militärischen Schanzarbeiten 1845 an der Albansschanze in Mainz.